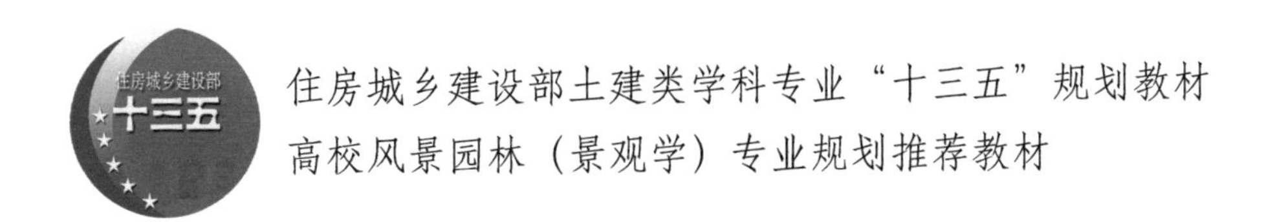

风景园林工程设计

Landscape Architecture Engineering and Constrction

李瑞冬　编著

中国建筑工业出版社

图书在版编目（CIP）数据

风景园林工程设计／李瑞冬编著．—北京：中国建筑工业出版社，2019.11（2024.6重印）
住房城乡建设部土建类学科专业“十三五”规划教材
高校风景园林（景观学）专业规划推荐教材
ISBN 978-7-112-24288-7

Ⅰ．①风… Ⅱ．①李… Ⅲ．①园林设计－高等学校－教材 Ⅳ．①TU986.2

中国版本图书馆CIP数据核字（2019）第213279号

责任编辑：杨 虹 柏铭泽
责任校对：张惠雯

为了更好地支持相应课程的教学，我们向采用本书作为教材的教师提供课件，有需要者可与出版社联系。
建工书院：http://edu.cabplink.com
邮箱：jckj@cabp.com.cn 电话：（010）58337285

住房城乡建设部土建类学科专业“十三五”规划教材
高校风景园林（景观学）专业规划推荐教材
风景园林工程设计
李瑞冬 编著
*
中国建筑工业出版社出版、发行（北京海淀三里河路9号）
各地新华书店、建筑书店经销
北京雅盈中佳图文设计公司制版
建工社（河北）印刷有限公司印刷
*
开本：787×1092毫米 1/16 印张：$19^3/_4$ 字数：392千字
2019年12月第一版 2024年6月第四次印刷
定价：59.00元（赠教师课件）
ISBN 978-7-112-24288-7
（34767）

前 言

风景园林工程是为了实现风景园林建成环境而在对各类风景资源保护与利用的基础上，经由策划、规划、设计等规划设计手段以及施工建造等工程手段的技术流程，包含多项技术类型，具有综合性强、涉及面广、学科交叉多等特点。作为风景园林专业的核心教材之一，本书力求结合风景园林工程设计课程的教学特点、教学课时、教学流程等，通过分析风景园林工程设计的阶段和任务，剖析其技术流程，从宏观到微观、从前期分析到设计建造，从总体到细部，深入解析风景园林工程设计的技术构成、设计规律及普遍原理和技术方法，以期形成符合风景园林学科构成、风景园林工程设计课程讲授、风景园林工程设计流程的具有较强逻辑性的专业教材。

该书的编写既是对笔者多年从事风景园林规划设计与工程设计课程教学工作的总结，也是对笔者多年来从事风景园林工程设计工作的回顾与整理，同时在编写过程中也是对风景园林学科及其工程设计的进一步系统学习。

全书分为风景园林工程设计基础、风景园林总体工程设计和风景园林详细工程设计三部分，共十二个章节。其中风景园林工程设计基础包括风景园林工程概要、风景园林工程设计的调查分析与图解表达等内容；风景园林总体工程设计包括总体布局、道路工程、地形与竖向及土方工程、绿化工程、灯光工程、基础工程等内容；风景园林详细工程设计包括风景园林建筑构筑物工程、水景工程、铺装工程及小品工程等内容。

本书是基于《景观工程设计》（中国建筑工业出版社 2013 年 1 月第一版）重新编写而成，由于该书成稿于 2008 年，十多年来随着风景园林一级学科的成立及行业工作范畴的变化，风景园林工程技术理念不断更新、技术不断发展及材料推陈出新等，促使相关风景园林工程的规范与图集也在不断更新，原书中的部分内容也无法跟上时代的发展，亟须进行重编与更新。为此，本书在《景观工程设计》基础上增加了包括海绵城市、屋顶花园与立体绿化的绿化种植技术等内容，在保留原章节结构前提下修正与更新了书中大部分工程技术内容与插图。

由于笔者水平与客观条件所限，本书在诸多方面存在的疏漏、不足乃至失误，在所难免，恳请各界学者、专家及读者给予批评指正。

本书的完成，无论从立项、编写和完成受到了刘滨谊教授、严国泰教授、刘颂教授、韩锋教授、金云峰教授及同济大学景观学系各位同仁的鼓励与支持，在工程实例遴选方面上海同济城市规划设计研究院、同济大学建筑设计研究院（集团）有限公司等单位给予了相当的支持，在此谨表谢意。

同时感谢谢燕对水景设计章节中水岸设计部分的参与编写；感谢李伟、魏枢、胡玎、刘悦来、翟宝华等人对书中部分图片的提供和补充；感谢翟宝华、廖晓娟、顾冰清、潘鸿婷、项竹君、谢俊等人对书中部分图纸的绘制；感谢家人的支持。

最后，衷心感谢各类参考文献的单位与作者。

目 录

第1部分　风景园林工程设计基础

第1章　风景园林工程概要

风景园林工程概述

风景园林工程的阶段、任务与流程

1.1 风景园林工程概述

根据刘滨谊教授的现代景观三元理论，风景园林作为一种人居境域，不仅是人类视觉美学欣赏的载体，也是良好生态环境的载体，更是人类文化和行为的载体，是美学与艺术、生态与环境、社会与文化的综合载体。而风景园林工程则是为了实现这一综合载体而在对各类风景园林资源保护与利用的基础上，经由风景园林策划（概念规划）、风景园林规划、风景园林设计等规划设计手段，风景园林施工建造等工程手段的技术流程，其包含总体布局设计、道路系统设计、竖向设计、绿化种植设计、夜景灯光设计、基础工程设计、建筑与构筑物工程设计、水景工程设计、铺装工程设计、小品工程设计等多种技术类型。

本书将通过分析风景园林工程设计的阶段和任务，解析其技术流程，从宏观到微观、从前期调查分析到设计建造，从总体到细部，深入剖析风景园林工程的技术构成、设计规律、普遍原理及技术方法，形成如下内容结构框架（图 1–1）。

1.2 风景园林工程的阶段、任务与流程

以一个风景园林工程项目从立项到设计建设的全过程来看，其流程一般分为项目建议书、工程可行性研究、设计、建造、验收以及实施使用后的评估与改进等多个阶段（表 1–1、图 1–2）。

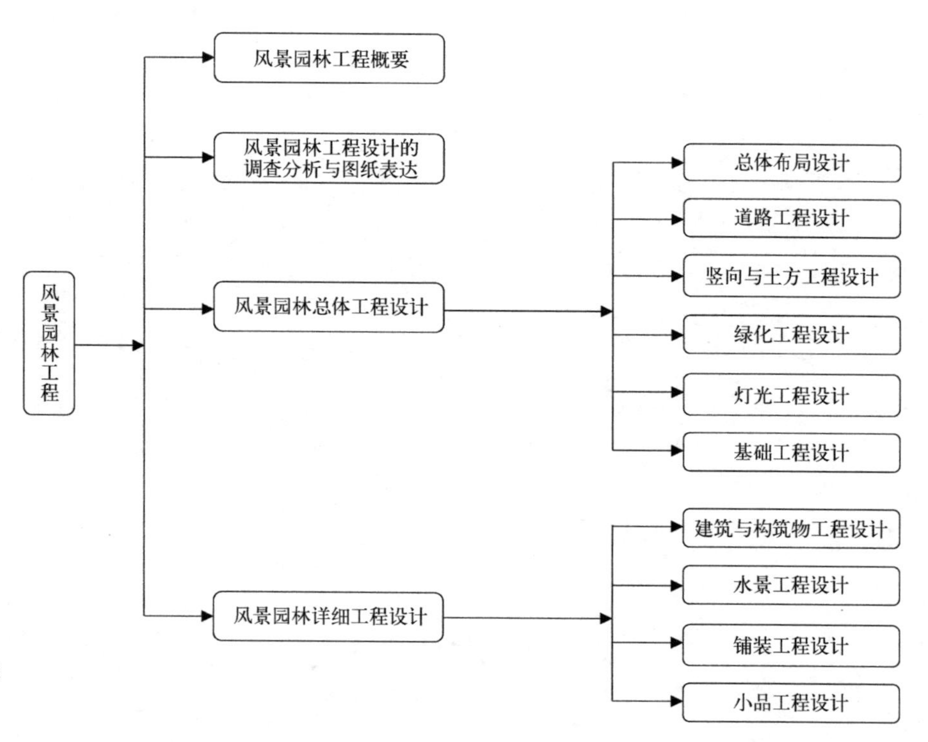

图 1–1 本书主要内容组成结构框架图

风景园林工程的各阶段和工作内容　　　　表 1–1

<table>
<tr><th colspan="3">阶段</th><th>工作内容</th></tr>
<tr><td colspan="3">项目建议书阶段</td><td>指根据地区发展、未来规划、居民游憩需求等提出的具体风景园林工程项目的建议文件，对拟建风景园林工程项目提出框架性的总体设想，其主要论证项目建设的必要性和可行性，为项目是否成立提供决策性依据，一般需要初步的布局图纸</td></tr>
<tr><td colspan="3">工程可行性研究阶段</td><td>风景园林工程建设项目可行性研究的主要任务是按照国民经济长期规划和地区规划、行业规划的要求，对拟建项目进行投资方案规划、工程技术论证、社会与经济效果预测和组织机构分析，经过多方面的计算、分析、论证评价，为项目决策提供可靠的依据和建议。项目可行性研究是保证建设项目以最少的投资耗费取得最佳经济效果的科学手段，也是实现建设项目在技术上先进、经济上合理和建设上可行的科学方法，一般需要预排设计方案进行支撑</td></tr>
<tr><td rowspan="6">设计阶段</td><td rowspan="4">方案设计阶段</td><td>任务书阶段</td><td>应充分了解设计任务的性质，设计委托方的具体要求与愿望，设计所要求的造价和时间期限等内容。这些内容往往是整个设计的根本依据，从而确定需要深入细致地调查和分析的内容。在任务书阶段一般以文字和说明为主，图纸为辅</td></tr>
<tr><td>基地调查和分析阶段</td><td>着手进行基地调查，收集与基地有关的资料，补充并完善已有资料中不完整的内容，对整个基地及环境状况、有关法规条例、限制条件和可能性等进行综合分析。收集来的资料和分析的结果应尽量以图纸、表格或图解的方式表示，通常用基地资料图记录调查的内容、用基地分析图表示分析的结果。分析结果应图文结合、简洁、醒目、说明问题</td></tr>
<tr><td>策划（概念规划）阶段</td><td>目前的各类风景园林战略规划、风景园林概念规划等均可称为策划，主要目的是制定一个风景园林区域发展的终极目标和实现这一目标而采用的主要行动策略，一般从“是什么（What）、为什么（Why）、如何做（How）”三个层面去阐述风景园林工程的未来发展取向</td></tr>
<tr><td>方案设计阶段</td><td>当基地规模较大及所安排的内容较多时，应该在方案设计之前先做出整个风景园林区域的用地规划或布置，保证功能合理，尽量利用基地条件，使诸项内容各得其所，然后再分区分块进行各局部景区或景点的方案设计
若范围较小，功能不复杂，则可以直接进行方案设计。方案设计阶段本身又根据方案发展的情况分为方案的构思、方案的选择与确定以及方案的完成三部分。综合考虑任务书所要求的内容和基地及环境条件，提出一些方案构思和设想，权衡利弊确定一个较好的方案或几个方案构思所拼合成的综合方案，最后加以完善，完成方案设计
该阶段的工作主要包括进行功能分区，结合基地条件、空间及视觉构图确定各种使用区的平面位置（包括交通的布置和分级，广场和停车场地的安排，建筑及入口的确定等内容）。常用的图纸有功能关系图、功能分析图、方案构思图和各类专项规划及总平面图等</td></tr>
<tr><td colspan="2">初步设计阶段</td><td>方案设计完成后，经由专家评审、主管部门审查、公众展示和参与等程序后，协同委托方意见，对方案进行修改、调整和深入详细设计。初步设计主要包括确定准确的位置、形状、尺寸、色彩和材料。完成各局部详细的平立剖面图、详图、透视图、鸟瞰图等</td></tr>
<tr><td colspan="2">施工图设计阶段</td><td>施工图阶段是将设计与施工连接起来的环节。根据所设计的方案，结合各工种的要求分别绘制出能具体、准确地指导施工的各种图纸，这些图纸应能清楚、准确地表示出各项设计内容的位置、尺寸、形状、材料、种类、数量、色彩以及构造和结构，完成施工平面图、竖向设计图、种植平面图、园林建筑施工图及各类详图等</td></tr>
<tr><td colspan="3">施工建造阶段</td><td>风景园林施工是按照时间计划要求将风景园林设计真实展现出来的建造过程，其包含施工组织方案制定、现场施工组织、现场放样定线、总体与分项工程施工等。具体可包含园林土方工程施工、园林建筑与铺装工程施工、园林水电工程施工、园林绿化种植工程施工等</td></tr>
<tr><td colspan="3">工程竣工验收阶段</td><td>风景园林工程建设完成后，即进入工程竣工验收阶段。在现场实施阶段的后期就应当进行竣工验收的准备工作，并对完工的工程项目组织有关人员进行内部自检，发现问题及时纠正弥补，力求达到设计、建设标准的要求。工程竣工后，召集有关单位和部门，根据设计要求和工程施工技术验收规范，进行正式的竣工验收，对竣工验收中提出的问题及时纠正、弥补后即可办理竣工、交工与交付使用等手续</td></tr>
</table>

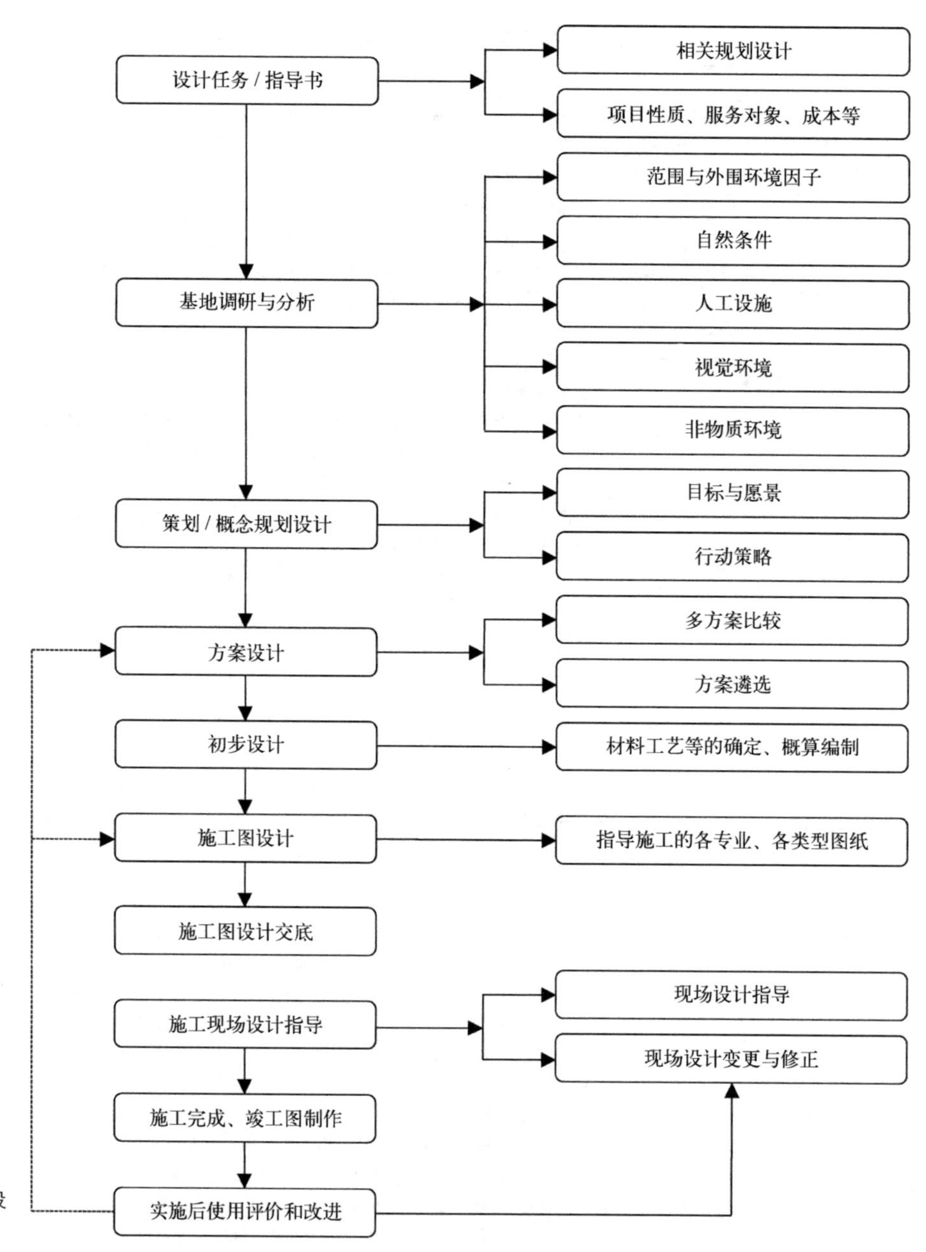

图 1-2 风景园林工程设计一般流程框架图

第2章 风景园林工程设计的调查分析与图解表达

风景园林工程的调查与分析
风景园林工程的图解表达内容

2.1 风景园林工程的调查与分析

风景园林工程的调查分析在整个设计过程中占有相当重要的地位，深入细致地进行基地调查和综合分析有助于风景园林工程的总体规划和各项内容的详细设计，并且在调查分析过程中产生的一些设想会决定设计的发展方向或对设计具有相当大的利用价值。通过对基地的调查和主客观评价，可对基地及其环境的各种因素做出综合性地分析与价值评估，使基地的潜力得到充分发挥，从而制定出与基地特征高度契合的设计方案。

基地调查分析的内容从地域上可分为内部与外部因素调查分析，从类型上可分为物质与非物质因素调查分析，自然与人工因素调查分析等多种类型。以下根据从外至内、从宏观到微观的序列对风景园林工程设计调查分析的内容进行解析（图 2–1、图 2–2）。

图 2–1　某城市公园体系现状分析图

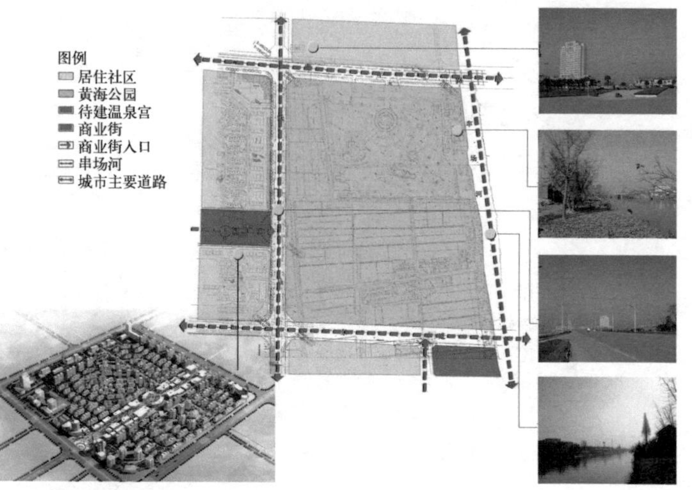

图 2–2　某城市公园基地外围环境分析图

2.1.1　基地范围及外部环境因子

基地范围及外部环境因子包括基地区位、基地范围、交通和用地、知觉环境、各类规划与规范等，其调查内容及对风景园林工程的作用，具体见表 2-1。

基地范围及环境因子调查与分析内容表　　**表 2-1**

调查分析因子	具体内容（图 2-1、图 2-2）	对风景园林工程设计的作用	备注
基地区位	明确基地所在的地理、功能、生态、经济、交通、资源、景观、旅游、文化等多种区位关系	功能性质定位的确定、发展方向的选择、发展策略的制定等	
基地范围	明确基地的用地界线及其与周围用地界线或各类规划红线、蓝线、绿线等的关系	基地的范围、用地规划、用地平衡等	风景园林工程设计是一个综合性较强的工作，需进行基地内外多种影响因子、各类规划等方面的衔接与协调
交通和用地	连接基地周围的交通，包括与主要道路的连接方式、距离、主要道路的交通量等；明确基地周围用地的不同性质和类型，根据基地的规模了解服务半径内的人口数量及其构成	功能确定、入口选择、人流的组织与疏散、设施量的布局等	
知觉环境	了解分析视觉、听觉、味觉、触觉等知觉影响，如与基地相关的良好视觉景观和诸如噪声、空气污染、水污染等不良知觉环境的污染源位置、污染程度及其影响范围等	因势利导地对基地内外各类知觉环境进行利用、引导、遮蔽等	
各类规划与规范	了解基地所处地区的用地性质、发展方向、邻近用地的发展以及包括交通、管线、水系、植被等一系列专项规划的详细情况，明确国家及地方的相关规范	确定功能、发展的前瞻性和操作性，实施的可行性等	

2.1.2　基地自然条件

1. 地形地表

1）地形

基地地形调查与分析的内容可分为地形类型（如盆地、平原、丘陵、山地、高原等）与比例（各类型的占比）、地势特征（地势变化、相对高差大小、地形走向等）、特殊地表形态（沙地、沼泽、岩溶地貌等）、沿海地区一般还要描述海岸线的曲直等。具体可从高程、坡度、坡向等方面进行分析（表 2-2，图 2-3 ~ 图 2-6）。

基地地形调查与分析内容表　　**表 2-2**

调查分析因子	具体内容	对风景园林工程设计的作用	备注
高程	了解地形的绝对与相对高程、起伏与分布状况、最高点和最低点的高程等	帮助判读植物的垂直带谱分布，了解地形的空间形象，确定景观空间制高点、景观设施等的高程位置	通过高程、坡度与坡向分析可以全面了解基地的地形空间形象、起伏程度、不同地形类型的分布与比例，从而为各种风景园林工程设施的确定与安排提供依据
坡度	将地形按照使用需求进行坡级划分（如 < 0.3%，0.3%~1%，1%~4%，4%~10%，> 10% 等），从而了解地形的陡缓程度	确定建筑物、构筑物、道路与场地以及不同坡度要求的活动内容的适建性，绿化植被的适栽性；确定地形对土方平衡、设施布局、排水类型与方式选择的影响等	
坡向	了解基地地形不同的坡向位置、分布比例等	确定建筑物、场地的朝向，管线布局的位置等	

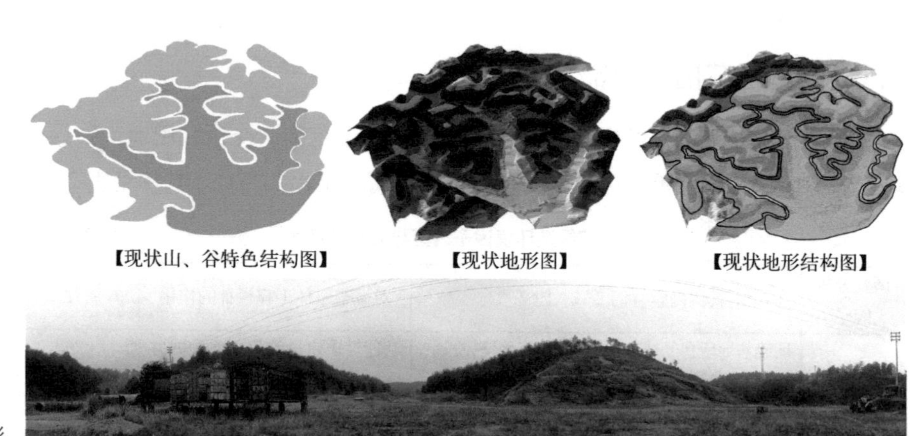

图 2-3 某公园现状地形分析图

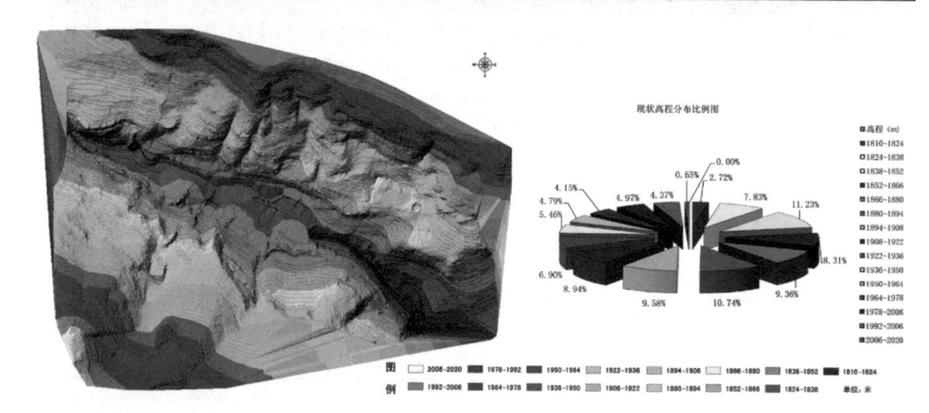

图 2-4 高程分析

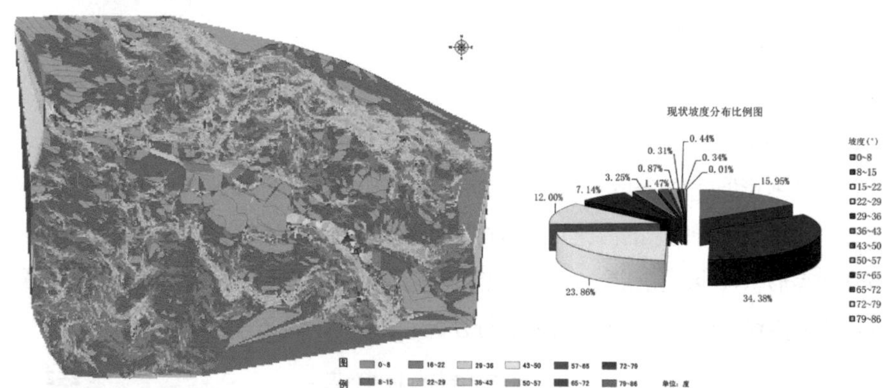

图 2-5 坡度分析

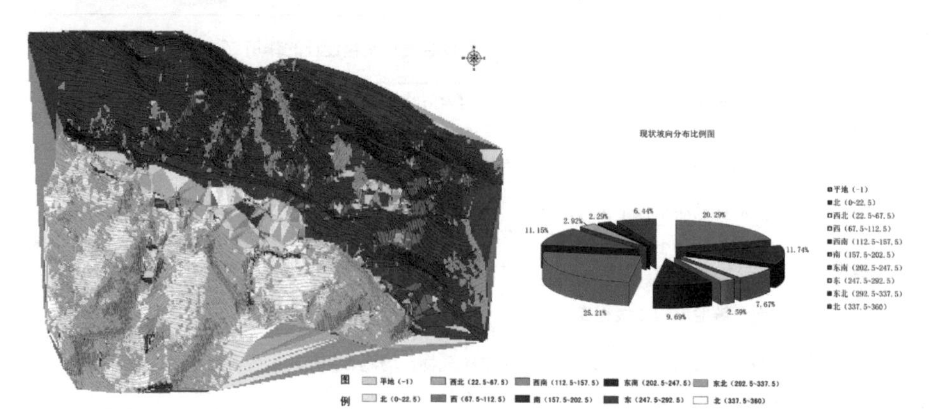

图 2-6 坡向分析

2）地表

风景园林工程对基地自然地表调查分析的内容一般包括水体、植被、土壤等方面的内容，具体调查内容及对风景园林工程的作用见表 2–3~ 表 2–5 和图 2–7~ 图 2–11。

基地水体调查与分析内容表　　表 2–3

调查分析因子	具体内容	对风景园林工程设计的作用	备注
水源	现有水面或水体的来源、位置、与基地外水系的关系、流向与落差、各种水工设施（如水闸、水坝等）的使用情况等	确定水源位置、供水稳定性、水体的流向等	水源可为地表水、地下水或城市供应的自来水等
水面	水面的位置、范围、平均水深；常水位、最低和最高水位、洪涝水面的范围和水位等	确定水体的用途、防洪标准、景观建筑物或构筑物设置的高程、景观活动的安排等	水面形态会影响设计布局的形式
岸带情况	岸带的形式、结构类型、损坏程度、岸带植被、稳定性等	确定水体岸带的合理利用、驳岸设计所采用的形式与结构、水生植被的安排等	可根据岸带长度进行归类划段分析
地下水	地下常水位变化，地下水及现有水面的水质，污染源的位置及污染物的成分等	确定地下水位对水体、建筑物、植被等的影响	
地表排水	包括汇水范围、分水线、汇水线、地表径流、冲沟等	通过利用或改造地形进行场地的排水设计	

基地植被调查与分析内容表　　表 2–4

<table>
<tr><th>调查分析因子</th><th>具体内容</th><th>对风景园林工程设计的作用</th><th>备注</th></tr>
<tr><td>植被范围</td><td>统计分析现有植被的范围、面积大小、绿地率和绿化覆盖率等</td><td>了解现有绿地的基本情况，确定种植规划设计的发展方向与导向</td><td rowspan="8">（1）植被调查分析不能仅限于基地范围，应充分调查基地内外及相似自然气候条件的自然植被，同时也可以通过历史记载进行了解和分析获得
（2）基地范围小，种类不复杂的情况下可直接进行实地调查和测量定位，结合基地图和植物调查表将植物的种类、位置、高度、长势等标出并进行记录
（3）对规模较大、组成复杂的林地可利用林业部门的调查结果，进行抽样调查，确定单位林地中占主导的、丰富的、常见的、偶尔可见的和稀少的植物种类、分布比例等</td></tr>
<tr><td>植物构成</td><td>统计分析乔灌木、常绿树、落叶树、针叶树、阔叶树等的构成比例，保留和利用的可行性等</td><td>确定树种的选择和调配方案、设计植被的季相变化、具有较高观赏价值的乔灌木或树群的保留和利用程度等</td></tr>
<tr><td>水平与垂直分布</td><td>分析现有植被在水平和竖向空间上的比例关系、稳定状态等</td><td>为种植设计提供可参照和借鉴的植物群落构成</td></tr>
<tr><td>郁闭度</td><td>分析现有植被空间的郁闭情况</td><td>不同郁闭度的植被空间会决定规划设计对现有植被的利用或调整程度</td></tr>
<tr><td>林龄</td><td>分析现有植物的生长周期、保留和保护的可能性、是否存在潜在的病虫害危机等</td><td>确定植被的保留、利用或防护等设计措施</td></tr>
<tr><td>林内环境</td><td>分析现有或相关植被的林内环境，对游憩活动的积极或消极影响等</td><td>根据林内环境进行游憩活动的布置与安排，充分利用积极的林内环境，转换或改变消极的林内环境</td></tr>
<tr><td>其他</td><td>了解不同季节主风向上的植物群体的确切位置、高度、挡风面长度以及叶丛或树冠的透风性；与主要景观点或观景点之间的视线关系等</td><td>确定植被与风向的关系、小气候的形成、对景观的遮挡与限定等</td></tr>
</table>

基地土壤调查与分析内容表 **表 2–5**

调查分析内容	对风景园林工程设计的作用	备注
土壤的类型、结构	决定植被的生长、建筑工程的基础、地形改造的广度与强度等	土壤调查中有时可以通过观察当地植物群落中某些能指示土壤类型、肥沃程度及含水量等的指示性植物和土壤的颜色来协助调查
土壤的 pH 值、有机物的含量	对植物的选择和生长、建筑工程的基础形式和材料选择具有决定性作用	
土壤的含水量、透水性	决定地表排水的形式选择、植物种类的选择等	
土壤的承载力、抗剪切强度、安息角	决定建筑物、道路与广场、驳岸等的基础形式，人工建筑工程引起滑坡的可能性大小、地形的设计高度与坡度、植物的栽植等	
土壤冻土层深度、冻土期的长短	会对建筑物、道路与广场的基础、驳岸的形式与结构以及施工方案的确定等产生较大的影响	
土壤受侵蚀状况	决定地表排水设计、土壤稳定性、地形改造等	

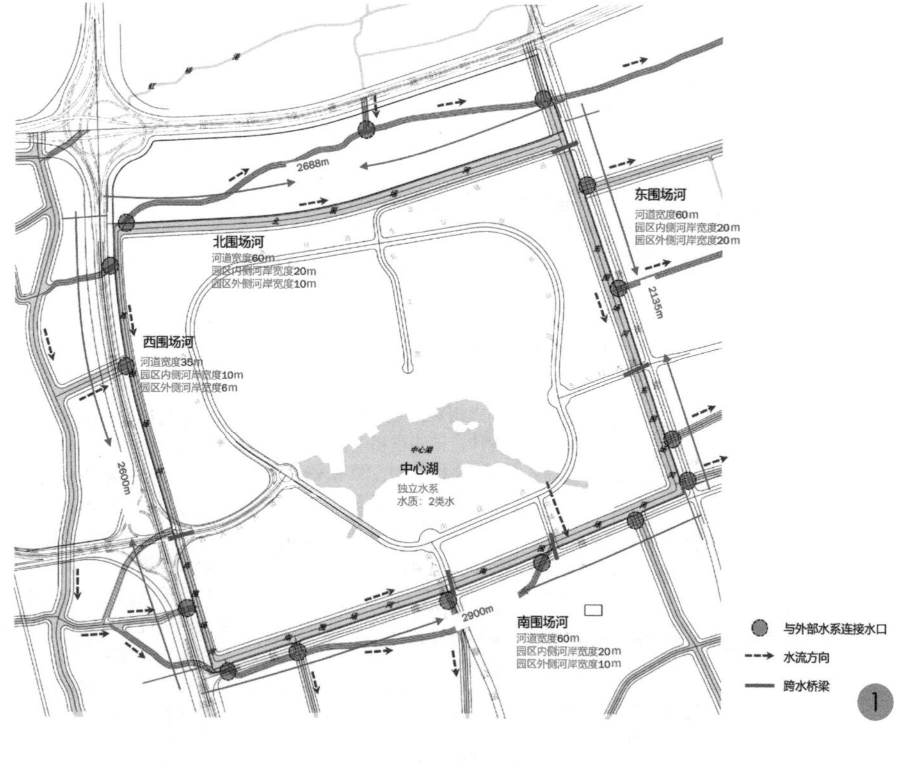

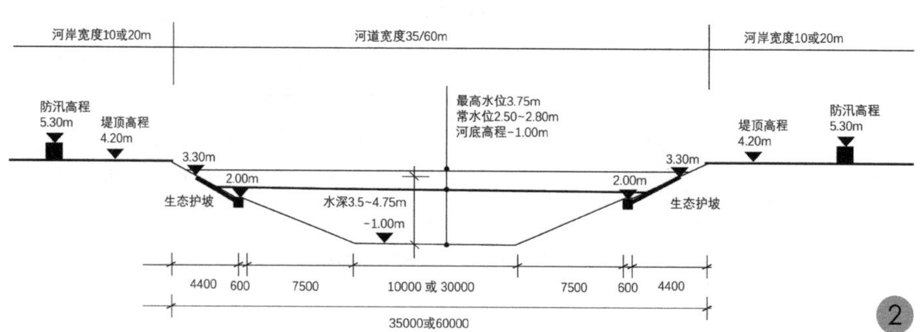

图 2–7 某基地水系现状图
1—平面图；2—断面图

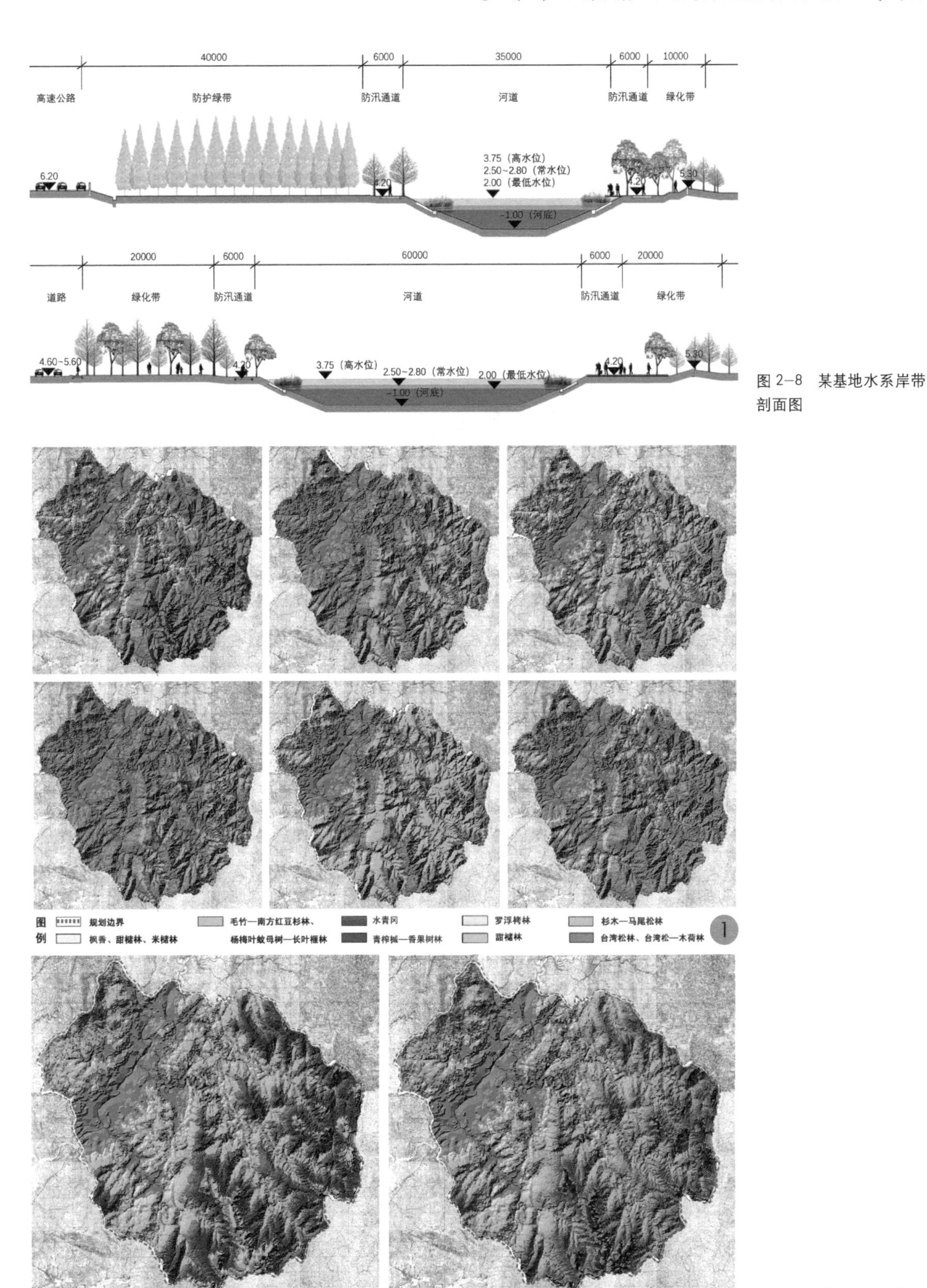

图 2–8 某基地水系岸带剖面图

图 2–9 某风景区基地绿化植被现状分析图
1—林带分布图；2—森林层片结构图；3—森林组成结构图

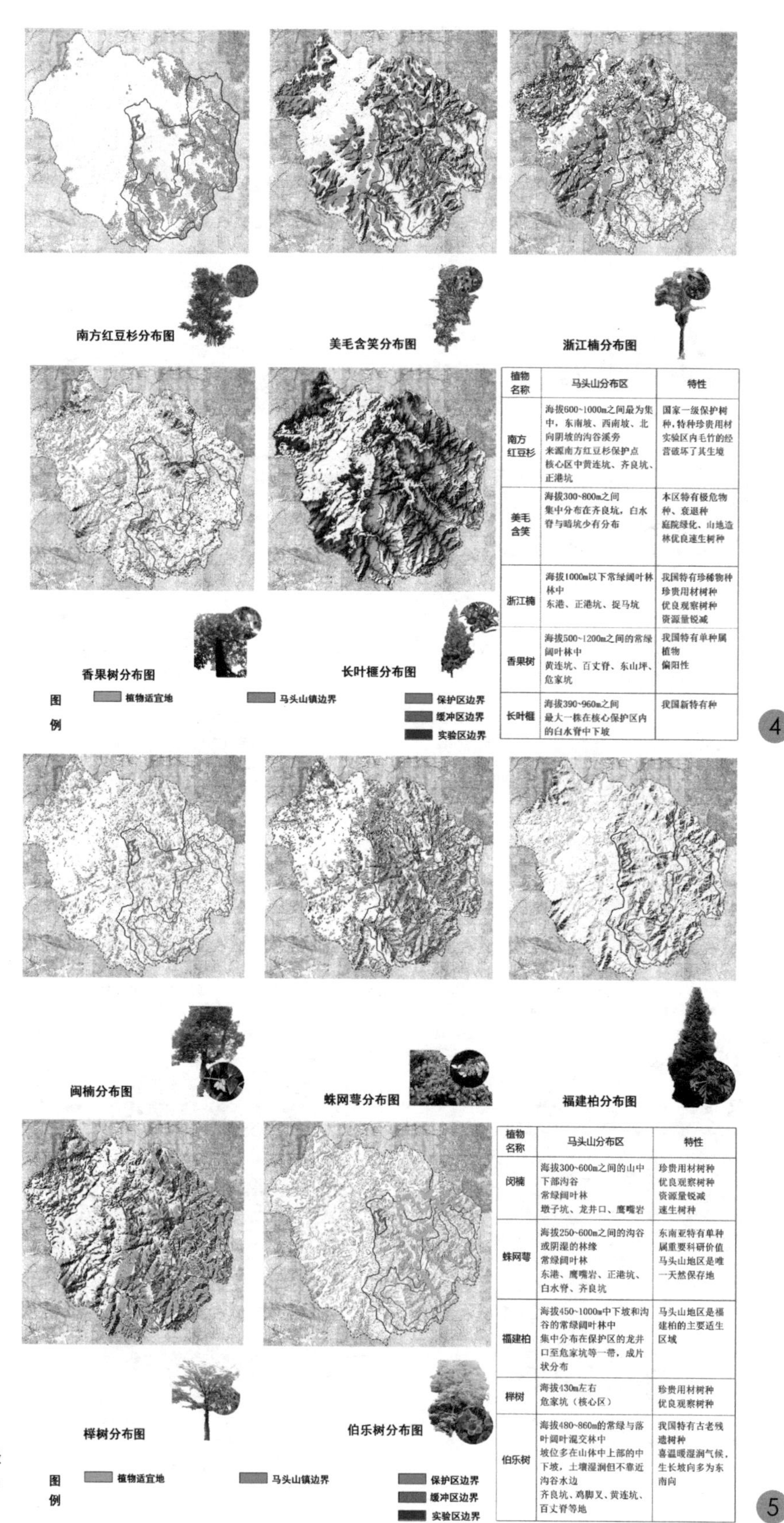

植物名称	马头山分布区	特性
南方红豆杉	海拔600~1000m之间最为集中，东南坡、西南坡、北向阴坡的沟谷溪旁 来源南方红豆杉保护点 核心区中黄连坑、齐良坑、正港坑	国家一级保护树种，特种珍贵用材 实验区内毛竹的经营破坏了其生境
美毛含笑	海拔300~800m之间 集中分布在齐良坑，白水脊与暗坑少有分布	本区特有极危物种、衰退种 庭院绿化、山地造林优良速生树种
浙江楠	海拔1000m以下常绿阔叶林林中 东港、正港坑、捉马坑	我国特有珍稀物种 珍贵用材树种 优良观察树种 资源量锐减
香果树	海拔500~1200m之间的常绿阔叶林中 黄连坑、百丈脊、东山坪、危家坑	我国特有单种属植物 偏阳性
长叶榧	海拔390~960m之间 最大一株在核心保护区内的白水脊中下坡	我国新特有种

植物名称	马头山分布区	特性
闽楠	海拔300~600m之间的山中下部沟谷 常绿阔叶林 墩子坑、龙井口、鹰嘴岩	珍贵用材树种 优良观察树种 资源量锐减 速生树种
蛛网萼	海拔250~600m之间的沟谷或阴湿的林缘 常绿阔叶林 东港、鹰嘴岩、正港坑、白水脊、齐良坑	东南亚特有单种属重要科研价值 马头山地区是唯一天然保存地
福建柏	海拔450~1000m中下坡和沟谷的常绿阔叶林中 集中分布在保护区的龙井口至危家坑等一带，成片状分布	马头山地区是福建柏的主要适生区域
榉树	海拔430m左右 危家坑（核心区）	珍贵用材树种 优良观察树种
伯乐树	海拔480~860m的常绿与落叶阔叶混交林中 坡位多在山体中上部的中下坡，土壤湿润但不靠近沟谷水边 齐良坑、鸡脚叉、黄连坑、百丈脊等地	我国特有古老残遗树种 喜温暖湿润气候，生长坡向多为东南向

图 2-9　某风景区基地绿化植被现状分析图（续图）4、5—珍稀植物分布图

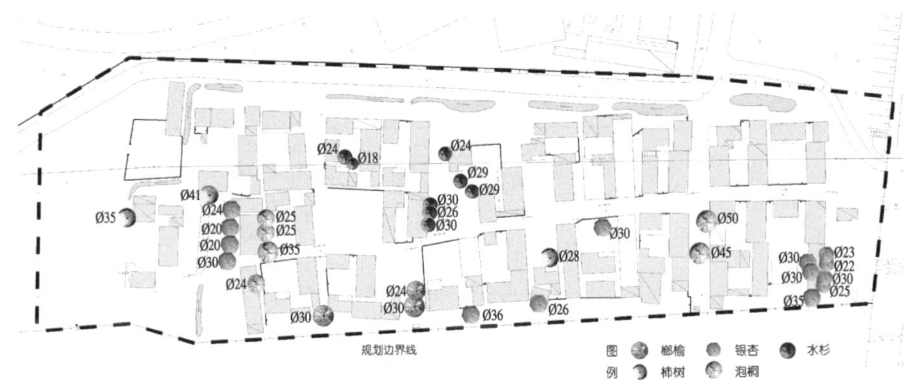

图 2-10 某公园局部现有绿化植被分布图

图 2-11 某基地土壤分析示意图

2. 气象条件

气象条件包括基地所在地区或城市常年积累的气象条件和基地范围内的小气候条件两部分，具体见表 2-6、表 2-7 和图 2-12、图 2-13。

日辐射量由太阳高度角、日照时数、地形坡度和坡向等因素决定。位于自然区域的风景园林工程可采用计算机辅助（如 GIS、AutoCAD 平台软件等）进行地形日照分析，即在地形分析的基础上可先做出地形坡向和坡级分布图，然后分析不同坡向和坡级的日照状况，通常选冬夏两季进行分析。

由于地形关系，通常顺风谷通风良好，其相对通风量与谷的上下底宽和谷深有关，与风向垂直的谷地则通风不佳，且与风向垂直的山脊线后的背风坡的风速比顺风坡要小，山顶和山脊线上多风。在基地中，坡面长、面积大、坡脚段平缓的地形很容易积留冷空气和霜冻，因此晨温较低、湿度较大，不利于一些不耐寒植物的生长。日辐射小、通风良好的坡面夏季较凉爽，日辐射大、通

气象条件调查与分析内容表 **表 2–6**

调查分析因子	具体内容	对风景园林工程设计的作用	备注
日照条件	永久日照区	确定建筑物与活动场地等设施的选址与布置、植被的选择、遮阴建筑物或构筑物的设置等	我国大部分地区建筑物北面的儿童游戏场、花园等应尽量设在永久日照区内
	永久无日照区	活动场地设施的布置、植被的选择等	永久无日照区内应避免设置需要日照的场地与设施
气温	年平均温度，一年中的最低和最高温度	活动场地和设施的布置、植被、水景、铺装材料等的选择、施工期的确定等	
	持续低温或高温阶段的历时天数	植被的选择与生长	持续的低温和高温都会对植物的生长造成较大的影响
	月最低、最高温度和平均温度	植被的选择与生长、设施布局等	
风	各月的风向和强度，夏季及冬季主导风向	活动场地和设施的布局、植物的选择、遮风面、防风林和引风通道的设计等	在城市绿地系统中风向会决定城市绿地的空间布局
降水	年平均降水量、降水天数、阴晴天数	活动场地和设施的布置、植被、铺装材料等的选择、排水体制和方式的选择、施工期的确定等	
	最大暴雨的强度、历时、重现期	排水方式、防洪标准的确立、防洪、防泥石流等自然灾害的预防措施的确定等	

基地小气候条件调查与分析内容表 **表 2–7**

调查分析因子	内容	对风景园林工程设计的作用	备注
小气候	小气候是由于下垫面构造特征如地形、水面、植被、建构筑物等的不同，使得区内日照量和水分收支不一致，从而形成了近地面大气层中局部地段特殊的气候现象 小气候条件需了解基地外围植被、水体及地形对基地小气候的影响，主要可考虑基地的夏季通风、冬季的挡风和空气湿度等几方面；基地内部需分析和评价基地地形起伏、坡向、坡级、植被、地表状况、人工设施等对基地日照、温度、风和湿度等条件的影响，并经由现场的观察，从而确定基地的小气候条件	小气候条件会对风景园林活动场地和设施的布置、植被、水景、铺装材料等的选择，遮风面和引风通道的设计等具有决定性的影响	在地形起伏大的区域、高层建筑等人工设施之间的场地之间往往会形成特殊的小气候空间。而热容、材质不同的建筑材料也由于对日辐射的反射量不同会形成一定的小气候条件 小气候分析应将地形对日照、通风和温度的影响综合起来分析，在地形图中标出某个主导风向下的背风区及其位置、基地小气流方向、易积留冷空气和霜冻地段、阴坡和阳坡等与地形有关的内容

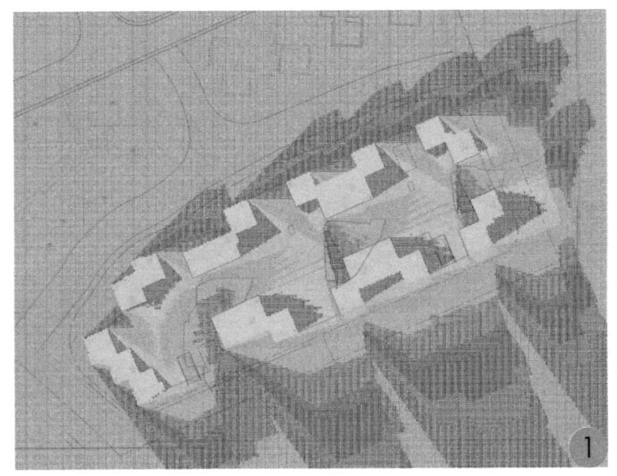

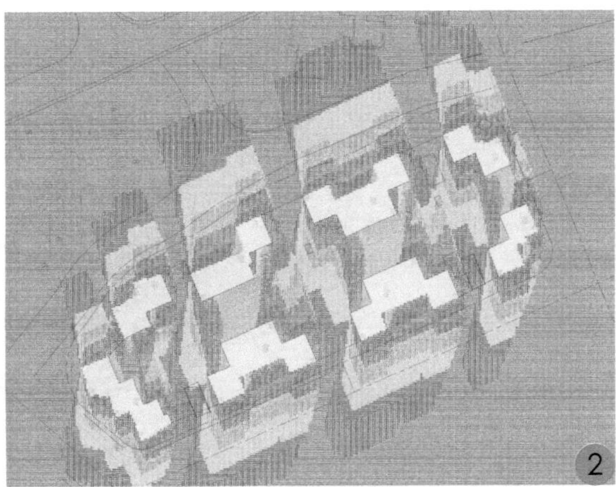

图 2-12　某基地日照分析图
1—夏至日日照分析图；
2—冬至日日照分析图

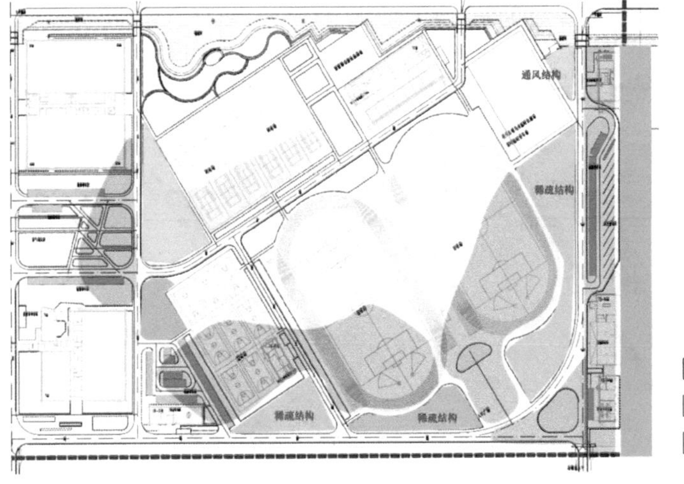

图 2-13　某基地基于风向分析的防风林布局图

风差的坡面冬季较暖（图 2-14）。同时由于建筑布局、水体设置、植物种植、场地铺装等人工设施的干预，会改变场地的小气候条件，当自然风受阻于建筑、建筑阳面与阴面日照条件的不同、场地铺装、水体和绿化等热容的不同等因素相互叠加时，往往会在场地中形成疾风区、旋风区、风道等不利的小气候条件，需要在设计时进行综合流体分析，从而调整人工设施的布局，见图 2-15。

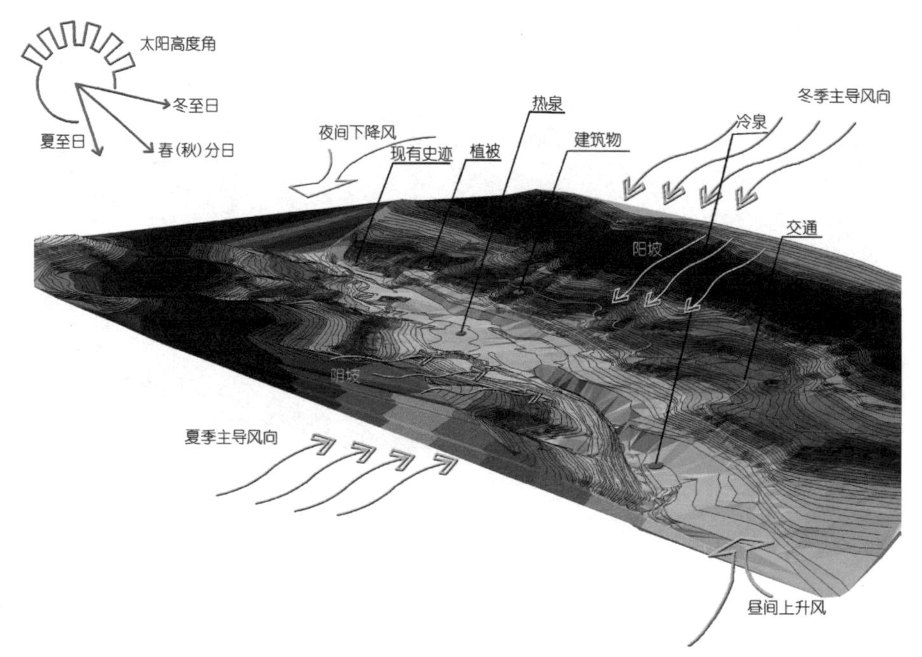

图 2–14 基地小气候分析图

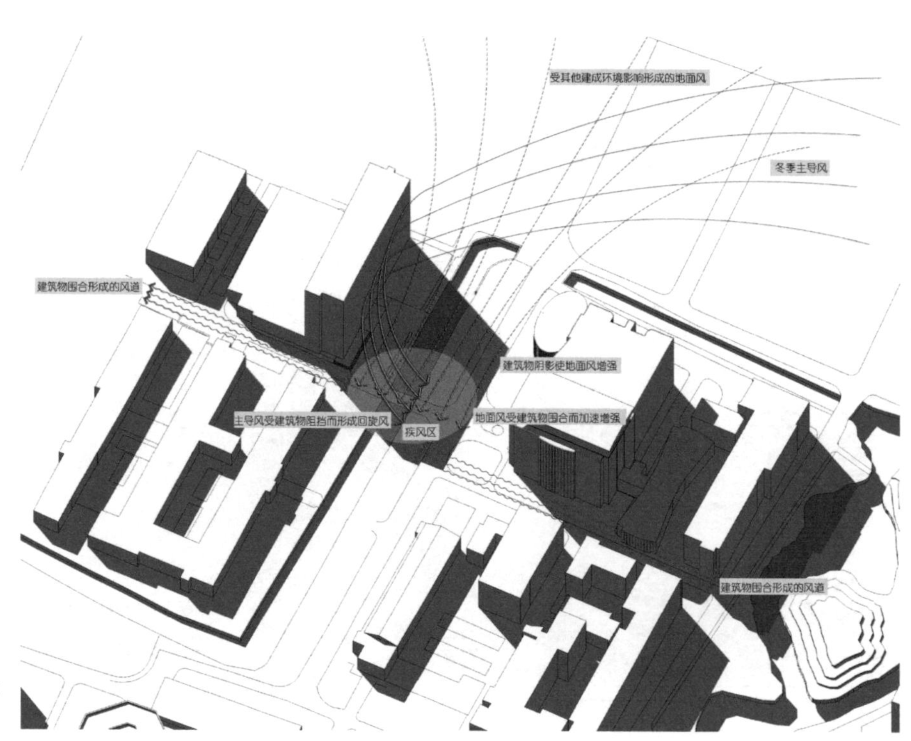

图 2–15 某基地因风环境引发的小气候分析图

2.1.3 基地人工设施

基地人工设施一般包括建筑和构筑物、道路和广场以及各类基础设施等三种类型，调查与分析应针对不同的类型分别考虑（表 2–8 和图 2–16~ 图 2–20）。

基地人工设施调查与分析内容表　　　　表2-8

调查分析因子	具体内容	对风景园林工程设计的作用	备注
建筑和构筑物	了解基地现有的建筑物、构筑物等的使用情况，如年代、层数、结构类型等，景观建筑平面、立面、标高以及与道路的连接情况等	确定建筑物与构筑物保留利用的可能性和可行性	在设计中可充分利用现有建筑和构筑物
道路和广场	了解道路的宽度和等级、道路面层材料、道路平曲线及主要控制点的标高、道路排水形式、道路边沟的尺寸和材料；了解广场的位置、大小、铺装、标高以及排水形式等	确定场地竖向设计、排水的组织、现有道路与广场的利用，材料的选择与利用、植被的布局等	
各种基础设施	包括给水排水、电力电信、燃气、供暖、环卫等基础设施的布局与型制 需充分了解现场的地上和地下管线，包括电力电缆、电信电缆、给水管、排水管、煤气管等各种管线。区别供区内使用和过境管线的种类，了解它们的位置、走向、长度，每种管线的管径和埋深以及其他一些技术参数，如高压输电线的电压、区内或区外邻近给水管线的流向、水压和闸门井位置、燃气管线的压力、环卫设施的收集与处理能力等	确定设计基础设施的布局与现状各种管线的衔接、现有管线的利用、植被规划设计与管线的避让关系等	基础设施布局和管线综合是风景园林规划设计的一个重要组成部分，在设计前要充分调查基地内外的现有设施的位置、技术参数及管网布局等情况

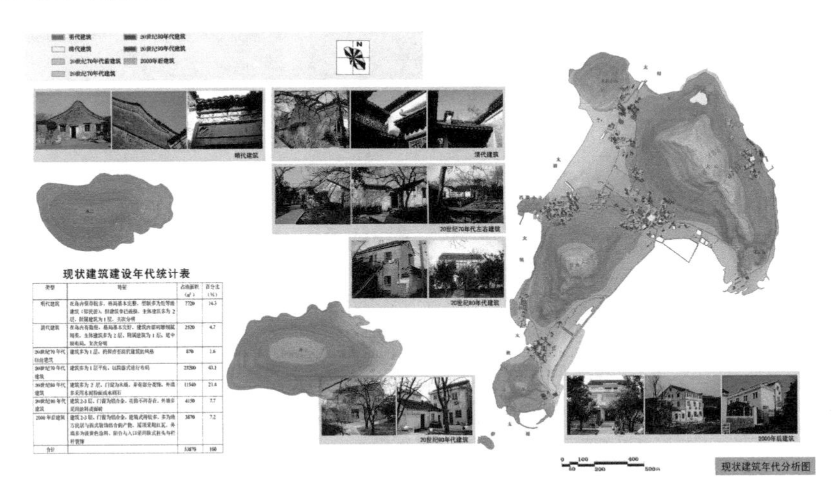

图2-16　某景区现状建筑建造年代分析图

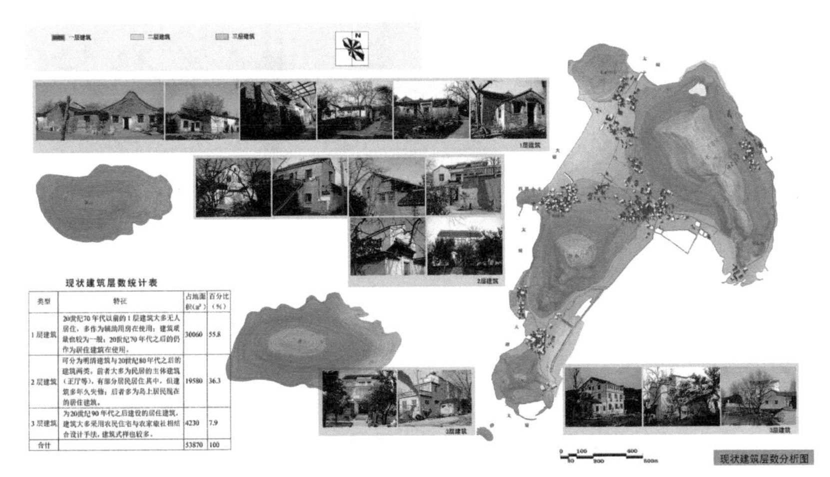

现状建筑层数统计表

类型	特征	占地面积（m²）	百分比（%）
1层建筑	20世纪70年代以前的1层建筑大多无人居住，多作为辅助用房在使用；建筑质量也较为一般；20世纪70年代之后的仍作为居住建筑在使用。	30060	55.8
2层建筑	可分为明清建筑与20世纪80年代之后的建筑两类。前者大多为民居的主体建筑（正厅等），有部分居民居住其中，但建筑多年久失修；后者多为岛上居民现在的居住建筑。	19580	36.3
3层建筑	为20世纪90年代之后建设的居住建筑，建筑大多采用农民住宅与农家旅社相结合设计手法，建筑式样也较多。	4230	7.9
合计		53870	100

图2-17　某景区现状建筑层数分析图

图 2–18 某公园现状建筑构筑物分析图

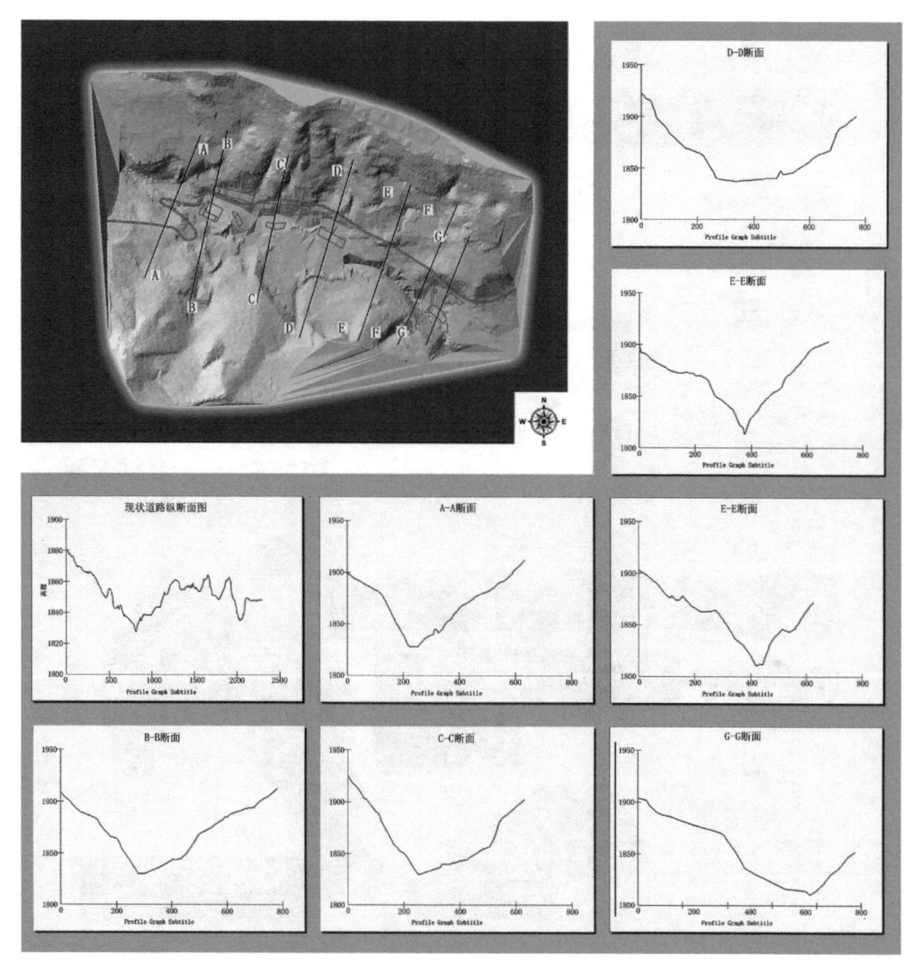

图 2–19 某景区现状道路分析图

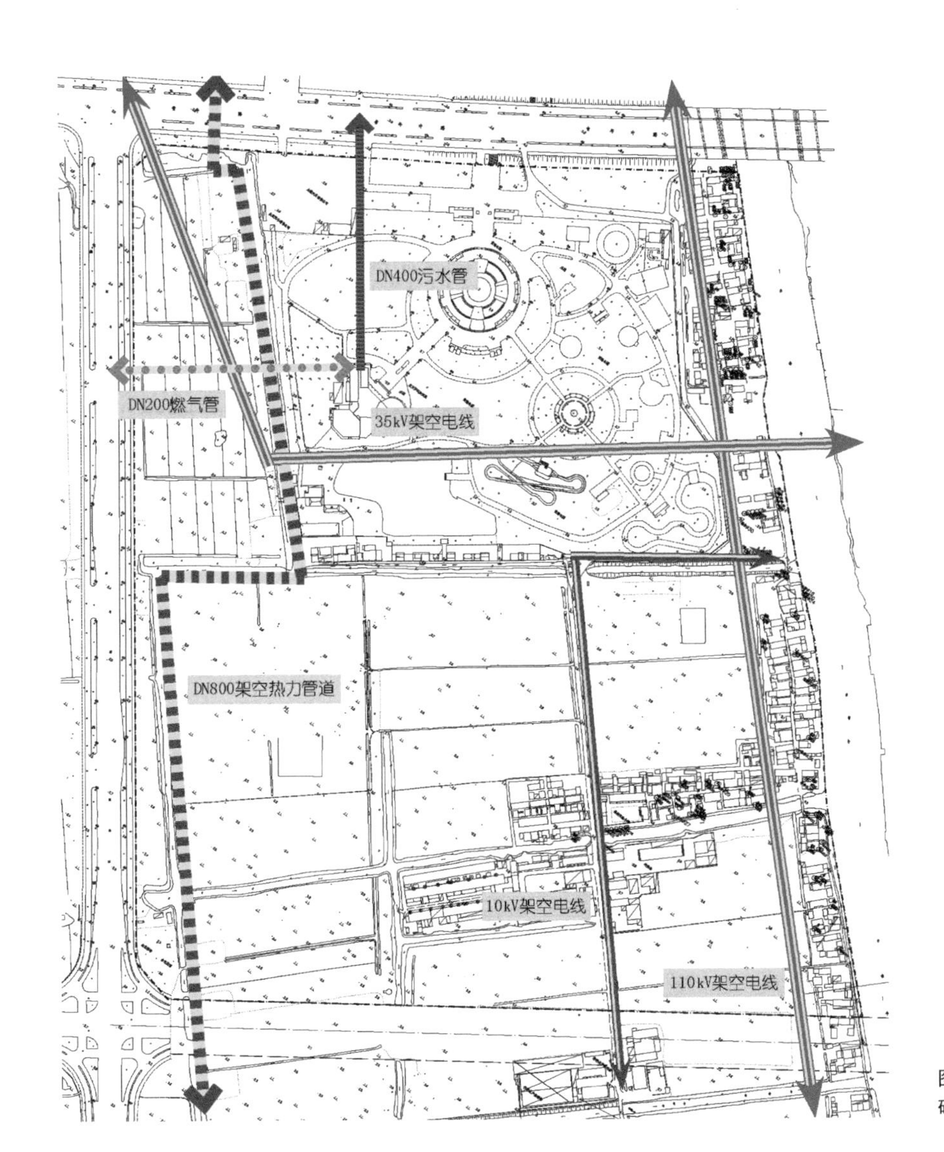

图 2-20 某公园基地基础工程管线现状分析图

2.1.4 基地视觉景观

基地视觉景观包括基地内的景观和从基地中所见到的周围环境景观，其景观质量需要经实地踏查后才能做出评价。在踏查中常用速写、拍照或记笔记等方式记录一些现场视觉印象，对较大型的基地无法进入的，可借由计算机进行模拟分析（表 2-9 和图 2-21、图 2-22）。

基地视觉质量调查与分析内容表 表 2-9

调查分析因子	具体内容	对风景园林工程设计的作用	备注
基地现状景观	对基地中的植被、水体、地形和建筑等组成的景观从形式、历史文化及特异性等方面去评价其优劣，并将结果分别标记在景观调查现状图上，同时标出主要观景点和景观点的平面位置、标高、视域范围等	基地现状景观会决定景观单元的组织、游览路线的安排、视觉通廊的设置、景点和观景点的设置等内容的设计	充分认识与评价基地的现状景观特征，会决定设计的布局特征

续表

调查分析因子	具体内容	对风景园林工程设计的作用	备注
环境景观	环境景观也称介入景观，是指基地外的可视景观，它们各自有各自的视觉特征，根据它们自身的视觉特征可确定它们对将来基地景观形成所起的作用。现状景观视觉调查结果可用图纸和文字结合的方式表示，在图上应标出确切的观景位置、视轴方向、视域、清晰程度（景观的远近）以及简略的评价等	决定设计的内外借景、对景的安排与组织、景观视觉规划设计等	内外景观的互动一直是中国古典园林设计追求的境界

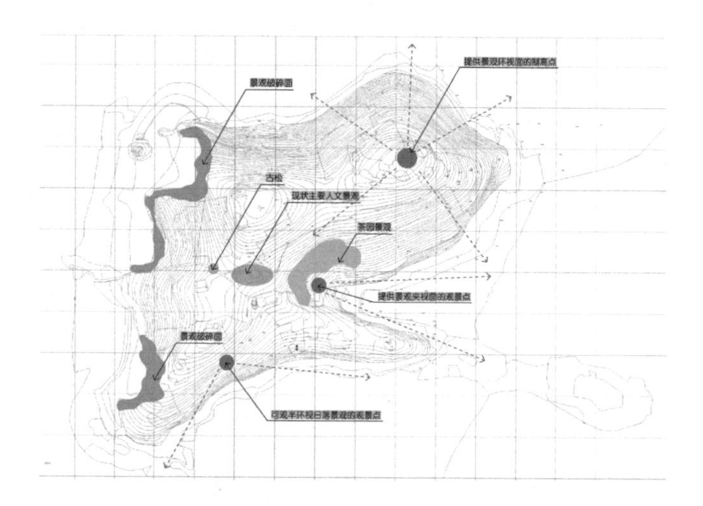

图 2-21　某景区基地现状视觉景观分析图

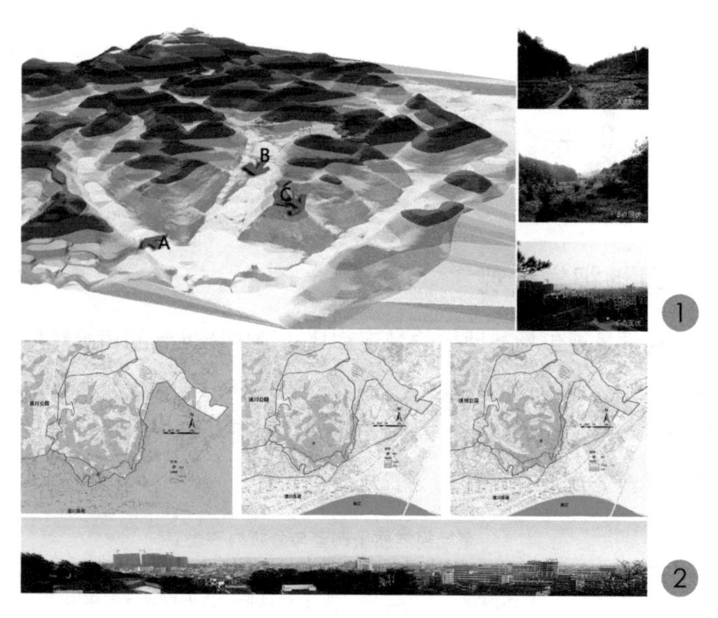

图 2-22　某公园视域模拟分析图
1—视线选点分析图；
2—不同视点视域分析图

2.1.5　基地社会、经济、人文等非物质因素

基地的非物质因素既包含社会因素、经济因素，还包含诸如历史、风俗等人文因素，具体内容见表 2-10 和图 2-23。

基地非物质因素调查与分析内容表　　　　**表 2–10**

调查分析因子	具体内容	对风景园林工程设计的作用	备注
社会因素	基地所在地区的社会结构、制度等	非物质因素会决定风景园林规划设计对地方特色、历史延续等方面的体现程度，同时地方的社会、经济、人文等因素会决定风景园林设施的布局形式和规模、风景园林的审美价值等	在风景区、历史地区等区域进行风景园林设计时，社会、经济、人文等非物质因素的调查与分析是在规划设计中体现地方性非常重要的手段
经济因素	基地所在地区的产业结构、经济发展现状、消费结构等		
人文因素	基地所在区域或地区的历史发展、地域文化、名人、典故、风俗风情等		

图 2–23　某风景园林工程项目所在区非物质因素分析图

2.2　风景园林工程的图解表达内容

为了规范地进行建设工程图纸的表达，国家具有一系列的规范规定。在全面介绍风景园林工程的组成和设计前，需要先对风景园林工程在图解表达中需要注意的规范标准进行了解和掌握。

2.2.1　图纸图框

1. 图纸图框幅面规格

根据《房屋建筑制图统一标准》GB/T 50001—2017 的有关规定，图纸幅面及图框尺寸，一般包括五种规格，分别是 A0 图框、A1 图框、A2 图框、A3 图框、A4 图框，具体规格，如表 2–11 所示。

图纸图框幅面规格表　　　　**表 2–11**

图纸图框	尺寸规格（长 × 宽，mm × mm）	备注
A0 图框	1181 × 841	在实际工作中，A4 图框一般较为少用，当采用加长图纸时，对图纸长边进行加长，加长幅度以长边的 1/4、1/2、3/4、1 等依次递增
A1 图框	841 × 594	
A2 图框	594 × 420	
A3 图框	420 × 297	
A4 图框	297 × 210	

2. 图框填写内容

图框内的填写内容一般包括标题栏和会签栏两个部分（图 2–24）。

标题栏的填写内容一般如下：

1）建设单位：填写建设工程设计合同中的发包人或委托方。

2）工程名称：填写建设工程设计合同中的工程名称。

3）工程编号：填写建设工程设计合同中的合同编号。

4）项目名称：填写由工程负责人确定的各单项工程的名称。

5）设计人员签字栏：由相应的设计人员手签，不能跨栏填写，每栏后的日期均要填写。

6）图纸名称：填写该张图纸的图名。

7）专业：填写风景园林（景观或园林）、建筑、结构、给排水、暖通、强电、弱电等字样。

8）设计阶段：根据工程设计阶段填写方案、初步设计或施工图。

9）图号：填写相应的图纸顺序号。

10）修改版次：填写图纸的不同修改版次，可为：A 版、B 版、C 版……

11）修改说明：按照需要自下而上填写，填写时必须先注明修改版次，每次修改的部分需在图纸上圈出。

由于不同设计单位对标题栏的内容不尽相同，可根据以上内容进行适当增减。

会签栏的填写内容一般应填写会签人员所代表的专业、姓名、日期（年、月、日）等；一个会签栏不够时，可另加一个，两个会签栏应并列；不需会签的图纸可不设会签栏。

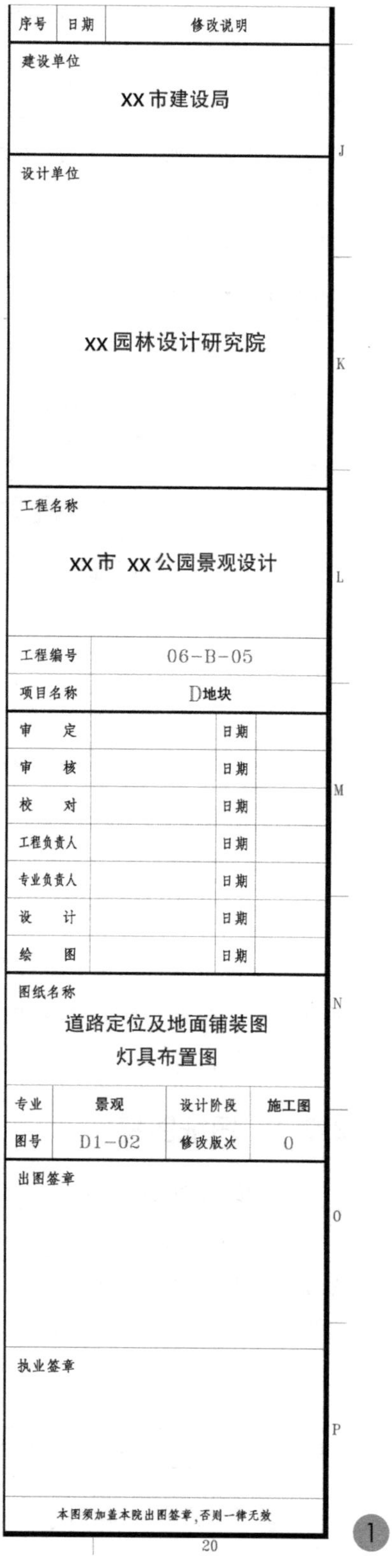

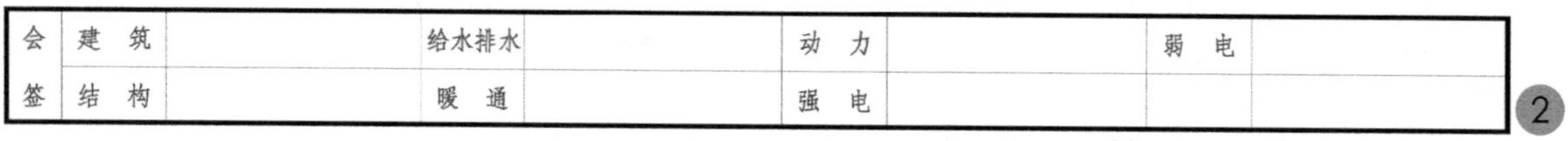

序号	日期	修改说明	
建设单位 XX 市建设局			
设计单位 XX 园林设计研究院			
工程名称 XX 市 XX 公园景观设计			
工程编号	06–B–05		
项目名称	D地块		
审　定		日期	
审　核		日期	
校　对		日期	
工程负责人		日期	
专业负责人		日期	
设　计		日期	
绘　图		日期	
图纸名称 道路定位及地面铺装图 灯具布置图			
专业	景观	设计阶段	施工图
图号	D1–02	修改版次	0
出图签章			
执业签章			
本图须加盖本院出图签章，否则一律无效			

20

1

会	建　筑		给水排水		动　力		弱　电	
签	结　构		暖　通		强　电			

2

图 2–24　图框标题与会签栏

1—标题栏；2—会签栏

3. 图纸编排顺序

风景园林工程图纸应按专业顺序编排，一般应为图纸目录、设计说明、总图、景观图、建筑图、结构图、给水排水图、电气图等。

各专业的图纸，应该按图纸内容的主次关系、逻辑关系，有序排列。

4. 图纸比例

图样的比例,应为图形与实物相对应的线性尺寸之比。比例的符号为"："，比例应以阿拉伯数字表示，如 1 ： 1、1 ： 2、1 ： 100 等。比例宜注写在图名的右侧，字的基准线应取平，比例的字高宜比图名的字高小一号或二号。绘图所用的比例，应根据图样的用途与所绘对象的复杂程度，从表 2–12 中选用，并优先选用表中常用比例。一般情况下，一个图样应选用一种比例。根据专业制图需要，同一图样可选用两种比例。特殊情况下也可自选比例，这时除应注出绘图比例外，还必须在适当位置绘制出相应的比例尺。一般在风景园林工程中施工图设计比例不宜小于 1 ： 500，详细规划比例多在 1 ： 500 ～ 1 ： 2000 之间，分区或控制性引导规划多选择 1 ： 2000 ～ 1 ： 5000，总体规划比例多小于 1 ： 10000。

风景园林工程绘图所用比例表　　**表 2–12**

类型	比例
常用比例	1 ： 1、1 ： 2、1 ： 5、1 ： 10、1 ： 50、1 ： 100、1 ： 150、1 ： 200、1 ： 500、1 ： 1000、1 ： 2000、1 ： 5000、1 ： 10000、1 ： 20000
可用比例	1 ： 3、1 ： 4、1 ： 6、1 ： 15、1 ： 25、1 ： 30、1 ： 40、1 ： 60、1 ： 80、1 ： 250、1 ： 300、1 ： 400、1 ： 600、1 ： 50000、1 ： 100000、1 ： 200000

2.2.2　风景园林工程设计的平面定位

风景园林工程设计的平面定位方法一般可分为坐标定位法（图 2–25)、网格定位法（图 2–26)、标注定位法（图 2–27）及综合定位法等多种方法(表 2–13)。

1. 坐标与网格

坐标标注与网格标注是风景园林工程图纸中常用的两种定位方法，在使用过程中需要满足如下要求：

1）总图应按上北下南方向绘制。根据场地形状或布局，可向左或右偏转，但不宜超过 45°。总图中应绘制指北针或风玫瑰图。

2）坐标网格应以细实线表示。测量坐标网应画成交叉十字线，坐标代号宜用"X、Y"表示；建筑坐标网应画成网格通线，坐标代号宜用"A、B"表示（图 2–28)。坐标值为负数时，应注"–"号，为正数时，"+"号可省略。

3）总平面图上有测量和建筑两种坐标系统时，应在附注中注明两种坐标系统的换算公式。

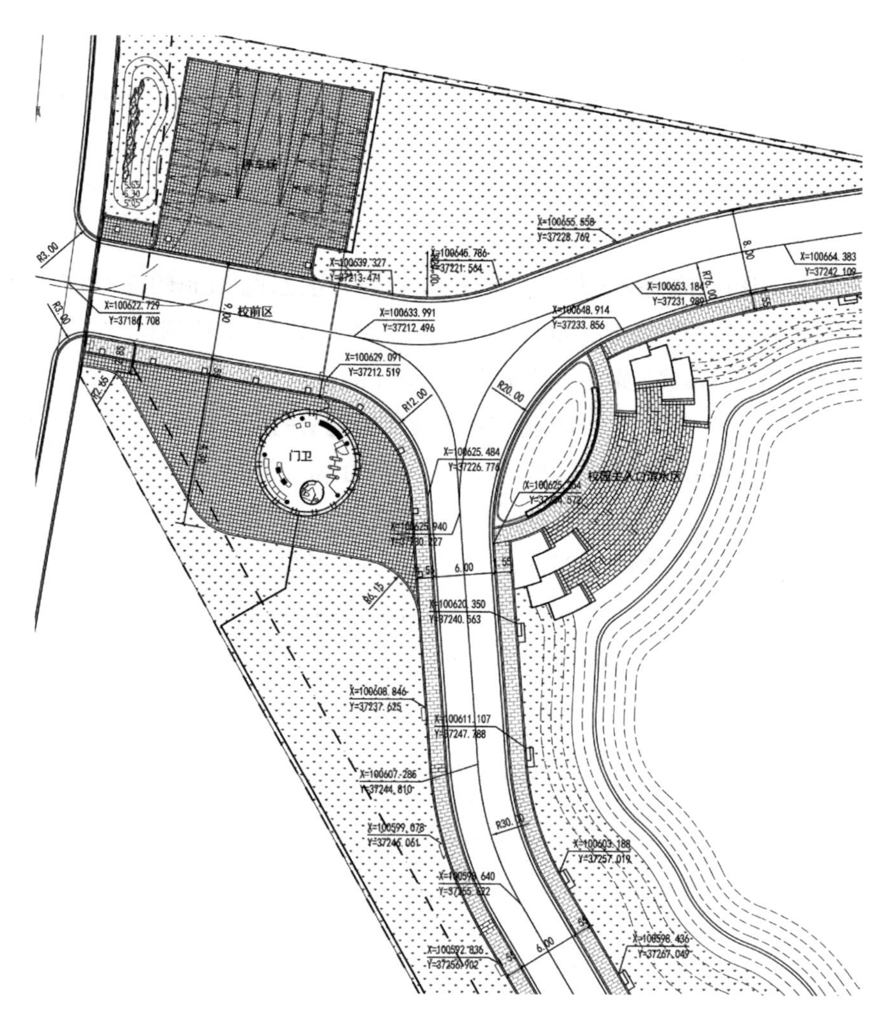

图 2-25 坐标定位法

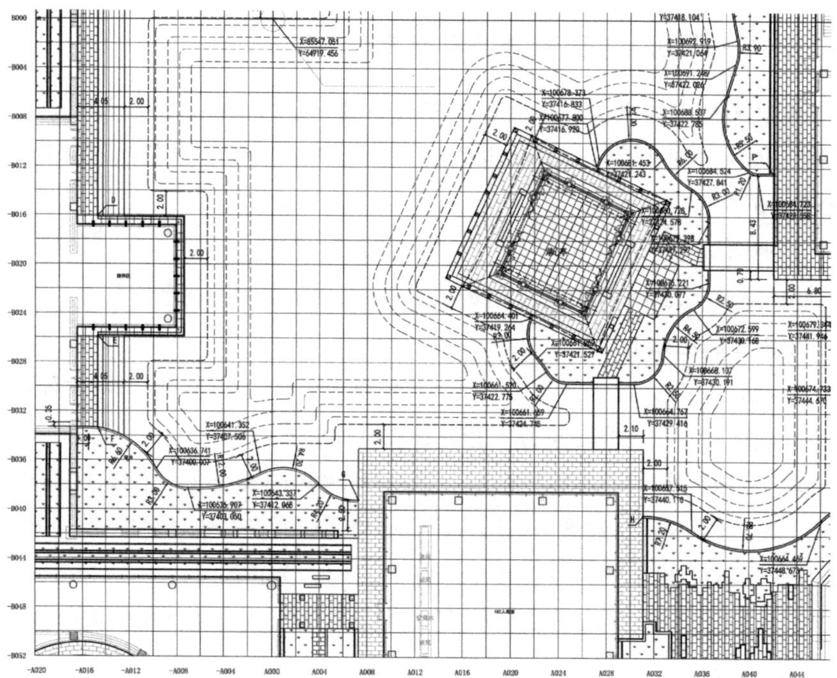

图 2-26 网格定位法

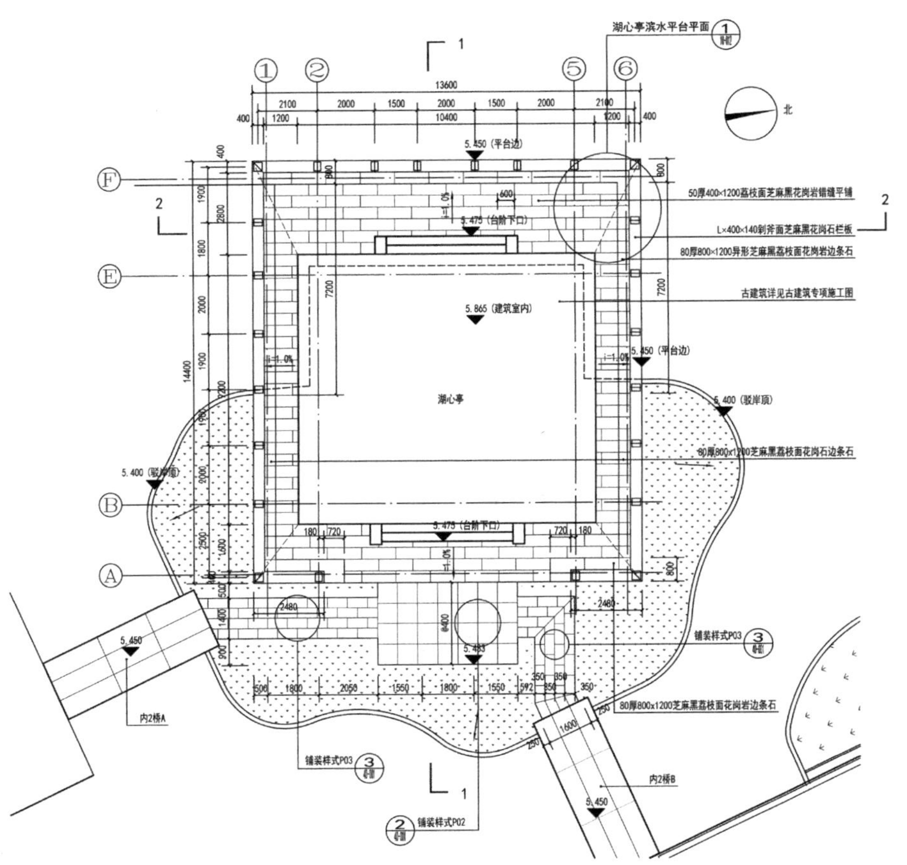

图 2–27　标注定位法

风景园林工程设计的平面定位方法及适用范畴表　　**表 2–13**

方法	适用范畴
坐标定位法	多用于笔直的道路、规则的场地以及各类工程管线等的定位
网格定位法	多用于蜿蜒曲直的道路、不规则场地等的定位，以及竖向地形设计、自然绿化种植等的平面定位
标注定位法	多用于由几何线和几何面组成的道路和场地、规则式种植、景观建筑与构筑物等的定位
综合定位法法	以上三种方法的综合利用

4）表示建筑物、构筑物位置的坐标，宜标注其三个角的坐标，如建筑物、构筑物与坐标轴线平行，可注其对角坐标。

5）表示道路位置的坐标，标注道路中心线起点、终点、交点、转折点等；规则场地的坐标如方形标注三个角的坐标，如与坐标轴线平行，可注其对角坐标；如场地为圆形，标注其圆心坐标。

6）在一张图上，主要道路、场地、建筑物、构筑物等用坐标定位时，较小的建筑物、构筑物等也可用相对尺寸定位。

7）建筑物、构筑物、管线等应标注下列部位的坐标或定位尺寸：

A 建筑物、构筑物的定位轴线（或外墙面）或其交点。

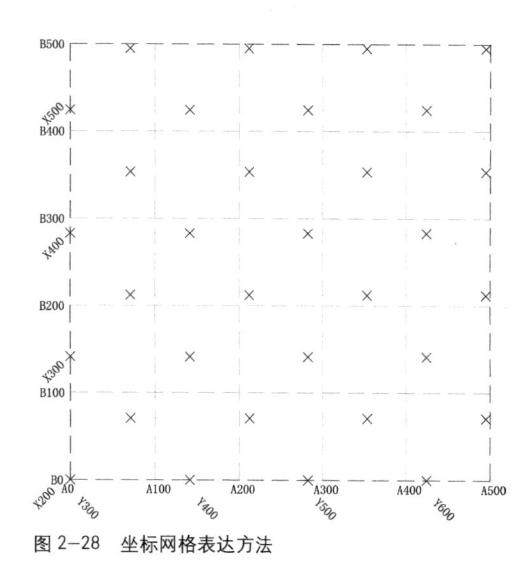

图 2-28　坐标网格表达方法

B 圆形建筑物、构筑物的中心。

C 皮带走廊的中线或其交点。

D 管线（包括管沟、管架或管桥）的中线或其交点。

E 挡土墙墙顶外边缘线或转折点。

8）坐标宜直接标注在图上，如图面无足够位置，也可列表标注（图中点及表格）。

9）在一张图上，如坐标数字的位数太多时，可将前面相同的位数省略，其省略位数应在附注中加以说明。

2. 定位轴线

在风景园林工程尤其是园林建筑工程图纸制作中，常需要以轴线进行定位和标注。定位轴线应符合如下规定：

1）定位轴线应用细点画线绘制。

2）定位轴线一般应编号，编号应注写在轴线端部的圆内。圆应用细实线绘制，直径为 8~10mm。定位轴线圆的圆心，应在定位轴线的延长线上或延长线的折线上。

3）平面图上定位轴线的编号，宜标注在图样的下方与左侧。横向编号应用阿拉伯数字，从左至右顺序编写，竖向编号应用大写拉丁字母，从下至上顺序编写（图 2-29）。

4）拉丁字母的 I、O、Z 不得用做轴线编号。如字母数量不够使用，可增用双字母或单字母加数字注脚，如 AA、BA……YA 或 A1、B1……Y1。

5）组合较复杂的平面图中定位轴线也可采用分区编号（图 2-30），编号的注写形式应为“分区号—该分区编号”。分区号采用阿拉伯数字或大写拉丁字母表示。

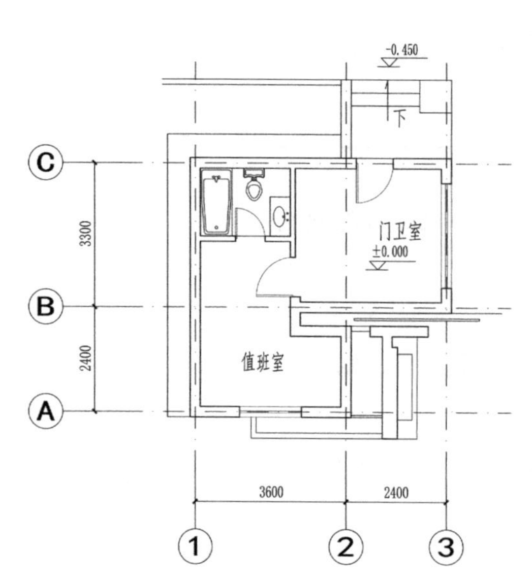

图 2-29　平面图定位轴线

6）附加定位轴线的编号，应以分数形式表示，并应按下列规定编写：

两根轴线的附加轴线，应以分母表示前一轴线的编号，分子表示附加轴线的标号，编号易用阿拉伯数字顺序编写，如：

($\frac{1}{2}$)表示 2 号轴线之后附加的第 1 根轴线；

($\frac{3}{B}$)表示 B 号轴线之后附加的第 3 根轴线。

1 号或 A 号轴线之前的附加轴线的分母应以 01 或 0A 表示，如：

($\frac{1}{01}$)表示 1 号轴线之前附加的第 1 根轴线；

($\frac{3}{0A}$)表示 A 号轴线之前附加的第 3 根轴线。

7）一个详图适用于几根轴线时，应同时注明各

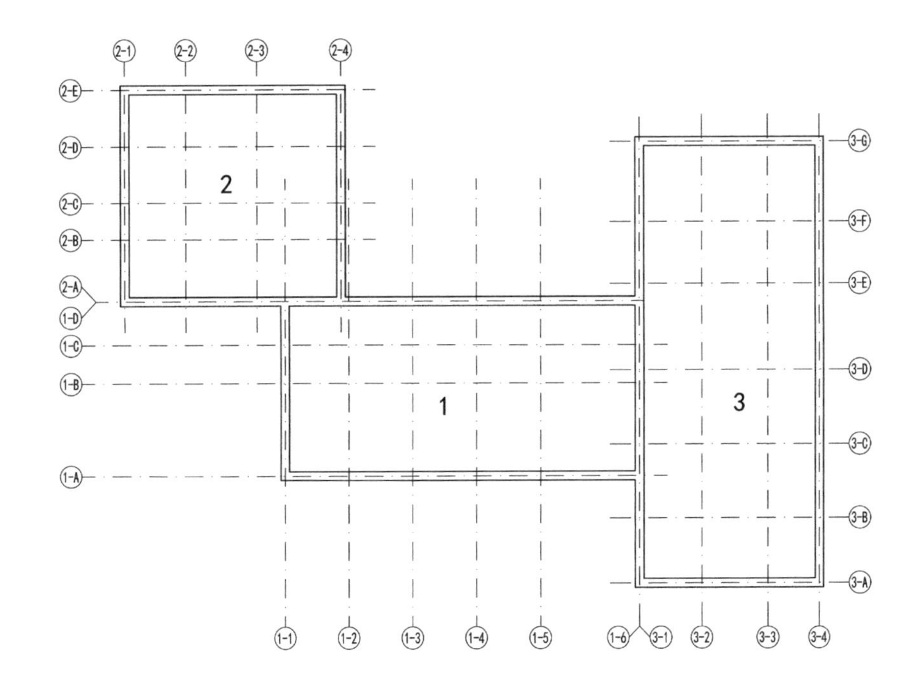

图 2–30 分区定位轴线

有关轴线的编号（图 2–31）。

8）通用详图中的定位轴线，应只画圆，可不注写轴线编号（图 2–32）。

9）圆形平面图中定位轴线的编号，其径向轴线宜用阿拉伯数字表示，从左下角开始，按逆时针顺序编写；其圆周轴线宜用大写拉丁字母表示，从外向内顺序编写（图 2–33）。

10）折线形平面图中定位轴线的编号可按如图 2–34 所示的形式编写。

3. 尺寸标注

1）尺寸界线、尺寸线及尺寸起止符号

（1）图样上的尺寸，包括尺寸界线、尺寸线、尺寸起止符号和尺寸数字（图 2–35）。

（2）尺寸界线应用细实线绘制，一般应与被注长度垂直，其一端应离开图样轮廓线不小于 2mm，另一端宜超出尺寸线 2~3mm。图样轮廓线可用作尺寸界线（图 2–36）。

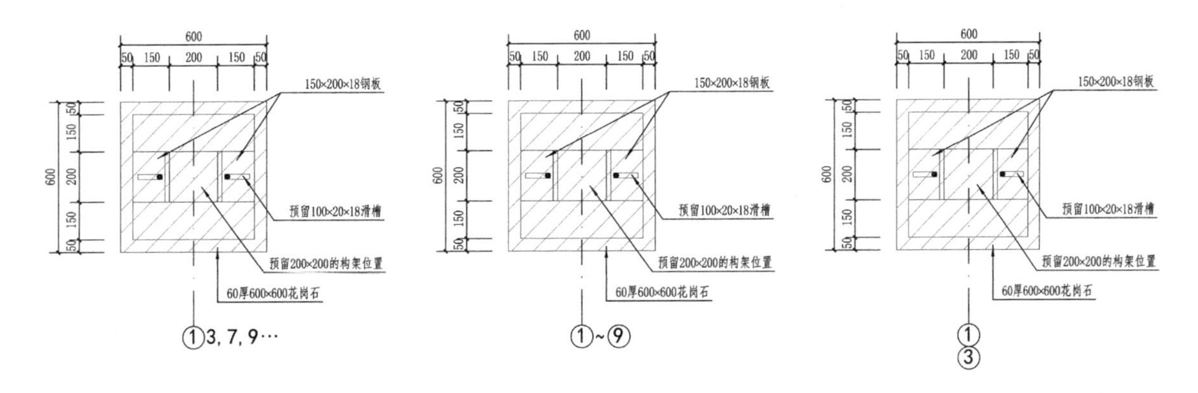

图 2–31 详图轴线标注

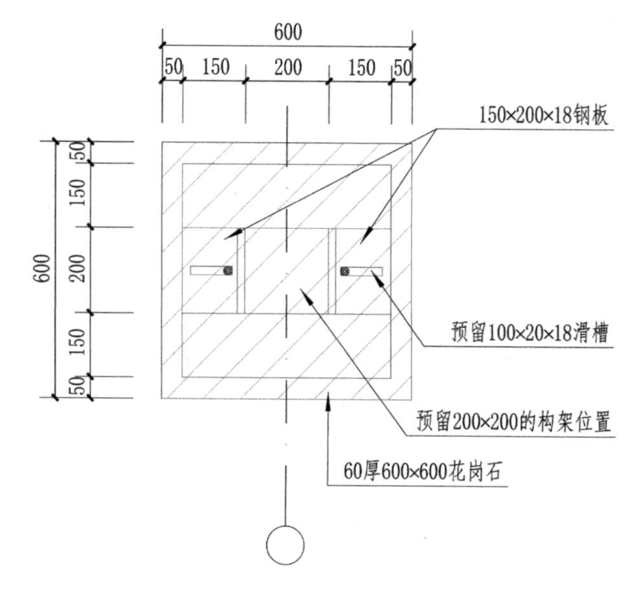

图 2–32　通用详图轴线

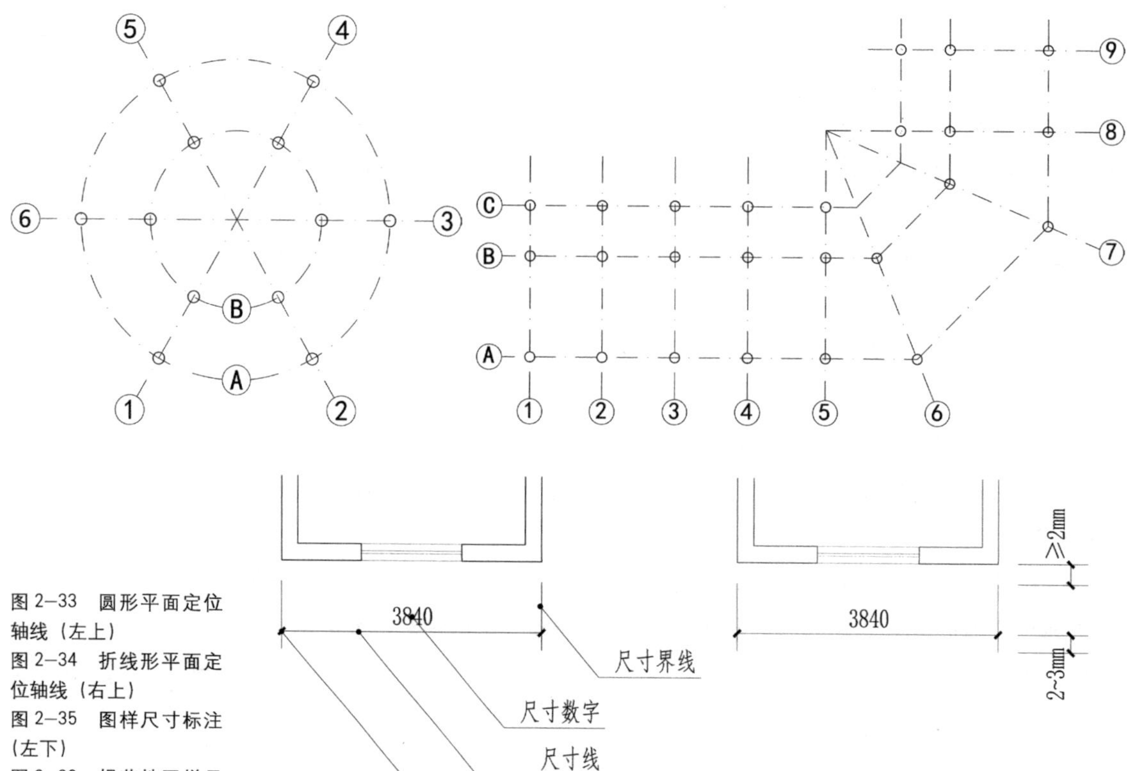

图 2–33　圆形平面定位轴线（左上）
图 2–34　折线形平面定位轴线（右上）
图 2–35　图样尺寸标注（左下）
图 2–36　规范性图样尺寸标注（右下）

（3）尺寸线应用细实线绘制，应与被注长度平行。图样本身的任何图线均不得用作尺寸线。

（4）尺寸起止符号一般用中粗斜短线绘制，其倾斜方向应与尺寸界线成顺时针 45° 角，长度宜为 2~3mm。半径、直径、角度与弧长的尺寸起止符号，宜用箭头表示。

2）尺寸数字

（1）图样上的尺寸，应以尺寸数字为准，不得从图上直接量取。

（2）图样上的尺寸单位，除标高及总平面以米为单位外，其他必须以毫米为单位。

（3）尺寸数字一般应依据其方向注写在靠近尺寸线的上方中部。如没有足够的注写位置，最外边的尺寸数字可注写在尺寸界线的外侧，中间相邻的尺寸数字可错开注写。

3）尺寸的排列与布置

（1）尺寸宜标注在图样轮廓以外，不宜与图线、文字及符号等相交。

（2）互相平行的尺寸线，应从被注写的图样轮廓线由近向远整齐排列，较小尺寸应离轮廓线较近，较大尺寸应离轮廓线较远（图 2–37）。

（3）图样轮廓线以外的尺寸界线，距图样最外轮廓之间的距离，不宜小于10mm。平行排列的尺寸线的间距，宜为 7~10mm，并应保持一致。

（4）总尺寸的尺寸界线应靠近所指部位，中间的分尺寸的尺寸界线可稍短，但其长度应相等。

4）半径、直径、球的尺寸标注

（1）半径的尺寸线应一端从圆心开始，另一端画箭头指向圆弧。半径数字前应加注半径符号“R”（图 2–38）。

（2）较小圆弧的半径，可按图 2–39 形式标注。

（3）较大圆弧的半径，可按图 2–40 形式标注。

（4）标注圆的直径尺寸时，直径数字前应加直径符号“ϕ”。在圆内标注的尺寸线应通过圆心，两端画箭头指至圆弧（图 2–41）。

（5）较小圆的直径尺寸，可标注在圆外。

（6）标注球的半径尺寸时，应在尺寸前加注符号“SR”。标注球的直径尺

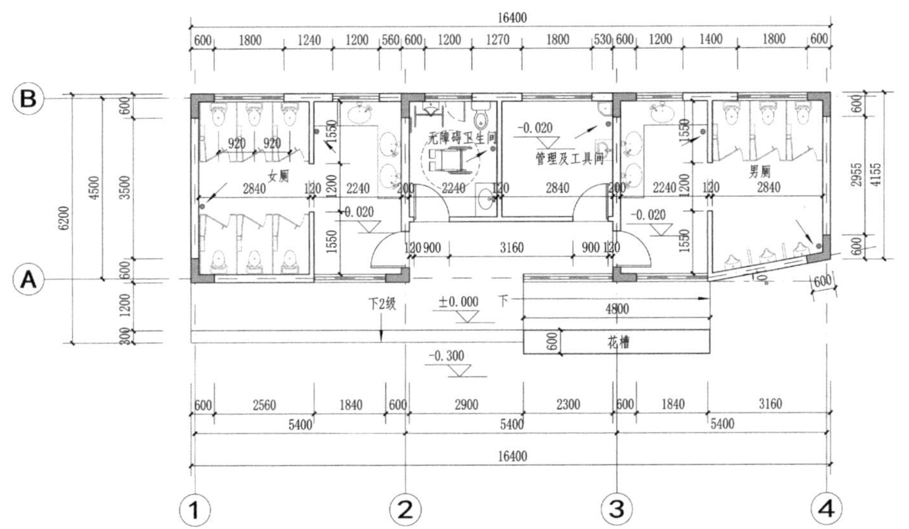

图 2–37 图样尺寸的排列与布置

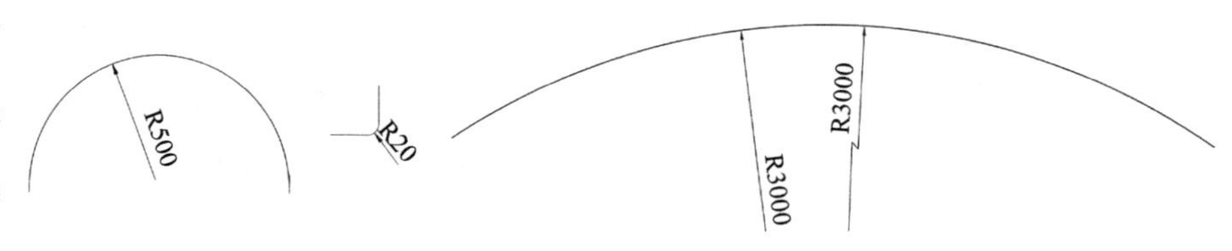

图 2-38　圆弧半径尺寸标注（左）
图 2-39　较小圆弧半径尺寸标注（中）
图 2-40　较大圆弧半径尺寸标注（右）

寸时，应在尺寸数字前加注符号“Sϕ”。注写方法与圆弧半径和圆直径的尺寸标注方法相同。

5）角度、弧度、弧长的标注

（1）角度的尺寸线应以圆弧表示。该圆弧的圆心应是该角的顶点，角的两条边为尺寸界线。起止符号应以箭头表示，如没有足够位置画箭头，可用圆点代替，角度数字应按角度方向注写（图 2-42）。

（2）标注圆弧的弧长时，尺寸线应以与该圆弧同心的圆弧线表示，尺寸界线应垂直于该圆弧的弦，起止符号用箭头表示，弧长数字前方或上方应加注圆弧符号“⌒”（图 2-43）。

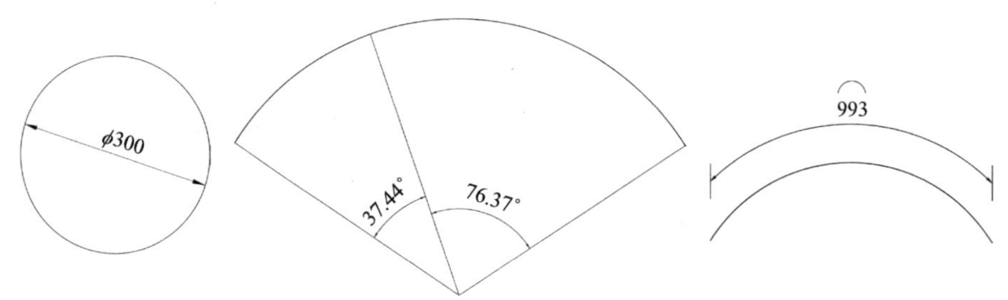

图 2-41　直径尺寸标注（左）
图 2-42　角度标注（中）
图 2-43　弧长标注（右）

（3）标注圆弧的弦长时，尺寸线应以平行于该弦的直线表示，尺寸界线应垂直于该弦，起止符号用中粗斜短线表示。

6）薄板厚度、正方形、坡度、非圆曲线等尺寸标注

（1）在薄板板面标注板厚尺寸时，应在厚度数字前加厚度符号“t”（图 2-44）。

（2）标注正方形的尺寸，可用“边长 × 边长”的形式，也可在边长数字前加正方形符号“□”。

（3）标注坡度时，应加注坡度符号“→”（图 2-45），该符号为单面箭头，箭头应指向下坡方向。建筑屋顶坡度也可用直角三角形形式标注（图 2-45）。

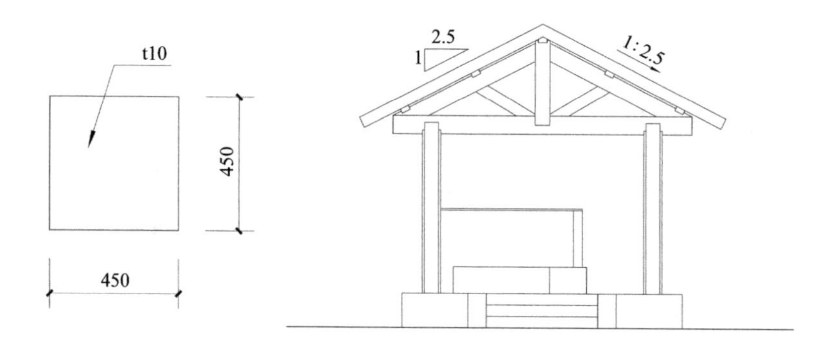

图 2-44　薄板板面标注（左）
图 2-45　坡度标注（右）

(4) 外形为非圆曲线的构件，可用坐标形式标注尺寸（图 2-46）。

(5) 复杂的图形，可用网格形式标注尺寸（图 2-47）。

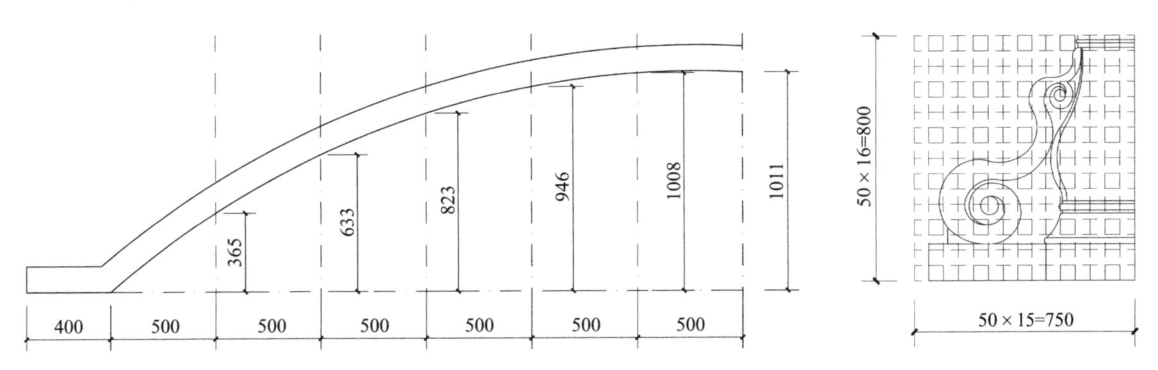

图 2-46 非圆曲线构件标注（左）

图 2-47 复杂图形标注（右）

2.2.3 标高

1）标高符号应以等腰直角三角形表示，按图 2-48（*a*）所示形式用细实线绘制，如标注位置不够，也可按图 2-48（*b*）所示形式绘制。标高符号的具体画法如图 2-48（*c*）所示。

2）总平面图室外地坪标高符号，宜用涂黑的三角形表示，具体画法如图 2-49 所示。

3）标高符号的尖端应指至被注高度的位置。尖端宜向下，也可向上。标高数字应注写在标高符号的上侧或下侧（图 2-50）。

4）标高数字应以米为单位，注写到小数点以后第三位。在总平面图中，可注写到小数点以后第二位。

5）零点标高应注写成 ±0.000，正数标高不注“+”，负数标高应注“-”，例如 3.000、-0.600。

6）在图样的同一平面位置需表示几个不同标高时，标高数字可按图 2-51 的形式注写。

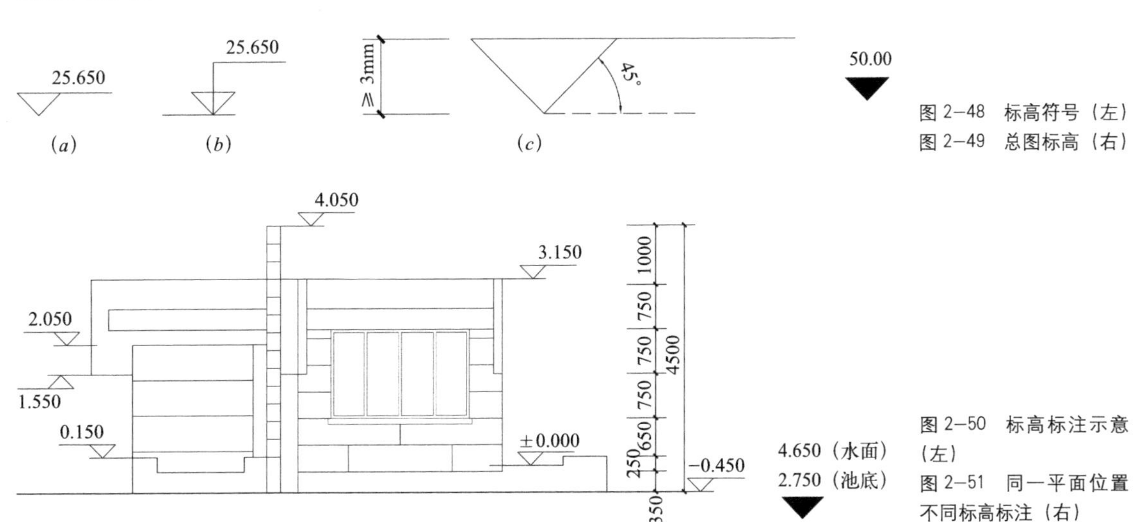

图 2-48 标高符号（左）

图 2-49 总图标高（右）

图 2-50 标高标注示意（左）

图 2-51 同一平面位置不同标高标注（右）

2.2.4 标识符号

1. 剖切符号

剖视的剖切符号应符合下列规定：

1）剖视的剖切符号应由剖切位置线及投射方向线组成，均应以粗实线绘制。剖切位置线的长度宜为6~10mm；投射方向线应垂直于剖切位置线，长度应短于剖切位置线，宜为4~6mm（图2-52）。绘制时，剖视的剖切符号不应与其他图线相接触。

2）剖视剖切符号的编号宜采用阿拉伯数字，按顺序由左至右、由下至上连续编排，并应注写在剖视方向线的端部。

3）需要转折的剖切位置线，应在转角的外侧加注与该符号相同的编号，如图2-52所示中2-2剖切位置。

4）建（构）筑物剖面图的剖切符号宜注在 ±0.000 标高的平面图上。

断面的剖切符号应符合下列规定：

1）断面的剖切符号应只用剖切位置线表示，并应以粗实线绘制，长度宜为6~10mm。

2）断面剖切符号的编号宜采用阿拉伯数字，按顺序连续编排，并应注写在剖切位置线的一侧；编号所在的一侧应为该断面的剖视方向（图2-53）。

剖面图或断面图，如与被剖切图样不在同一张图内，可在剖切位置线的另一侧注明其所在图纸的编号，也可以在图上进行集中说明。

2. 索引符号与详图符号

风景园林工程图样中的某一局部或构件，如需另见详图，应以索引符号进行索引，索引符号是由直径为10mm的圆和水平直径组成，圆及水平直径均应以细实线绘制。索引符号应按下列规定编写：

1）索引出的详图，如与被索引的详图同在一张图纸内，应在索引符号的上半圆中用阿拉伯数字注明该详图的编号，并在下半圆中间画一段水平细

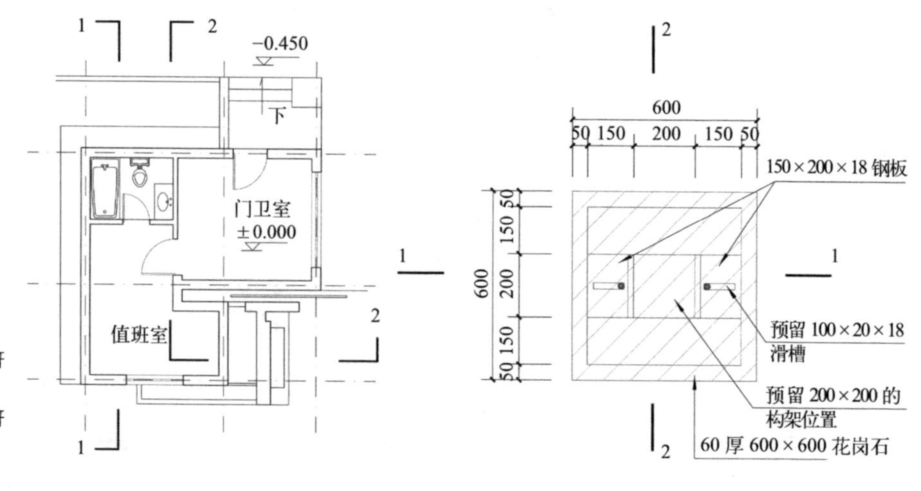

图2-52 剖视的剖切符号（左）
图2-53 断面的剖切符号（右）

实线（图 2−54）。

2）索引出的详图，如与被索引的详图不在同一张图纸内，应在索引符号的上半圆中用阿拉伯数字注明该详图的编号，在索引符号的下半圆中用阿拉伯数字注明该详图所在图纸的编号（图 2−55）。数字较多时，可加文字进行标注。

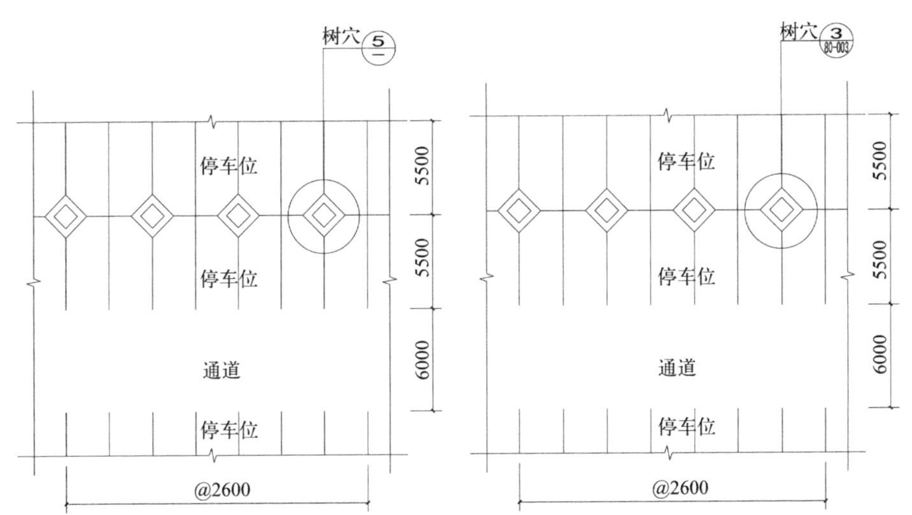

图 2−54 同张图纸索引符号表达（左）
图 2−55 非同张图纸索引符号表达（右）

3）索引出的详图，如采用标准图，应在索引符号水平直径的延长线上加注该标准图册的编号。

索引符号如用于索引剖视详图，应在被剖切的部位绘制剖切位置线，并以引出线引出索引符号，引出线所在的一侧应为投射方向。索引符号的编写同上述索引符号的规定（图 2−56）。

详图的位置和编号，应以详图符号表示，详图符号的圆应以直径为 10~14mm 粗实线绘制，并按下列规定编号：

1）详图与被索引的图样同在一张图纸内时，应在详图符号内用阿拉伯数字注明详图的编号（图 2−57）。

2）详图与被索引的图样不在同一张图纸内，可用细实线在详图符号内画一水平直径，在上半圆中注明详图编号，在下半圆中注明被索引的图纸的编号，也可同图 2−57 表达一致，仅以阿拉伯数字注明详图的编号。

3）同一张图纸内详图均需从 1 开始对详图进行编号。

3. 引出线

为了更好地对风景园林工程图样进行说明，如标注园林建筑物或铺装的材料、色彩、规格等，植物的品种、数量等，需要以引出线进行标注。引出线应以细实线绘制，宜采用水平方向的直线、与水平方向成

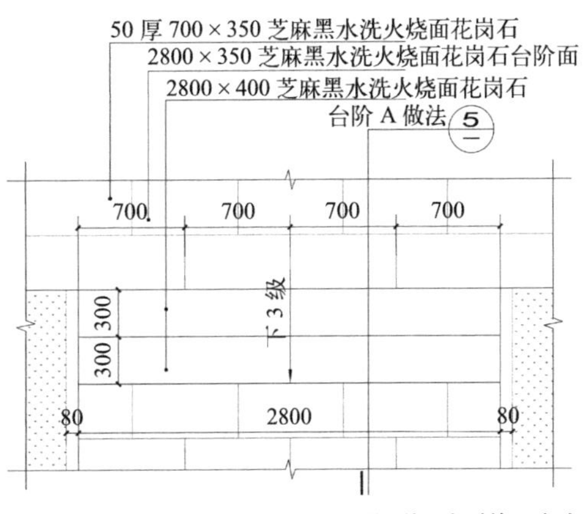

图 2−56 剖视详图索引符号表达

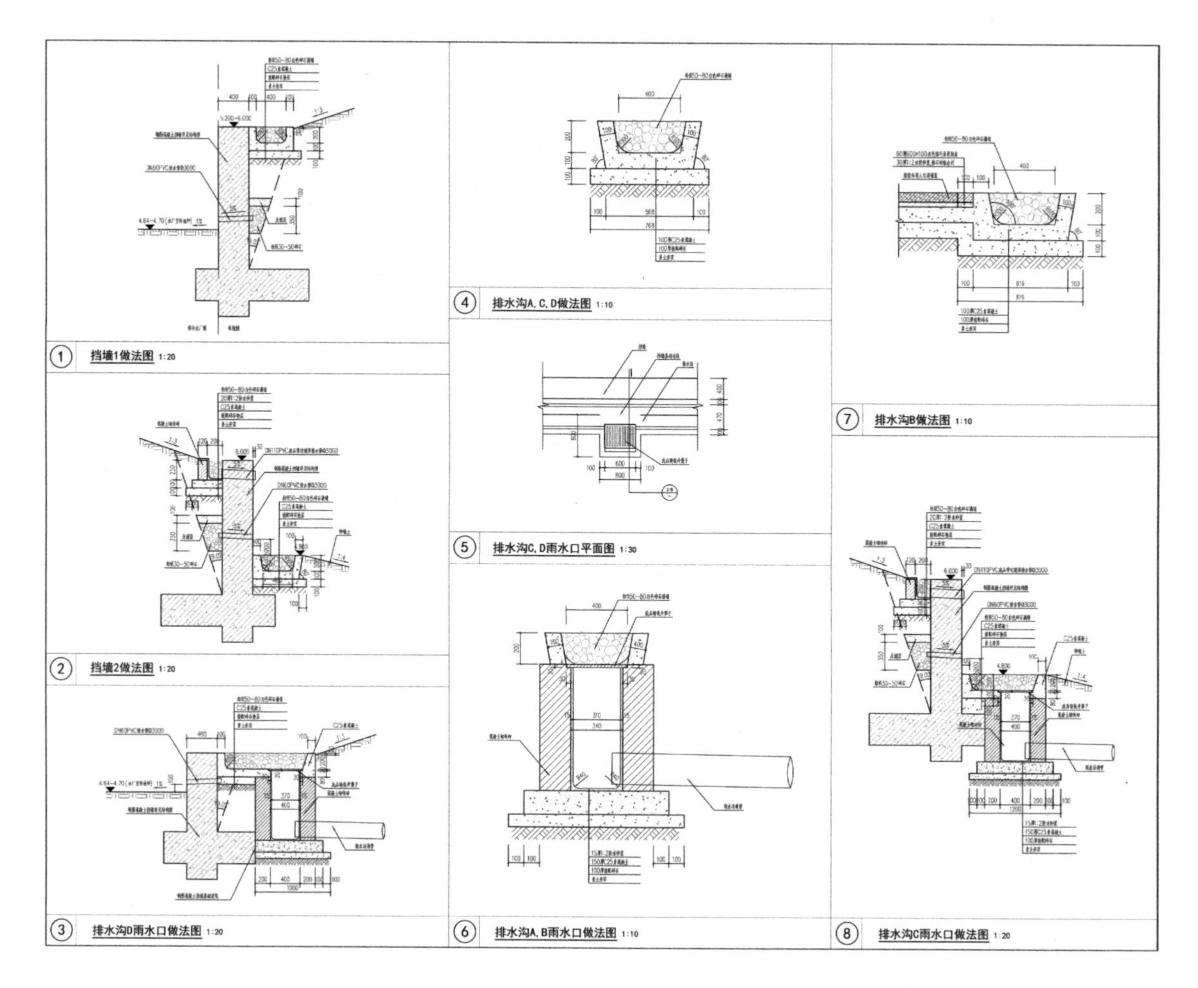

图 2–57 索引详图编号表达

30°、45°、60°、90°的直线，或经上述角度再折为水平线。文字说明宜注写在水平线的上方（图 2–58 ①），也可注写在水平线的端部（图 2–58 ②）。

同时引出几个相同部分的引出线，宜互相平行（图 2–58 ③），也可画成集中于一点的放射线（图 2–58 ④）。

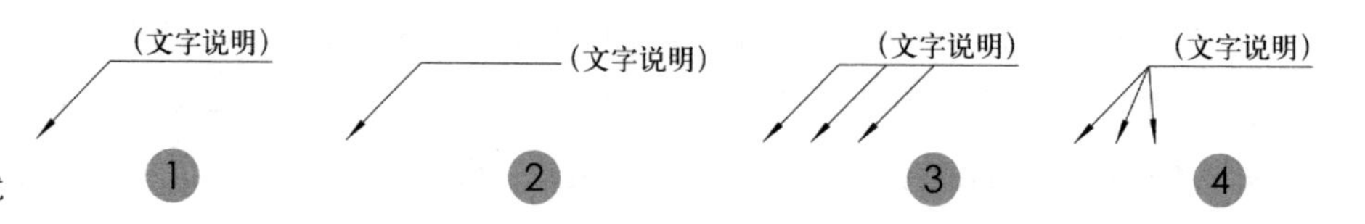

图 2–58 引出线表达方式

多层构造或多层管道共用引出线，应通过被引出的各层。文字说明宜注写在水平线的上方，或注写在水平线的端部，说明的顺序应由上至下，并应与被说明的层次相互一致；如层次为横向排序，则由上至下的说明顺序应与左至右的层次相互一致（图 2–59）。

4. 其他符号

另外风景园林工程图纸中还会用到其他一些常用符号，如对称符号、连接符号、指北针、比例尺等。

对称符号由对称线和两端的两对平行线组成。对称线用细点画线绘制；平行线用细实线绘制，其长度宜为6~10mm，每对的间距宜为2~3mm；对称线垂直平分于两对平行线，两端超出平行线宜为2~3mm（图2–60）。

连接符号应以折断线表示需连接的部位。两部位相距过远时，折断线两端靠图样一侧应标注大写拉丁字母表示连接编号。两个被连接的图样必须用相同的字母编号（图2–60）。

指北针和比例尺的形状可有多种形式，指针头部应注“北”或“N”字。

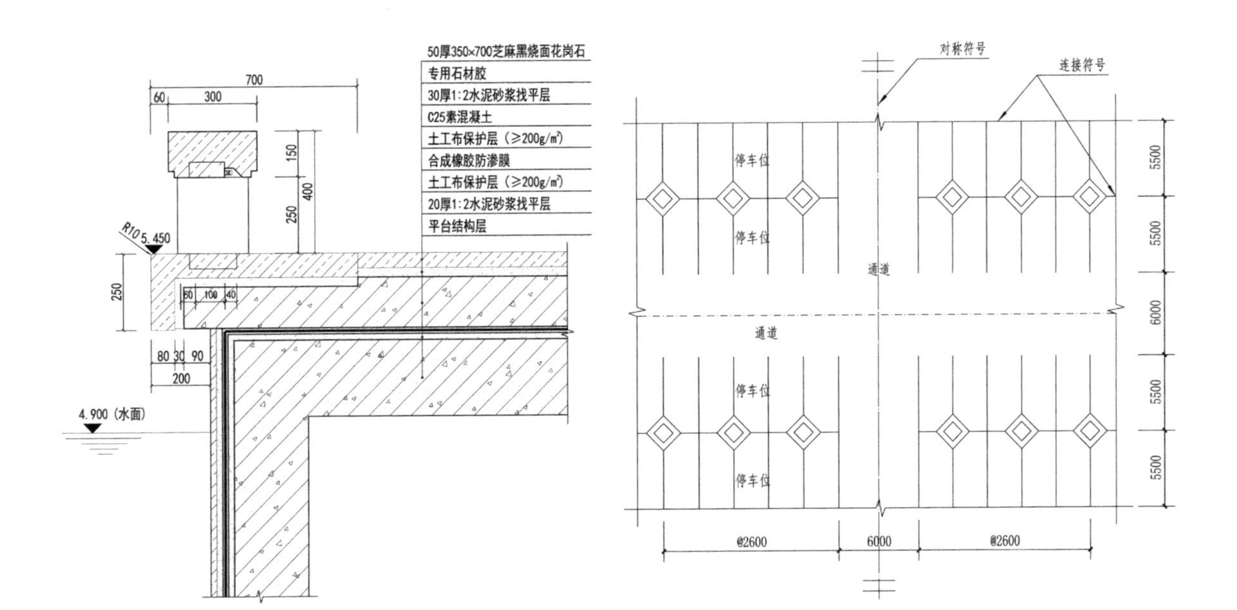

图2–59 多层构造引出线表达方式（左）
图2–60 对称与连接符号（右）

2.2.5 字体

1）图纸上所需书写的文字、数字或符号等，均应笔画清晰、字体端正、排列整齐；标点符号应清楚正确。

2）文字的字高，应从如下系列中选用：3.5mm、5mm、7mm、10mm、14mm、20mm。如需书写更大的字，其高度应按1.414的比值递增。

3）图样及说明中的汉字，宜采用长仿宋体，宽度与高度的关系一般为1 ：0.8或1 ：0.7。大标题、图册封面、地形图等的汉字，也可书写成其他字体，但应易于辨认。

4)汉字的简化字书写,必须符合国务院公布的《汉字简化方案》和有关规定。

5）拉丁字母、阿拉伯数字与罗马数字，如需写成斜体字，其斜度应是从字的底线逆时针向上倾斜75°。斜体字的高度与宽度应与相应的直体字相等。

6）拉丁字母、阿拉伯数字与罗马数字的字高，应不小于2.5mm，字体高宽比一般为1 ：0.8或1 ：0.7。

7）数量的数值注写，应采用正体阿拉伯数字。各种计量单位凡前面有量值的，均应采用国家颁布的单位符号注写。单位符号应采用正体字母。

8）分数、百分数和比例数的注写，应采用阿拉伯数字和数学符号，例如：四分之三、百分之二十五和一比二十应分别写成 3/4、25% 和 1 ： 20。

9）当注写的数字小于 1 时，必须写出个位的“0”，小数点应采用圆点，齐基准线书写，例如 0.01。

10）长仿宋汉字、拉丁字母、阿拉伯数字与罗马数字示例见《技术制图——字体》GB/T 14691—93。

第2部分　风景园林总体工程设计

第3章　风景园林工程的总体布局

总体布局的目的与组成

不同设计阶段总体布局表达的内容与要求

3.1 总体布局的目的与组成

在调查分析、策划的基础上而形成的风景园林工程总体布局的目的是综合平衡功能、空间、景观、竖向、道路、游览、公共设施、基础设施、绿化、文化等多方面因子的关系，并对上述因子的布局形式、内容及之间的组合关系进行量化的规划设计（图 3–1~ 图 3–3）。具体组成框架如下：

3.2 不同设计阶段总体布局表达的内容与要求

参照《建筑工程设计文件编制深度规定》（住房城乡建设部 2016 年版），结合风景园林工程的特点与行业标准，在不同设计阶段，风景园林工程总体布局图纸表达内容与深度要求如下：

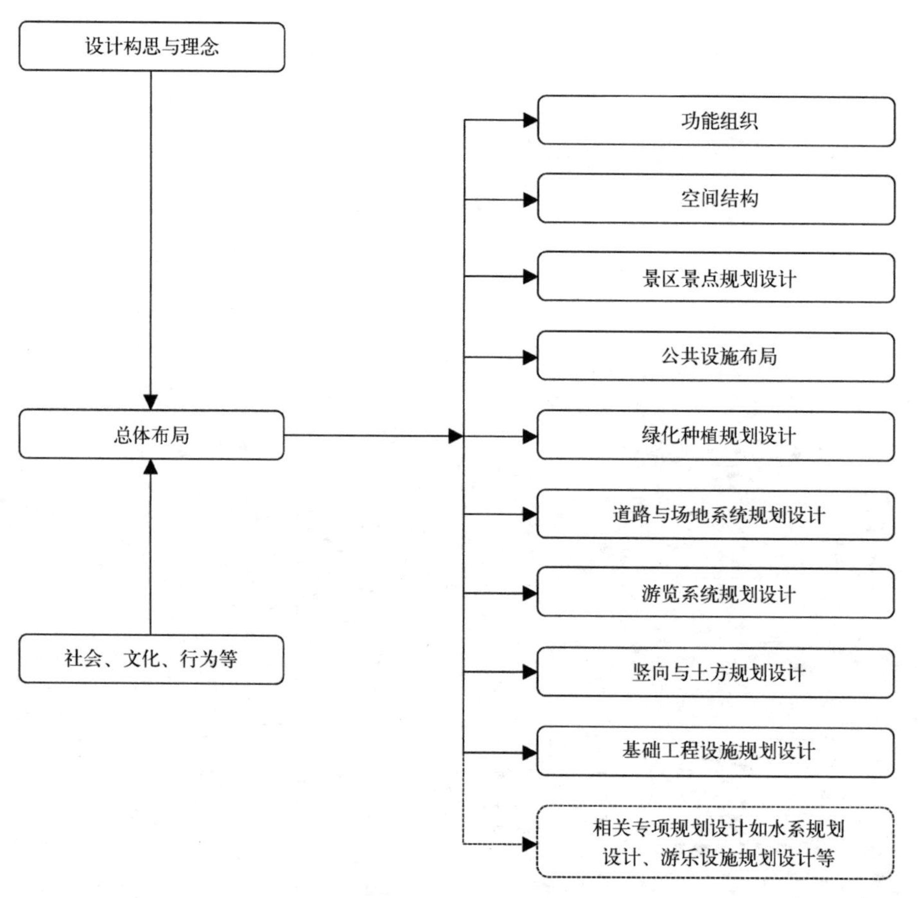

图 3–1 风景园林工程总体布局组成框架图

概念演绎

科技之光　点亮城市

德州，
又被称为太阳城，以太阳能为主导的新能源产业已经成为德州的城市名片。

科技是一个城市发展的源动力。
公园设计充分强调科技引擎对城市的引领作用，以城市光轴 科技绿坡为理念，形成以新能源体验、科技互动秀场为特色的市民休闲公园。

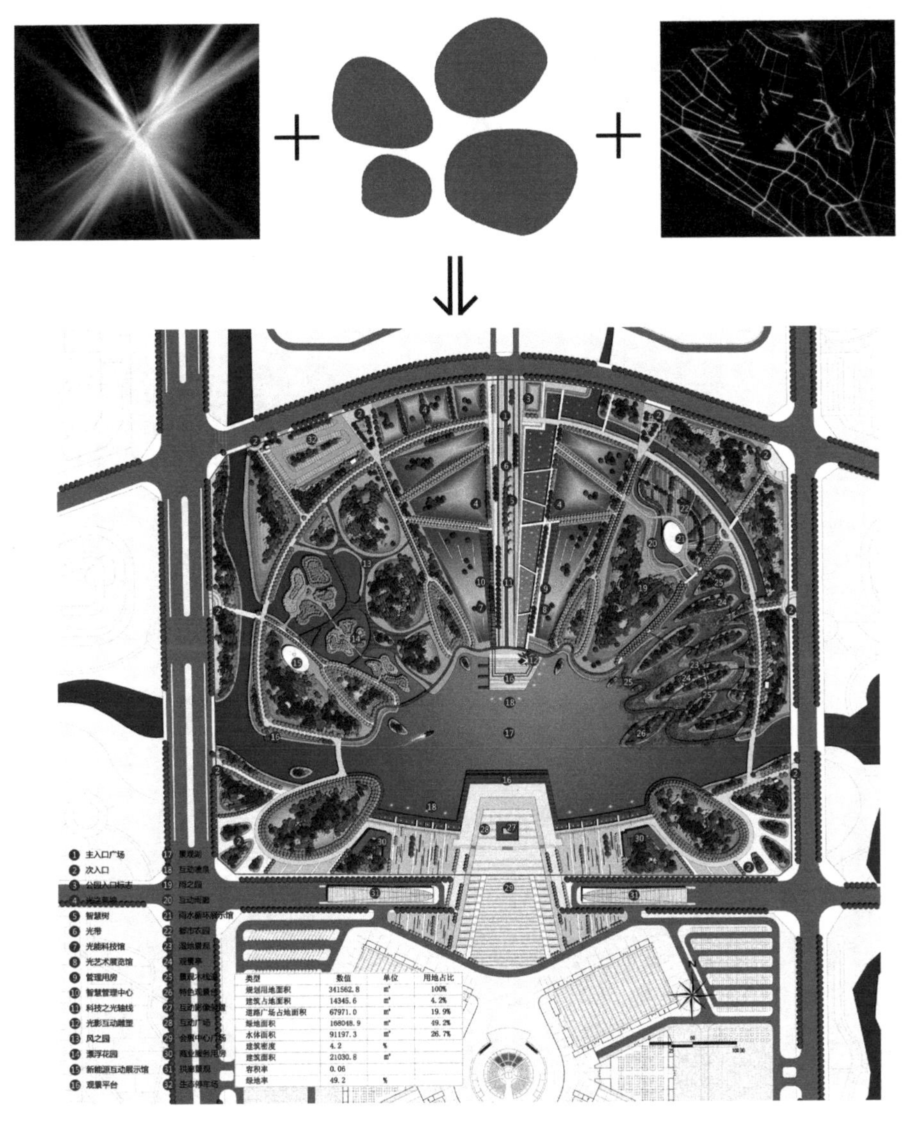

类型	数值	单位	用地占比
规划用地面积	341562.8	m²	100%
建筑占地面积	14345.6	m²	4.2%
道路广场占地面积	67971.0	m²	19.9%
绿地面积	168048.9	m²	49.2%
水体面积	91197.3	m²	26.7%
建筑密度	4.2	%	
建筑面积	21030.8	m²	
容积率	0.06		
绿地率	49.2	%	

图 3-2　某公园总体布局形成示意图

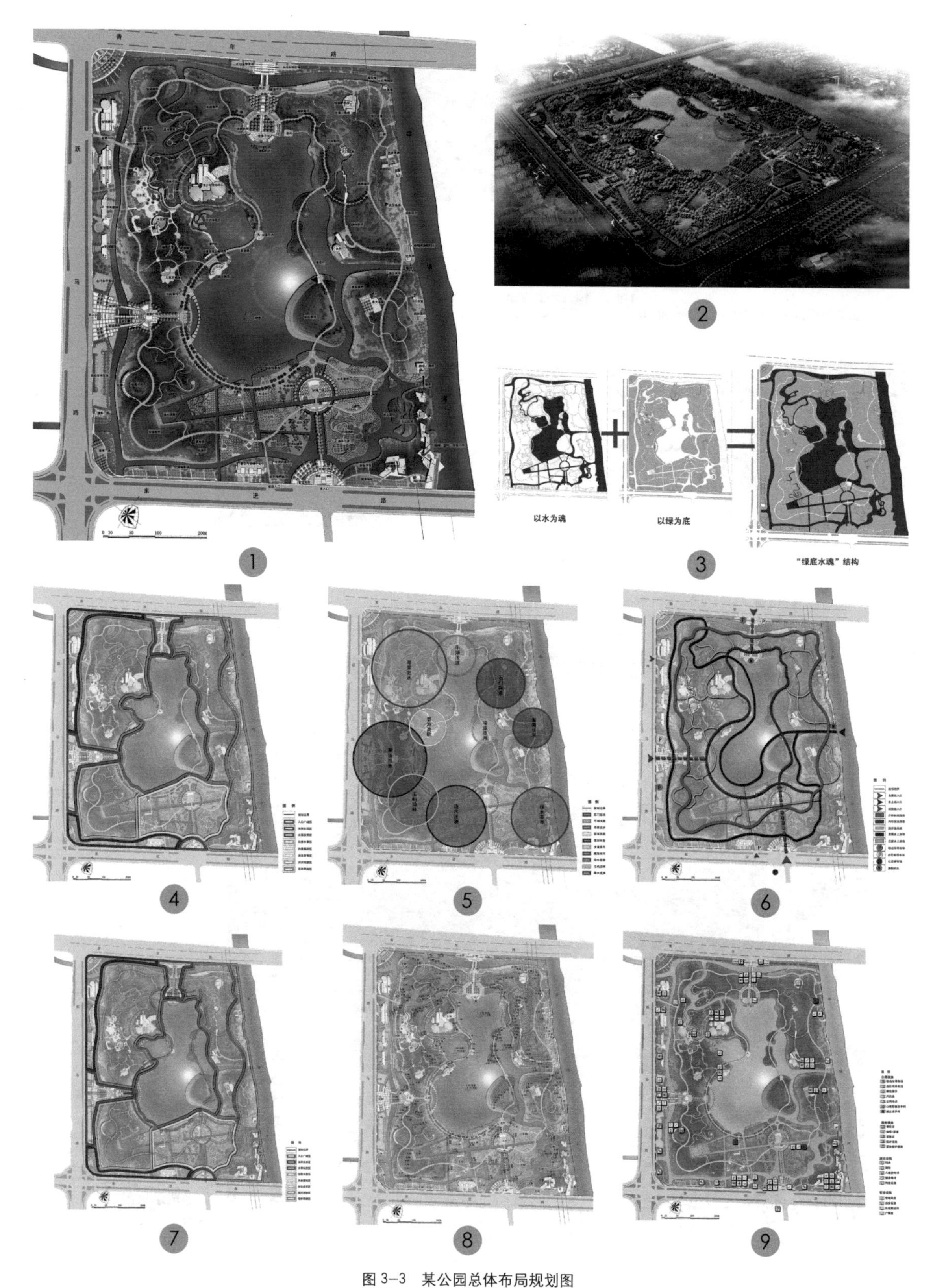

图 3–3　某公园总体布局规划图

1—总平面图；2—鸟瞰图；3—规划结构图；4—功能分区图；5—景区景点规划图；6—道路交通规划图；7—绿化规划图；8—竖向规划图；9—公共服务设施规划图

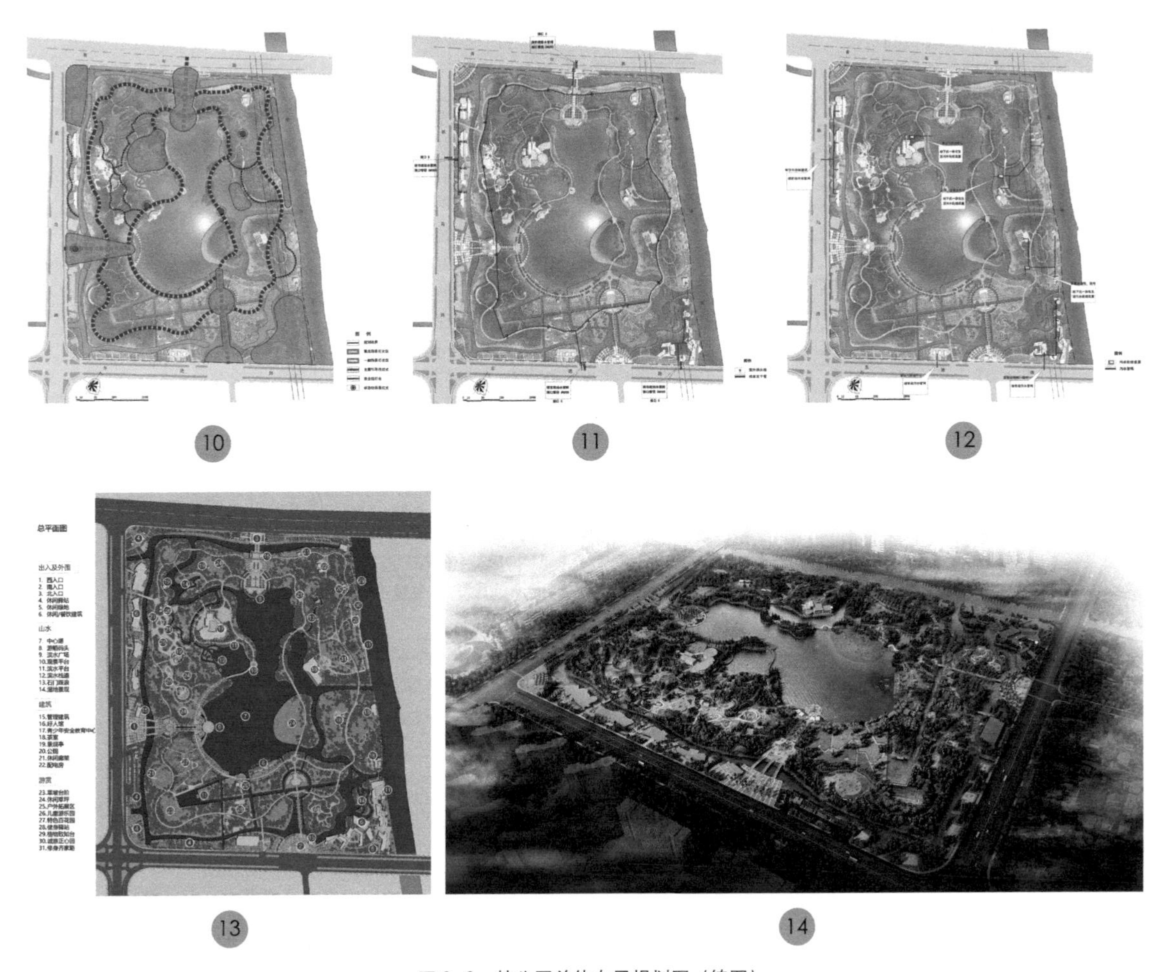

图 3-3　某公园总体布局规划图（续图）

10—夜景灯光规划图；11—给水规划图；12—污水排放规划图；13—开放使用 12 年后更新提升规划总平面；14—开放使用 12 年后更新提升规划鸟瞰图

风景园林工程不同设计阶段总体布局图纸表达内容与深度要求表　　　表 3-1

序号	设计阶段	总体布局分项	表达内容与深度要求
1	方案设计 （图 3-4）	区位	标明用地所在的区域位置和周边地区的关系
		用地现状	标明用地边界、周边道路、现状地形等高线及竖向标高、道路、有保留价值的植物、建筑物和构筑物、水体边缘线等
		总图	1）标明用地边界、周边道路、出入口位置、设计地形等高线及竖向标高、设计植物、设计园路铺装场地；标明保留的原有园路、植物和各类水体的边缘线、各类建筑物和构筑物、停车场位置及范围 2）标明用地平衡表、比例尺、指北针或风玫瑰图、图例及注释等
		功能与景观	用地功能或景区的划分及名称
		交通与园路	标明各级道路、人流集散广场和停车场布局；分析道路功能与交通组织等
		竖向设计	标明设计地形等高线与原地形等高线；标明主要控制点高程；标明水体的常水位、最高水位与最低水位、水底标高等
		种植设计	标明种植分区、各区的主要或特色植物（含乔木、灌木）；标明保留或利用的现状植物；标明乔木和灌木的平面布局

续表

序号	设计阶段	总体布局分项	表达内容与深度要求
2	初步设计（图 3–5）	总图	1）基地周围环境情况 2）基地红线、蓝线、绿线、黄线和用地范围线的位置 3）工程坐标网 4）基地地形设计的大致状况和坡向 5）保留的建筑和地物、植被等 6）新建建筑和小品的位置 7）道路、坡道、水体（包括河道及渠道）的位置 8）绿化种植的区域 9）必要的控制尺寸和控制高程 10）指北针或风玫瑰图，必要的说明及技术经济指标等
		竖向设计	1）标明道路和广场的标高 2）标明场地附近道路、河道的标高及水位 3）标明地形设计标高，一般用等高线表示，各等高线高差应相同 4）标明基地内设计水系、水景的最高水位、常水位、最低水位（枯水位）及水底的标高 5）标明主要景点的控制标高 6）列出场地内土石方量的估算表，标明挖方量、填方量、需外运或进土量等
		道路与场地	1）标注园路等级、排水坡度等要求 2）园路、广场主要铺面定位、材质、要求等 3）主要铺装材料物料清单
		种植设计	1）画出指北针或风玫瑰图及与总图一致的坐标网 2）标出应保留的树木 3）应分别表示不同植物类别，如乔木、灌木、藤本、竹类、水生植物、地被植物、草坪、花境、绿篱、花坛等的位置和范围 4）标出主要植物的名称和数量 5）主要植物材料表（需列出主要植物的规格、数量等）
		小品设施	1）标出包括休息座椅、垃圾桶、标识牌等主要小品设施的位置 2）设施数量统计表：应注明设施名称、规格、数量、材质要求等
		给水与排水	1）绘出给水、排水管道的平面位置，标注出干管的管径、流水方向、洒水栓、消火栓井、水表井、检查井、化粪池等其他给排水构筑物等 2）指北针（或风玫瑰图）等 3）标出给水、排水管道与市政管道系统连接点的控制标高和位置 4）主要设备表：按子项分别列出主要设备的名称、型号、规格（参数）、数量
		电气	1）标出变配电所、配电箱位置及干线走向 2）标出路灯、庭园灯、草坪灯、投光灯及其他各类灯具的位置 3）配电系统图（限于大型园林景观工程）：标出电源进线总设备容量、计算电流；注明开关、熔断器、导线型号规格、保护管径和敷设方法 4）主要设备表：应注明设备名称、规格、数量
3	施工图设计（图 3–6）	总图	1）指北针或风玫瑰图、图例及注释等 2）设计坐标网及其与城市坐标网的换算关系 3）单项的名称、定位及设计标高 4）采用等高线和标高表示设计地形 5）保留的建筑、地物和植被的定位和区域 6）园路等级和主要控制标高 7）水体的定位和主要控制标高 8）绿化种植的基本设计区域 9）坡道、桥梁的定位 10）围墙、驳岸等硬质景观的定位 11）根据工程特点需求的其他设计内容

续表

序号	设计阶段	总体布局分项	表达内容与深度要求
3	施工图设计（图 3-6）	竖向设计	1）标明与总图坐标网一致的基地坐标网 2）标明人工地形（包括山体和水体）的等高线或等深线（或用标高点进行设计），设计等高线高差为 0.10 ~ 1.00m 3）标明基地内各项工程平面位置的详细标高，如建筑物、绿地、水体、园路、广场等标高，并标明其排水方向 4）标明设计地形与原有地形的高差关系 5）土方工程施工图，要标明进行土方工程施工地段内的原标高，计算出挖方和填方的工程量与土石方平衡表
		道路与场地	1）标注道路与场地等级、平面定位、宽度、排水坡度等 2）标注道路、场地主要铺面的定位、材质、具体铺装形式、做法索引等 3）主要铺装材料物料清单
		种植设计	1）画出指北针或风玫瑰图及与总图一致的坐标网 2）标出场地范围内拟保留的植物，如属古树名木应单独标出 3）分别标出不同植物类别、位置、范围 4）应标出图中每种植物的名称和数量，一般乔木用株数表示，灌木、竹类、地被、草坪用每平方米的数量（株）表示 5）种植设计图，根据设计需要宜分别绘制上木图和下木图 6）选用的树木图例应简明易懂，同一树种应采用相同的图例 7）同一植物规格不同时，应按比例绘制，并有相应表示 8）植物材料表：列出乔木的名称、规格（胸径、高度、冠径、地径）、数量宜采用株数或种植密度；标出灌木、竹类、地被、草坪等的名称、规格（高度、蓬径），其深度需满足施工的需要
		小品设施	1）标出包括休息座椅、垃圾桶、标识牌等所有小品设施的位置 2）设施数量统计表：应注明设施名称、规格、数量、材质、安装要求等
		建筑与构筑物总图	1）标注建筑与构筑物的平面定位（一般标注建筑与构筑物的轴网坐标） 2）标注建筑与构筑物的名称、层数、结构形式等 3）标注建筑与周边道路或场地的关系
		结构基础平面	绘出定位轴线，基础构件的位置、尺寸、底标高、构件编号等
		给水与排水	1）全部给水管网及附件的位置、型号和详图索引号，并注明管径、埋置深度或敷设方法 2）全部排水管网及构筑物的位置、型号及详图索引号。并标注检查井编号、水流坡向、井距、管径、坡度、管内底标高等；标注排水系统与市政管网的接口位置、标高、管径、水流坡向 3）对较复杂工程，应将给水、排水总平面图分列，简单工程可以绘在一张图上 4）主要设备表：分别列出主要设备、器具、仪表及管道附件配件的名称、型号、规格（参数）、数量、材质等
		电气	1）照明配电箱及路灯、庭园灯、草坪灯、投光灯及其他灯具的位置 2）说明路灯、庭园灯、草坪灯及其他灯具的控制方式及地点 3）配电系统图：标出电源进线总设备容量、计算电流、配电箱编号、型号及容量；注明开关、熔断器、导线型号规格、保护管管径和敷设方法；标明各回路用电设备名称、设备容量和相序等 4）主要设备材料表：应包括高低压开关柜、配电箱、电缆及桥架、灯具、插座、开关等，应标明型号规格、数量，简单的材料如导线、保护管等可不列

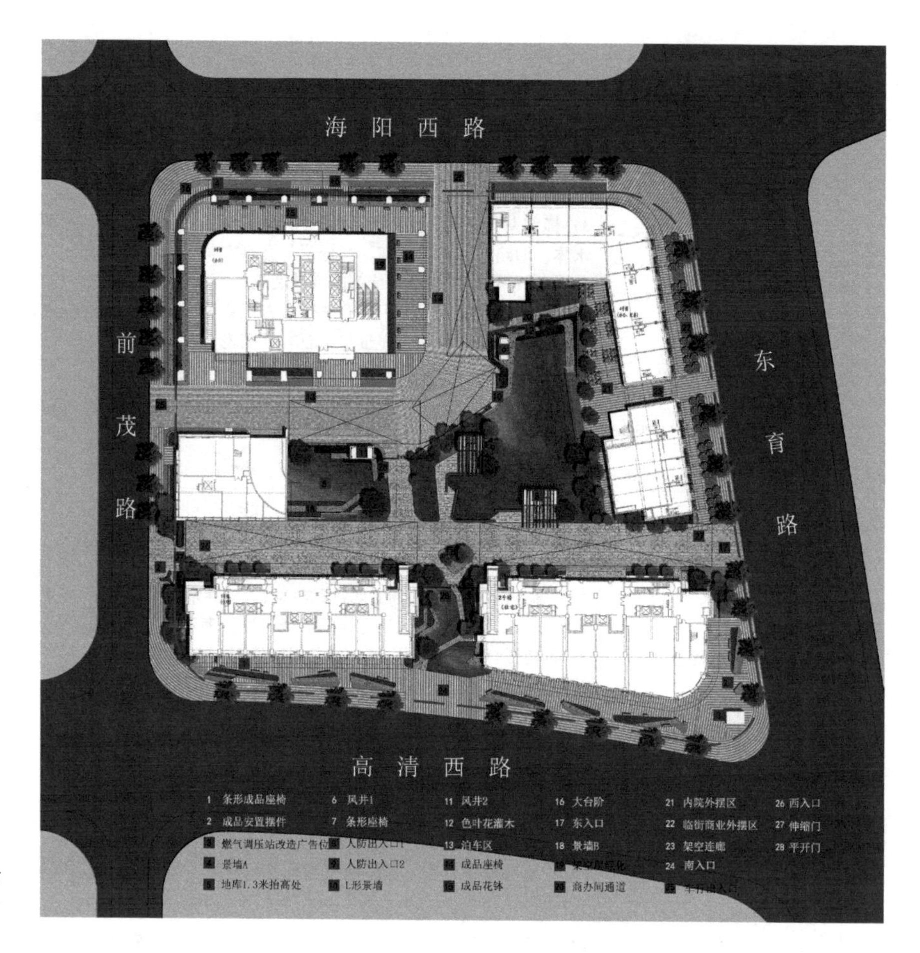

图 3-4 风景园林工程方案阶段总体布局图纸示意

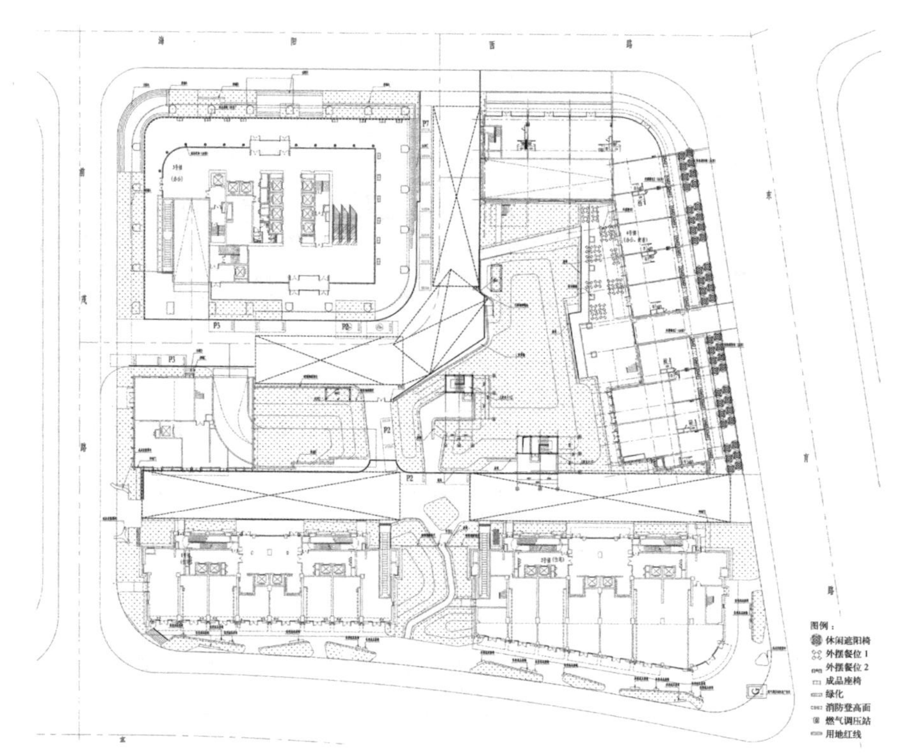

图 3-5 风景园林工程初步设计阶段总体布局图纸示意

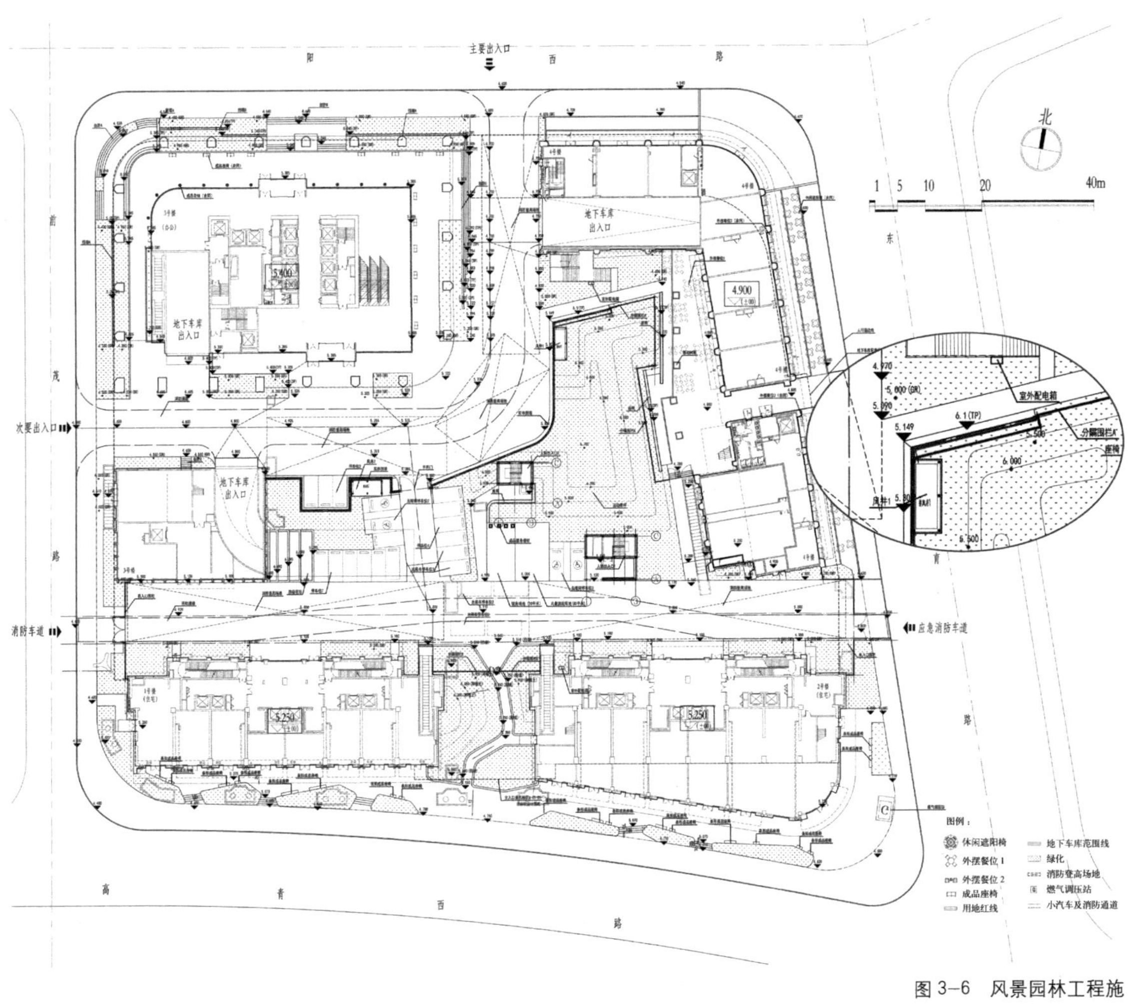

图 3-6　风景园林工程施工图设计阶段总体布局图纸示意

第4章 风景园林道路工程

风景园林道路

停车场地设计

4.1 风景园林道路

4.1.1 风景园林道路的功能

风景园林道路在风景园林工程中主要起交通组织与联系、游览与引导、停留与休憩等功能（表 4–1）。

风景园林道路功能表 表 4–1

功能	特征
交通组织与联系	风景园林道路在一定风景园林区域内起到客货流运输的职能，一方面承担着游客的集散、疏导等客流运输的职能；另一方面又起到满足风景园林绿化、建筑维护、管理等工作的运输任务和安全、消防、内部生活、服务设施等园务工作的货流运输任务的职能
游览与引导	作为线型空间，风景园林道路承担着组织景观单元和游览序列，引导游人进行游览的作用
停留与游憩	风景园林道路在提供通过性路径的同时，承担着为游客提供停留、活动、游憩空间的功能

4.1.2 道路的分级

根据道路承担的功能，风景园林道路一般分为如下几个等级（表 4–2）。

风景园林道路分级表 表 4–2

分类	特征
主路	起到主要交通疏导功能的道路，如风景区内的主要道路、公园内的主园路等
次路	起到次要交通疏导功能、联系风景园林区域的道路，是对主路的辅助和补充，如风景区内的次要道路、公园的次园路等
支路 / 小径（游览步道）	引导游人游览、活动、游憩，主要以步行为主的道路
专用道	为专用交通方式或特定功能提供的交通线路，如专用电瓶车道、自行车道、马车道、消防车道、后勤服务道路等

4.1.3 道路的布局结构

风景园林道路与一般城市道路采用的格网状结构不同，往往由于受到地形限制或游览组织需求而形成诸如环状、带状、枝状等不同的结构形式。

1. 环状结构

环状结构是常用的一种风景园林道路的布局形式，一般表现为由主路形成闭合的环状，次路与支路从主路上分出，相互衔接、穿插和闭合，构成依托主环的辅助环路，具有互通互连，有效联系各景区、景点，少有尽端路的优点（图 4–1、图 4–2）。风景名胜区、公园等均常采用环状的道路结构。

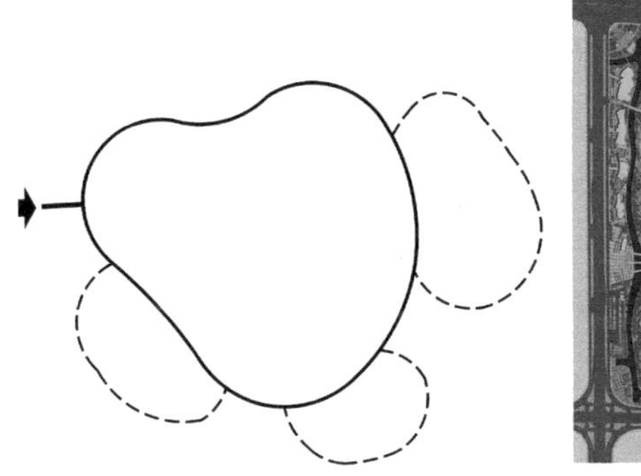

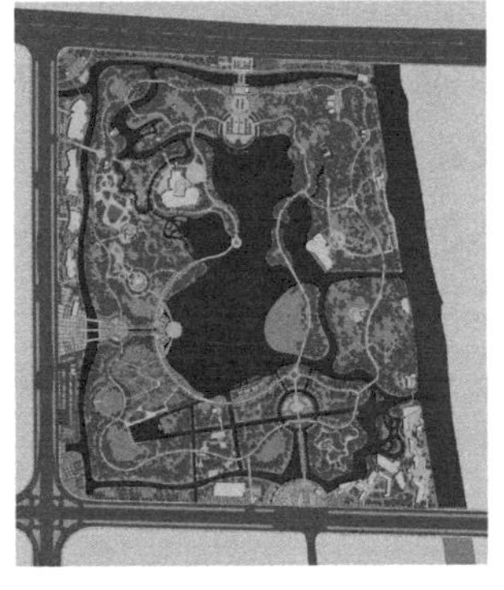

图 4–1　环状道路结构（左）
图 4–2　某采用环状道路结构的公园平面（右）

2. 带状结构

在带状风景园林区域如滨河绿地、道路绿地等处，由于受用地进深的限制，常常会采用带状的道路结构布局形式，主要表现为主路呈带状布局，次路和支路与主路相互连接，可形成局部环状。该结构具有主路始端与终端各在一方，无法闭合成环的缺点（图 4–3、图 4–4）。

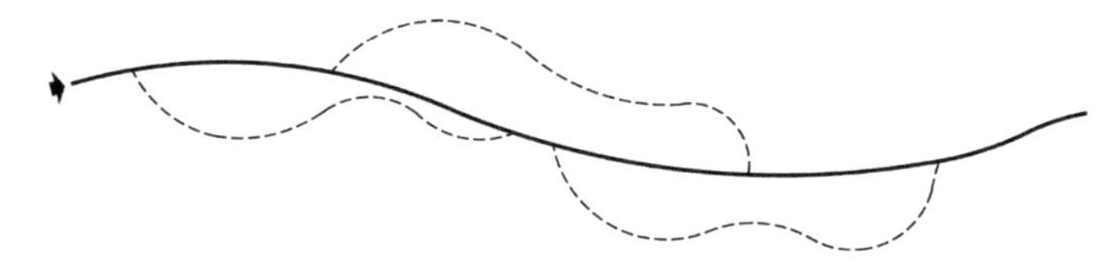

图 4–3　带状道路结构

图 4–4　某采用带状道路结构的绿地

3. 枝状结构

以山谷与河谷地形为主的风景区或公园，由于受地形限制，主路一般布置于地形较低、坡度相对平缓的主干谷底，而位于两侧的沟谷景区或景点需要以次路或支路与主路相连接，次路与支路往往会以尽端的方式与主路相连，于是主路、次路和支路，在平面形式上便如同具有多个分枝的树枝一样，形成枝状的道路结构形式（图 4-5、图 4-6）。从游览性来讲，该结构具有走回头路高的缺点，是三种道路结构形式中游览性最差的一种，往往在实际规划设计中，需要通过其他交通方式如索道、缆车等进行补充与完善。

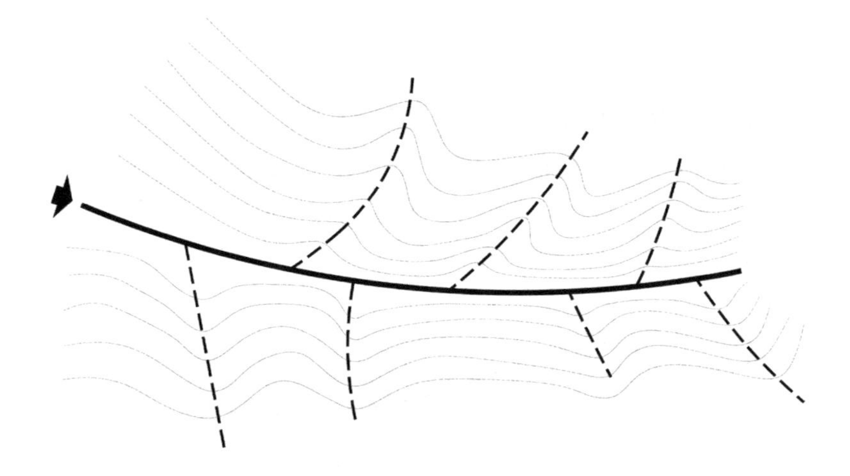

图 4-5 枝状道路结构

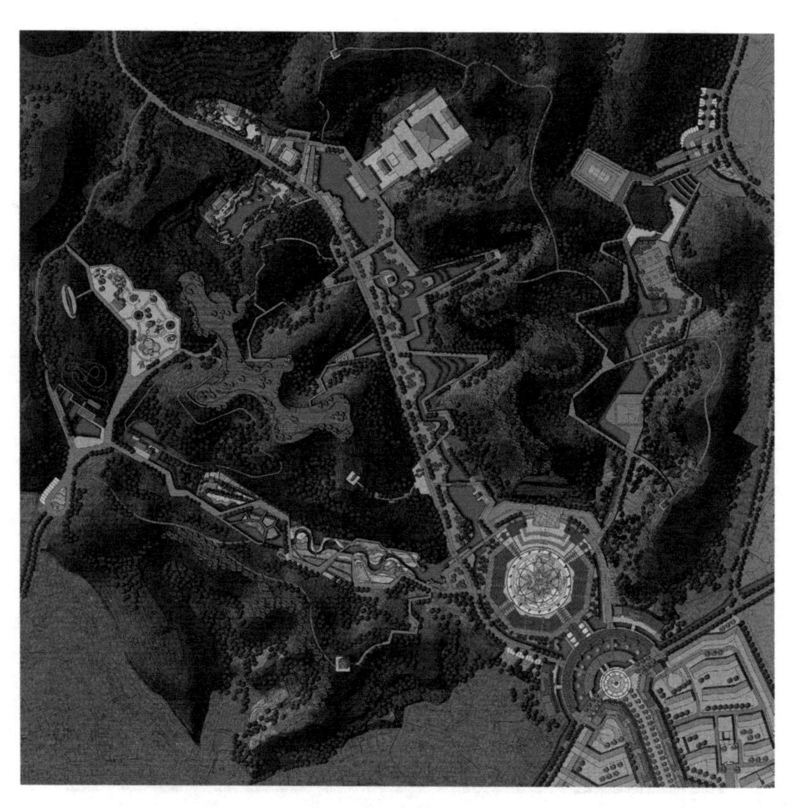

图 4-6 某采用枝状道路结构的公园平面

4.1.4 道路的横断面设计

1. 横断面形式

道路的横断面主要由车行道、人行道（风景园林工程中大部分情况与车行道合用）、绿化三部分组成，具体断面形式在考虑景观需求、车辆通行的要求下可参照城市道路进行设计。道路横断面的坡度一般大于 0.3%，可取 0.5%~2.0%，以利于雨水的迅速排除。在风景园林道路的横断面设计中，应注意与地形的有机结合。

风景园林道路的横断面根据机动和非机动车道的布局可分为表 4–3 中所示的几种形式。

风景园林道路横断面形式一览表 表 4–3

断面形式	特征
一块板	机动车与非机动车辆共用一条车道，机动车上行下行无分隔（图 4–7）
两块板	机动车与非机动车辆共用车道，机动车上行下行由道路中央分隔带分隔（图 4–8）
三块板	机动车与非机动车辆车道通过绿化隔离带分隔，机动车上行下行无分隔（图 4–9）
四块板	机动车与非机动车辆车道通过绿化隔离带分隔，机动车上行下行由道路中央分隔带分隔（图 4–10）

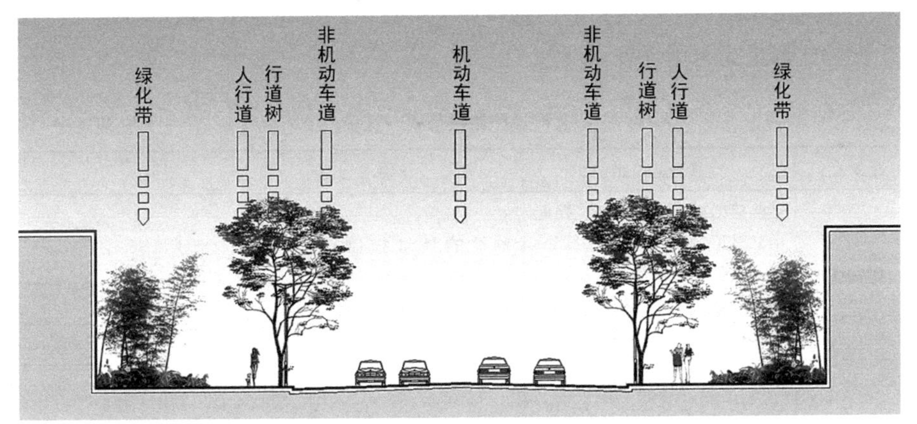

图 4–7 一块板道路断面形式

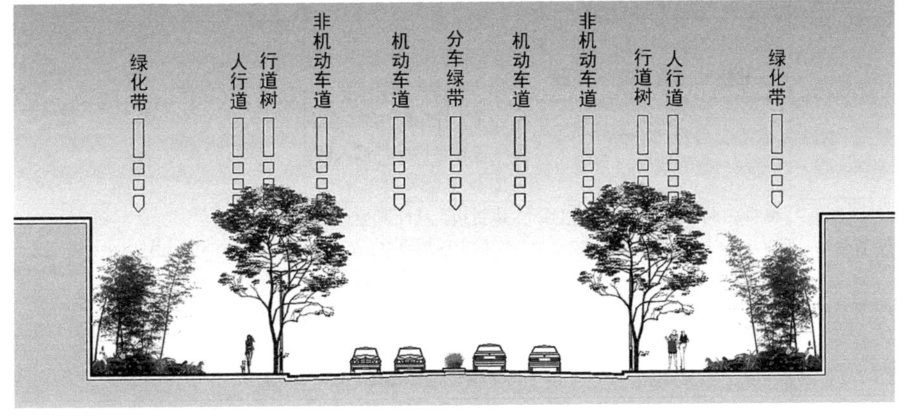

图 4–8 两块板道路断面形式

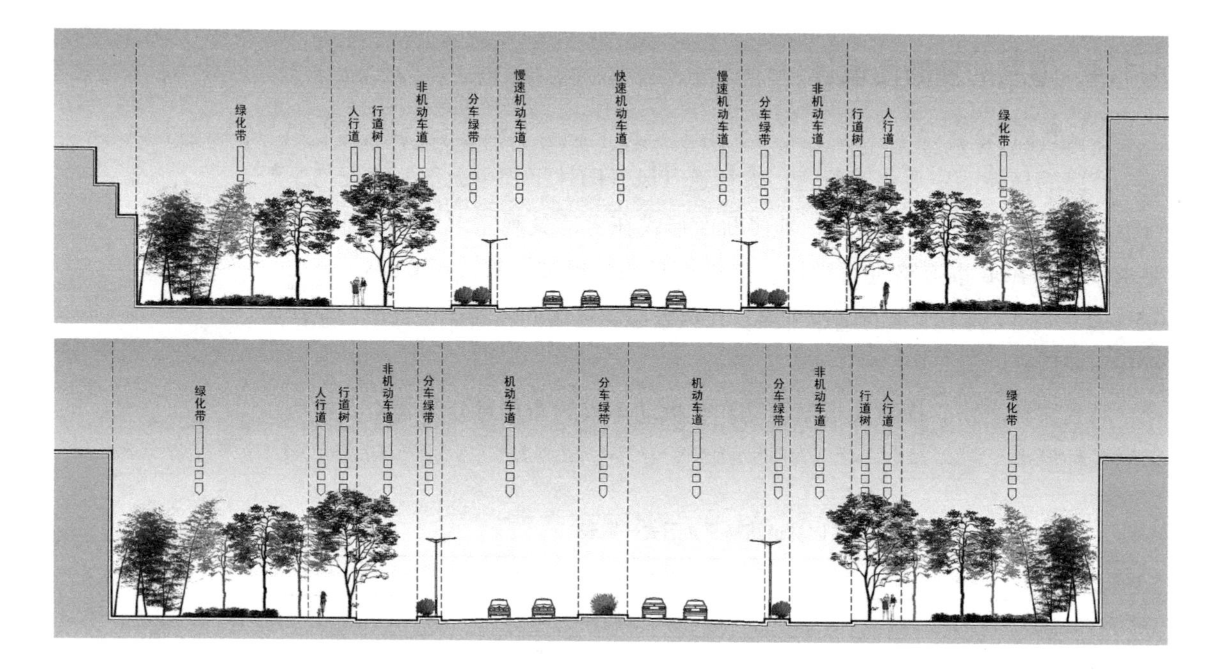

图 4-9　三块板道路断面形式（上）
图 4-10　四块板道路断面形式（下）

2. 横断面路拱设计

为了路面雨水的快速排放，道路横断面通常设计为拱形、斜线形等形状，称之为路拱，其设计的主要内容为确定道路横断面的线形和横坡坡度。

景观道路路拱一般可分为抛物线形、折线形、直线形和单坡形等形式，其中抛物线形最为常用（表 4-4）。

景观道路路拱形式一览表　　**表 4-4**

路拱形式	特点与适用路面	横坡设计要求	图示
抛物线形	道路横断面呈抛物线形，路面中部较平，越向外侧坡度越陡。是对人行、车行和路面排水均有利的路拱形式，但不适于路面较宽及低级的路面	各处的横坡控制在 $i1 \geqslant 0.3\%$，$i4 \leqslant 5.0\%$，且 i 平均为 2.0% 左右	i4 i3 i2 i1
折线形	由道路中心线向两侧逐渐增大横坡度的多个短折线组成的路拱，该路拱横坡度变化平缓，路拱直线较短，近似于抛物线路拱，是对人行、车行和路面排水均有利的路拱形式，适于较宽的路面	i 控制在平均为 0.8%~2.5% 之间	2.5% 2.0% 1.5% 0.8%~1.0%
直线形	路拱由两条倾斜的直线组成，适用于多车道且横坡较小的路面	为了人行和车行的方便，一般在路拱中部插入坡度介于 0.8%~1.0% 的对称折线，从而避免道路中部出现屋脊形。同时，也可在直线形路拱中部插入半径大于 50m，且宽度不小于路面总宽度 10.0% 的抛物线或圆曲线	i=0.8%~1.0%

续表

路拱形式	特点与适用路面	横坡设计要求	图示
单坡形	道路单向倾斜，雨水排向道路一侧的路拱形式，一般用于道路宽度小于9m的路面，是在山地空间常用的一种路拱形式	道路横坡一般取0.5~2.0%之间	i=0.5%~2.0%

4.1.5 道路的平面线型设计

1. 平曲线设计

风景园林道路与大部分城市道路不同，其平面一般由直线和曲线共同组成，规则式风景园林道路以直线为主，自然式风景园林道路以曲线为主。曲线道路由不同曲率、不同弯曲方向的多段弯道连接而成，而直线道路在转折处也往往由曲线相互衔接，风景园林道路平面的这些曲线形式，称之为道路平曲线（图4-11）。

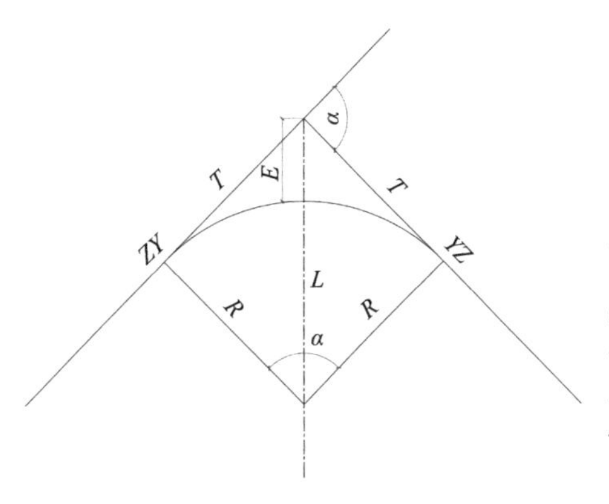

图4-11 风景园林道路平曲线设计
T—切线长（m）；E—曲线外距（m）；L—曲线长（m）；α—路线转折角度；R—平曲线半径（m）；ZY—直圆点（曲线起点）；YZ—圆直点（曲线终点）

1）平曲线设计原则

在风景园林道路平曲线设计时一般应遵循如下原则：

根据景观单元组织的需求，设计符合人行、车行要求的曲线形式；

与地形、地物有机结合；

曲线应流畅自然，半径适当。

2）平曲线半径选择

当风景园林道路具有行车功能时，需选择恰当的平曲线半径，以保证在一定车速下行车的安全，一般通过如下公式进行平曲线半径选择。

$$R=V^2/127\ (\mu\pm i)$$

式中 R——平曲线半径；

V——车行速度；

μ——路面横向摩擦系数；

i——道路横向坡度。

通常在地形、地物许可时，保证在设计车速下，取如下公式确定平曲线半径。

$$R=V^2/127\ (0.1-i)$$

式中 R——平曲线半径；

V——车行速度；

i——道路横向坡度。

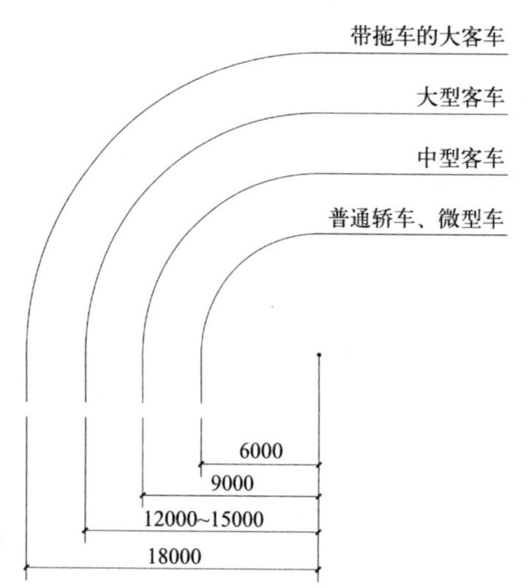

图 4-12　各类车辆最小转弯半径参考值

而只提供步行功能的风景园林道路平曲线半径则可根据地形确定，一般不小于 2m。

2. 转弯半径的确定

通行机动车的景观道路在交叉口或转弯处的平曲线需考虑适宜的转弯半径，以满足通行的需求。转弯半径与通行车辆的车速和类型有关，在个别情况下可不考虑车速，而选用满足车辆本身通行的最小转弯半径（表 4-5、图 4-12）。

各类车型的最小转弯半径参考值　　表 4-5

车型	最小转弯半径（m）
小轿车、微型车	6
中型客车	9
大型客车	12~15
带拖车的大客车	18

3. 曲线加宽及超高设计

机动车在弯道上行驶时，由于前后轮的轮迹不同，前轮转弯半径大，后轮转弯半径小，往往弯道内侧的路面需要适当加宽。同时，由于机动车过弯时离心力的作用，道路在弯道处同时需要进行超高设计（图 4-13）。

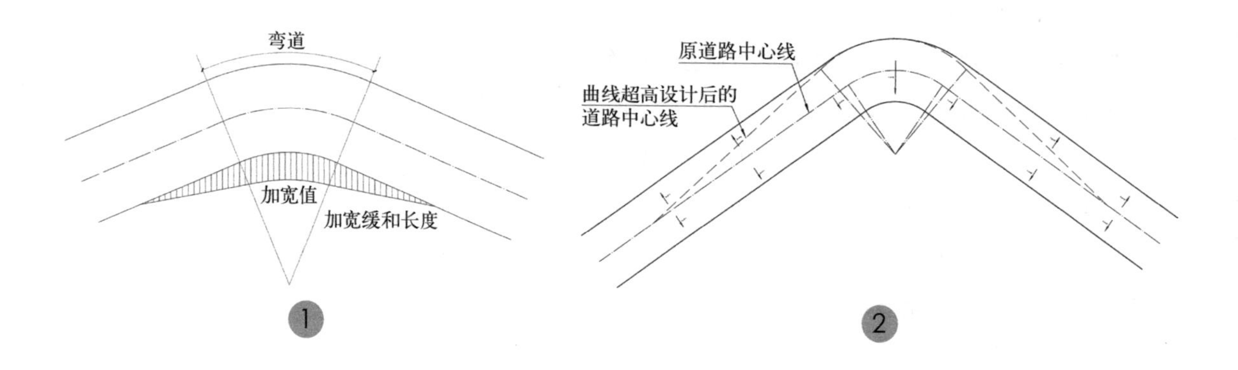

图 4-13　曲线加宽及超高设计
1—曲线加宽设计；
2—曲线超高设计

4.1.6　道路的纵断面设计

1. 道路纵断面设计的主要内容

风景园林道路的纵断面，是指其道路中心线的竖向断面。其设计的主要内容包括：

1）确定道路中桥涵的位置；

2）确定路线各处合适的标高；

3）设计各路段的纵坡与坡长；

4）保证视距需求，选择各处竖曲线的合理半径，设计竖曲线并计算施工高度等。

2. 道路纵断面设计的要求

1）在选线上应结合景观需求，尽量与现有或设计地形有机结合，减少土方量，并保证竖向曲线平滑顺畅；

2）选择合适的纵向坡度，保证行车或步行的安全、舒适；

3）与其他道路、广场、建筑出入口等处进行有机衔接；

4）配合区内地表水的排放与组织，并与各类地下工程管线密切配合，共同达到经济合理的要求。

3. 道路的纵向坡度

风景园林道路纵断面的坡度，机动车车道一般不大于 8%；非机动车道一般以 2.0% 为宜，不超过 3.0%；人行步道最大纵坡不超过 12.0%，否则需要设置踏步。同时为了排水方便和地下工程管线的埋设，景观道路的最小纵坡不小于 0.3~0.5%。

风景园林道路的纵向坡度较大时，需要对其坡长进行限制，一般遵循表 4–6。

风景园林道路坡度及坡长限制参考值 **表 4–6**

道路类型	道路纵坡（%）	道路坡长限制值（m）
车行道	5.0~6.0	600
	6.0~7.0	400
	7.0~8.0	300
游步道	8.0~9.0	150
	9.0~10.0	100
	10.0~11.0	80
	11.0~12.0	60

当风景园林道路的纵向坡度较大而坡长又超过限制时，车行道则应在坡路中插入坡度不大于 3.0% 的平缓坡段，在游步道中，可适当插入一到数个转换平台，供人暂停休息同时起到缓冲的作用（图 4–14）。

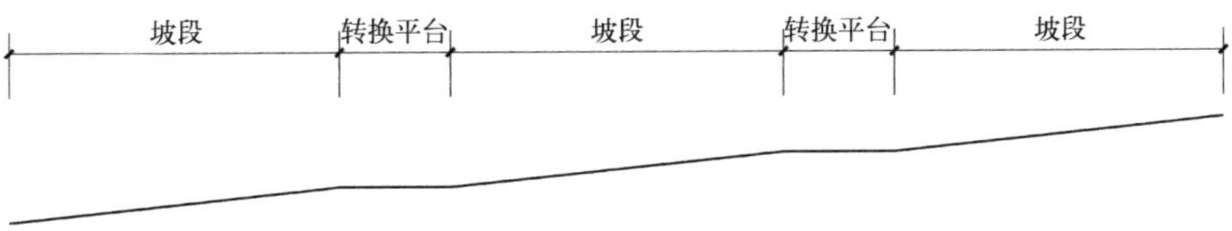

图 4–14 坡度较大的道路应设置平缓段或转换平台

4. 道路的竖曲线半径

道路中心线的在纵向断面上为连续相折的直线，为使路面平顺，需要在折线交点处设置曲线，称为道路竖曲线。

风景园林道路竖曲线半径的取值范围较大，一般机动车通行的风景园林道路，凸形竖曲线半径不小于 400m，凹形竖曲线半径不小于 200m（图 4-15）。

景观道路的竖曲线半径可参考表 4-7 进行参考取值。

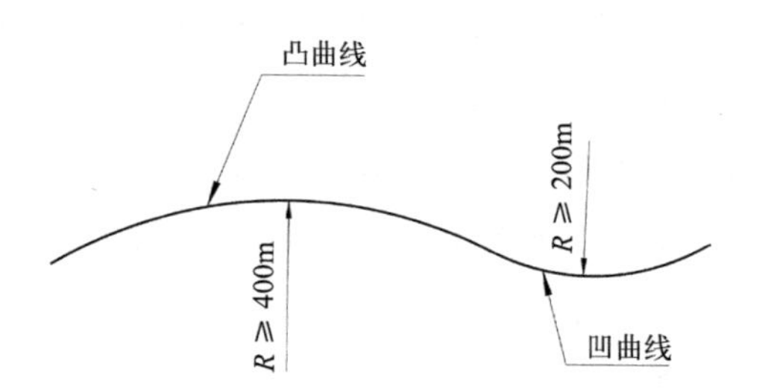

图 4-15 风景园林道路的竖曲线半径

风景园林道路最小竖曲线半径参考取值 **表 4-7**

道路类型	凸形竖曲线半径取值（m）	凹形竖曲线半径取值（m）
风景区主干道	500~1000	500~600
公园主园路	200~400	100~200
公园次园路	100~200	70~100
游步道	<100	<70

4.1.7 道路的附属工程设计

1. 台阶和坡道

当道路之间、道路与场地之间、场地与场地之间存在一定的高差时，需要以台阶或坡道进行联系和过渡。

1）台阶

（1）室外台阶的尺寸

通常，为了提高使用的舒适性，室外台阶设计，往往采用同建筑室内台阶或楼梯不一样的做法，即降低踢板高度，加宽踏板宽度。

室外台阶，通常踢板高 10~13cm 左右，踏板宽在 35~40cm 左右。踢板高度一般不宜低于 10cm，否则行人上下台阶易磕绊，比较危险。因此，如高差低于 10cm，应当提高台阶上、下两端路面的排水坡度，调整地势，取消台阶，或者将踢板高度设在 10cm 以上，也可以考虑以坡道代替台阶（图 4-16）。

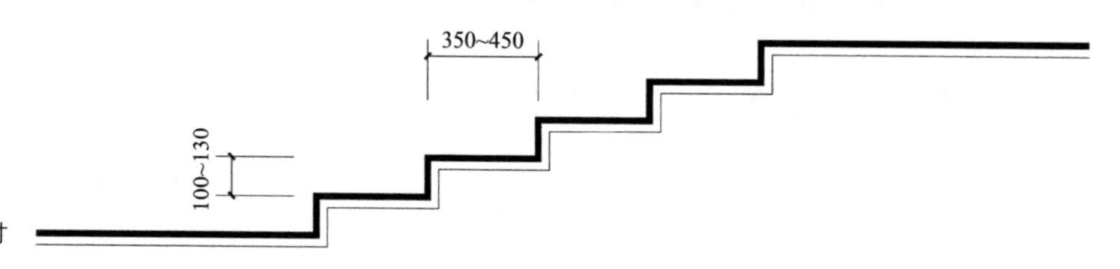

图 4-16 室外台阶的尺寸

(2) 室外台阶的设置

室外台阶设置一般需遵循如下要求：

在设置台阶时，两个平台之间台阶的最大高度，在没有扶手或护墙时一般不宜超过 120cm，有扶手或护墙时一般不宜超过 180cm（图 4-17）。

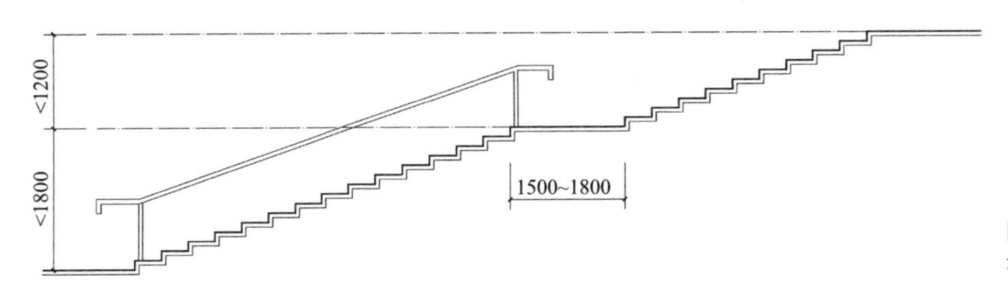

图 4-17 平台间台阶的最大高度

如果台阶超过 10 级，或是需要改变攀登方向，为安全计，应在中间设置一个进深为 1.5m 左右的休息平台。

设置室外台阶时，为安全起见，一般应在 2 级之上，否则须考虑以坡道代替。

室外台阶的设置宽度一般应在 90cm 以上。

(3) 室外台阶的做法

为了营造台阶的景观效果，台阶可利用踏高的进退变化形成一定的阴影，一般建议变化设在台阶踏高的下部，而非利用踏面面材的厚度，否则易破损（图 4-18）。

踏板应设置 1.0% 左右的排水坡度。落差大的台阶，为避免降雨时雨水自台阶上瀑布般跌落，应在台阶两端设置排水沟（图 4-19）。

踏面应做防滑饰面或防滑处理，天然石台阶不宜做细磨饰面。

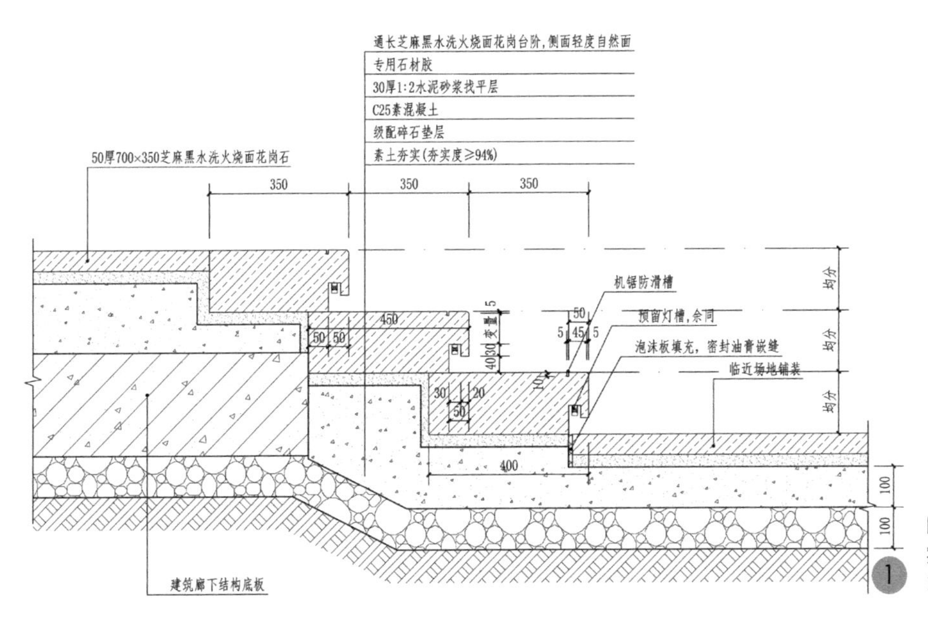

图 4-18 台阶阴影做法实例
1—做法图

图 4–18　台阶阴影做法实例（续图）
2—建成效果

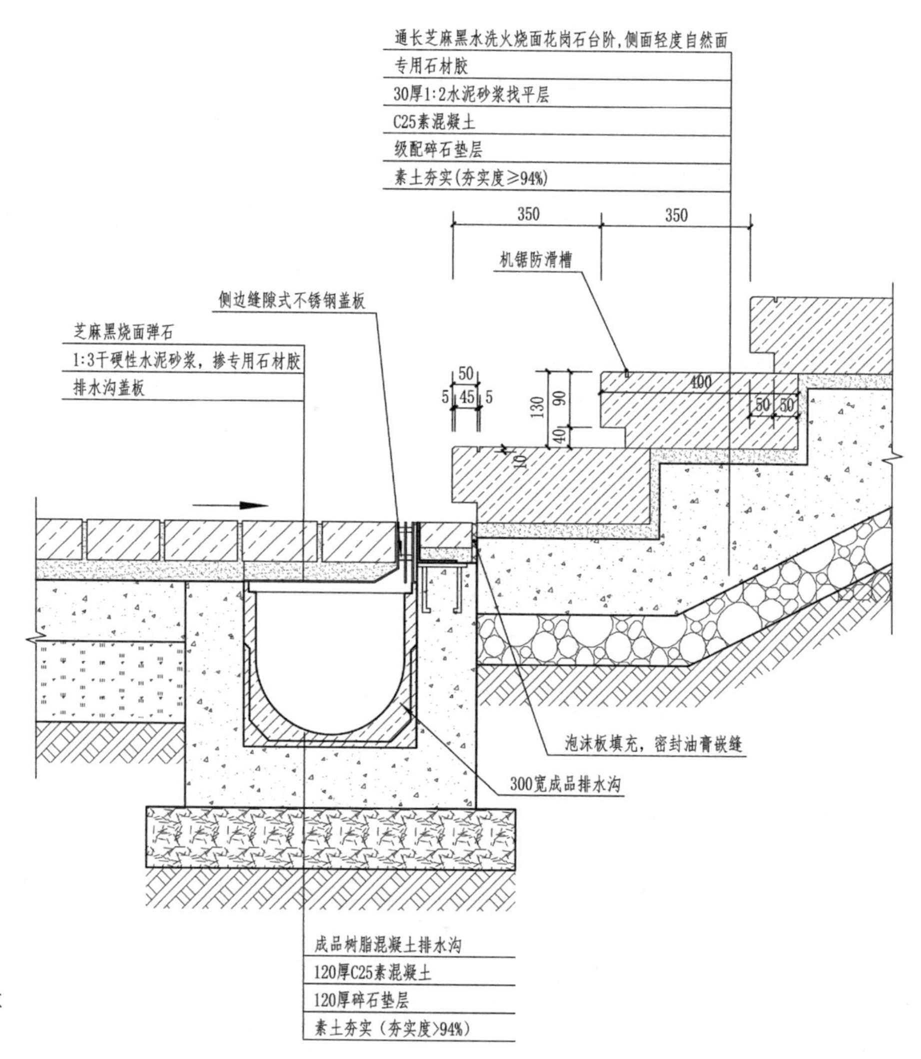

图 4–19　台阶排水沟做法图

为方便上、下台阶，在台阶两侧或中间设置扶栏。扶栏的标准高度一般在 80~90cm 范围内，同时宜在距台阶的起、终点约 30~45cm 处做连续设置（图 4–20）。

台阶附近的照明应保证一定照度，建议利用台阶两侧的护墙或栏杆设置侧向照明灯具，或在台阶踏面上设置水平向照射的照明灯具或反光率低的灯具，而不设置反光率高的地埋灯具，否则会由于产生的眩光而对上下台阶的游人构成安全威胁。

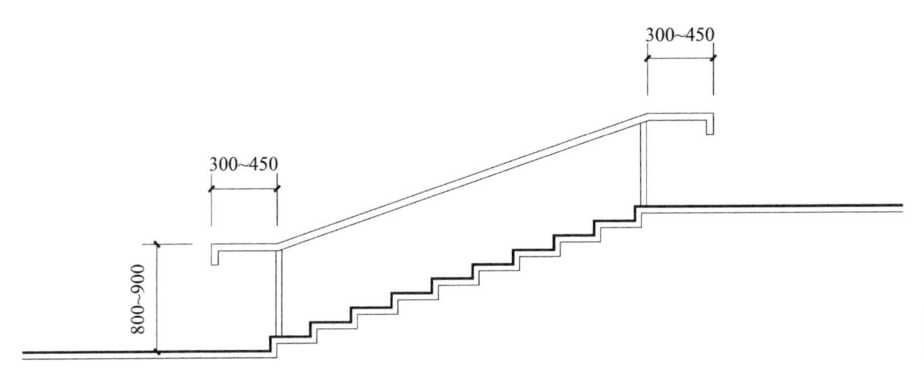

图 4–20　室外台阶扶栏的设置

2）坡道

在风景园林道路纵断面的设计中，已探讨了景观道路的不同坡度及坡长限制，下面主要讨论无障碍坡道。

一般在室外过程中，无障碍坡道在设计时应注意如下几点：

无障碍坡道最大纵坡为 8.5%。

无障碍坡道的标准最小宽度为 120cm。如果考虑轮椅与行人通行的方便与舒适，园路、坡道的最小宽度应设定在 150cm 以上。有轮椅会车的地方，其最小宽度为 180cm。

在无障碍坡道的上、下两端以及当设置连续多段无障碍坡道时，应设置进深为 180cm 以上的过渡平台（图 4–21）。

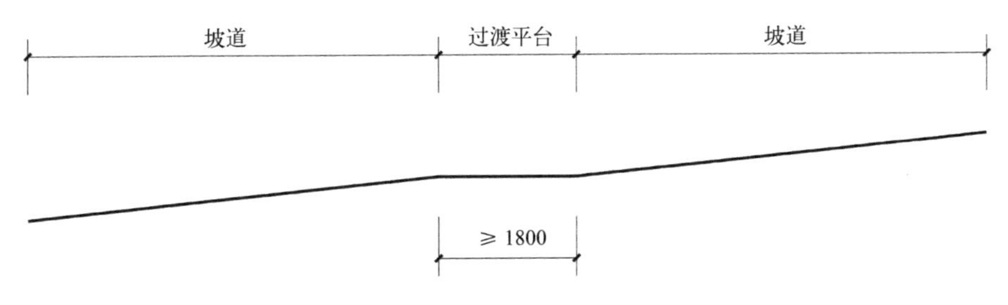

图 4–21　无障碍坡道及过渡平台设置

坡道两侧应设置高度在 5cm 以上的路缘石，防止轮椅不慎滑落。

坡道上应设置扶栏，栏杆长度应在距坡道起、终端 45cm 处做连续设置。若只设置 1 组栏杆，其标准高度为 80~90cm；若设置 2 组，栏杆的高度应分别为 65cm 和 85cm，一般，栏杆宜采用直径在 3.5~4.8cm 间的圆形或椭圆形材料制作（图 4–22）。

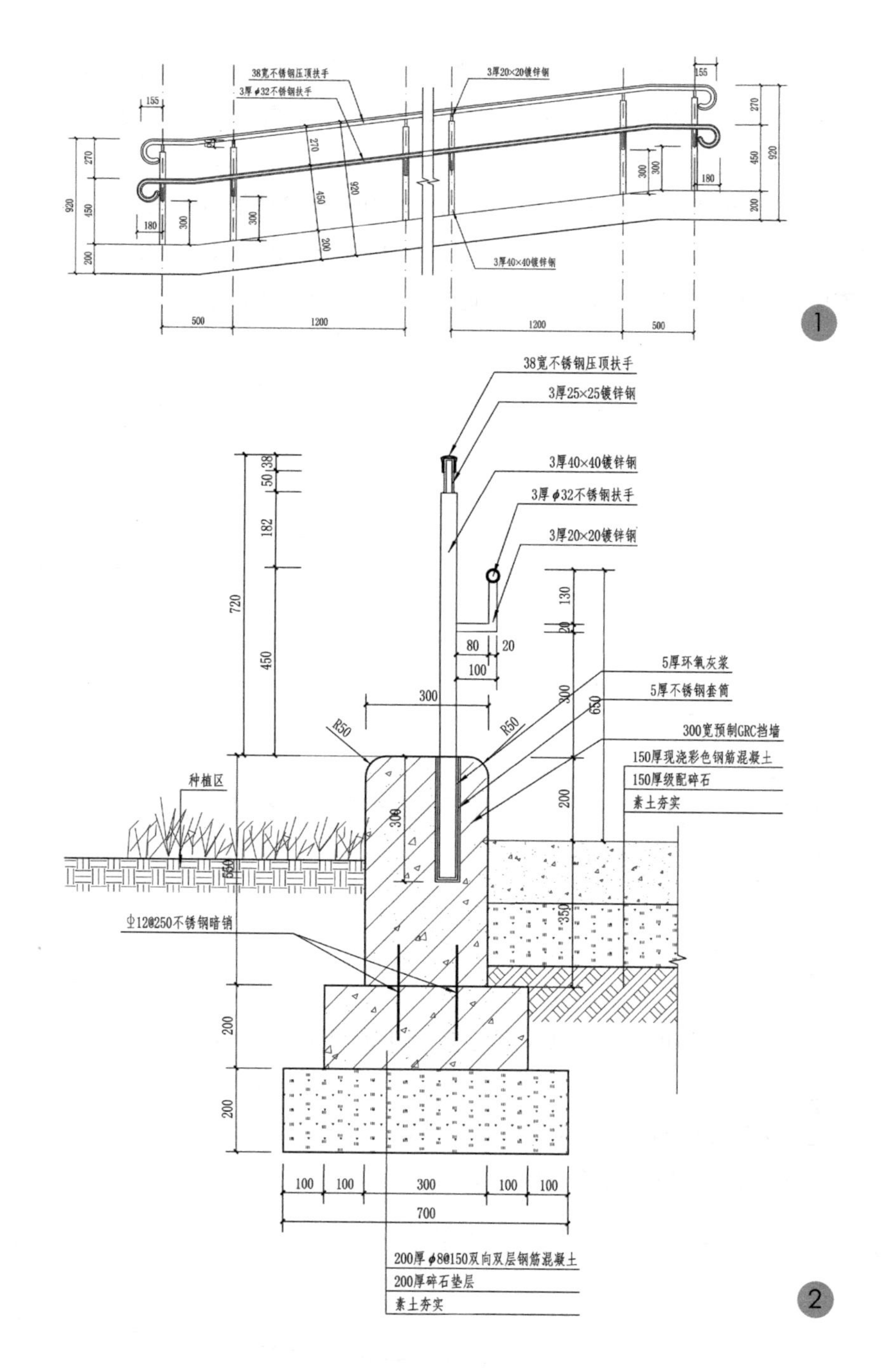

图 4–22 无障碍坡道断面图
1—纵向断面图；2—横向断面图

坡道需做防滑处理。

2. 路缘石

路缘石是一种为确保行人安全，进行交通诱导，保留水土，保护植栽，以及区分路面铺装等而设置在车道与人行道分界处、路面与绿地分界处、不同铺装路面的分界处等位置的道路附属构筑物（表 4–8，图 4–23）。

从形式上路缘石可分为立式和平式两种形式，也可与边沟结合为一整体进行设计（图 4–24）。路缘石的材料可为预制混凝土、砖、石、合成树脂等。

风景园林道路路缘石离路面高度参考取值　　**表 4–8**

道路类型	离路面高度（cm）	备注
风景区主干道		可与路面齐平，以路肩代替路缘石
城市车行道	12~15	
公园主园路	5~10	
公园次园路	2~5	
游步道		可与路面齐平或不设路缘石

图 4–23　路缘石

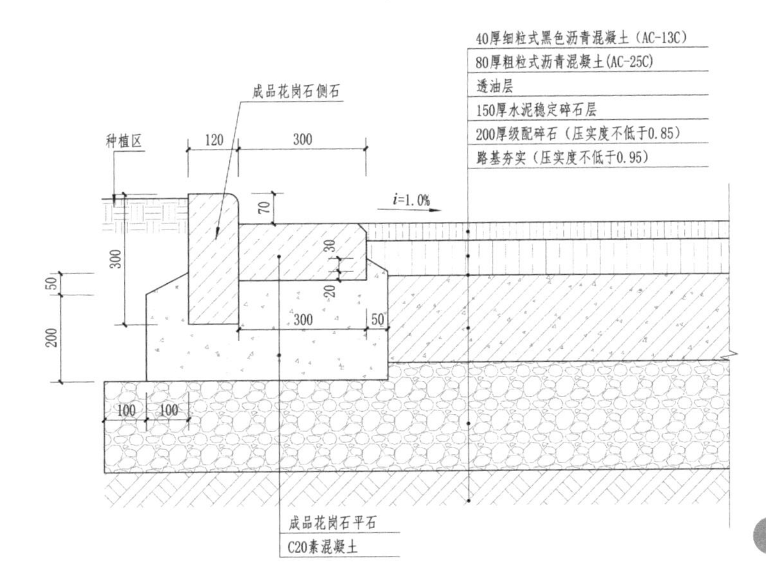

图 4–24　路缘石的形式
1—立式路缘石

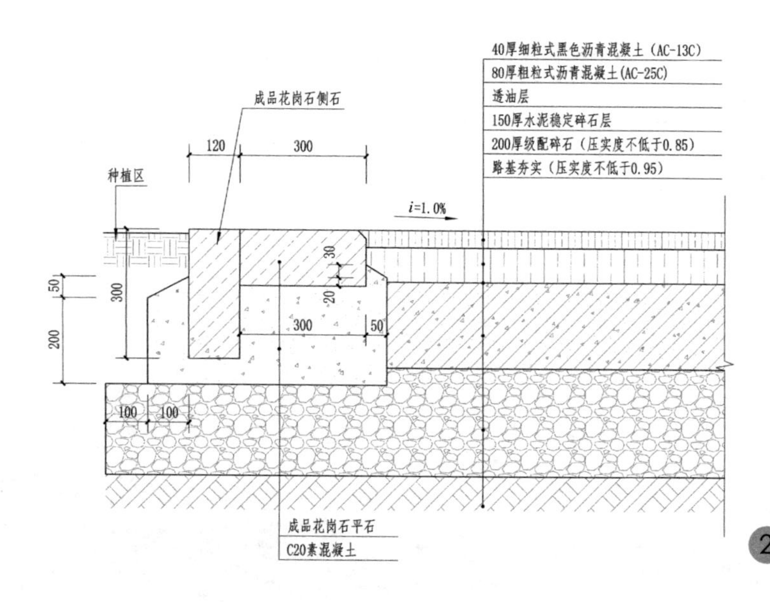

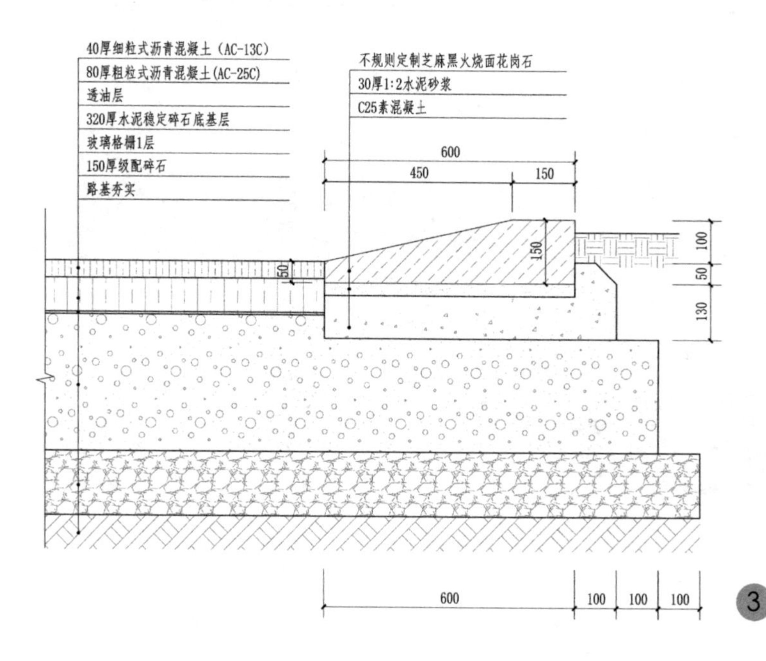

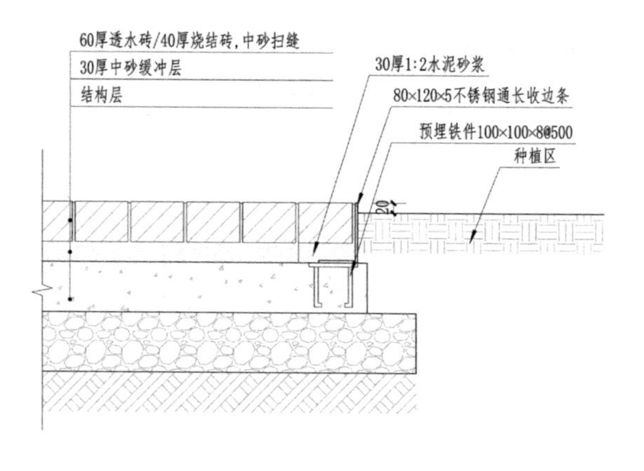

图 4-24 路缘石的形式（续图）
2—平式路缘石；3—平立一体式路缘石；4—线形路缘石

3. 边沟

边沟是一种设置在地面上用于排放雨水的设施，其形式可分为 L 形边沟、碟形或 U 形边沟、加设盖板明沟等多种形式，边沟可与路缘石结合为一整体（表 4–9、图 4–25）。

风景园林道路边沟参考形式表 表 4–9

道路类型	边沟参考形式	备注
风景区主干道	多结合地形设为排水明沟	一般不设盖板
城市车行道	多用 L 形边沟	采用平侧石处设置雨水口方式进行排水
公园主园路	可用 L 形边沟、碟形或 U 形边沟、加设盖板明沟等	加设盖板明沟的盖板可为混凝土预制箅子、镀锌格栅箅子、铸铁格栅箅子、不锈钢格子箅子以及由花岗石等石材制作的箅子等
公园次园路	一般用 L 形边沟、碟形边沟	可采用生态草沟方式排水
游步道	可不设边沟	雨水直接排入附近场地、绿地或水体

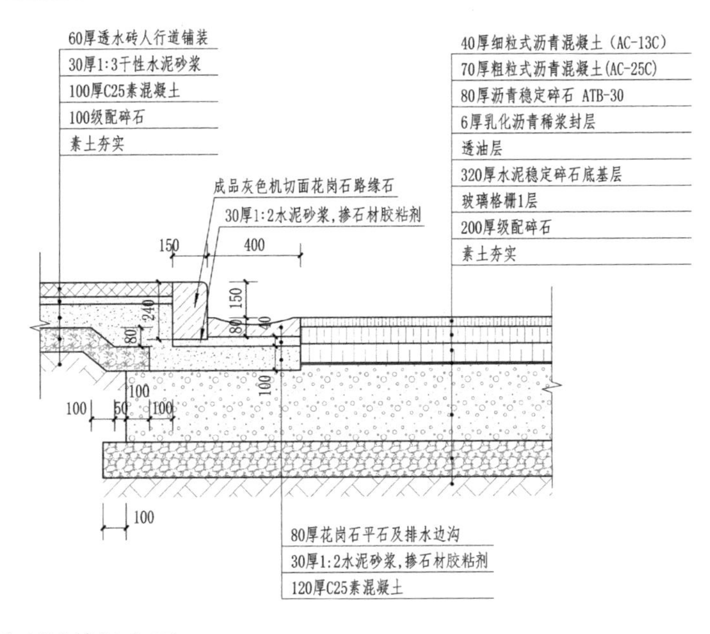

图 4–25 与路缘石结合一体的蝶形边沟

4. 步行道边坡和开口

1）步行道边坡

步行道边坡，即是将道路旁步行道的部分路缘、边沟降低高度，以方便机动车跨上步行道或为方便轮椅通行所做的无障碍设计。边坡的坡度一般为 10.0% 以下（图 4–26）。

2）步行道开口

步行道开口，即把路旁步行道的路缘、边沟做成卷边车道，以方便车辆驶上步行道，宽度一般取 6m（图 4–27）。

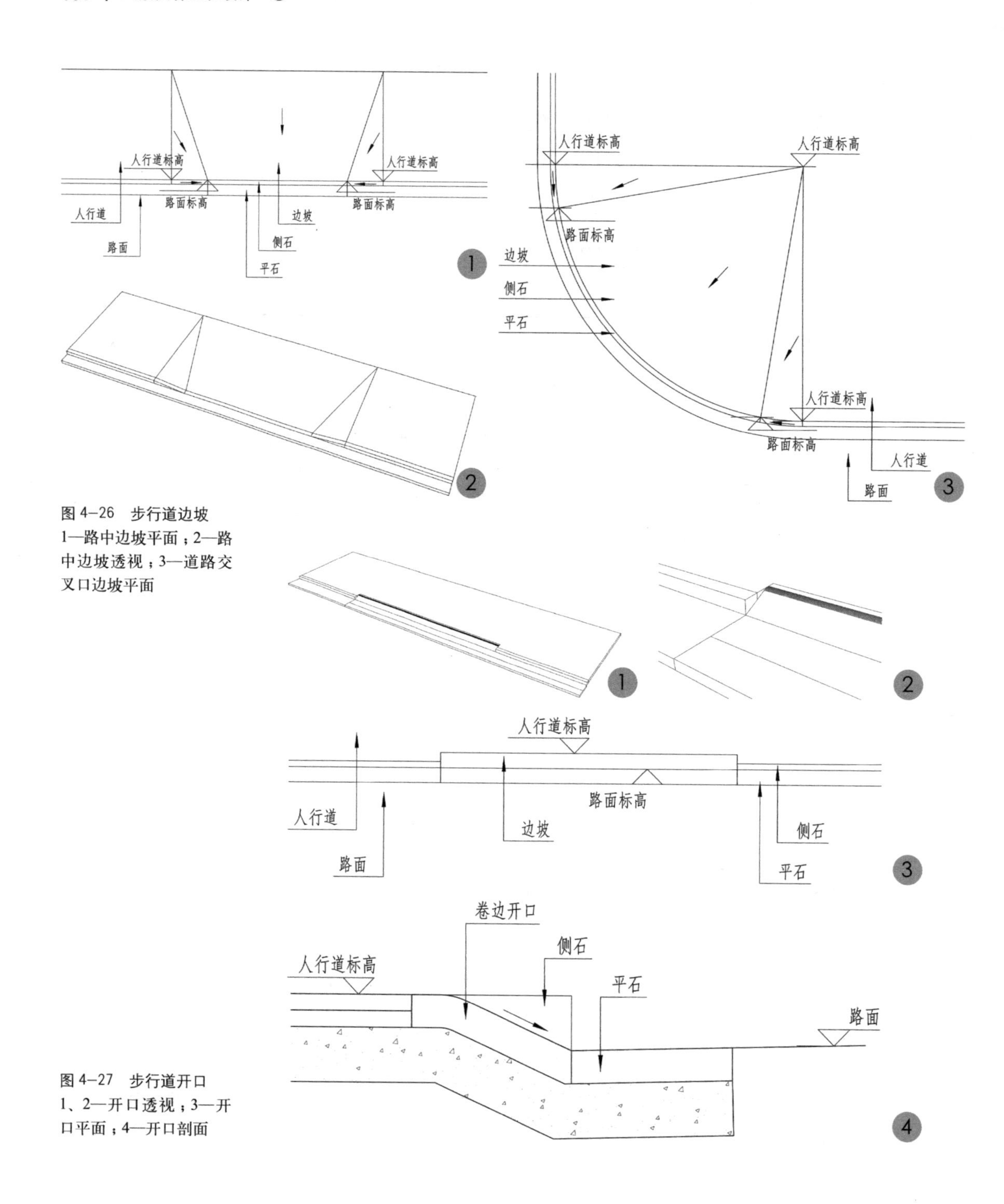

图 4-26　步行道边坡
1—路中边坡平面；2—路中边坡透视；3—道路交叉口边坡平面

图 4-27　步行道开口
1、2—开口透视；3—开口平面；4—开口剖面

4.2　停车场地设计

4.2.1　机动车停车场设计

1. 停车位计算

风景园林区域机动车停车场的车位可以通过表 4-10 的形式进行计算。

风景园林区域机动车停车场停车位计算表　　　　**表 4–10**

车辆类型	日平均游人数（人）			备注
	比例（%）	乘坐数（人）	车辆数（辆）	
小客车				停车场停车位计算需根据游程安排确定其周转率，由各类车辆数总和除以周转率，从而最终确定具体数量
中客车				
大客车				
总计	100			

2. 停车场面积估算

停车场面积估算，可以小轿车为当量，以 25~30m²/ 车位，进行面积估算。

3. 停放方式

车辆的停放方式一般如表 4–11 所示，分为垂直停放、平行停放和斜向停放 3 种方式。

停车场不同停放方式特点及设计要求表（以小轿车为例）　　　　**表 4–11**

停放方式		特点	通道宽度取值（m）	备注
垂直停放（图 4–28）		所需停车面最小，是一种常用的停车方式，常选择后退式停车，前进式发车	6m	
平行停放（图 4–29）		是一种常见的路边停车方式，适合停车带宽度较小的场所	4m 以上	停车位长度一般为 7m
斜向停放	30° 角斜向停放（图 4–30）	适用于整条停放车道狭窄的场所，但所需停车面积加大	4m 以上	在空间允许的情况下，一般不建议采用
	60° 角斜向停放（图 4–31）	整条车道宽度需加大，车辆出入方便	4.5m 以上	
	45° 角斜向停放（图 4–32）	整条停车车道无需太宽，且停车面积较小	4m 以上	

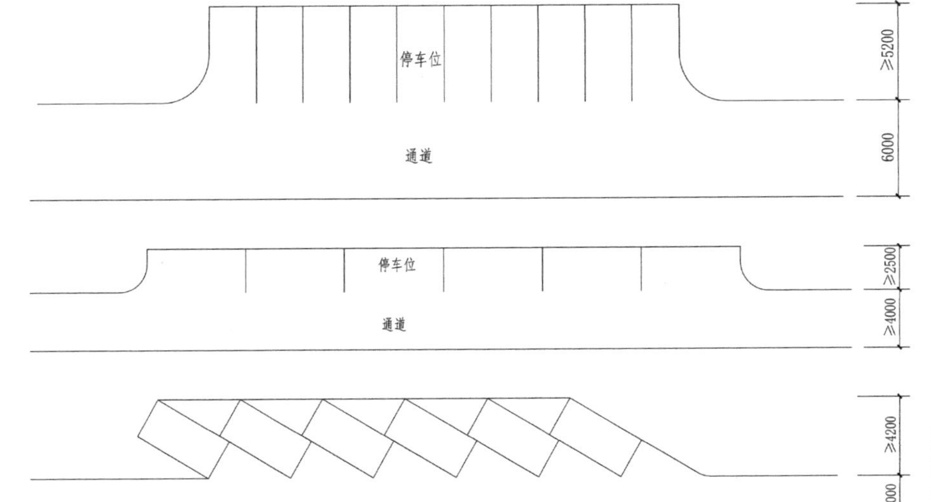

图 4–28　垂直停放（上）
图 4–29　平行停放（中）
图 4–30　30° 角斜向停放（下）

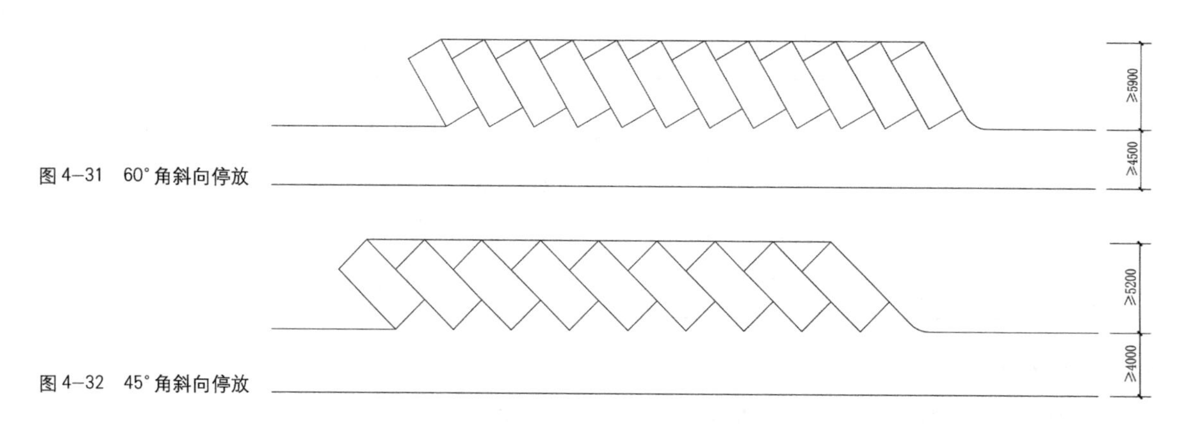

图 4-31 60° 角斜向停放

图 4-32 45° 角斜向停放

4. 标准停车位尺寸（表 4-12、图 4-33）

标准停车位参考取值表 **表 4-12**

类型	参考取值	备注
垂直式停放的停车位	车位宽 2.5~3.0m，车带宽 5~6m，一般公共停车位取 3m×6m，为了营造林荫停车场效果，车位大小可适当缩小，借用绿化空间形成车位	最小可为 5.5m×2.5m
有轮椅通行的停车位	停车位宽度应设计在 3.5m 以上	
公共交通停车场的停车位	一般为长 10~12m，宽 3.5~4m	车道宽度应确保在 12m 以上，一般选择斜向停放

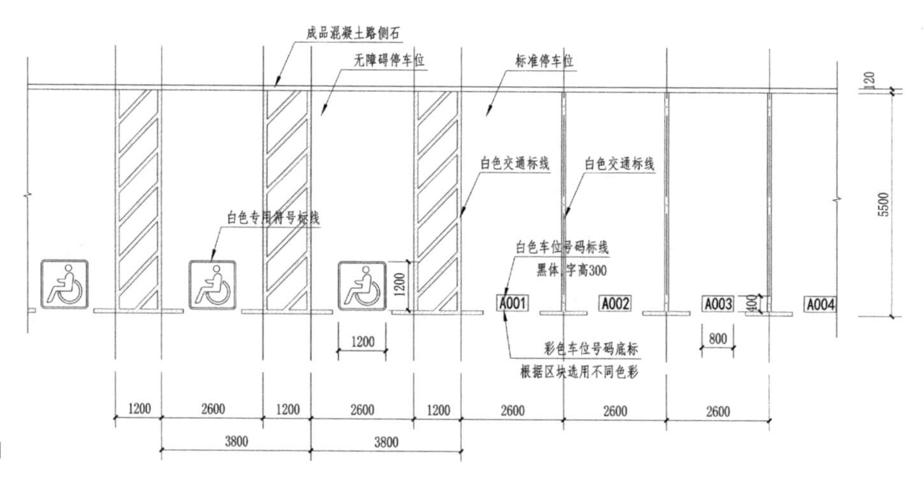

图 4-33 车位单元平面图

5. 机动车车辆的转弯半径选择（表 4-13、图 4-34）

各种车型最小转弯半径参考取值表 **表 4-13**

车辆类型	最小转弯半径参考取值（m）
普通轿车	5.5~6
加长轿车	6~7
轻型客车	7~9
大型观光车或公交车	10~12

6. 停车场设计

1）设计原则

风景旅游区停车场设计一般遵循如下设计原则：

（1）整体性原则

停车场地作为旅游景区的静态交通设施，是旅游景区整体交通体系的重要组成部分，是景区动态交通的延续，其规划布局的好坏对景区整体交通体系运行的高效、安全与否关系甚大。为此，停车场的规划设计需置于所在风景旅游区整体之中进行设计布局，从外围到内部，从地块到区域对交通进行整体分析，进而站在整体的角度进行停车场的布局设计。

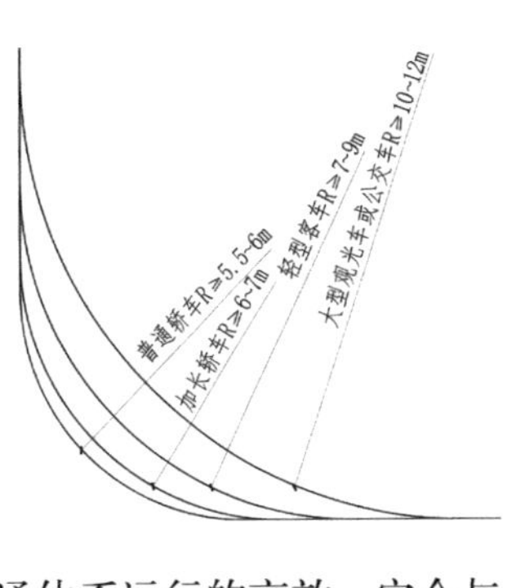

图4-34 停车场各种车辆转弯半径示意图

（2）关联性原则

突破地块界限，将停车场设计与旅游景区内其他项目进行联动设计，充分分析周边项目对基地的需求与影响，进而从功能划分、交通组织、开口布局、景观塑造等多层面与周边项目建立设计的关联性，保证整体区域的良好布局。

（3）匹配性原则

在车流与人流组织、道路宽度与断面设计、停车位规模选择等方面与周边道路通行能力相匹配，并充分考虑极端大客流的应急需求。

（4）流畅性原则

作为交通体系的重要组成部分，交通流线组织的流畅与否至关重要。为此停车场规划设计需充分分析区域交通关系，在红绿灯设置、场地开口、区内交通组织、交通诱导等方面力求达到交通流线组织合理流畅、停车有序、步行可达（图4-35）。

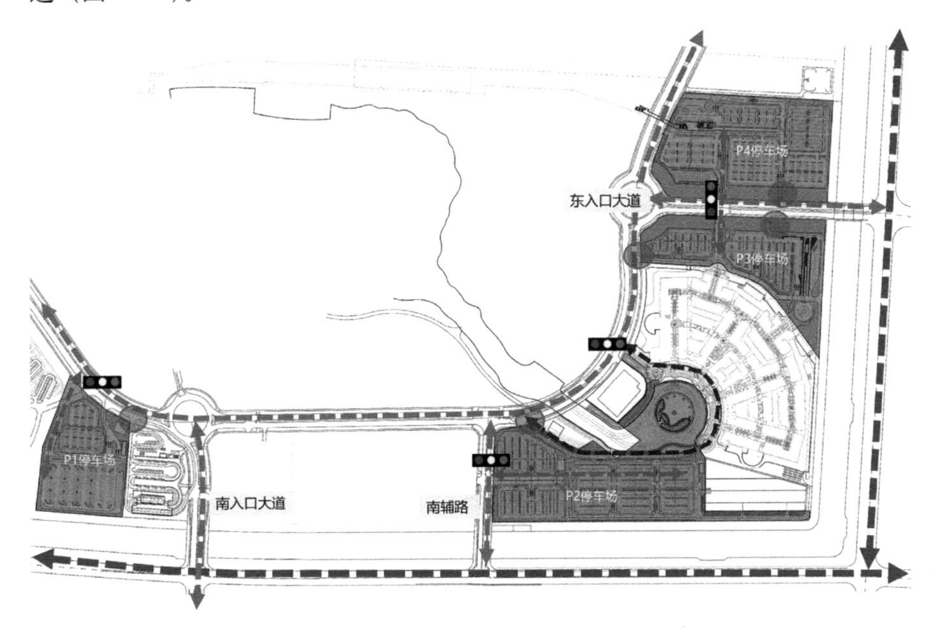

图4-35 上海国际旅游度假区核心区东南部停车场布置及交通组织

(5) 安全性原则

停车场场地内车行、人行存在交叉与交织，安全性至关重要。为此需要在设计布局、标识引导、交通标线等各方面力争做到人车分流，为游客提供安全的停车环境。

(6) 便利性原则

游客驾车或坐车到达旅游景区一般均需要较长的时间，作为到达景区第一站的停车场，需要为游客提供如厕、补充能量、接收信息等多种便利功能。

2) 设计要点

由于一般风景旅游区停车场具有面积规模大、停车种类多、外部交通依附度高等特点，设计需在充分分析内外交通需求、流量、交通组织方案等基础上进行规划布局，需注意如下几方面的设计要点：

(1) 停车场内部功能区块划分

风景旅游区停车场不仅承载一般的收费停车功能，也承载出租车、网约车、旅游大巴等公共交通功能，同时还兼具管理、景观、服务等功能，规划设计首先需根据其内部功能，进行功能区划，以便有序组织各类功能（图 4-36）。

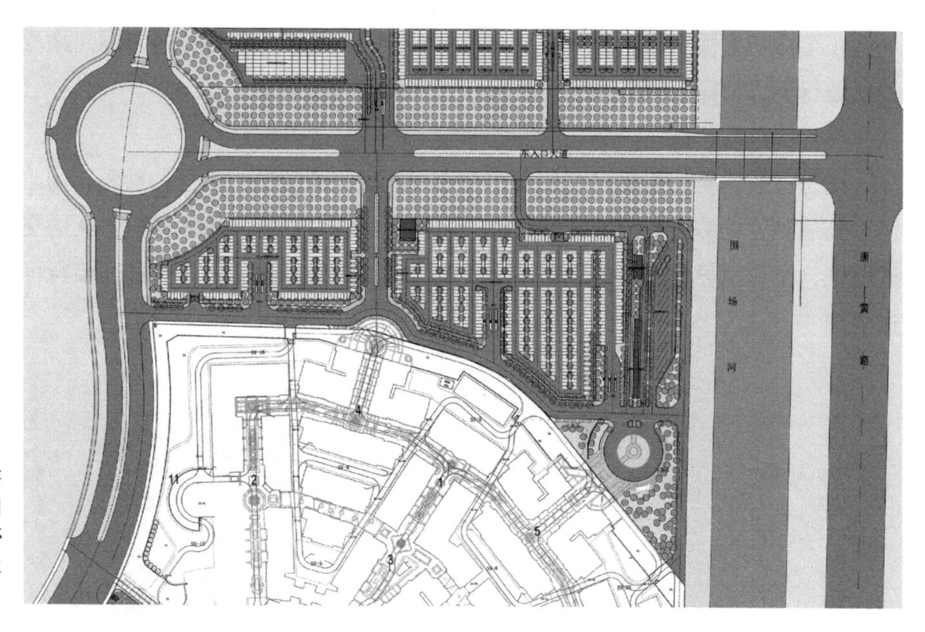

图 4-36 上海国际旅游度假区 P3 停车场平面图（从左到右依次为小车停车区、出租车停靠区与大巴停车区）

(2) 内部道路体系建立

风景旅游区停车场往往具有场地面积大，而外围道路开口少的特点，在设计中需建立内部道路体系，通过内部道路体系连接停车区块，从而减少对外围道路的依附度和对外围道路的交通影响（图 4-37）。

(3) 多类型交通流线组织

在停车场设计时需组织过境交通、出租车、网约车、旅游大巴、社会车

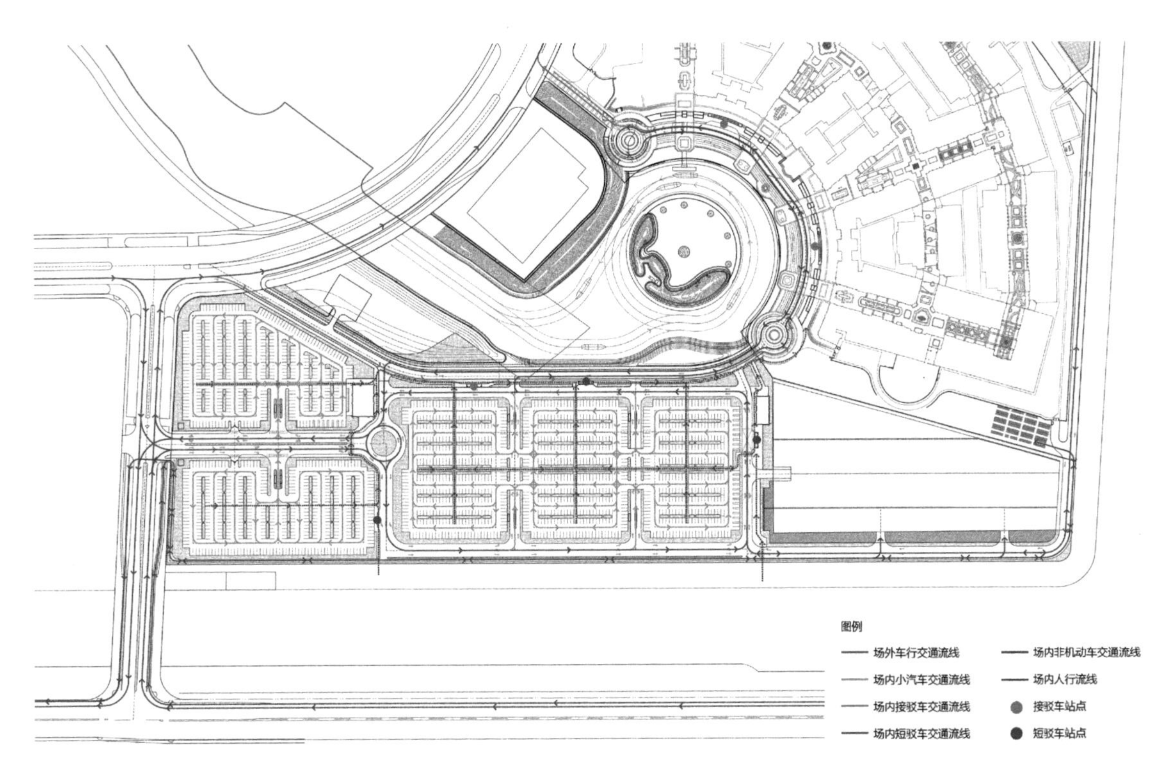

辆等车流交通，也需要解决零散（社会车辆）和集聚（公共交通）的人流交通，尽量做到不交叉或少交叉，以避免停车场地内交通安全问题的发生（图 4–38）。

图 4–37 上海国际旅游度假区 P2 停车场交通组织图（上）

图 4–38 上海国际旅游度假区 P3 停车场交通组织图（下）

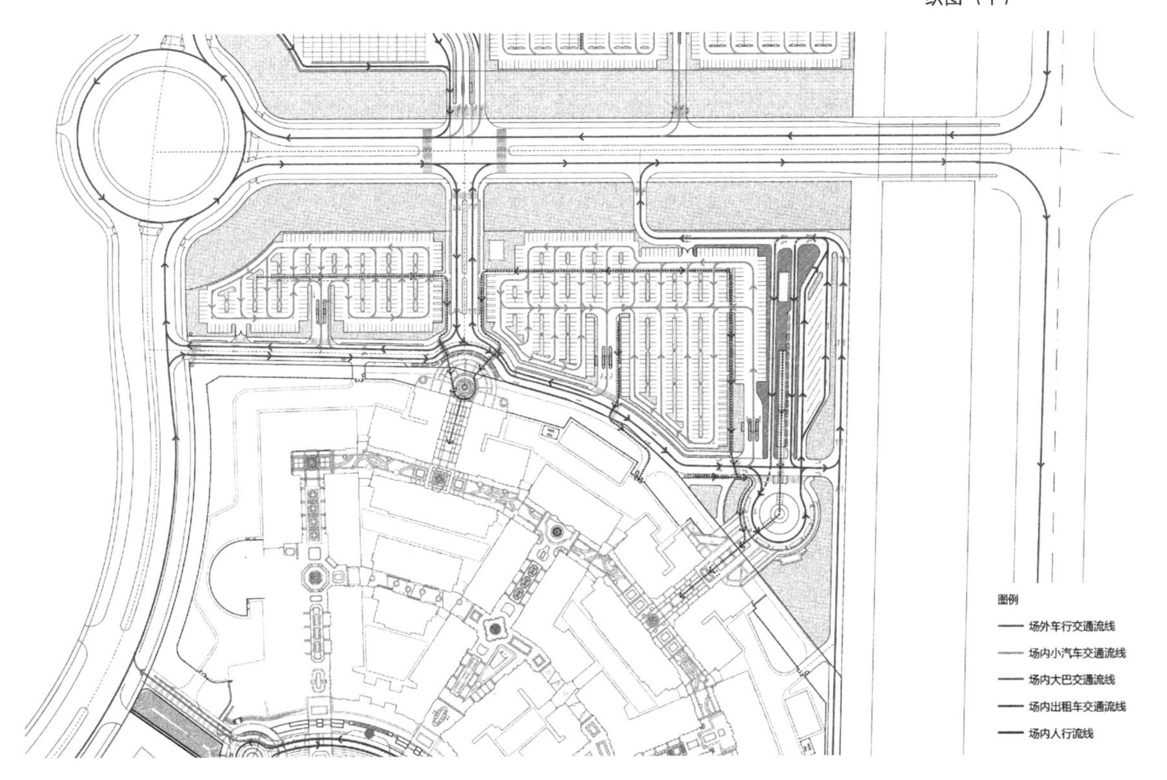

（4）接驳体系建立

风景旅游区停车场一般由于地块规模大，从停车场到目的地距离远，在停车场设计上需将接驳体系引入停车场，在方便游客的同时提高旅游体验度。

（5）服务设施布置

停车场内需为游客与司乘人员提供厕所、餐饮便利店、司乘人员休息室等空间（图 4-39）。

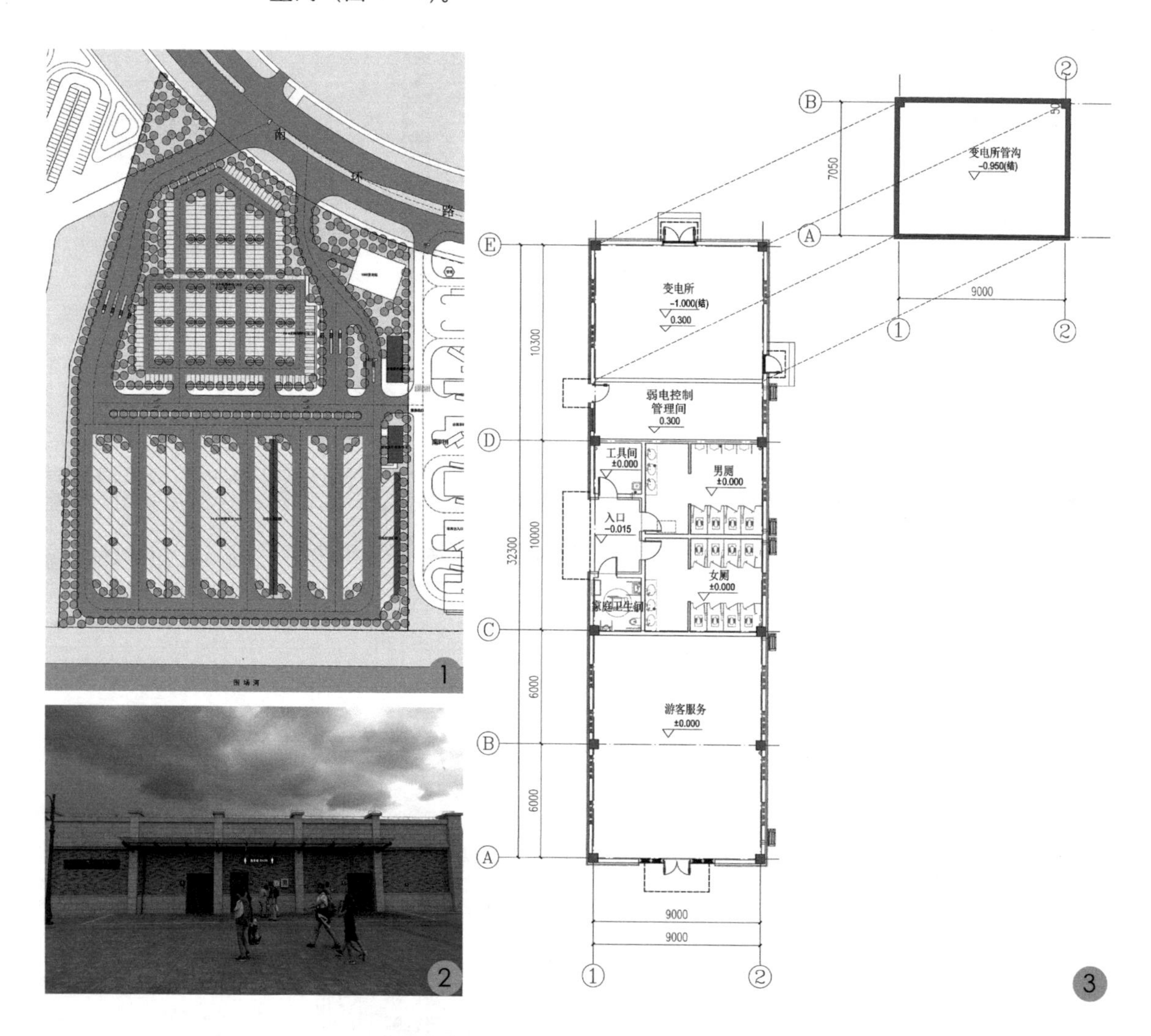

图 4-39　上海国际旅游度假区 P1 停车场服务设施
1—总平面；2—服务设施建成效果；3—服务设施平面图

（6）绿荫停车场建设

在停车场设计时需见缝插绿，利用停车空间设置绿化，形成多种形式与类型的绿荫停车场（图 4-40、图 4-41）。

（7）收费与管理

为了提高停车场的停车效率，在收费与管理模式上可采用中央收费、手机 APP 支付、拍照系统等多种模式。出入口与岗亭数量选择上需根据停车场规模与出入场时间进行计算确定（图 4-42）。

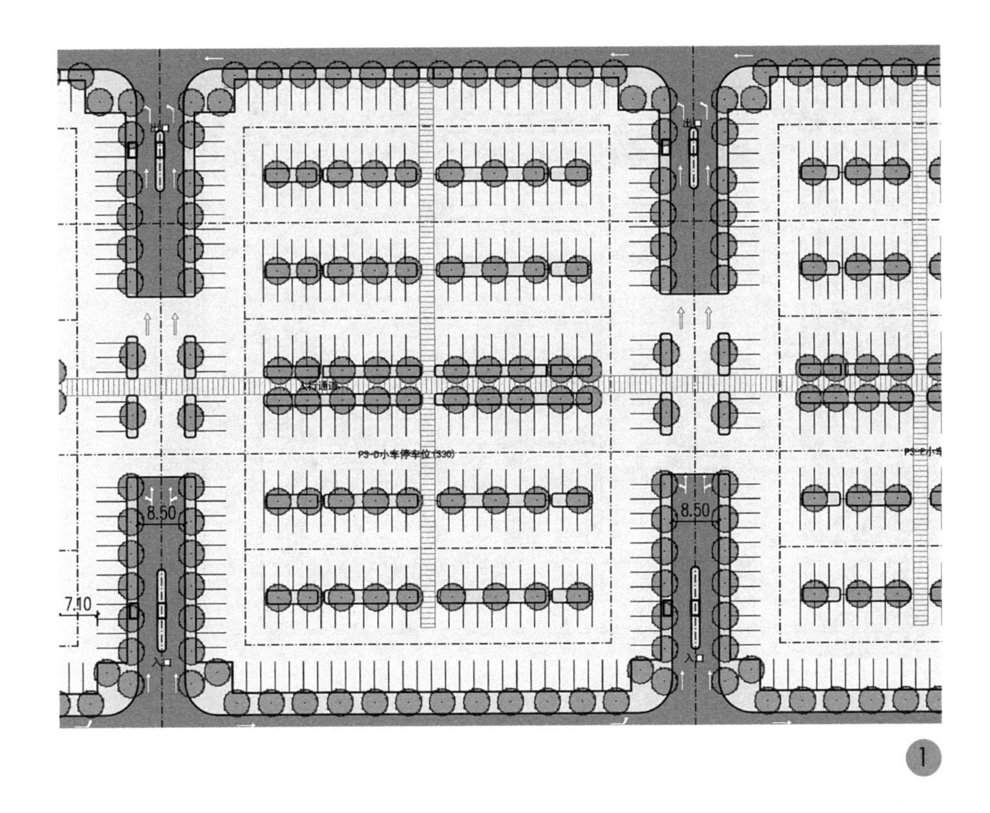

图 4–40 绿带式林荫停车场

1—平面图；2—剖面图；3、4—实例

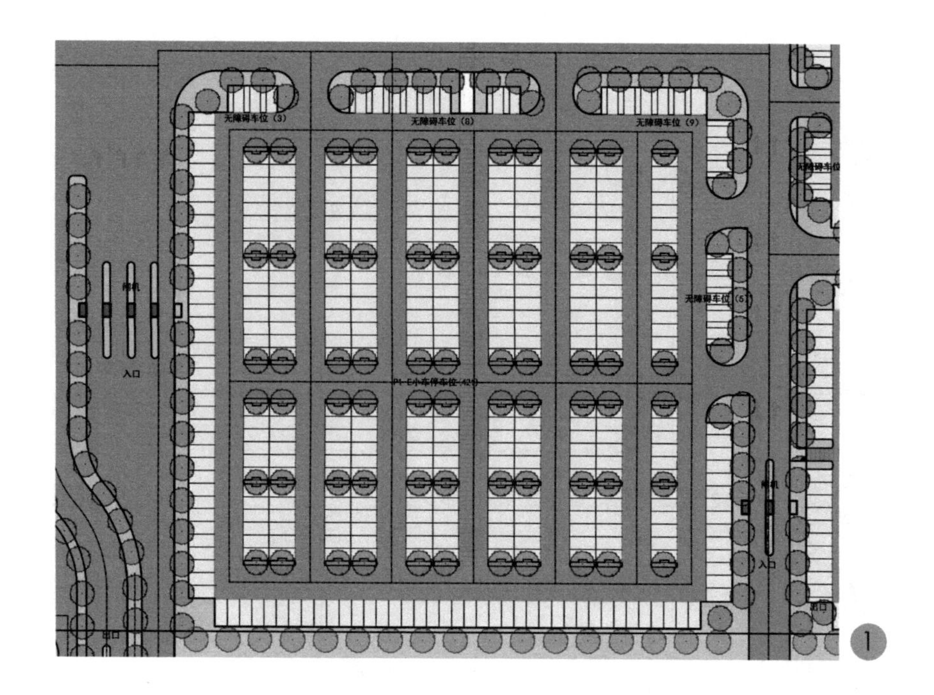

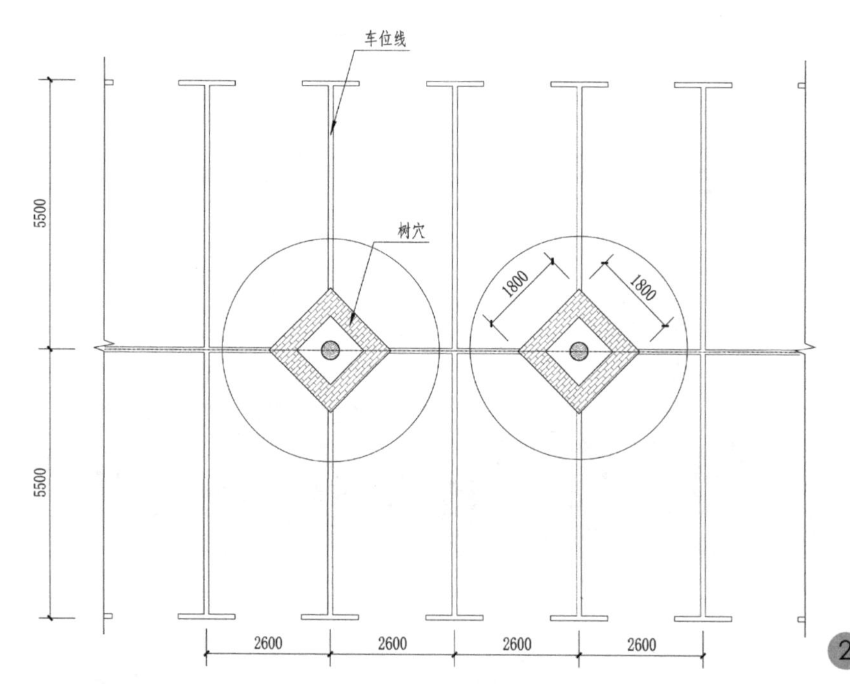

图 4–41　树穴式林荫停车场

1—平面图；2—带树穴车位单元平面图；3、4—实例

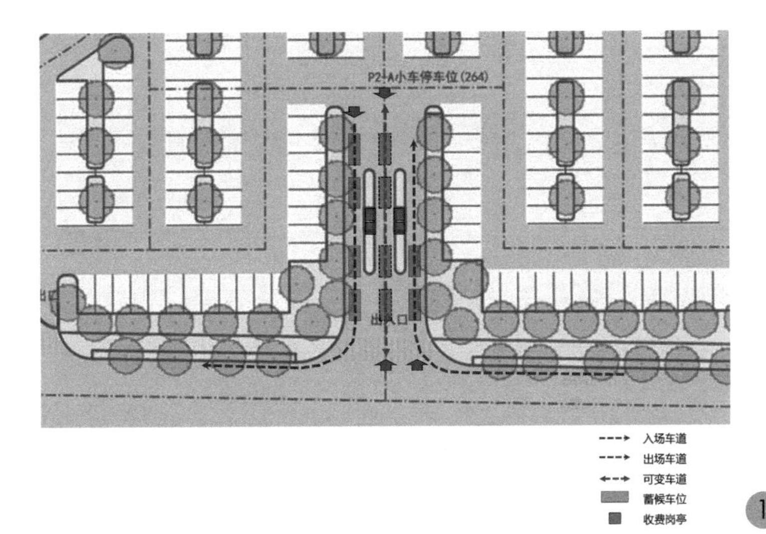

图 4-42 出入口及岗亭布置
1—平面布置图；2—实例

(8) 细节设计

停车场在细节设计上需注意如下要点：

大型停车场应建立专用的人行通道空间（图 4-43）；

车挡的位置视车种而异，但一般情况下设置在距车尾 90~110cm 的位置；

图 4-43 停车场内设立的专用人行通道

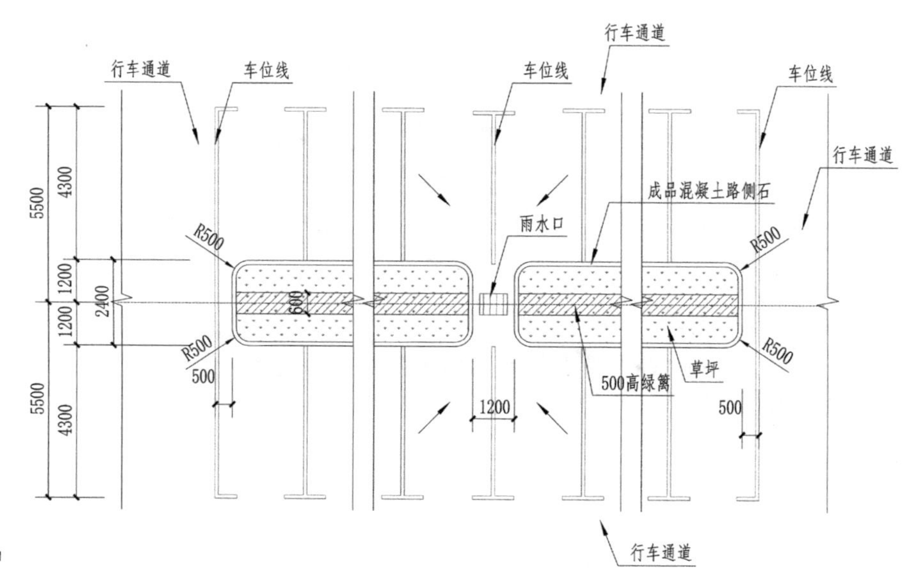

图 4-44 停车位绿带布局

路缘石可兼作车挡，高度一般控制在 10~15cm；

停车场内种植庇荫乔木时，绿带宽度应在 1.5~2.0m 以上（图 4-44）；

绿化树木、照明设施等应安排在距车位线 1m 以外的位置，以免妨碍车辆出入。

4.2.2 非机动车停放场设计

1. 停放方式

非机动车停放除普通的垂直式停放、斜向停放外，自行车也可采用错位式和双层式自行车架进行停放，以提高停放场的容纳能力。

2. 停放场的标准尺寸（表 4-14）

非机动车停车场通道及车位参考取值表 表 4-14

车辆类型	停放方式	参考取值
电瓶车	垂直式停放	通道、停车带的宽度皆应大于 2m，车位宽约 90cm
	斜向停放	可按通道、停车带的宽度皆为 2m，车位宽度为 90cm 设计
自行车	垂直式停放	通道宽约 2m，停车带宽约 2m，停车位宽 60cm
	利用自行车架的错位停放	通道宽约 2m，停车带宽根据倾斜角度决定，停车位宽约 45cm

第5章 风景园林地形与竖向及土方工程

地形是风景园林各类要素的基本载体，是风景园林各项功能得以实现的主要场所。由于造景需求、排水组织、土方调配、绿化种植等多种原因，均需要对地形进行改造和处理，即进行风景园林的竖向设计。

5.1 风景园林地形的功能与作用

地形在风景园林工程中具有构成骨架、形成与分隔空间、造景、营造背景、提供观景机会及工程技术等方面的功能与作用，具体如下：

5.1.1 骨架作用

地形作为所有风景园林元素和设施的载体，是构成风景园林的基本结构骨架（图 5-1）。

图 5-1 地形的骨架作用

5.1.2 空间作用

不同的地形形态和要素，构成了不同的风景园林空间效果与形象，如大面积水体构成的水平空间界面，狭窄垂直山崖构成的垂直空间界面，不同坡度的地形构成的斜向空间界面等（图 5-2）。

5.1.3 造景作用

地形的不同形态构筑起不同类型的风景园林空间，起到了造景的作用。如中国古典园林常用的一池三山的水、岛组合，便充分地发挥了地形的造景功能（图 5-3）。

5.1.4 背景作用

各种地形要素均具有相互形成背景的可能。如山体可作为湖面、草坪、建筑等的背景，湖面可作为岛屿、堤岸、滨水建筑等的背景（图 5-4）。

图 5-2 地形的空间作用
1—水平空间界面；2—垂直空间界面；3—斜向空间界面

图 5-3 地形的造景作用（左）
图 5-4 地形的背景作用（右）

5.1.5 观景作用

地形可为游人提供观景的空间，不同的地形可在水平方向上创造环视、半环视、夹视等观景序列，也可在竖向上创造俯瞰、平视、仰视等观景角度（图 5-5）。

5.1.6 工程作用

地形可为给排水、绿化、建筑、防洪等各类风景园林工程创造良好的工程条件，如合理组织排水、提供不同绿化植被的栽植条件、有效组织土方调配等（图 5-6）。

图 5-5 地形的观景作用
1—俯瞰；2—平视；3—仰视

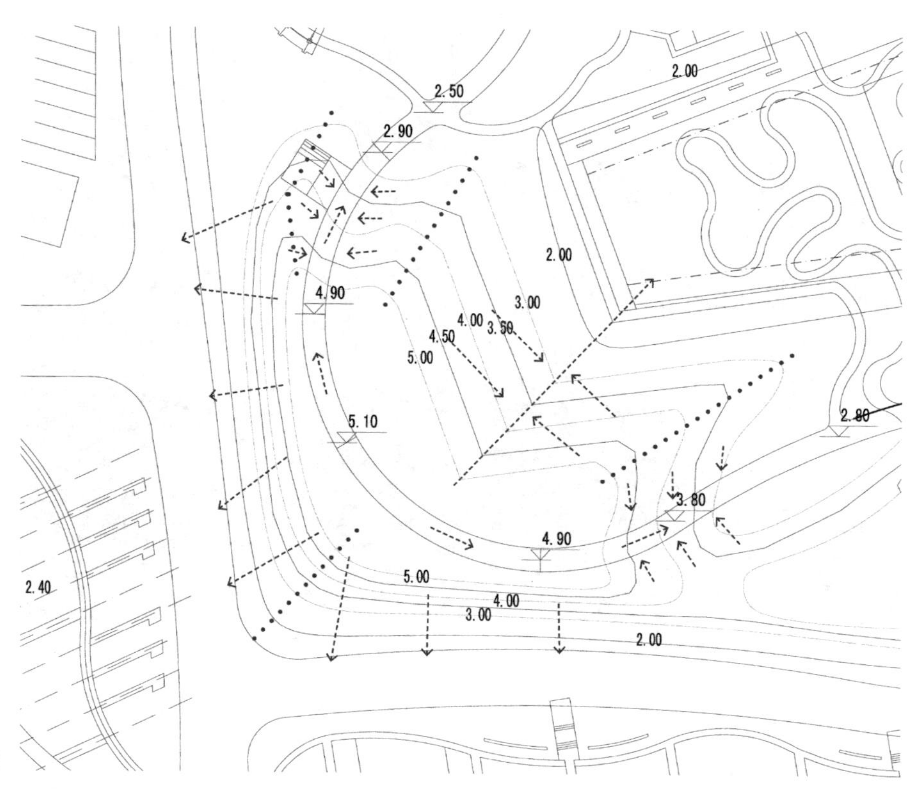

图 5–6　地形的工程作用

5.2　风景园林地形的分类

地形按坡度大小可分为平地、缓坡地、中坡地、陡坡地、急坡地、悬坡地等多种类型，在风景园林工程设计中对不同类型的地形的利用方式也不尽相同（表 5–1）。

地形类型、坡度分级及在风景园林工程中的应用表　　表 5–1

类型	坡度（%）	在风景园林工程中的应用
平地	≤ 3	可开辟大面积水体及作为各种场地之用； 可自由布置园路与建筑，绿化栽植亦不受限制； 但须注意排水的组织，避免积水
缓坡地	3~10	可开辟中小型水体或用作部分活动场地； 园路与建筑布置基本不受限制； 绿化上适宜布置风景林和休憩草坪
中坡地	10~25	顺等高线可布置狭长水体； 建筑群布置受一定限制，个体建筑可自由布置； 通车道路需与等高线平行或斜交； 垂直于等高线的游览道路须作梯级道路； 营造大面积草坡或景观林地无限制
陡坡地	25~50	仅可布置井、泉、小水池等小型水体； 建筑群布置受较大限制，个体建筑不限； 通车园路只能与等高线成较小的锐角布置； 梯级式游览道仍可布置； 绿化栽植基本无限制

续表

类型	坡度（%）	在风景园林工程中的应用
急坡地	50~100	一般不能布置水池类水体，可布置跌水、瀑布等水景； 布置建筑需做地形改造； 车道只能沿等高线曲折盘旋而上，可设缆车道； 游览道需做成高而陡的爬山磴道； 乔木种植受一定限制，灌木种植基本无限制
悬坡地	>100	属于不可建区域，但经特殊地形改造处理后可设置单个中小型建筑； 车道、缆车道布置困难，爬山磴道边必须设置攀登用扶手栏杆、铁链或拉环

5.3 常用风景园林工程的坡度取值

在风景园林工程中，对竖向空间的不同利用方式决定着不同的坡度取值，如图 5-7 所示为风景园林工程中常用的坡度取值。

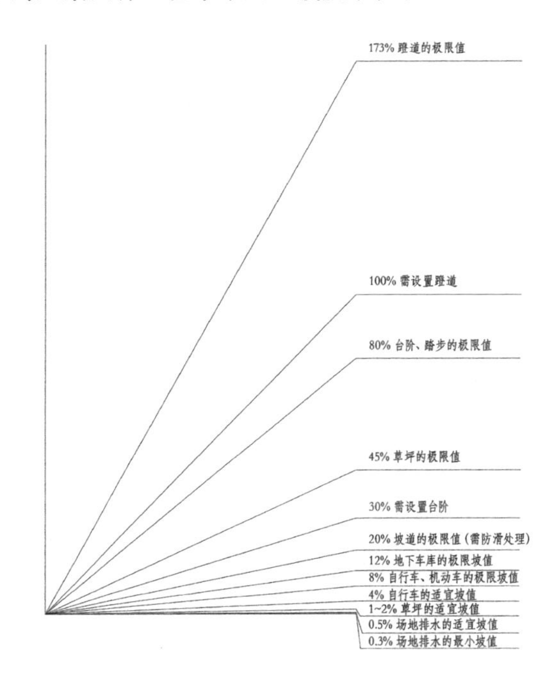

图 5-7 风景园林工程中常用的坡度取值

5.4 风景园林地形的表达方式

5.4.1 等高线法

等高线是在相同参照平面之上具有相同高度的线。基准面是处在平均海平面之上，常用作参考的参照面。等高距是等高线间的垂直距离，恰当的等高距的选择来自于使用地势测量图的最终目的。常用的等高距为 1m、2m 和 5m。

等高线法是风景园林竖向设计平面表达最常用的一种方式，在设计等高线时，应满足地形等高线的如下一些特征（图 5-8、图 5-9）：

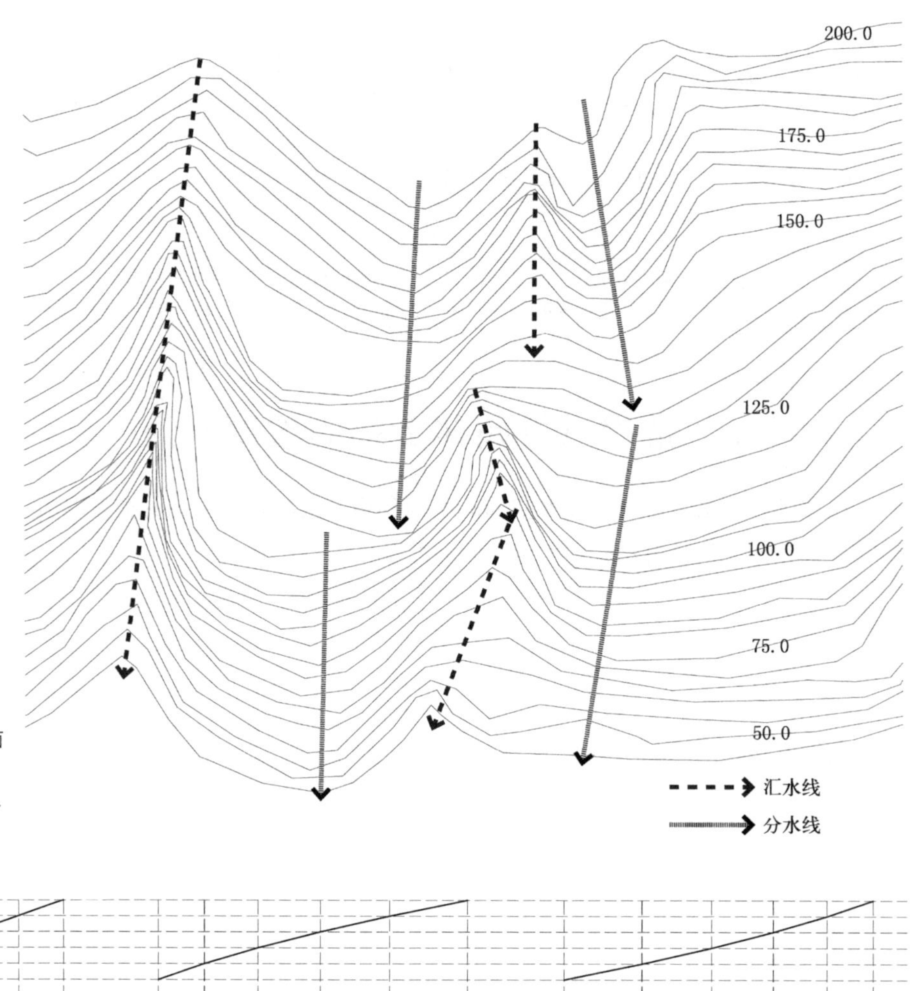

图 5-8 等高线法平面特征（上）
图 5-9 等高线法平面、剖面特征（下）

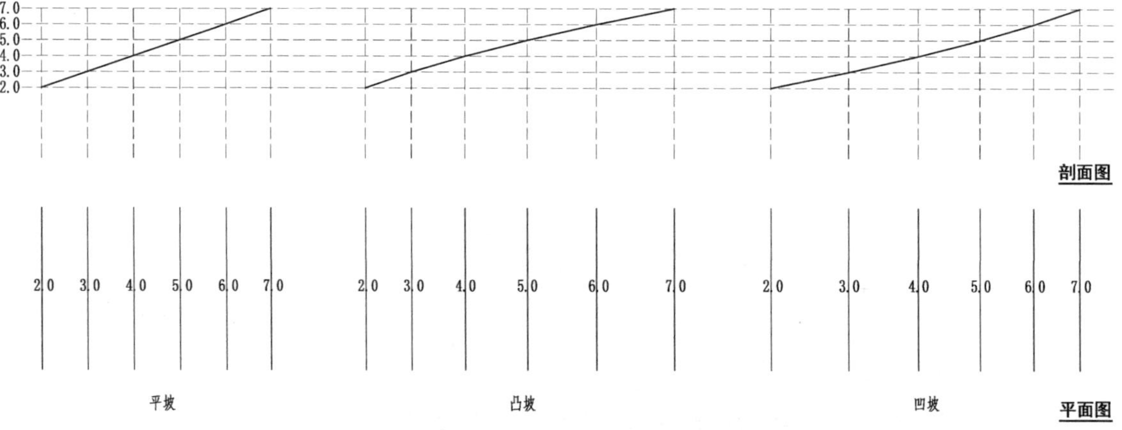

1）间隔均匀的等高线表明地形的坡度一致。

2）等高线等高距变小，表明坡度增大。斜坡顶端的等高距小于底部的登高距，这表明它是一个凹面坡；相反情况表明它是一个凸面坡。

3）等高线向上形成尖形表明为溪谷或汇水区域。

4）等高线向下形成尖形表明为山脊或分水线。

5）分水线和汇水线与等高线垂直。

6）每条等高线总是持续的线，在所绘图上或图外从不断开或终止。除了有外悬的山崖或山洞外，等高线从不交叉，它们仅在垂直墙壁或山崖处合为一体。

7）地形的最高点或谷地的最低点都用点高度（标高）来表示。

5.4.2 坡级法

在地形图上，用坡度等级表示地形的陡缓和分布的方法称作坡级法。这种图示方法较直观，便于了解和分析地形，常用于基地现状和坡度分析图中。坡度等级应根据等高距的大小、地形的复杂程度以及各种活动内容对坡度的要求进行划分（图 5–10）。

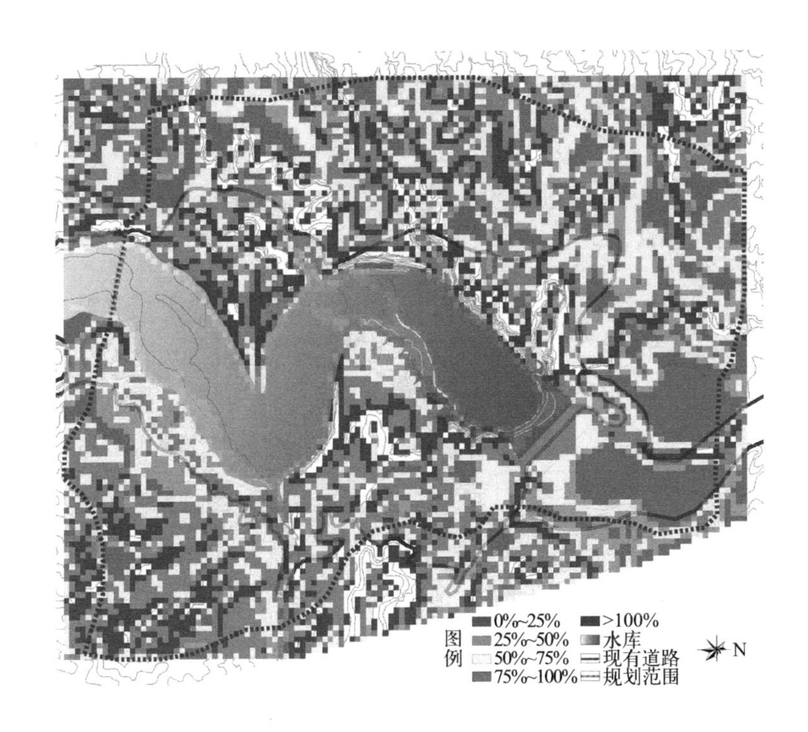

图 5–10 坡级法

5.4.3 分布法

分布法是地形的另一种直观表示法，将整个地形按高程划分成间距相等的几个等级，以不同的色彩或单色渲染进行表达，从而表示基地范围内地形变化的程度、地形的分布和走向。分布法是风景园林基地分析、规划或方案设计等阶段最常用的一种较为直观的竖向设计表达方式（图 5–11）。

5.4.4 高程标注法

当需表示地形图中某些特殊的地形点时，可将该点到参照面的高程进行标记，这些点常处于等高线之间，这种地形表示方法称为高程标注法。高程标注法适用于标注风景园林场地和道路的地面高程，建筑物、构筑物及景观小品的顶面和底面的高程，各类工程管线的顶标高和底标高，以及地形中最高和最低等特殊点的高程。高程标注法是风景园林竖向设计施工图中常用的一种表达方式（图 5–12）。

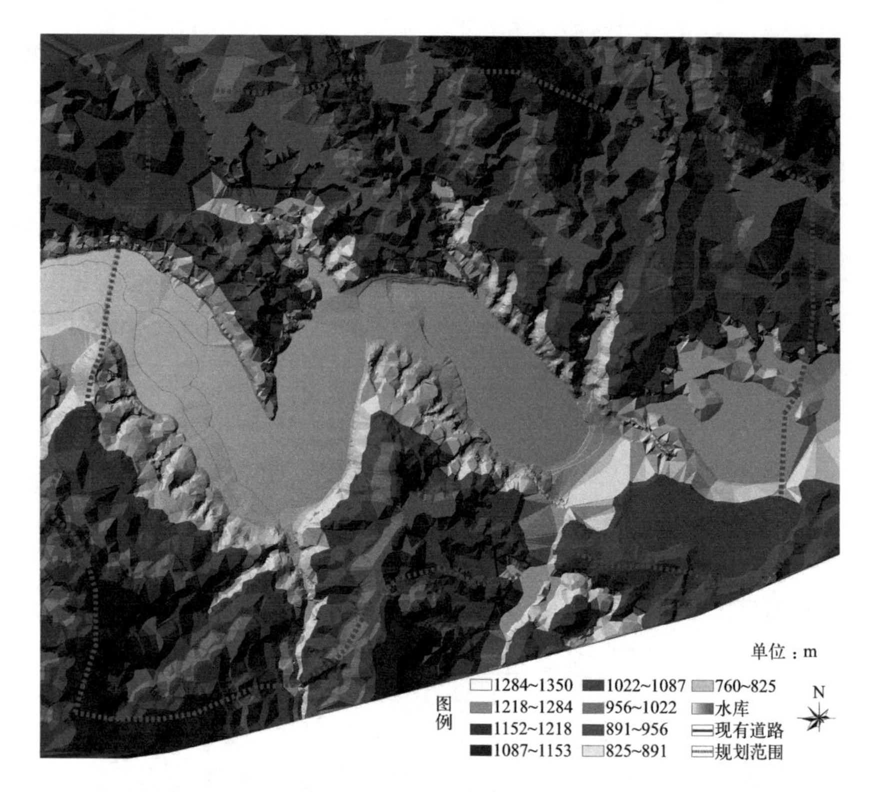

图 5-11　分布法

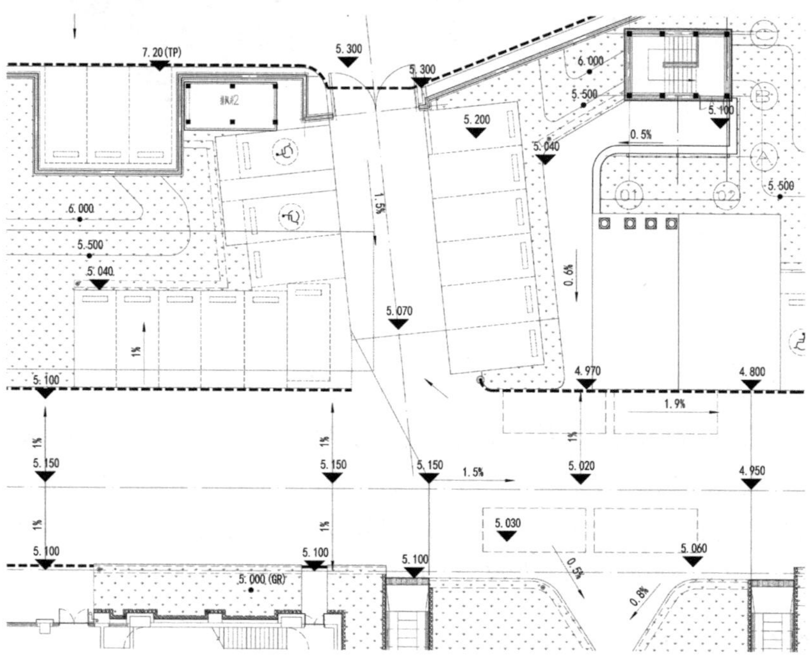

图 5-12　高程标注法

5.4.5　剖立面法

为了表达风景园林竖向设计的空间关系，在方案设计、初步设计、施工图设计等阶段，常以剖立面的方式表达不同高程之间的场地、建筑物、植被、地下管线等风景园林设施的竖向关系，称为剖立面法（图 5-13）。

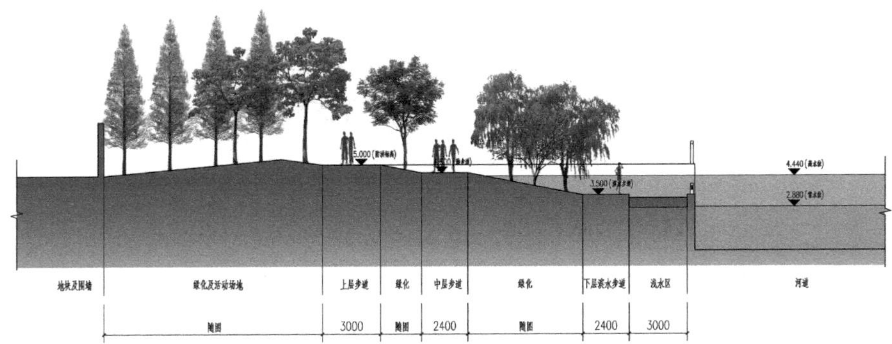

图 5–13 剖立面法

5.5 风景园林地形的塑造材料

在中国传统园林中地形的塑造从最早的高台，发展到挖湖堆山，叠石成林，形成了以土、石为主要材料的地形塑造技法。当前，土、石仍然是风景园林地形塑造的主要材料，但为了节约自然资源和适应不同类型的场地，也发展出多种材料和筑山工艺（表 5–2，图 5–14）。

风景园林地形塑造材料及特征表　　表 5–2

材料类型	特征	备注
土	地形高度与所占面积成正比，即高度越高，地形所占基地面积越大。在设计时需根据土壤的安息角进行计算	在风景园林地形塑造中，需根据地基状况、建造材料、施工工艺等方面综合确定地形的形态、平面规模、高度等
石	能以较小的占地营造出具有相当高度的地形空间	
土＋石	可分为土包石和石包土两类。前者以石块等砌筑出台地式挡墙，其上覆土成山，适宜塑造较大的风景园林地形。后者以石为主，土为辅，石中带土，以种植绿化，适宜塑造较小的风景园林地形	
土＋EPS（聚苯乙烯）板	以成块的 EPS 板为基底，其上覆土成山。具有重量轻、砌筑方便的特点。但也存在其上种植乔木根系较浅，稳定性差，且地面上下水系缺乏流通等生态负面效应，布置时需预留出向下的排水缝	
土＋其他	以碎石、砖块等其他骨料为基底，其上覆土成山进行地形塑造	
人造山石	以高强度混凝土为主要材料，经由建造骨架结构、塑面、设色等过程形成仿自然山体的山石地形	

图 5-14　风景园林地形的塑造材料
1—土；2—石；3、4—土+石；5—土+EPS（聚苯乙烯）板；6—人造假山

5.6　竖向设计的原则与任务

5.6.1　竖向设计的一般原则

竖向设计是塑造风景园林空间形象的重要工作，其设计质量的好坏，设计所定各项技术经济指标的高低，设计的艺术水平如何，都将对风景园林工程建设的全局造成较大的影响。在风景园林工程竖向设计中需遵循以下几方面的设计原则：

1. 功能优先，造景并重

进行竖向设计时，首先是风景园林工程中的各种功能设施和景观元素的布局与组合决定了风景园林地形的起伏高低变化。如对建筑、场地等的用地，要设计为平地地形；对水体用地，要调整好水底、水面和岸线标高；对园路用地，需控制好最大纵坡、最小排水坡度等关键的地形要素。在此基础上，在竖向设计时，注重地形的造景作用，尽量使地形变化适合造景需要。

2. 利用为主，改造为辅

在进行风景园林工程的竖向设计时，应对原有的自然地形、地势、地貌进行深入细致地分析，能够利用的应尽量利用，做到尽量不动或少动原有地形与现状植被，以便更好地体现原有场地风貌和地方的环境特色。在结合风景园林工程各种设施的功能需要、工程投资和景观要求等多方面综合因素的基础上，采取必要的措施，进行局部的、小范围的地形改造。

3. 因地制宜，顺应自然

风景园林地形塑造应因地制宜，宜平、宜坡要顺应自然，自成天趣。景物的安排、空间的处理、意境的表达都要力求依山就势，高低起伏，前后错落，疏密有致，灵活自由。就低挖池，就高堆山，使风景园林地形合乎自然山水规律，达到“虽由人作，宛自天开”的境界。同时，也要使景观建筑物、构筑物、各类设施等与自然地形紧密结合，浑然一体，减少人为痕迹。

4. 就地取材，就近施工

为了节约投资，就地取材进行风景园林地形改造是最为经济的做法，这也是大部分风景园林工程在设计中进行挖湖筑山的主要考虑因素。同时，在风景园林工程竖向设计中，要优先考虑使用基地自有的天然材料和本地生产的材料。

5. 填挖结合，土方平衡

地形竖向设计必须与风景园林工程总体规划及主要建设项目的设计同步进行。不论在总体规划设计中还是在竖向专项设计中，都要考虑使地形改造中的挖方工程量和填方工程量基本相等，也就是要使土方平衡。当挖方量大于填方量较多时，也要坚持就地平衡，在内部堆填处理。当挖方量小于应有的填方量时，也要坚持就近取土，就近填方的原则进行竖向设计。

5.6.2　竖向设计的任务

竖向设计的目的是改造和利用地形，使确定的设计标高和设计地面能够满足风景园林道路、场地、建筑及其他建设工程对地形的合理要求，保证地面水能够有组织地排除，并力争使土石方量最小。风景园林工程竖向设计的基本任务主要有下列几个方面：

1. 确定标高

风景园林工程竖向设计的首要任务便是根据风景园林工程的相关规范要求，确定风景园林工程中道路、场地的标高和坡度，使之与场地内外的建筑物、构筑物及各类风景园林设施等的标高相适应，并使场地标高与道路连接处的标高相适应。

2. 改造与塑造地形

风景园林工程竖向设计的另一重要任务为根据造景和功能的需要进行地形改造与塑造，即通过判断现有地形的各处坡地、平地标高和坡度的适用性，确定相应的地面设计标高和场地的整平标高。同时，应用设计等高线法、纵横断面设计法等，对工程内的水体、坡地等区域进行各自地形的竖向设计，使这些区域的地形能够适应各自的造景和功能需求。

3. 组织排水

为了保证地面不积水，并不受季节性的雨水冲刷，在风景园林工程竖向设计中，需要确立场地内的排水系统，拟定各处场地的排水组织方式，保证排水通畅。

4. 计算与平衡土方

计算土石方工程量，进行设计标高的调整，使挖方量和填方量接近平衡，并做好挖、填土方量的调配安排，尽量使土石方工程总量达到最小。

5. 配置各类相关竖向工程设施

在风景园林工程竖向设计中，需要根据排水和护坡的实际需求，合理配置必要的排水构筑物如截水沟、排洪沟、排水渠，和工程构筑物如挡土墙、护坡等，建立完整的排水管渠系统和土地保护系统。

5.7 竖向设计方法

风景园林工程竖向设计所采用的方法主要有三种，即高程箭头法、纵横断面法和设计等高线法。高程箭头法又叫流水方向分析法，主要在表示坡面方向和地面排水方向时使用。纵横断面法常用在地形比较复杂的地方，表示地形的复杂变化。设计等高线法是风景园林工程地形设计的主要方法，一般用于对风景园林工程进行总体的竖向设计。

5.7.1 高程箭头法

高程箭头法即借助于水从高处流向低处的自然特性，以箭头表示人工改变地貌时大致的地形变化情况和地面坡向的具体处理情况，可比较直观地表明不同地段、不同坡面地表水的排除方向，反映出对地面排水的组织情况。同时可根据等高线所指示的地面高程，大致判断和确定风景园林道路路口中心点的设计标高和建筑室内地坪的设计标高。

高程箭头法具有对地面坡向变化情况的表达比较直观，容易理解，设计工作量较小，图纸易于修改和变动，绘制图纸的过程比较快等特点。但其存在对地形竖向变化的表达比较粗略，在确定标高的时候要有综合处理竖向关系的工作经验等缺点。因此，该种竖向设计方法比较适于在风景园林工程竖向设计的初步方案阶段使用，也可在地貌变化复杂时，作为一种指导性的竖向设计方法进行使用（图 5-15）。

5.7.2 纵横断面法

纵横断面竖向设计法多在地形复杂情况下需要进行详细设计时采用。该方法具有便于了解规划设计地点自然地形的立体形象，容易着手考虑对地形的整理和改造等优点。但人工进行计算时，具有设计过程较长，设计所花费的时间较多的缺点。目前基于 AutoCAD 平台开发的各类专业风景园林工程设计软件多采用该方法进行竖向设计计算（图 5-16）。

纵横断面法的设计步骤一般如下：

1）在所设计区域布置方格网，方格网的大小根据设计精度要求而定，一般采用 5m × 5m、10m × 10m、20m × 20m、30m × 30m 等。

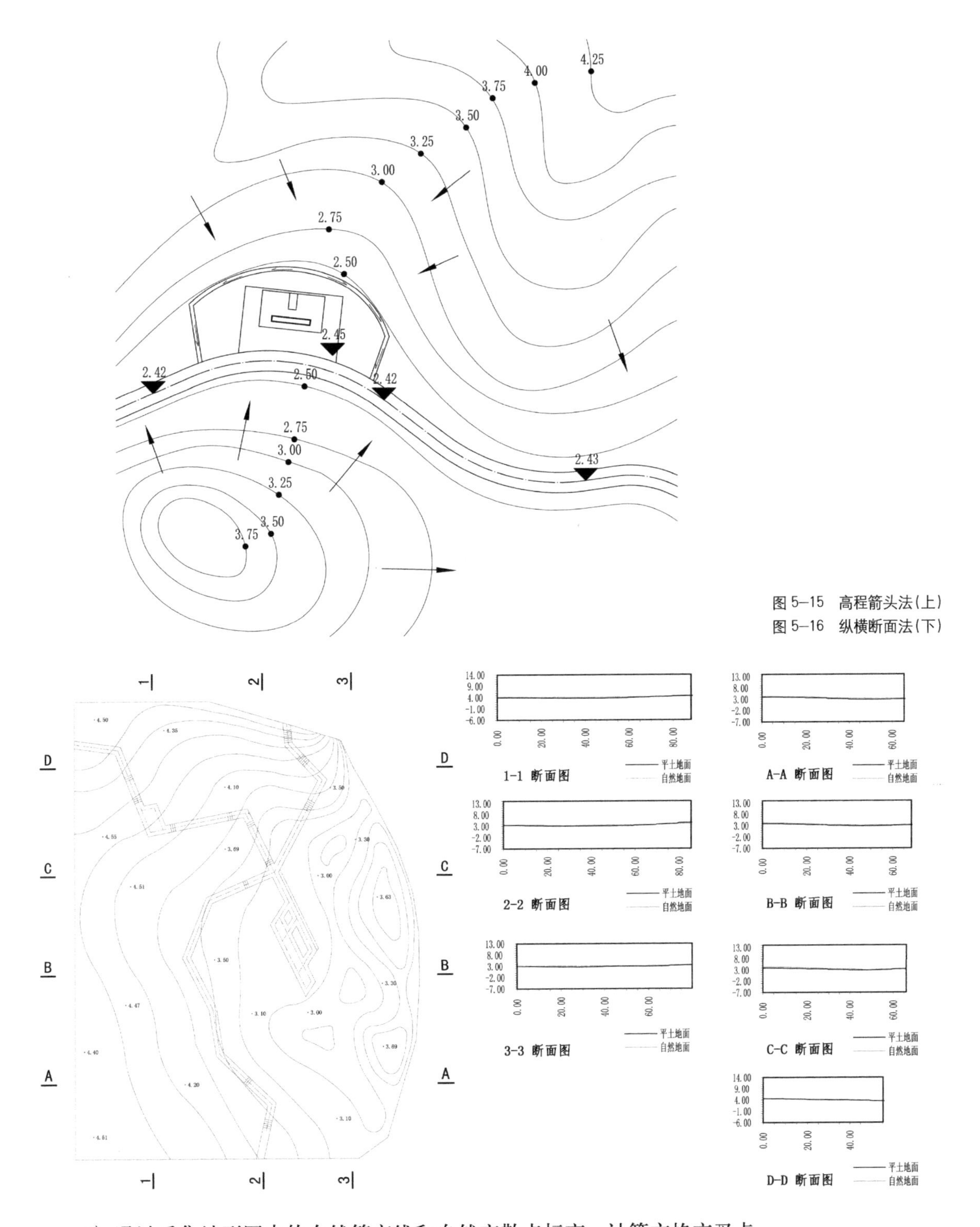

图 5–15　高程箭头法(上)
图 5–16　纵横断面法(下)

2）通过采集地形图中的自然等高线和自然离散点标高，计算方格交叉点自然标高。

3）按照自然标高情况，确定地面的设计坡度和方格网每一交点的设计标高。

4）根据方格网绘制设计区域的纵横断面，断面的多少应根据设计地面和自然地面复杂程度及设计精度要求确定。在地形变化不大的地段，可少取断面。相反，在地形变化复杂，设计计算精度要求较高的地段要多取断面。

5）据纵横断面图所示地形的起伏情况，比对原地面标高和设计标高，考虑地面排水组织与建筑组合因素等，对土方量进行粗略的平衡，并根据平衡结果对设计标高进行调整和优化。

5.7.3 设计等高线法

设计等高线法是风景园林工程常用的一种竖向设计方法，通过对设计地形等高线的绘制能够比较完整地将任何一个设计用地或一条道路与原来的自然地貌作比较，随时一目了然地判别出设计的地面或路面的填挖方情况。用设计等高线和原地形的自然等高线，可以在图上清晰地表示地形被改动的情况（图 5-17）。

设计等高线竖向设计法是一种整体性很强的地形设计方法，也是一种比较科学的竖向设计方法，其是设计者在图纸中进入三度空间思维和设计时的一种有效手段，往往和风景园林工程规划设计同时进行，被广泛应用于风景园林工程造景、地形及道路广场等的设计之中（图 5-18、图 5-19）。

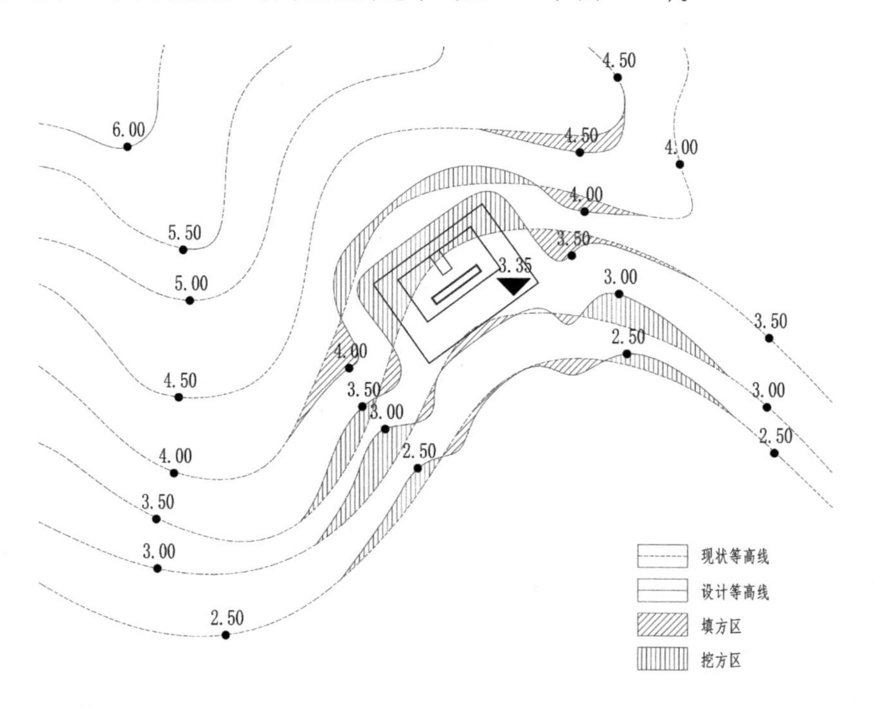

图 5-17 设计等高线法

5.8 土方工程量的计算

风景园林工程竖向设计土方工程量的计算方法有多种，常用的一般有三种，即体积估算法、断面法和方格网法。

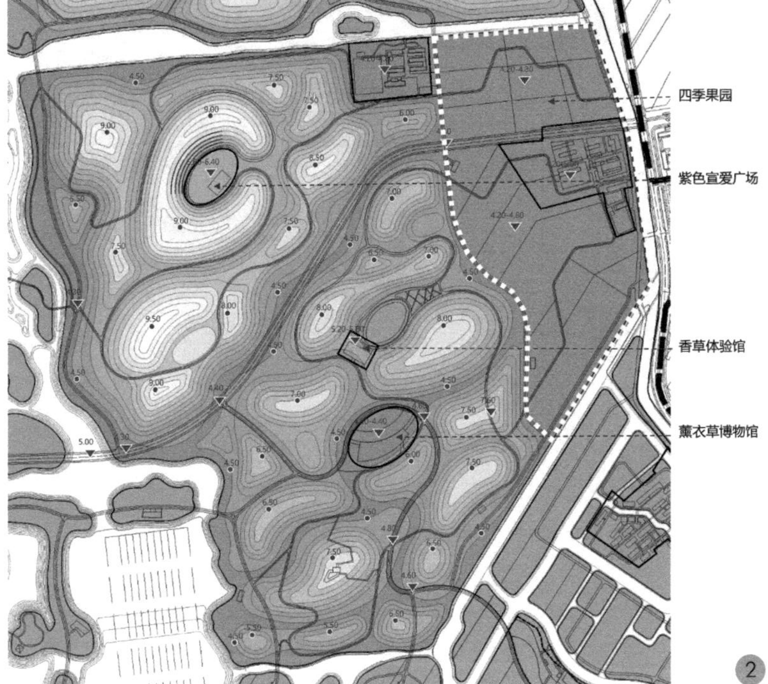

图 5-18　某风景园林工程地形设计
1—地形效果图；2—地形竖向平面图

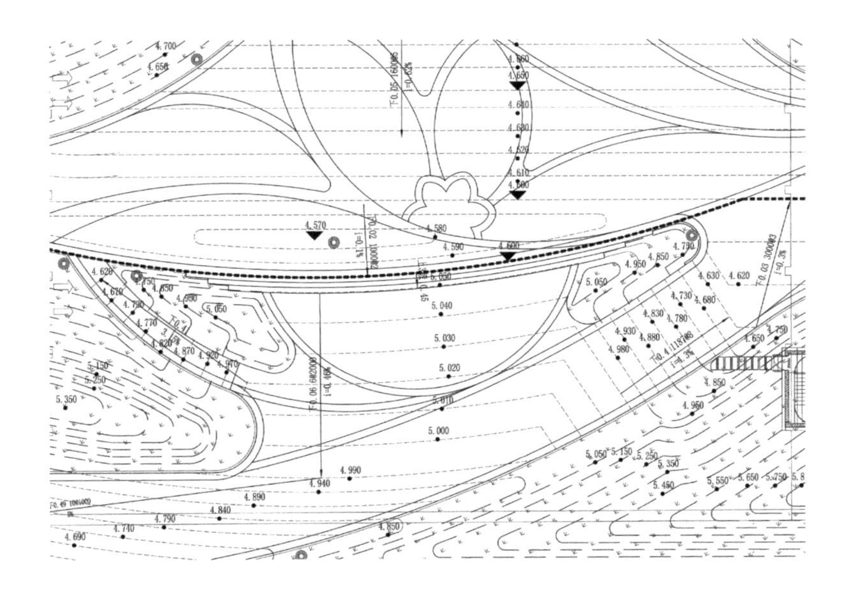

图 5-19　某风景园林工程竖向设计平面图

目前，在风景园林工程规划和方案设计阶段可利用 ArcGIS 等软件进行土方量的估算；而在施工图阶段则可利用各专业软件公司基于 AutoCAD 平台编制的土方计算软件进行土方工程量计算（图 5-20、图 5-21）。

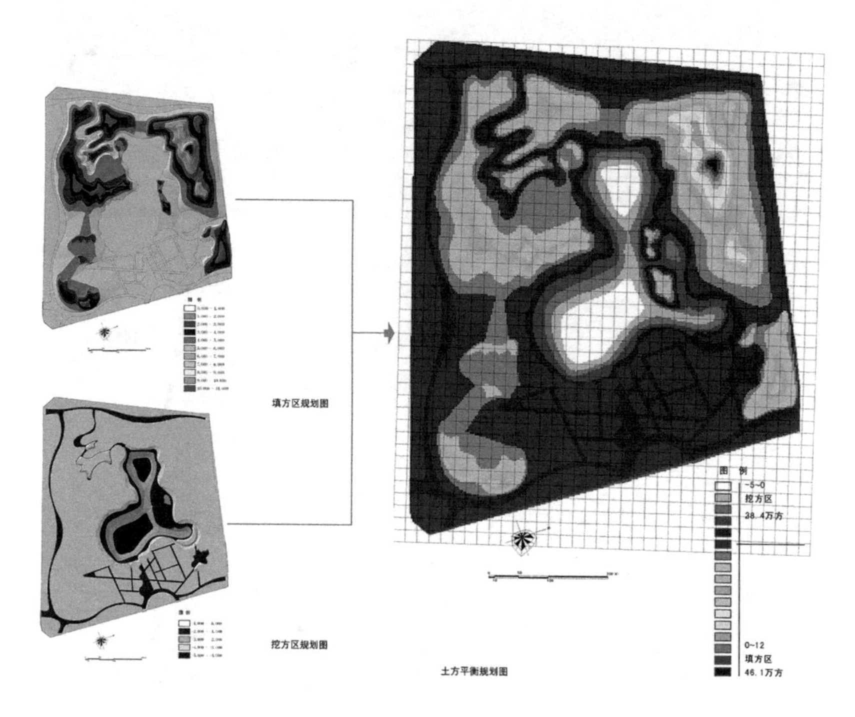

图 5-20 利用 ArcGIS 平台的土方量估算图

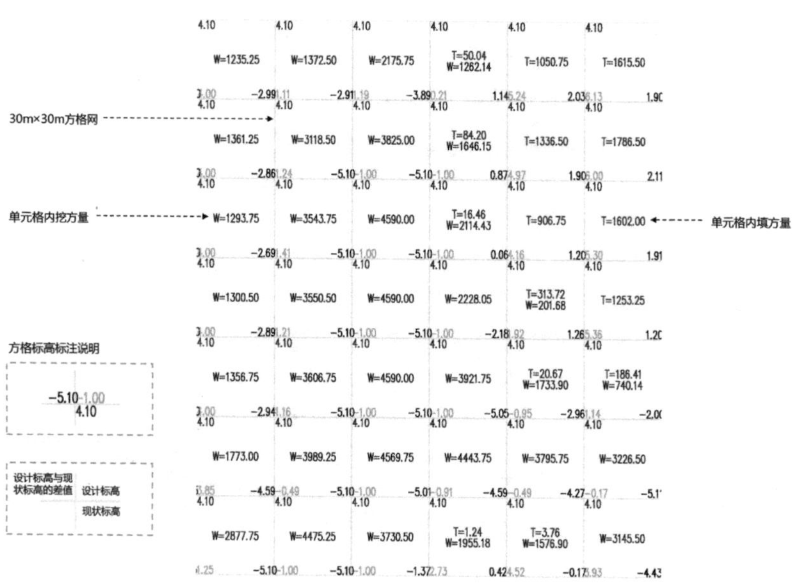

图 5-21 利用基于 AutoCAD 平台编制的土方计算软件计算的土方工程图

第6章 风景园林绿化工程

风景园林绿化的功能
植物的分类及造景特性
种植设计的原则
种植规划设计的程序
绿化种植技术

6.1 风景园林绿化的功能

6.1.1 营造自然生态环境

绿化作为风景园林工程中最主要的景观构成元素，是营造良好自然生态环境的基石。多样性的植物绿化资源不仅可以调节气候、防风固沙、涵养水源、吸附灰尘、杀菌解毒，同时可以提供动物栖息环境，增加物种的多样性及维持生态系统的平衡，营造出良好的生态环境（图 6–1）。

图 6–1 植物营造的良好生态环境

6.1.2 构成与塑造空间

作为风景园林的一种建构元素，通过对植物的使用可构成与塑造出如开敞空间、半开敞空间、密闭空间、覆盖空间等多种不同的空间形式，从而起到提供使用、围合空间、连接场地、遮挡视线、控制私密性等功能。同时，植物也起到将不同的景观单元在空间上进行分隔与联系的作用（图 6–2）。

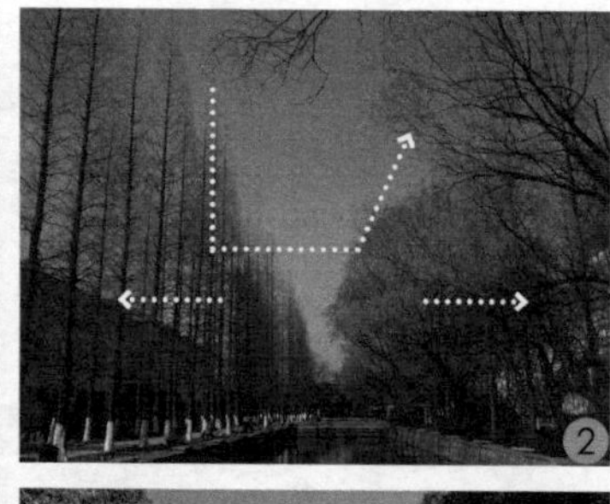

图 6–2 植物建构空间的功能
1、2—相同植物在不同季节塑造的外向和内向空间界面；3—植物营造的水平空间界面；4—植物营造的垂直空间界面；5—植物营造的覆盖空间界面

6.1.3 观赏与感知自然

植物作为一种自然元素，在风景园林中不仅能够通过其形、花、叶、姿、实等在视觉、听觉、嗅觉、味觉等方面让人感知春华秋实，夏荫冬姿的季相更替，时令变化。如春季桃红柳绿，花团锦簇；夏季绿叶成荫，浓彩覆地；秋季嘉实累累，色香齐俱；冬季白雪挂枝，枯木寒林；四季各有不同的风姿妙趣。同时能通过其花、叶、根、枝等反映阴晴雨雪的不同气候变化，如晓风杨柳、花香袭人、残荷听雨、雪香云蔚等（图6–3）。

6.1.4 完善与统一景观形象

将绿化作为一条联系纽带，可将景观环境中所有不同的元素在视觉上进行完善，如行道树可将道路景观中的建筑、围墙、设施等形成连续统一的线型景观空间形象。同时通过以植物重现建筑的形状和块面的形式，或通过将建筑物轮廓线延伸至其临近的周围绿化景观环境中的方式，可完善或强化某项设计的统一性（图6–4）。

图6–3 植物的季相变化

图 6–4 植物的统一景观形象功能

6.1.5 强调识别空间

植物在风景园林环境塑造中除了提供完善和统一的背景外，通过诸如花叶、姿态等具有独特性的植物的选用，在塑造植物景观的同时，形成风景园林环境的识别要素，强调出空间的景象主题（图 6–5）。

图 6–5 植物作为风景园林环境的识别要素

6.1.6 人文与意境的升华

由于地理位置、生活文化以及历史习俗等原因，在造景过程中，植物逐渐形成了人们寄情的对象，赋予了更多的人文精神，甚至将植物人格化，从而来升华风景园林的人文与意境。如欧洲许多国家认为月桂树代表光荣，橄榄枝象征和平；我国古典园林中松竹梅被称为“岁寒三友”，象征坚贞、气节和理想，代表着高尚的品质；庭院内种植桂花、玉兰，代表“金玉满堂”；种植玉兰、海棠、迎春、牡丹、桂花，体现“玉、堂、春、富、贵”的观念，借以寄托对于美好生活的期盼。这些具有象征意义的植被栽植，加以植物的时令变化，对阴晴雨雪的气象反映，便可营造出诸如“万壑松风”“远香清溢”“海棠春坞”“小山丛桂”等具有诗画般意境的空间形象（图 6–6）。

植物除了以上主要的几种造景功能外，还具有柔化硬质景观、为不同景观提供“画框”等作用（图 6–7）。

图 6–6　植物的人文意境

图 6–7　植物的画框作用

6.2　植物的分类及造景特性

植物由于分类方式的不同，具有不同的类别，在风景园林中的作用也不尽相同，具体见表 6–1。

植物分类及造景特性表　　表 6–1

分类方式	分类	特征与造景特性
大小（图 6–8）	大中型乔木	大乔木高度一般在 12m 以上，中乔木高度一般为 9~12m，在造景中可作为主景树和视觉焦点来使用，大面积栽植分枝较高的大中型乔木可形成覆盖空间
	小乔木和装饰植物	高度为 4.5~6m，是主要的景观前景和观赏树种，可作为主景和标志性景观使用
	高灌木	高度为 3~4.5m，可塑造垂直空间，屏障视线，或作为背景树种
	中灌木	高度 1~2m，作为绿篱限制空间，在高灌木或小乔木与矮小灌木之间过渡视线
	矮小灌木	高度 0.3~1m，主要起分隔和限制空间，连接视线的作用
	地被植物	高度 0.3m 以下，作为绿色的铺地材料，可起到暗示空间的范畴和边缘，统一不同要素的作用

续表

分类方式	分类	特征与造景特性
外形（图 6–9）	纺锤形	向上引导视线，突出空间的垂直界面
	圆柱形	同纺锤形功能类似
	水平展开形	产生宽阔感和外延感，引导视线向水平方向移动，分枝较高的水平展开形植物可形成连续的覆盖空间
	圆球形	无方向性和倾向性，多以自身的形体突出其造景中的主导地位
	圆锥形	视觉景观的重点，可与几何性建筑或景观配合使用
	垂枝形	由于其下垂的枝条，可将视线引向地面，是水陆边界常用的植物材料
	特殊形	有不规则式、扭曲式、缠绕螺旋式等，宜作为风景园林树种孤植使用
色彩（图 6–10）	深色	由于色深而感觉“趋向”观赏者，可作为浅色植物或风景园林小品的背景，在较大的空间中使用可缩小空间的尺度感
	浅色	由于色浅而感觉“远离”观赏者，在较小的空间中使用可加大空间的尺度感
	中间色	多作为深色和浅色植物之间的过渡材料进行使用
树叶类型（图 6–11）	落叶型	可突出季相变化，且冬季具有特殊的形体效果
	针叶常绿型	多作为背景树或用来遮挡视线或季风，宜集中配置
	阔叶常绿型	冬季的主要绿色树种
质地（图 6–12）	粗壮型	叶片大、浓密且枝干粗壮，有“趋向”观赏者的动感，会造成观赏者与其之间的视距小于实际距离的幻觉
	中粗型	多数植物的质地属于中粗型，既具有明显的叶片形态，也有一定的质地与质感，是风景园林工程中采用较多的绿化品种
	细小型	叶片细腻，有“远离”观赏者的动感，会造成观赏者与其之间的视距大于实际距离的幻觉

图 6–8　不同大小的植物（上）

图 6–9　不同形态的植物（下）

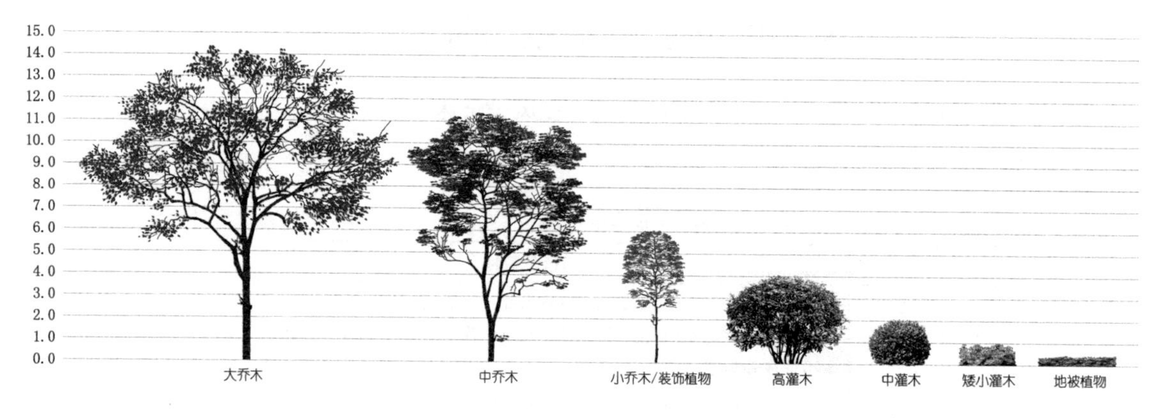

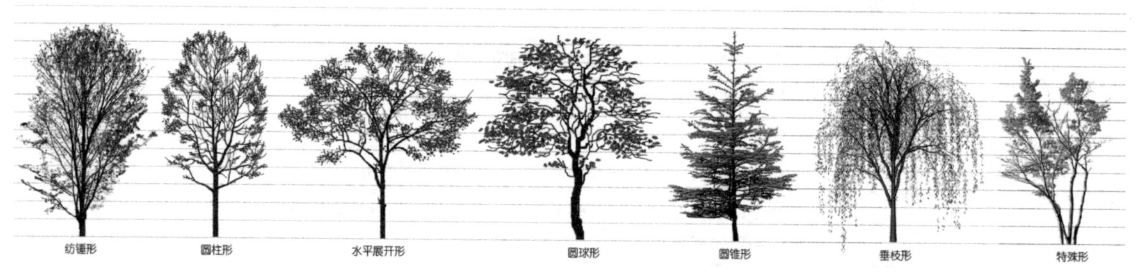

图 6–10　不同色彩的植物（左上）
图 6–11　不同树叶类型的植物（右上）
图 6–12　不同质地的植物（下）

6.3　植物设计的原则

作为风景园林工程中的主要生态基底材料和造景要素，植被景观的营造在设计时可概括为如下四个方面的原则。

6.3.1　生态优先

作为风景园林工程中主要的生态材料，在种植设计时，首先需要满足生态功能，即遵循生态优先、适地适树的原则，尽量选择乡土树种和适宜树种，而非只是园林观赏树种，从而营造良好的生态环境。

6.3.2　造景恰当

植物作为一种造景元素，往往需要与地形、水体、建筑物、构筑物、道路与场地，及小品等风景园林元素进行组合使用，因此在种植设计时需要根据植物在风景园林中的不同作用和功能，如背景作用、主景作用、强化作用、分隔作用等，去进行适当的造景设计，并与其他风景园林元素进行有机组织、协调配合。

6.3.3 以人为本

风景园林的使用功能决定其应为人所用，景观单元的大小、长度、规模，景观空间的类型与构成等均与游人的使用行为如观赏习俗、游园习惯、游园速度等相关联。在种植设计时需要充分研究游人的心理与文化，从而塑造与游人游赏行为相符的植被景观空间。

6.3.4 管理持续

植物的生长特性决定了其与硬质景观的不同，其景观效果必须经过一个漫长的过程才能形成，并需要长效的维护才能得以保持。因此，在种植设计时，需要充分考虑植被景观的特性，在种植规划、设计及植物选择上具备良好的养护与管理特性。

6.4 种植规划设计的程序

6.4.1 种植规划的一般程序

在风景园林工程中，种植规划设计一般会经由绿化种植功能分区——绿化种植景观控制规划——绿化种植详细设计（立面组合、群体设计、植物排布等）——植物选择、控制与统计等多项规划设计程序。

6.4.2 绿化种植功能分区

由于绿化种植在风景园林工程的不同区域空间中具有不同的功能，如完善与统一景观形象的背景功能、营造多样性环境的生态功能、观赏与感知自然的主景功能、构成与塑造空间的建构功能、强调空间的识别功能及升华人文与意境的寄情功能等，故在种植规划设计之初就需要根据风景园林工程的总体规划设计对绿化种植进行点、线、面的功能区划分，从而进一步制定不同区块绿化种植的景观控制原则和控制指标（图 6-13）。

6.4.3 绿化种植景观控制规划

当对绿化种植根据总体规划进行功能分区后，便需要对其进行景观控制规划。一般绿化种植景观控制规划可从总到分、从宏观到微观、从总体到局部进行规划控制，具体可分为面状区域的绿化种植景观控制、线型空间的绿化种植景观控制和点状空间的绿化种植景观控制三个层次，其中点状空间的绿化种植景观可作为面状区域与线型空间的景观节点进行规划控制。

1. 面状区域绿化种植景观控制规划

面状区域的绿化种植景观控制规划一般根据各区块的功能定位，确定其景

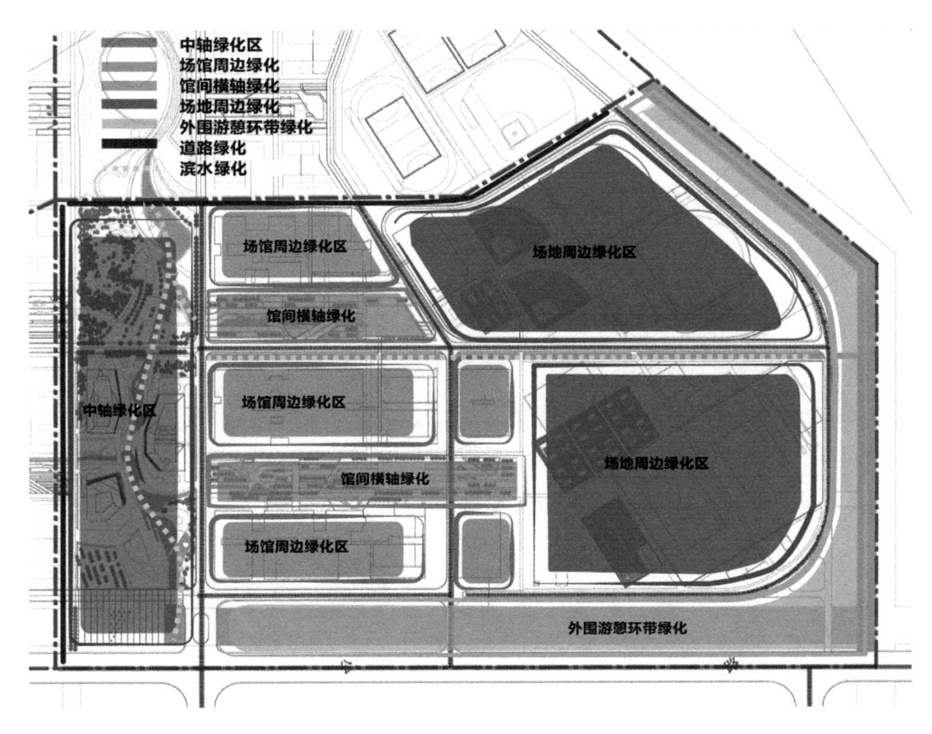

图 6–13 某体育基地种植规划分区图

观类型、景观效果、景观构成、天际轮廓线等，从景观特色、植被郁闭度、物种多样性、色彩丰富度等方面对各区块进行绿化种植规划，进而提出树种使用要求，确定拟用的主导树种、辅助树种及补充树种，并确定不同区块内的主要绿化种植景点。具体可参用表 6–2 进行规划设计。

面状区域绿化种植规划控制表 表 6–2

所在区块	主要功能	景观类型	景观效果	景观构成	天际轮廓线	树种使用要求	该区块主要绿化景点及特色	备注
A								
B								
…								

2. 线型空间绿化种植景观控制规划

在风景园林工程中，线型空间主要包括景观道路、河道、滨水线等。假设一个风景园林区域的各个景点如项链上的珠子，则风景园林道路就是串联珠子的线，其在作为交通路线串联各个景区的同时，将整个风景园林区域形成了连续的景观序列。因此，在风景园林道路的绿化种植景观控制中，应充分体现风景园林道路的功能特征，切忌一条道路选择过多的行道树种，喧宾夺主。

风景园林道路在绿化种植时需确定主次关系，结合不同景区自身的特色，形成绿廊、绿轴、绿面等景观效果，塑造覆盖、开敞、半开敞等空间形式，并结合车行和游人步行的游览速度控制景观单元的长度和规模。同时，可以确定和强调特色的道路绿化景观，如枫香小道、竹林小径、桂花走廊等，体现植物景观的花、色、果、味、姿等（图 6-14，表 6-3、表 6-4）。

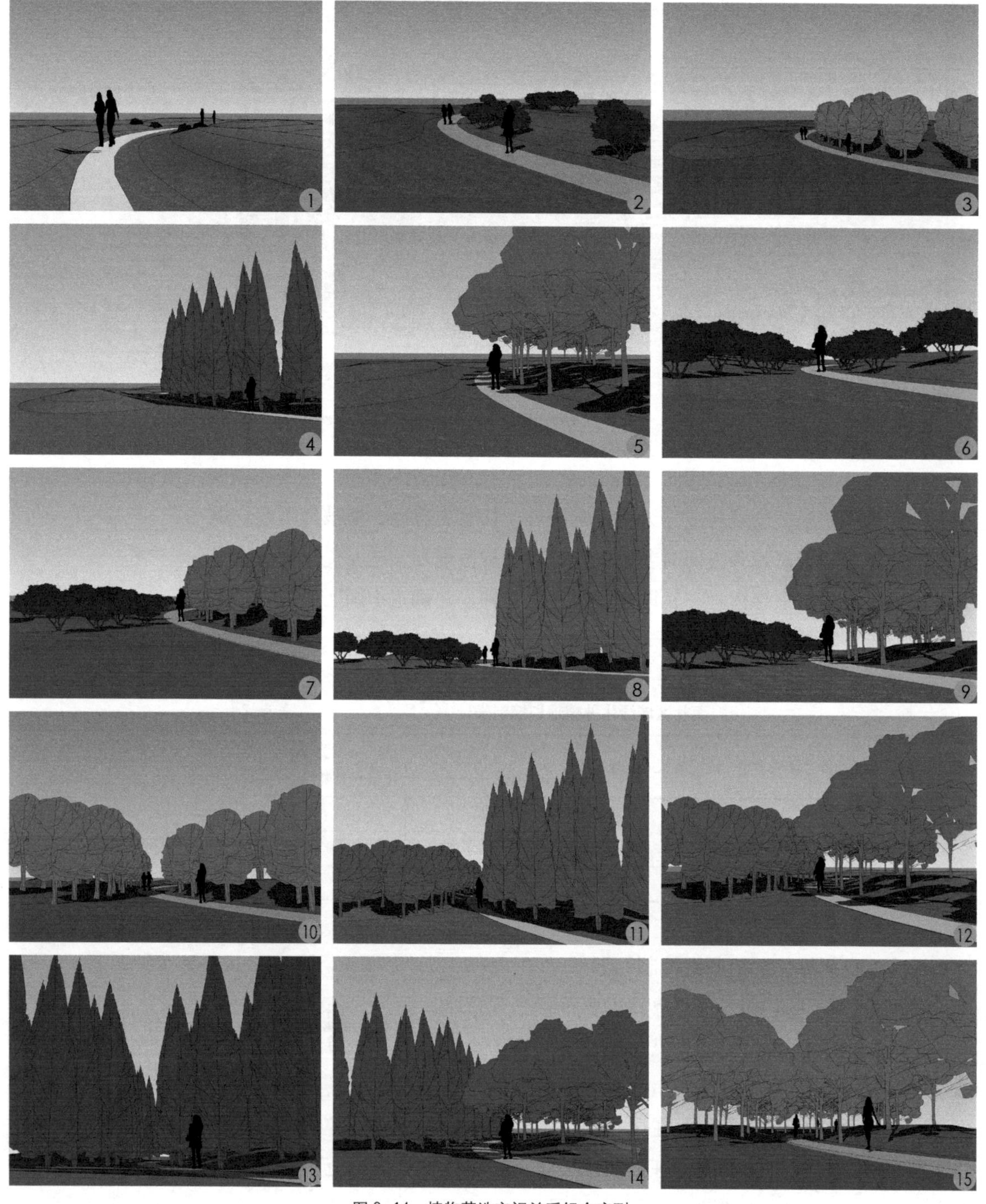

图 6-14　植物营造空间关系组合序列

1—开敞 + 开敞；2—开敞 + 半开敞；3—开敞 + 半封闭；4—开敞 + 封闭；5—开敞 + 覆盖；6—半开敞 + 半开敞；7—半开敞 + 半封闭；8—半开敞 + 封闭；9—半开敞 + 覆盖；10—半封闭 + 半封闭；11—半封闭 + 封闭；12—半封闭 + 覆盖；13—封闭 + 封闭；14—封闭 + 覆盖；15—覆盖 + 覆盖

植物营造空间组合表 表 6–3

	开敞	半开敞	半密闭	密闭	覆盖
开敞	√	√	√	√	√
半开敞		√	√	√	√
半密闭			√	√	√
密闭				√	√
覆盖					√

道路绿化种植景观控制规划表 表 6–4

道路名称	区段	景观类型	景观效果	基调树种	辅助树种	种植方式	备注
道路 A							
道路 B							
道路…							

在河道景观或滨水景观塑造中，除了结合河道、滨水线、景区，形成绿廊、绿轴、绿面等效果，塑造覆盖、开敞、半开敞等空间形式外，需结合游船的游览速度控制景观单元的长度和规模，确定和强调特色的滨水绿化景观，如特色绿化河道、特色绿化水岸等，并形成与水景相得益彰的天际线（表 6–5）。

水系绿化种植景观控制规划表 表 6–5

水系名称	区段	景观类型	景观效果	景观构成	植物使用要求	种植方式	天际线	备注
水系 A								
水系 B								
水系…								

3. 绿化种植景观控制规划案例

下面是某生态田园综合体绿化种植专项规划，在绿化规划中结合总体定位与布局规划，以生态理念贯穿始终，乡土田园景观营造、科学与艺术完美结合为指导思想。在规划中坚持地带性、群落性、艺术性、独特性等规划原则，从种植规划框架、分区控制、季相控制、面域及道路绿化控制等多个方面对该景观区的绿化种植进行了规划控制。

1）种植规划构架

在种植规划分区架构上将全区绿化种植分为休闲农业景观、自然林业景观、生态湿地景观、特色湖岛景观及建筑附属景观五大功能区，进而细分为薰衣草花田景观区、四季果园景观区、半岛花田景观区、花田港汊景观区、湿地景观区、西岸风景林景观区、中心湖岛景观区、田园社区景观区等八大种植分区（图 6–15）。

2）绿化种植规划控制（表 6–6）

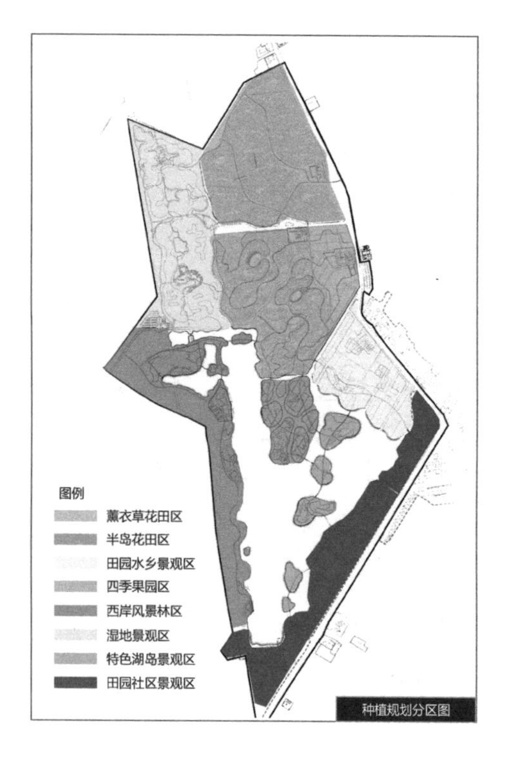

图 6–15 某生态田园综合体绿化种植规划分区图

绿化种植规划控制表 **表 6–6**

序号	分区类型	景观格局	种植效果	天际线	植被选材
1	生态湿地景观区	在鱼塘肌理基础上，形成高低错落、层次分明、色彩丰富的湿地空间	水生植物 + 陆生植物	开展、延伸	水杉、水松、落羽杉、芦苇、香蒲、菖蒲、千屈菜、水葱、紫穗槐、荇菜、水仙、石菖蒲、再力花、美人蕉、泽泻、慈姑、苦草等
2	西岸风景林景观区	依托核心大湖面，塑造层次分明、高低错落的背景林	秋色叶林片	连续、变化	水杉、落羽杉、水松等
3	四季果园景观区	塑造四季皆可观花、观果的多重休闲景观	果林为主体，乔木 + 灌木 + 地被	围合、起伏	石榴、枇杷、柑橘、梨、桃子、蜜露桃、李子、香樟、榔榆、喜树、构树等
4	薰衣草花田景观区	生产型与体验型分离，生产型：成垄种植 体验型：地形 + 点状林	薰衣草花田 + 点状乔木林	低、平	香樟、榔榆、三角枫、薰衣草、马鞭草、鼠尾草等
5	半岛花田景观区	黄色系景观、轮作制 功能：生产 + 观赏	田地 + 点状乔木林	低、平	油菜花、水稻、向日葵、香樟、栾树、无患子等
6	田园社区景观区	建筑与植物景观自然融合	乔木 + 小乔木 + 灌木 + 地被	围合、高低起伏	香樟、垂柳、枫杨、榉树、无患子法桐、广玉兰、白玉兰、柑橘、枇杷、香橼等
7	特色湖岛景观区	湖岛通过堤桥相连，形成视觉焦点 + 屏障	乔木 + 地被 秋色叶林片	起伏、变化	香樟、广玉兰、垂柳、枫香、榉树、乌桕、无患子、红枫、鸡爪槭、白玉兰、垂丝海棠、二乔玉兰等
8	田园水乡景观区	港汊交错 + 花田肌理，打造水中迷宫、垛田中的花海 功能：生产 + 观赏	田地 + 点状乔木林	低、平	油菜花、水稻、向日葵、梅花、桃花、香樟、栾树、荷花等

3）种植季相控制

突出植物的四季变化，常绿植物和落叶植物有机搭配，乔灌草结合，速生与慢生相结合，运用植物的色、香、姿、韵等观赏特性进行合理配置，形成春景、夏景、秋景、冬景不同季相变化的植物景观类型，意在体现不同的季节景观（表6-7）。

4）分区绿化种植

在绿化功能分区与季相变化控制基础上，结合整体景观风貌、各区功能特征、游览组织、风向、地形等对各分区做出详细绿化种植规划（图6-16~图6-19）。

分区季相色彩控制表 表6-7

分区	春季	夏季	秋季	冬季
薰衣草花田区				
四季果园区				
田园水乡景观区				
半岛花田区				
西岸风景林区				
湿地景观区				
特色湖岛景观区				
田园社区景观区				

常绿乔灌木　薰衣草　色叶林　观花乔灌木
成熟果树　黄色系开花经济作物　水生花卉

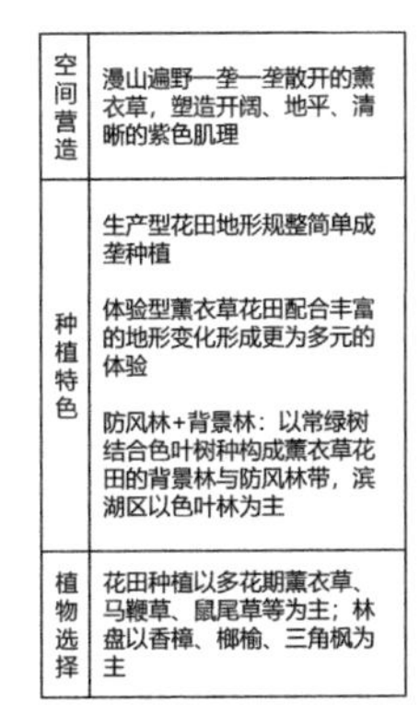

空间营造	漫山遍野一垄一垄散开的薰衣草，塑造开阔、地平、清晰的紫色肌理
种植特色	生产型花田地形规整简单成垄种植 体验型薰衣草花田配合丰富的地形变化形成更为多元的体验 防风林+背景林：以常绿树结合色叶树种构成薰衣草花田的背景林与防风林带，滨湖区以色叶林为主
植物选择	花田种植以多花期薰衣草、马鞭草、鼠尾草等为主；林盘以香樟、柳榆、三角枫为主

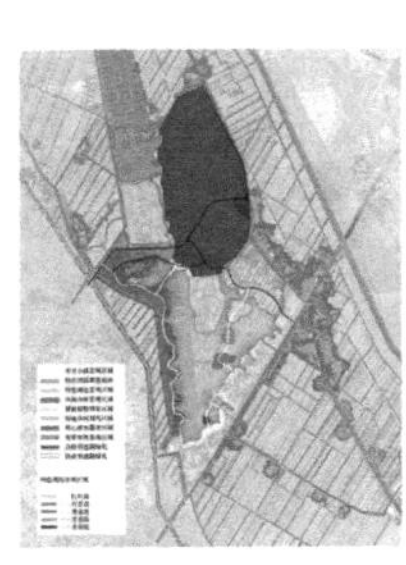

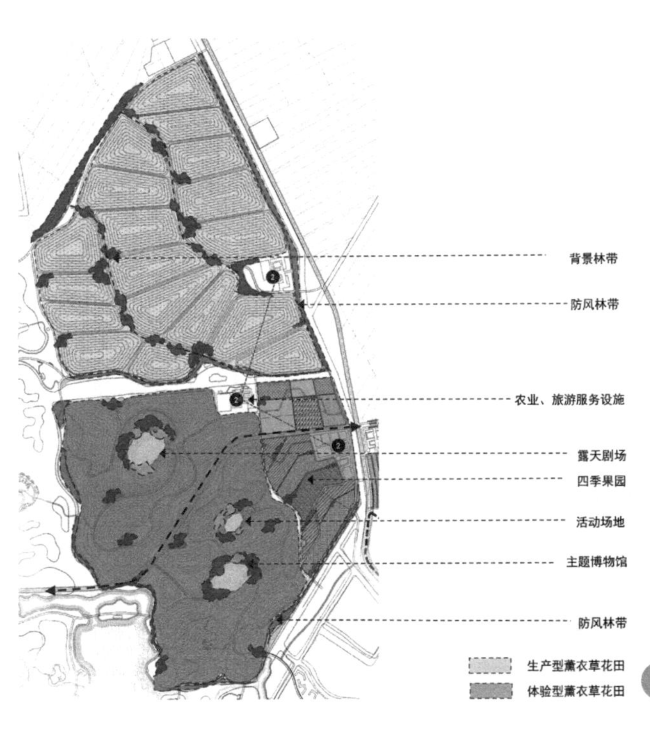

图6-16 薰衣草花田区绿化种植规划图
1—绿化种植控制图

种植位置与面积：

1. 色叶点景林：常绿30%（香樟、杜英、构树、蚊母树等）
   落叶70%（无患子、榉树、枫香等）
2. 防风林：香樟、喜树、构树等

薰衣草花田区种植控制表

地块编号	地块面积（m²）	薰衣草花田（m²）	色叶点景林（m²）	防风林（m²）	总计种植面积（m²）
1-1	49917	45000	1100	400	46500
1-2	35319	29600	900	300	30800
1-3	35656	31300	900	300	32500
1-4	48428	42900	1000	400	44300
1-5	35503	29600	800	300	30700
2-1	45150	38100	900	400	39400
2-2	54686	48800	1200	500	50500
2-3	53202	46900	1100	400	48400
2-4	53086	47100	1200	500	48800
2-5	55157	49100	1300	500	50900
2-6	52037	38500	3800	400	42700
2-7	70743	60000	1900	500	62400
2-8	44867	38800	1000	500	40300
3-1	56888	44700	1300	3400	49400
3-2	40632	33800	800	3500	38100
3-3	47617	39000	1000	3500	43500
3-4	62445	51400	1300	4200	56900
3-5	91289	54800	2200	6200	63200
合计	932622	769400	23700	26200	819300

地块编号	地块面积（m²）	薰衣草花田（m²）	色叶点景林（m²）	防风林（m²）	总计种植面积（m²）
TY-4	356911	288000	8900	4500	301400
TY-5	433688	333100	9200	5400	347700
BJ-1	40561	0	0	0	21600
合计	831160	2159901	18100	9900	670700

	地块面积（m²）	薰衣草花田（m²）	色叶点景林（m²）	防风林（m²）	总计种植面积（m²）
总计	1763782	2929301	41800	36100	1490000

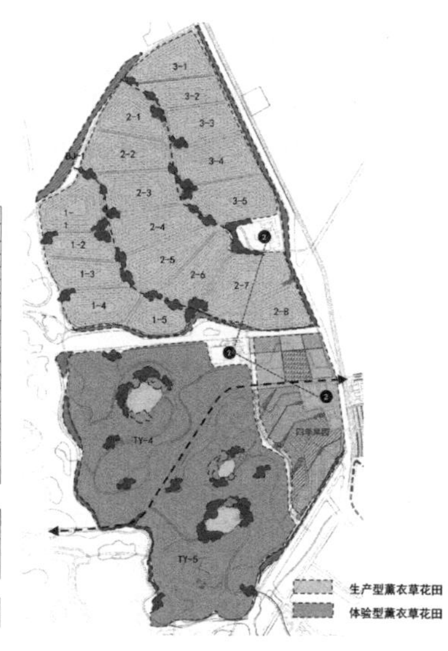

图 6–16 薰衣草花田区绿化种植规划图（续图）
2—绿化种植分地块控制及统计

空间营造	四季变化的花田
种植特色	黄色系经济作物轮作：半岛花田以油菜花、水稻、向日葵等黄色系经济作物进行轮作，生产与观赏功能相结合，打造花田酒店景区的视觉名片； 色彩与层次丰富的点景林、防风林
植物选择	油菜花、水稻、向日葵、香樟、栾树、无患子等

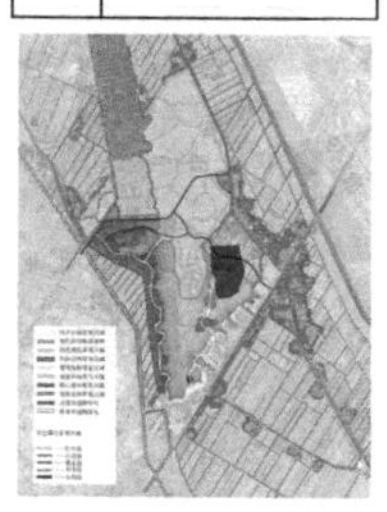

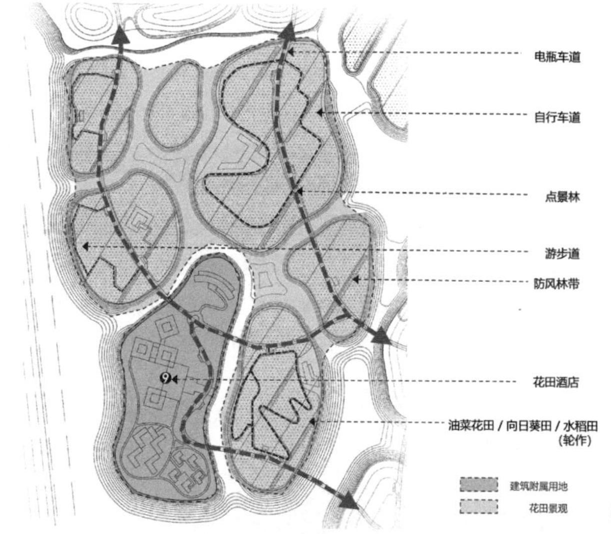

种植位置与面积：

1. 农业轮作区：油菜花、向日葵、水稻等。
2. 防风林：水杉、香樟、喜树、构树等。
3. 阔叶乔木林：常绿40%（香樟、蚊母树、杜英、桂花、国槐、广玉兰等）
   落叶60%（枫香、榉树、苦楝、乌桕、栾树、枫杨、重阳木等）

半岛花田区种植控制表

地块编号	地块面积（m²）	农业轮作区（m²）	防风林带（m²）	阔叶乔木林（m²）	种植总面积（m²）
LZ-1	14622	13200	400	500	14100
LZ-2	7027	6300	200	300	6800
LZ-3	32399	24100	1200	1500	26800
LZ-4	18411	15900	600	600	17100
LZ-5	12260	11300	300	400	12000
LZ-6	11164	10200	200	300	10700
LZ-7	15026	14000	300	400	14700
LZ-8	29514	26000	1000	1200	28200
合计	140423	121000	4200	5200	130400

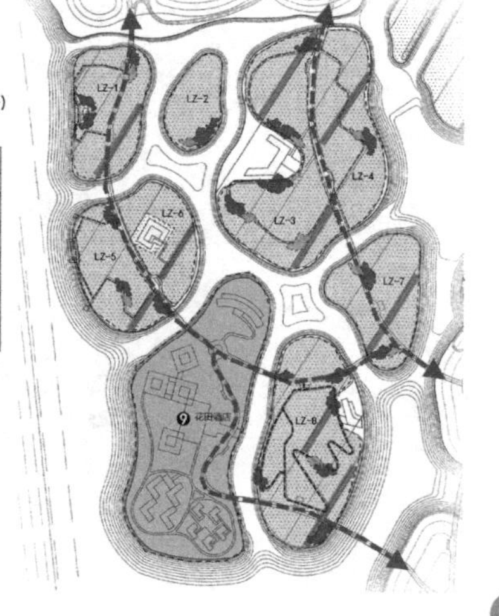

图 6–17 半岛花田景观区绿化种植规划图
1—绿化种植控制图；
2—绿化种植分地块控制及统计

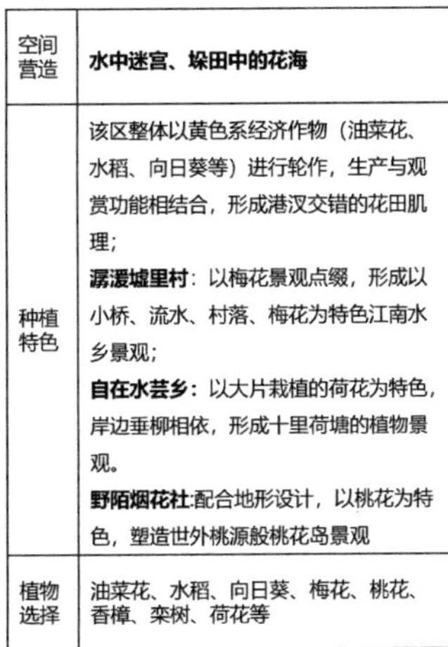

空间营造	水中迷宫、垛田中的花海
种植特色	该区整体以黄色系经济作物（油菜花、水稻、向日葵等）进行轮作，生产与观赏功能相结合，形成港汊交错的花田肌理； **潺湲墟里村**：以梅花景观点缀，形成以小桥、流水、村落、梅花为特色江南水乡景观； **自在水芸乡**：以大片栽植的荷花为特色，岸边垂柳相依，形成十里荷塘的植物景观。 **野陌烟花社**:配合地形设计，以桃花为特色，塑造世外桃源般桃花岛景观
植物选择	油菜花、水稻、向日葵、梅花、桃花、香樟、栾树、荷花等

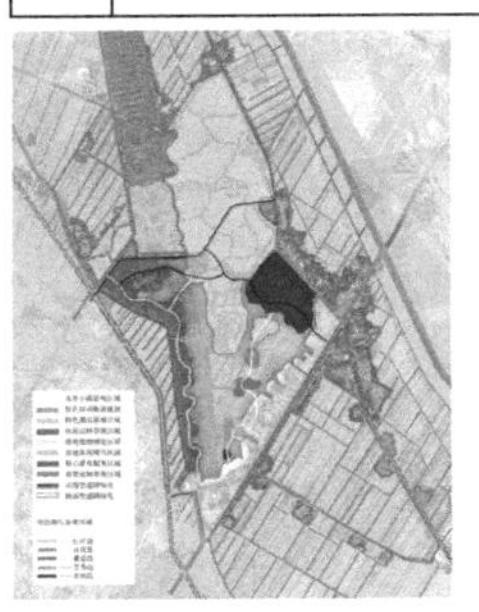

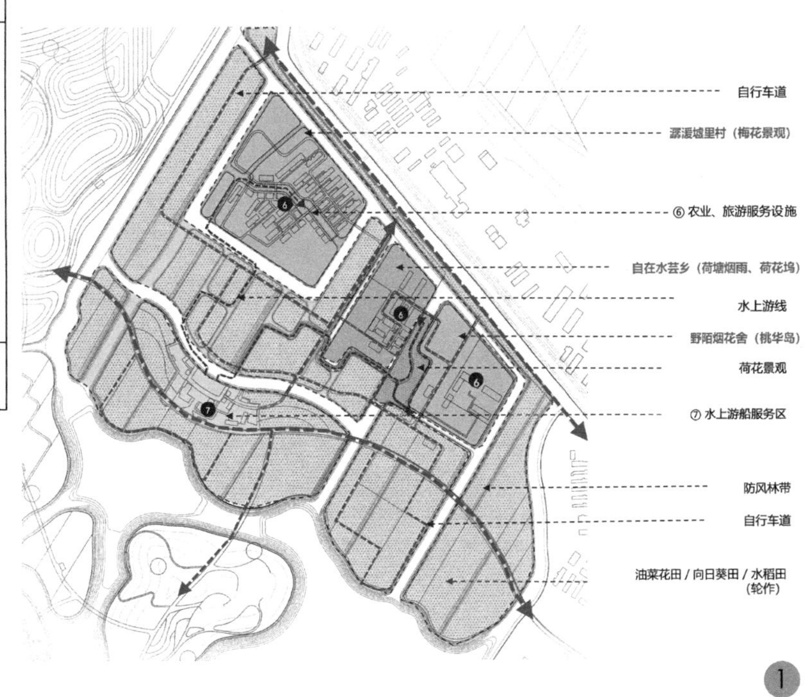

种植位置与面积：

1. 防风林：喜树、构树、香樟等
2. 阔叶乔木林：常绿40%（香樟、杜英、蚊母等）落叶60%（栾树、无患子、乌桕、榉树等）
3. 荷花面积：4100㎡

田园水乡区种植控制表

地块编号	地块面积（㎡）	农业轮作区（㎡）	防风林带（㎡）	阔叶乔木林（㎡）	特色景观林（㎡）		总种植面积（㎡）
					梅花林	桃花林	
LZ-1	29135	26800	1600	0	0	0	28400
LZ-2	8200	5700	700	0	0	0	6400
LZ-3	3834	3300	0	0	0	0	3300
LZ-4	3598	3100	0	0	0	0	3100
LZ-5	8667	7800	800	0	0	0	8600
LZ-6	2349	1900	0	0	0	0	1900
LZ-7	9068	7800	900	0	0	0	8700
LZ-8	10269	9000	0	0	0	0	9000
LZ-9	5995	5000	400	0	0	0	5400
LZ-10	9194	7600	600	400	0	0	8600
LZ-11	6736	6100	0	0	0	0	6100
LZ-12	40023	35500	1400	1500	0	0	38400
LZ-13	6770	5900	0	300	0	0	6200
LZ-14	11356	9600	300	800	0	0	10700
LZ-15	30853	26500	1200	1100	0	0	28800
LZ-16	37827	30300	1500	600	0	0	32400
LZ-17	25615	19800	1300	800	0	0	21900
LZ-18	29135	0	0	1500	2300	0	3800
LZ-19	1613	0	0	500	600	0	1100
LZ-20	15627	0	0	1600	1100	0	2700
LZ-21	19717	0	0	4600	0	0	0
LZ-22	23665	0	0	3200	0	3200	3200
合计	339246	211700	10700	16900	4000	3200	243300

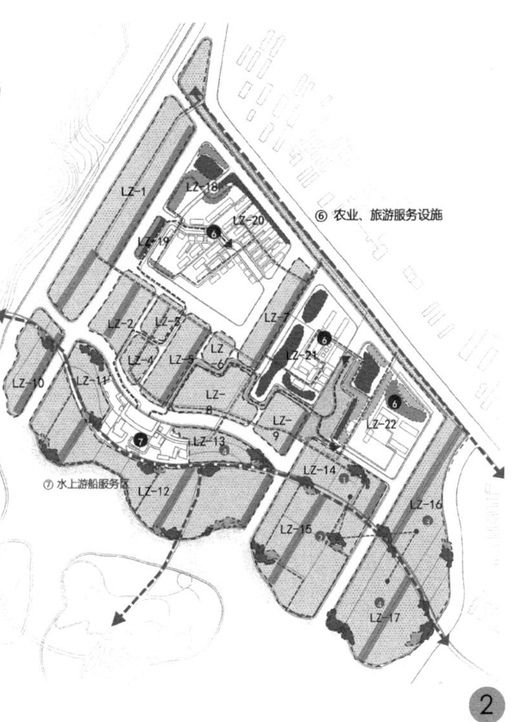

图 6–18 田园水乡景观区绿化种植规划图

1—绿化种植控制图；2—绿化种植分地块控制及统计

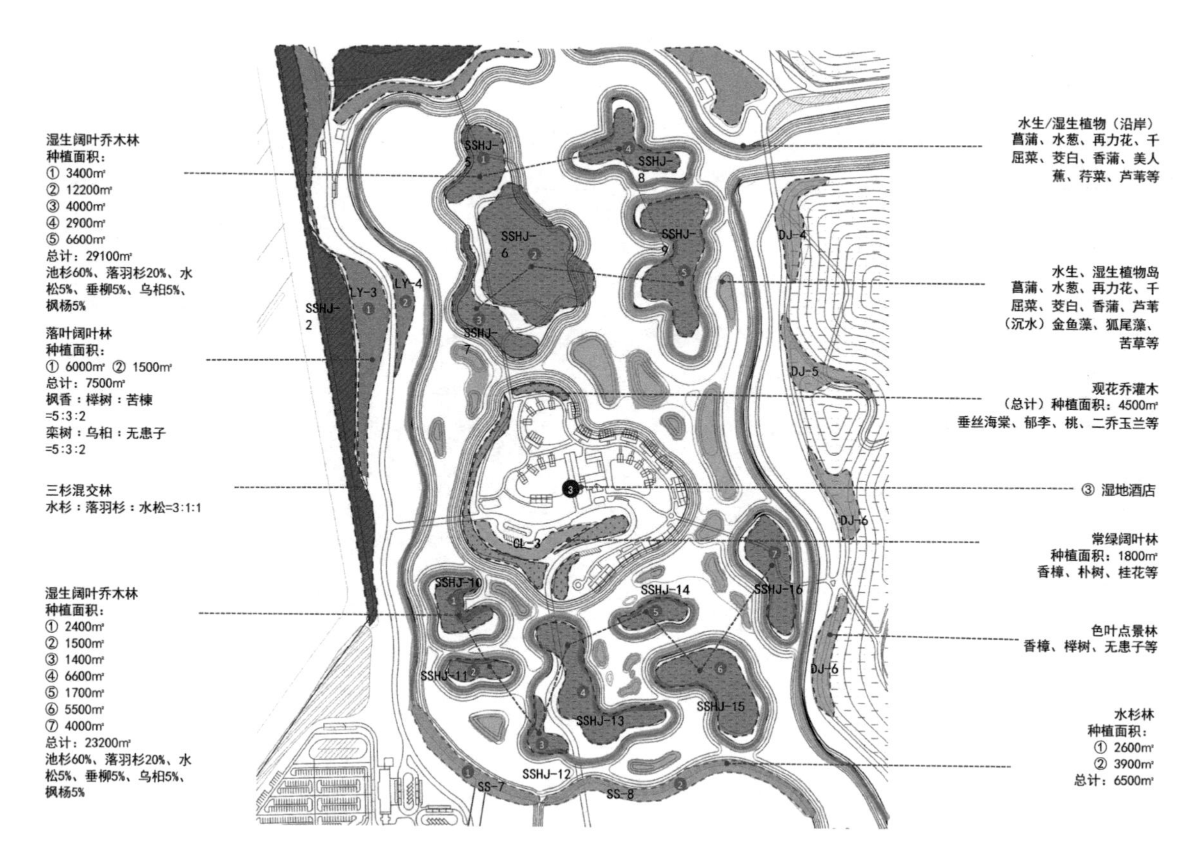

图 6-19 生态湿地区绿化种植规划图

5）道路绿化种植

根据区内外交通关系，分别对区外公路、区内电瓶车道、自行车道和步行游径等进行了分类绿化种植引导与控制（图 6-20~ 图 6-22）。

电瓶车道

车行道绿化种植以发挥道路的使用功能和景观功能为原则，种植形式以树带式为主，树种以乔木为主，尽量采用乔灌草的多层次组合，植物选择突出各个景区的特色与可辨性。

各区电瓶车道种植控制表

分区	植物	图例
生态湿地景观区	上木：水杉、落羽杉 下木：鸢尾、菖蒲	----
西岸风景林景观区	上木：水杉、乌桕、无患子 下木：结合周边景点分段选取灌木	----
四季果园景观区	上木：构树 下木：矢车菊、滨菊等	----
薰衣草花田景观区	上木：榔榆、喜树 下木：薰衣草、鼠尾草	----
半岛花田景观区	上木：枫香、香樟 下木：油菜花、季节性花卉	----
特色湖岛景观区	(沿堤)上木：垂柳、香樟 下木：季节性花灌木 (岛内部) 上木：无患子、乌桕等秋色叶树种 下木：麦冬、葱兰	----
田园水乡景观区	上木：栾树 下木：油菜花	----

图 6-20 电瓶车道绿化控制图

自行车道

自行车道种植控制表

分区	植物	图例
生态湿地景观区	上木：水杉、乌桕 下木：二月兰	----
四季果园景观区	上木：香樟、杜英 下木：天人菊、波斯菊	----
薰衣草花田景观区	上木：榔榆、无患子 下木：薰衣草、鼠尾草	----
半岛花田景观区	上木：枫香、水杉 下木：油菜花	----
特色湖岛景观区	上木：无患子、枫香 下木：麦冬、狗牙根	----
田园水乡景观区	上木：香樟、榔榆 下木：水稻或者油菜花	----

滨河步道

滨河步道种植控制表

分区	植物	图例
西岸风景林景观区	上木：水杉 下木：菖蒲、水葱	——
半岛花田景观区	上木：枫香、香樟 下木：油菜花	——

图 6-21 自行车道与滨河步道绿化控制图

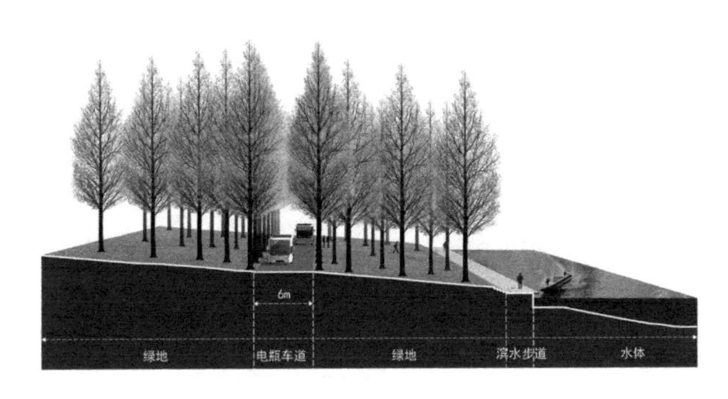

图 6-22 典型道路及绿化种植空间关系图

6.4.4 绿化种植详细设计

当绿化种植景观控制规划确定后，便需要根据不同景区、景点进行绿化种植的详细设计，具体内容可包括植被的立面组合、群体设计和植物排布等。具体设计内容见表 6–8。

绿化种植详细设计内容表 表 6–8

分类	设计内容
立面组合	根据绿化景观控制规划，进行植被的立面组合研究，设计天际线、立面形态等（图 6–23）
群体设计	根据景点分类进行植被的群体设计，确定组与组，群与群之间不同植被的数量、规模比例关系，相互的生态组合关系等（图 6–24）
植物排布	植被上木、下木的具体排布，乔、灌、地被、草之间的空间排布关系（图 6–25）

图 6–23 植物立面组合

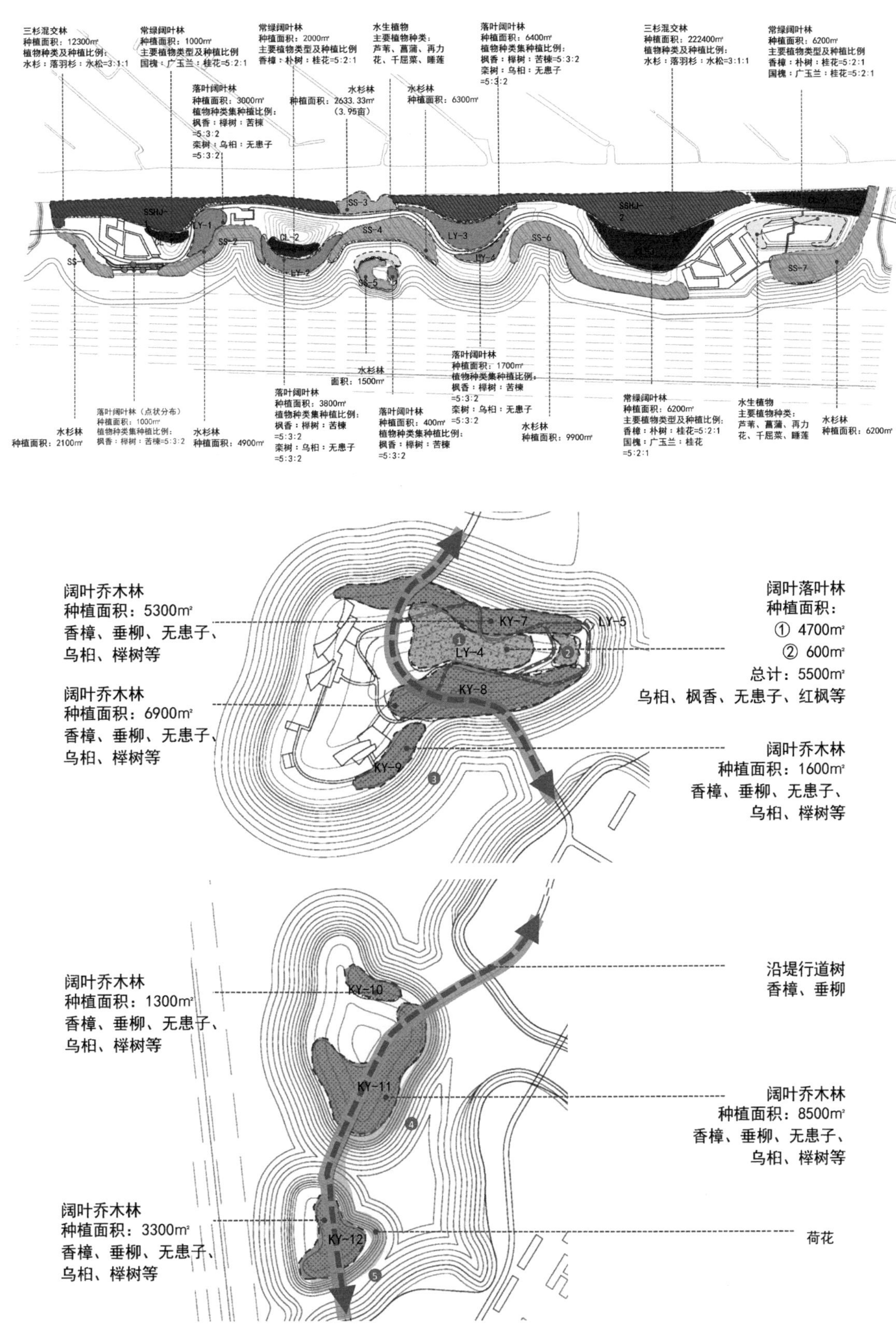
三杉混交林
种植面积：12300㎡
植物种类及种植比例：
水杉：落羽杉：水松=3:1:1
常绿阔叶林
种植面积：1000㎡
主要植物类型及种植比例
国槐：广玉兰：桂花=5:2:1
常绿阔叶林
种植面积：2000㎡
主要植物类型及种植比例
香樟：朴树：桂花=5:2:1
水生植物
主要植物种类：
芦苇、菖蒲、再力花、千屈菜、睡莲
落叶阔叶林
种植面积：6400㎡
植物种类集种植比例：
枫香：榉树：苦楝=5:3:2
栾树：乌桕：无患子
=5:3:2
三杉混交林
种植面积：222400㎡
植物种类及种植比例：
水杉：落羽杉：水松=3:1:1
常绿阔叶林
种植面积：6200㎡
主要植物类型及种植比例
香樟：朴树：桂花=5:2:1
国槐：广玉兰：桂花=5:2:1
落叶阔叶林
种植面积：3000㎡
植物种类集种植比例：
枫香：榉树：苦楝
=5:3:2
栾树：乌桕：无患子
=5:3:2
水杉林
种植面积：2633.33㎡
（3.95亩）
水杉林
种植面积：6300㎡
SSHJ-1
LY-1
SS-1
SS-2
CL-2
LY-2
SS-3
SS-4
SS-5
LY-3
LY-4
SS-6
SSHJ-2
CL-1
SS-7
落叶阔叶林
种植面积：1700㎡
植物种类集种植比例：
枫香：榉树：苦楝
=5:3:2
栾树：乌桕：无患子
=5:3:2
水杉林
面积：1500㎡
落叶阔叶林
种植面积：3800㎡
植物种类集种植比例：
枫香：榉树：苦楝
=5:3:2
栾树：乌桕：无患子
=5:3:2
落叶阔叶林
种植面积：400㎡
植物种类集种植比例：
枫香：榉树：苦楝
=5:3:2
常绿阔叶林
种植面积：6200㎡
主要植物类型及种植比例：
香樟：朴树：桂花=5:2:1
国槐：广玉兰：桂花
=5:2:1
水生植物
主要植物种类：
芦苇、菖蒲、再力花、千屈菜、睡莲
水杉林
种植面积：6200㎡
落叶阔叶林（点状分布）
种植面积：1000㎡
植物种类集种植比例：
枫香：榉树：苦楝=5:3:2
水杉林
种植面积：2100㎡
水杉林
种植面积：4900㎡
水杉林
种植面积：9900㎡
阔叶乔木林
种植面积：5300㎡
香樟、垂柳、无患子、
乌桕、榉树等
阔叶乔木林
种植面积：6900㎡
香樟、垂柳、无患子、
乌桕、榉树等
阔叶落叶林
种植面积：
① 4700㎡
② 600㎡
总计：5500㎡
乌桕、枫香、无患子、红枫等
阔叶乔木林
种植面积：1600㎡
香樟、垂柳、无患子、
乌桕、榉树等
KY-7
LY-5
LY-4
KY-8
KY-9
阔叶乔木林
种植面积：1300㎡
香樟、垂柳、无患子、
乌桕、榉树等
沿堤行道树
香樟、垂柳
KY-10
KY-11
阔叶乔木林
种植面积：8500㎡
香樟、垂柳、无患子、
乌桕、榉树等
阔叶乔木林
种植面积：3300㎡
香樟、垂柳、无患子、
乌桕、榉树等
KY-12
荷花

图 6-24　植物群体设计

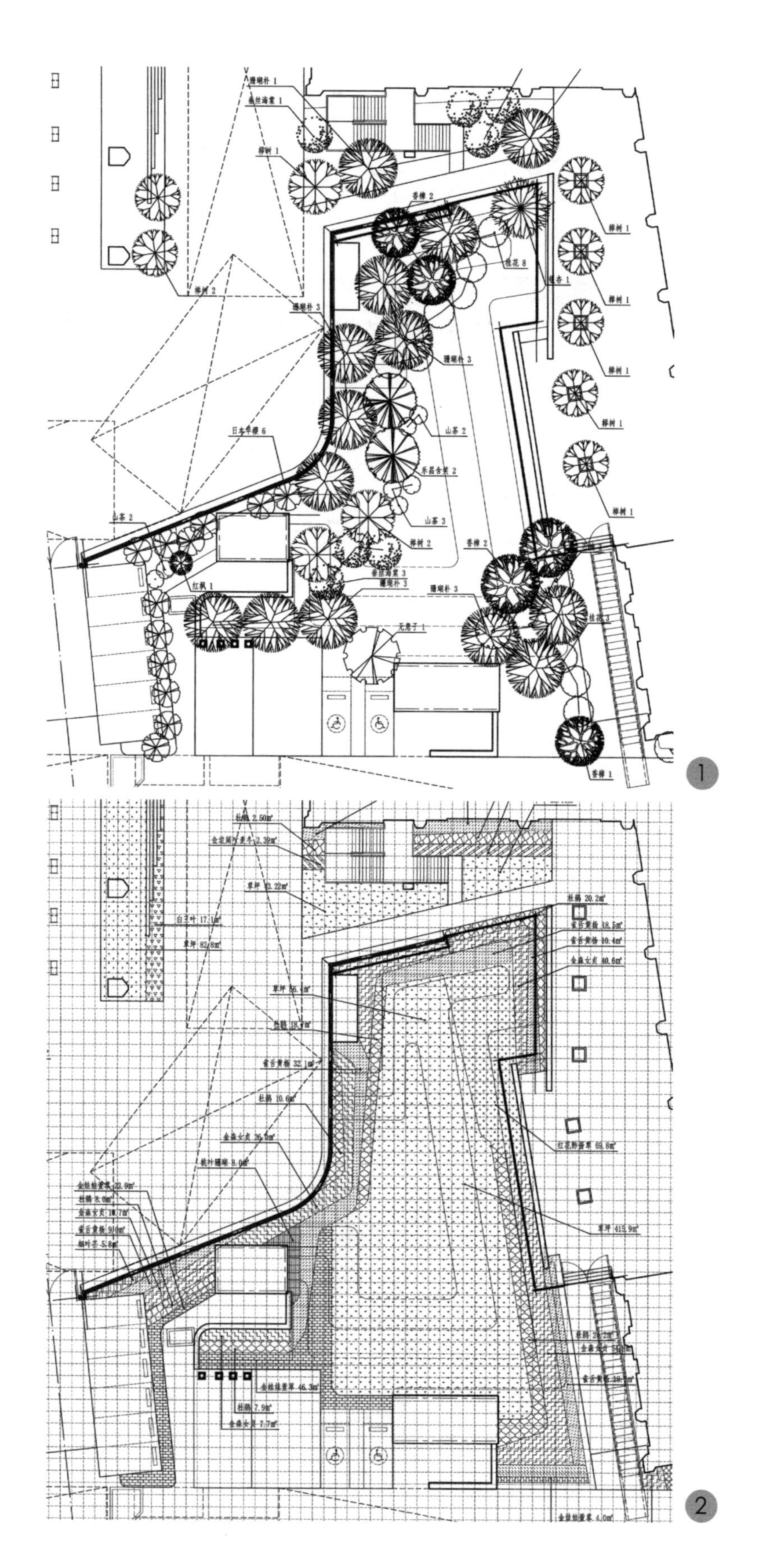

图 6–25　某风景园林工程植物排布图
1—上木种植设计图；
2—下木种植设计图

6.4.5 植物选择、控制与统计

为了有效地控制绿化的种植效果、指导绿化种植施工和为工程预算提供依据，在绿化施工图设计中需要进行植物选择、苗木规格控制和统计（表 6–9、表 6–10）。

上木配置／统计表 表 6–9

编号	名称	规格			单位（株）	数量	备注
		胸径（cm）	高度（cm）	蓬径（cm）			
1							分枝数控制等
2							
…							

下木配置／统计表 表 6–10

编号	名称	规格			单位（m^2）	数量	备注
		地径（cm）	高度（cm）	蓬径（cm）			
1							种植密度控制等
2							
…							

表 6–9、表 6–10 的不同内容均可对绿化种植景观的合理性做出检验，如编号栏可了解植物品种选择与景观面积的比例关系，从而了解植物品种的数量选择是否合理，多样性是否足够；规格栏可控制植物或苗木的大小关系，为预算提供依据；数量栏可反映不同品种植物的数量比例关系。

对于植物和苗木的规格，常绿乔木、落叶乔木、常绿花灌木、落叶花灌木、造型球类植物、攀援类植物、地被类植物、水生类植物等控制的指标不尽相同，一般均以主要的指标进行控制，其他指标进行辅助控制（图 6–26）。

6.5 绿化种植技术

6.5.1 绿化种植与相关设施距离要求

风景园林绿化种植工程，除满足造景需求外还需要考虑与道路、工程管线、建构筑物等相关设施的空间关系。如道路交叉口及道路转弯处种植树木应满足车辆的安全视距；树木与架空线、地下管线以及建筑物等应保持一定的安全距离等（表 6–11~ 表 6–13）。

绿化种植与架空线的距离 表 6–11

电压（kV）	0~10	10~110	154~220	330
最小垂直距离（m）	1.5	3.0	3.5	4.5

上木苗木表

序号	项目名称	规格（cm）			单位	数量（株）	备注
		株高	胸径/地径	冠幅			
1	香樟	501以上	16.1~17.0	421以上	株	18	枝下高大于2.1m，三级分叉以上，土球150cm
2	乐昌含笑	451以上	16.1~17.0	351以上	株	3	枝下高大于2.1m，三级分叉以上，土球150cm
3	重阳木	551以上	16.1~17.0	421以上	株	18	枝下高大于1.9m，三级分叉以上，土球120cm
4	珊瑚朴	551以上	16.1~17.0	421以上	株	22	枝下高大于2.1m，三级分叉以上，土球150cm
5	无患子	521以上	17.1~18.0	401以上	株	3	枝下高大于2.1m，三级分叉以上，土球150cm
6	榉树	551以上	17.1~19.0	351以上	株	11	枝下高大于2.1m，三级分叉以上，土球150cm
7	银杏	551以上	19.1~20.0	451以上	株	3	枝下高大于2.1m，三级分叉以上，土球150cm
8	合欢	501以上	16.1~17.0	401以上	株	2	枝下高大于2.1m，三级分叉以上，土球150cm
9	国槐	551以上	15.1~16.0	401以上	株	5	枝下高大于2.1m，三级分叉以上，土球150cm
10	苦楝	501以上	18.1~19.0	351以上	株	1	枝下高大于2.1m，三级分叉以上，土球150cm
11	乌桕	601以上	21.1~22.0	451以上	株	2	枝下高大于2.1m，三级分叉以上，土球150cm
12	石楠	271~300	9.1~10.0	300以上	株	3	土球100cm
13	桂花	271~300	10.1~11.0	300以上	株	38	土球100cm
14	鸡爪槭	451以上	14.1~15.0	301以上	株	16	枝下高大于1.5m，三级分叉以上，土球120cm
15	垂丝海棠	351以上	7.1~8.0（地径）	251以上	株	16	土球120cm
16	日本早樱	351以上	13.1~14.0	251以上	株	12	土球120cm
17	红枫	451以上	13.1~14.0	301以上	株	3	特选，树姿优美，土球 150cm
18	石斑木	121以上		101以上	株	7	土球60cm

下木苗木表

序号	名称	规格			面积（m²）	备注
		蓬径	株高	地径		
1	雀舌黄杨	25~30	61~80		410.38	球径20cm，25株/m²，整形修剪，饱满不脱脚
2	金森女贞	25~30	61~80		390.79	球径30cm，25株/m²，整形修剪，饱满不脱脚
3	龟甲冬青	25~30	61~80		89.69	球径30cm，25株/m²，整形修剪，饱满不脱脚
4	桃叶珊瑚	25~30	61~80		86.02	16株/平米，密植、满铺
5	杜鹃	25~30	61~80		253.22	球径30cm，25株/m²，整形修剪，饱满不脱脚
6	茶梅	25~30	51~60		112.79	球径30cm，25株/m²，整形修剪，饱满不脱脚
7	金叶假连翘	30~40	61~80		99.58	球径30cm，25株/m²，整形修剪，饱满不脱脚
8	红花檵木	25~30	61~80		156.35	球径30cm，25株/m²，整形修剪，饱满不脱脚
9	细叶芒		81以上		32.51	15~20芽/丛，16丛/平米，密植、满铺
10	金边阔叶麦冬	10~15	15~25		65.3	满铺，48丛/m²
11	白三叶		10~15		112.69	白三叶撒播于草坪间
12	红花酢浆草	10~15	10~15		85.79	64丛/平米，密植、满铺
13	葱兰	10~15	15~25		28.77	满铺，48丛/m²
14	金娃娃萱草		30~50		11.5	36株/m²
15	草坪				1444.6	早熟禾草坪，加播黑麦草

图 6–26 某风景园林工程苗木表
1—上木苗木表；2—下木苗木表

绿化种植与地下管线外缘最小水平距离　　表 6–12

管线名称	距乔木根颈中心距离（m）	距灌木中心距离（m）
电力电缆	1.0	1.0
电信电缆（直埋）	1.0	1.0
电信电缆（管道）	1.5	1.0
给水管道	1.5	—
雨水管道	1.5	—
污水管道	1.5	—
燃气管道	1.2	1.2
热力管道	1.5	1.5
排水盲沟	1.0	—

绿化种植与建筑物、构筑物的平面距离　　表 6–13

建筑物、构筑物名称	距乔木中心距离不小于（m）	距灌木边缘不小于（m）
公路铺筑面外侧	0.8	2.00
道路侧石外边缘	0.75	—
高 2m 以下围墙及挡土墙	1.0	0.50
高 2m 以上围墙	2.0	0.50
建筑物外墙无门、窗	2.0	0.50
建筑物外墙有门、窗	4.0	0.50
电力电信立杆、路灯灯柱	2.0	0.75
电力电信拉杆	1.5	0.75
路旁变压器外缘、交通灯柱、警亭	3.0	不宜种
路牌、消防龙头、交通指示牌、站牌、邮筒	1.5	不宜种
测量水准点	2.0	2.0
天桥边缘	3.0	不宜种

6.5.2　绿化种植土壤技术要求

土壤是保证绿化种植成活的关键因素，在绿化种植前需对种植区进行土壤准备，具体如下：

种植和播种前应根据土层有效厚度、土壤质地、酸碱度和含盐量，采取相应的加土、施肥和改换土壤等措施。含有建筑垃圾的土壤、盐碱土、重黏土、粉砂土及含有有害园林植物生长成份的土壤，均应根据设计规定用种植土进行局部或全部更换。

种植土应符合植物生长要求，必须是耕作土壤和人造土壤，严禁化学污染或在有效土层内混入建筑垃圾。园林种植植物用土可分为花坛土、树穴土、草坪土、盆栽土、保护地土等。pH 值 <6.5 或 >7.5 的土壤应采用石灰、草木灰或酸性介质进行土壤改良，以便土壤种植层内的 pH 值达到种植要求。对土壤有机质含量低于最低标准的，施腐熟的有机肥或含丰富有机质的介质如泥炭土等，调整到有机质含量符合要求。

对总孔隙度有要求的草坪等，必须采用有机质或疏松介质（如珍珠岩、蛭石、腐熟木屑等）加以改良，对黏重土和粉末结构土应加入 30%~40% 的粗砂调整土壤质地。草坪及花坛的翻土深度不得小于 30cm，有杂草地方应人工除草或提前进行化学除草，提前时间必须超过所用除草剂的残效期，并在翻地平整的同时净除土壤中的杂草根、碎砖、石块、玻璃、塑料袋、泡沫块等混杂物。

屋顶平台的种植用土须采用腐叶土为主，掺有珍珠岩、蛭石、木屑等质轻、排水良好的人工配制土，满足屋顶荷载的要求。

种植地属岩层、混凝土、坚土、重黏土等不透气或排水不良、不透气的废基，应打碎或钻穿，并尽可能清除换土。

6.5.3 绿化苗木技术要求

乔木与灌木技术质量要求见表 6-14、表 6-15。

乔木技术质量要求表　　表 6-14

栽植种类	要求		
	树干	树冠	根系
重要景观区域种植材料（主干道、广场、重点游园与绿地中的主景等）	树干挺直，胸径应大于 12~15cm，分枝点不低于 3m	树冠茂盛，层次清晰	根系需发育良好，不得有损伤土球，且土球大小符合规定
一般绿带种植材料	树干挺直，胸径应大于 6~8cm	同上	同上
行道树	主干通直，无明显弯曲，分枝点不低于 3m，落叶树胸径应大于 10cm，常绿树胸径应大于 8cm	落叶树必须有 3~5 根一级主枝，分布均匀；常绿树树冠圆满茂盛	同上
防护林带和大面积绿地	主干通直，弯曲不超过两处	具有防护林所需的抗有害气体、抗风、吸尘等特性，树冠紧密	同上

灌木技术质量要求表　　表 6-15

栽植种类	种植要求	
	地上部分	根系
重要景观区域种植	冠形圆满，无偏冠、脱脚现象，骨干枝粗壮有力	根系发达，土球大小符合规定
一般绿带种植	纸条要有分枝交叉回折，盘区之势	同上
防护林带和大面积绿地	枝条宜直，树冠浑厚	同上
绿篱、球类	枝密叶茂，要设计要求造型	根系发育正常

草种、花种应有品种、品系、产地、生产单位、采收年份、有效年份、纯度、发芽率等标明种子质量的出厂检验报告或说明，并在使用前做发芽试验，以便按质量调播种量。失效、有病虫害的种子不得使用。

用于铺设草坪的草块、草卷要求生长均匀无空秃，根系密布成网，禾本科草高度不大于 5%，草卷、草块长、宽适度，每卷（块）规格一致，边缘平直。根茎繁殖用草杂草不得超过 2%，无病虫害。生根发芽力强的纯草，植生带厚度不宜超过 1mm，种子分布均匀，种子饱满，发芽率大于 95%。

花卉苗应茁壮，发育匀称，根系良好，无机械损伤和病、虫、鼠害及腐烂、变质。

（1）二年生草本花卉苗，必须是经过移植的壮苗，高度视品种而异，叶茂根系须完好发达，并有三至四个芽。

（2）宿根花卉根系须完好发达，并有三至四个芽。

（3）块茎和球根花卉须完整无损伤，上部至少应有两个以上幼芽。

（4）攀援植物要求有健壮主蔓和发达根系，年龄在二年以上的苗木。

6.5.4 乔灌木种植技术

1. 种植季节

落叶树木种植和挖掘应在春季解冻以后、发芽以前或在秋季落叶后冰冻以前进行。常绿树木的挖掘种植应在春天土壤解冻以后、树木发芽以前，或在秋季新梢停止生长后霜降以前进行。

2. 种植土层要求（表6-16）

绿化种植的一般土层厚度要求 表6-16

种植种类	乔木（cm）		灌木（cm）		藤本（cm）		备注
	深根	浅根	大	小	大	小	
一般种植	150	100	90	45	60	40	
屋顶平台	50~60		40		30		适宜亚乔木、花灌木、藤本

3. 土球与根盘规格要求

乔、灌木的土球或根盘规格要求如表6-17、表6-18所示。

乔木的土球或根盘规格要求 表6-17

干径（cm）	土球直径（cm）	土球厚度（cm）	根盘直径（cm）
3~4	30~40	20~25	40~50
4~5	40~50	25~30	50~60
5~6	50~60	30~40	60~70
6~8	60~70	40~45	70~75
8~10	70~80	45~50	75~80
10~12	80~90	50~55	80~85

灌木的土球或根盘规格要求 表6-18

冠径（cm）	土球直径（cm）	土球厚度（cm）	根盘直径（cm）
20~30	15~20	10~15	>20
30~40	20~30	15~20	>30
40~60	40~50	30	>40
60~80	50~60	40	>55
80~100	60~80	45	>70
100~120	80~100	50	>100
120~140	100~200	55	>100

名贵树木和非常规季节种植土球或根盘应比原规定要求提高一个档次。

竹类必须选二年生母竹，带鞭40~50cm，去鞭80~90cm土球，近距离移植带宿土，远距离移植带土台。

包扎土球用绳索粗细要适度，质地结实。土球包扎形式应根据树种、规格、土壤质地、运输距离、装运方式选定。

4. 苗木种植前修剪

1）种植前应对苗木根系、树冠进行修剪。将劈裂、病虫、过长根系剪除，运输过程中损伤的树冠进行修剪，修剪强度应根据生物学特性进行调整，以既保持地上地下平衡，又不损害树木特有的自然姿态为准。大于 2cm 的剪口要作防腐处理。

2）用作于行道树木的乔木，定干高度宜大于 3m，第一分枝点以下侧枝全部剪去，分枝点以上枝条酌情疏剪或短截。

3）高大落叶乔木应保持原有树形，适当疏枝，对保留的主侧枝应在健壮芽上短截，剪去 1/5~1/3 枝条。

4）常绿针叶树不宜修剪，只剪除病虫枝、枯死枝、生长衰弱枝、过密的轮生枝和下垂枝。

5）常绿阔叶树保持基本树冠形，收缩树冠，正常季节种植疏剪树冠总量 1/3~3/5，保留主骨架，截去外围枝条，疏稀树冠内膛枝，多留强壮萌生枝，摘除大部分树叶（正常季节种植取前值，非正常季节种植取后值）。

6）花灌木修剪老枝为主，短截为辅。对上年花芽分化的花灌木不宜做修剪，对新枝当年形成花芽的应顺其树势适当强剪，促生新枝，更新老枝。

7）攀援和蔓生藤本植物可剪去枯死、过长藤蔓、交错枝、横向生长枝蔓，促进发新枝攀援或缠绕上架。

5. 种植穴、槽的定点、开挖

1）种植穴、槽定点放线应符合设计图纸要求，位置准确，明确标示清楚种植穴中心点的种植边线，标明定点位置树种名称（或代号）、规格，要求清晰简明，区别显著。

2）树木种植槽穴的规格大小深浅，应按植株的根盘和土球直径适当放大，使根系能充分舒展，高燥砂性土地植穴稍深、大，低沉黏性土地可稍浅。树穴、树槽规格应不小于表 6−19、表 6−20 所示要求。

6. 树木种植

1）各项种植工作应密切衔接，做到随挖、随运、随种、随养护。如遇气候骤升、骤降或遇大风大雨气象变化，应立即暂停种植，并采取临时措施保护树木土球和植穴。

2）裸根苗原则上当天种植，尽量缩短起苗到种植之间的时间，当天不能种完的苗木应假植。

3）树木种植应选较丰满完整的树冠面朝向主要视线。孤植树木应冠幅完整；从植树应将冠幅完满面朝向外，并前低后高；藤本植物应栽在建筑物或棚架基部，枝蔓按长势分散固定于墙面或支架上，种植深度应保证在土壤下沉后，根颈和地面等高或略高；竹类宜较原来深度加深 5~10cm 培土捣实，勿伤鞭芽。

乔灌木的树穴规格要求　　表 6–19

分类	规格（cm）	树穴直径（cm）	树穴深度（cm）	备注
乔木（干径或基径）	3~4	40~50	40~50	乔木按干径，亚乔木按基径
	4~5	60~70	50-60	
	5~6	80~90	60~70	
	6~8	90~100	70~80	
	8~10	100~110	80~90	
	10~12	110~120	90~100	
灌木（冠径）	20~30	25~30	15~20	
	30~40	35~45	25~35	
	40~60	50~70	40~50	
	60~80	70~90	50~55	
	80~100	90~110	55~60	
	100~120	110~130	60~65	
	120~140	130~150	65~70	
藤本（直径）	2cm 以下	40	30	
	2~3	50	35	
	3~4	55	40	
	4~5	60	45	
竹类（丛生竹）	从	80~100	>45	散生竹需按土台适当扩大

绿篱树穴规格要求　　表 6–20

规格：宽 × 深（cm）／冠幅（cm）	种植方式	
	单行	双行
30 × 30	50 × 40	80 × 40
40 × 40	60 × 45	100 × 45
50 × 50	70 × 50	120 × 50
60 × 60	80 × 55	140 × 55

4）种植时需结合施用基肥。基肥应以腐熟有机肥为主，也可施用复合肥和缓释棒肥、颗粒肥，用量见肥料商品说明。基肥可施于穴底，施后覆土，勿与根系接触。

5）带土球树木种植时先在穴（槽）内用种植土填到放土球底面的高度，将土球放置在填土上，初步覆土夯实，定好方向，打开土球包装物，自下而上小心取下包装物，泥球如松散，底下包装物可剪断不取出。随后分层捣实，填土高度达土球深度 2/3 时，浇足第一次水，水分渗透后继续填土至地面持平时再浇第二次水，至不再下渗为止，如土层下沉，应在三天内补填种植土，再浇水整平。

6）裸根树木的种植，先将植株入穴、扶正后定好方向，按根系情况先在穴内填适当厚度种植土，舒展根系，均匀填土，再将树干稍上提，并左右前后移动，使根和土充分接触，减少空隙，扶正后继续填土分层捣实、沿树木坑穴外缘作养水围堰、浇足水。并在三日内再次浇水。如遇土下沉，即在根际补土浇水整平。

7）坡地植树后要做好鱼鳞坑，便于植后浇水保墒。城市干道行道树、广场树木植后，种植树穴要铺设透气护栅。铺设嵌草块，植后内应填入不少于8cm 种植土。绿地中植树穴（槽）范围内，不宜再栽其他植物、以便于今后植穴（槽）养护。

8）非种植季节种植

因特殊情况，需在非种植季节植树，各类树木必须带好土球，土球大于正常植树季节一个规格，并做到各个种植环节紧密衔接。栽后立即对树干和二、三级枝缠干，在夏季对树冠喷雾保湿、每天不少于三次，冬季注意植后防寒。

7. 树木的养护——支撑和缠干

1）乔木和珍贵树木在种植后必须立支撑。支撑采用何种形式（十字支撑、扁担撑、三角撑、单柱撑）视树种、树木规格、立地条件而定。支撑下埋深度，视树种、规格和土质而定，严禁打穿土球或损伤根盘。支撑高度一般为植株高度 1/2 处，支撑与树木扎缚处需用软质物（如麻袋片）衬垫。扎缚后树干必须保持垂直。斜立的单干撑应设在通风面的对面。

2）如受坑槽限制，胸径 12cm 以下树木，行道树可用单柱撑。支柱长 3.0m，埋深 1.1m，支柱立于盛行风向一面，距树桩顶端 20cm 处呈“∞”字软索扎缚三道加上腰箍，树干用软性物衬垫。

3）干径 5cm 以上的乔木，种植后在主干和一、二级主枝用草绳或新型软性保湿材料密密卷缠，保护主干和主枝，缠干要整齐等距。成活后一年清除，保持树干整洁。

8. 草坪建植

1）草坪建植的分类

草坪建植分种子和营养体繁殖两种。种子繁殖可分籽播、植生带铺设、喷播。营养体繁殖可分草块移植和草茎埋植。

2）草坪建植的时间

草坪种铺时间：暖季型草种以春季至初夏尤以梅雨季为宜，冷季型草种以春季和秋季为好。草块移植和草茎埋植除严冬均可进行。

3）草坪建植对土壤理化性质要求

草坪建植对土壤理化性质要求和改良方法见绿化种植土壤要求，地形整理按设计要求，但需有一定坡降以利于排水，坡度向路面或排水沟倾斜。

4）草坪建植对排灌设施的要求

草坪建植需要完善的排灌设备，保证草坪生长良好。小于 $1000m^2$ 的草坪可利用地形自然排水，比降3%~5%。面积在1000m^{2}以上草坪应建永久性比降5%的地下排水系统，与市政或园林排水管网接通。有条件可安装固定或移动喷灌设备，按设计先于草坪建植施工。

5）播种量

种子播种草坪、建植种子量计算公式如下：

$$播种量（g/m^2）= 计划播种面积（m^2）\times 千粒重（g）\times 10/100 \times 种子纯率 \times 发芽率$$

再根据播种土壤条件、平整度因素增加20%~30%的损耗。

6）种子繁殖草坪方法

人工或机械撒播草种后及时覆土，厚度为种子高度的一倍，覆土后紧压，压后及时以喷灌或滴灌方式浇透水。

在不适宜播种的倾斜坡面或大面积草坪可采用客土喷吹和水力喷播二种方式。客土喷吹是将种子、泥土、肥料、水、纤维质等按比例混合均匀、用机械喷附在陡坡面上，厚度在2cm以上。种子喷播是将种子、肥料、纤维质等混在水中，用压力泵类机械喷播在土面上，要求纤维含量在200g/m^{2}以上。

植生带草坪是在整好土地上，将植生带平铺，铺时注意拉直、铺平、接缝紧密，依次铺放，铺后覆细土（砂）0.5~1cm厚，及时浇水。

播种草坪苗期需进行喷水、除草、清除覆盖物等系列管理措施。

7）营养体繁殖草坪方法

营养体繁殖草坪方法分为草块铺植和草茎埋植。

草块铺植又可分为密铺、间铺和点铺方式。密铺指把草皮成块按铺地砖方法平铺土面，间隙在1~1.5cm，冷季型草种可不留缝。间铺型同密植，一般1m^{2}草皮约铺2~3m^2。点铺将草皮分成5cm×5cm左右小块等距点铺，一般约1m^{2}可铺成4~5m^2。草块铺设后要紧压入土，浇透水。

草茎埋植是指有匍匐茎的草种的草茎成条或切成6~8cm的长度撒铺或等距开沟埋入土中，上覆土2~3cm，紧压浇透水的建植草坪方法。

9. 花卉种植

1）花卉选择应区分花坛和花境，结合立地条件、上层植被、观赏要求、花卉生物学特性综合考虑。选用一、二年生花卉要求统一规格，同一品种株高、花色、冠径、花期无明显差异，根系完好、生长旺盛、无病虫害及机械损伤。宿根花卉根系发达并有3~4个芽，草花苗应带花蕾。花卉在绿地中有效观赏期应保持在40天以上。

2）种植时地栽花卉起掘要带宿土，用塑料包装箱运输，防止机械损伤和保持湿润。盆栽花卉要求集装遮盖运输。种植时不得揉搓和折曲花苗，脱盆种植要使原盆土和新土紧密结合。种植时间夏天宜在早晨、傍晚和阴天进行。栽后4~5天内应每天早晨、傍晚浇水。喷灌水流要细，土壤不可沾污植株。

6.5.5 屋顶绿化种植技术

屋顶绿化除传统意义在建筑屋顶上种植的绿化外，目前城市区域尤其是中心城区大部分景观绿地均建设在地下空间顶板之上，也属于屋顶绿化的范畴。屋顶绿化种植重点需要解决如下技术问题：

1. 结构顶板荷载

屋顶绿化首先需解决建筑结构顶板的荷载问题，正向的设计应该是先确定种植区域，选择树种，根据树种确定种植土厚度，随后根据荷载设计结构顶板。但也存在当屋顶花园设计时屋顶结构已经完成的情况，这时屋顶结构顶板的设计荷载便成为屋顶绿化设计的前提条件，为此就要考虑设计内容的重量区间，种植土的厚度，最大能种植多大规格的树木等问题。

2. 防水和排水

通常无屋顶绿化屋面是通过屋面找坡的形式将雨水引至排水口，同时屋面做防水层。当设置屋顶绿化后如果不采取专业处理，屋面的雨水无法快速地从排水口排出，将导致屋顶积水、植物根系破坏防水层导致漏水、屋顶绿化淹死等问题。为此，防水和排水将是屋顶绿化种植需考虑的主要问题，具体如下：

1）防水

首先，种植绿化屋顶需解决好防水问题，目前多用自粘防穿刺高聚物改性防水卷材和合成高分子防水卷材作为种植绿化屋顶的防水材料，其抗拉力、抗撕破力、不透水性、延伸率、耐老化性、耐腐蚀性等方面均表现良好。

2）排水

排水是屋顶绿化需解决的另一课题，目前多采用在屋顶和种植土之间铺设专用排水板的方式进行有组织排水，其不仅不妨碍屋顶自由排水，且有部分蓄水、保持屋顶植物根系水分的功能。在大面积地下室顶板的绿化种植，为了减少满铺排水板所带来的投资压力，有时也会采用排设盲管的方式进行有组织排水（图 6–27）。

3）疏水

混凝土板上种植绿化，对土壤结构和疏水层有很高的要求，为此需要对种植土进行结构性配置并通过疏水层设置解决下雨、浇水时多余水分的过滤、排放问题。目前屋顶绿化多采用普通土与泥炭（通常可采用 2∶1 的比例）做成混合土来作为种植土，一方面可以减轻栽培基质的重量，有利于土壤排水，同时也可具有一定的抗风固根力。疏水层则多用在无纺布上加设陶粒、中粗砂等作为土壤的疏水材料。

3. 植物选择

屋顶绿化植物种类一般宜选择姿态优美、矮小、浅根、抗风力强的花灌木、小乔木、球根花卉和多年生花卉。由于多年生木本植物根系对防水层穿透力很

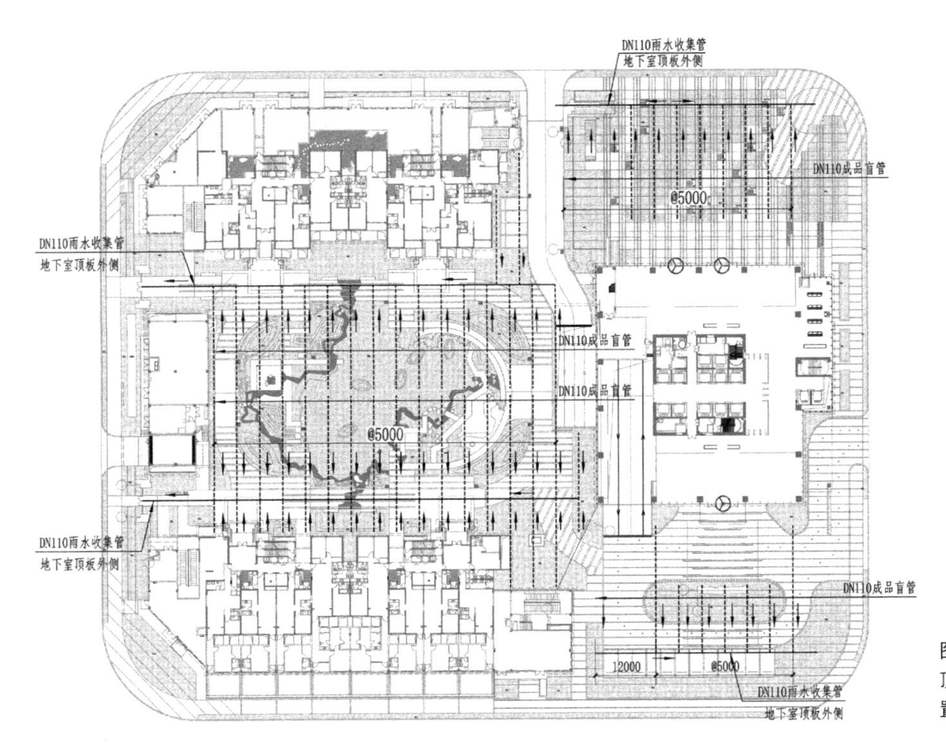

图 6-27 某工程地下室顶板绿化种植区盲管布置平面图

强，因此，应根据覆土厚度来确定种植植物品种。覆土厚 150cm 可种植大乔木；覆土厚 120cm 可种植中型乔木；覆土厚 100cm 可种植小乔木；厚 70cm 可栽植灌木；覆土 50cm 厚，可以栽种低矮的小灌木；覆土厚 30cm，宜选择一年生或多年生草本植物或者草坪。

4. 种植构造

屋顶绿化从下到上一般包含建筑屋面防水及保护层、绿化排水层、疏水层、种植层等（图 6-28）。

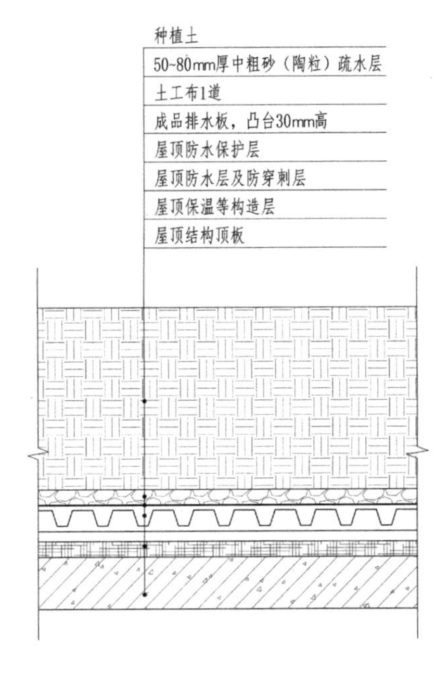

图 6-28 屋顶绿化种植构造做法图

6.5.6 立体绿化种植技术

立体绿化，是指充分利用不同的立地条件，选择攀援植物及其他植物栽植依附或者铺贴于各种构筑物及其他空间结构上的绿化方式，包括立交桥、建筑或构筑物墙面、道路护坡、河道堤岸、花架、棚架等建筑设施上的绿化。立体绿化可分为如下几种形式（表 6-21，图 6-29）。

立体绿化形式表 表 6-21

序号	形式	特征
1	覆盖式	以乔木、灌木和草本植物全面覆盖设施面，景观效果较好
2	遮挡式	在设施前栽植高大挺拔，生长迅速的乔木或灌木对设施进行遮挡，需要有足够的栽植空间
3	吸附式	采用吸附能力强的植物覆盖设施表面，不需要设施或仅需要简单的辅助设施如挂网等，栽植相对简单
4	辅助式	采用挂网、种植池、植生盒等辅助设施帮助植物生长的立体绿化形式，是目前垂直绿化的主要形式，可塑造出不同的立体景观效果
5	垂吊式	采用种植槽、花盆、植生盒等容器栽植植物向下生长的形式，下垂长度随植物品种与生长情况变化
6	复合式	采用上述两种或多种混合的立体绿化形式

图 6-29 不同形式的立体绿化

目前辅助式的垂直绿化包含如下几种做法，其核心包含结构体系、绿化植生体系和灌溉体系三部分（表 6–22，图 6–30~ 图 6–34）。

垂直绿化做法表 **表 6–22**

序号	形式	特征
1	模块式	利用模块化构件种植植物实现墙面垂直绿化，以方形、菱形等几何单体构件为植生盒，通过搭接或绑缚固定在结构骨架上，形成垂直绿化面，植物可在模块内形成不同的图案类型
2	铺贴式	在墙面上或设施上直接铺贴生长基质或模块，形成垂直绿化效果，可自由组合绿化图案，具有厚度薄、造价低、施工快等特点
3	攀爬或垂吊式	在墙面上按一定间距悬挂植生系统，其内栽植诸如爬山虎、常春藤、扶芳藤、绿萝、藤本月季等攀爬或垂吊植物，形成具有一定装饰性的垂直绿化
4	布袋式	在做好防水处理的墙面上直接铺设如毛毡、麻椰毯、无纺布等软性植物生长载体，然后在其上缝制装填植物生长基材的布袋，最后在布袋内种植植物实现垂直绿化的做法
5	板槽式	在墙面上按一定距离安装 V 形板槽，在板槽内填装轻质种植基质，再在基质内种植植物的垂直绿化做法

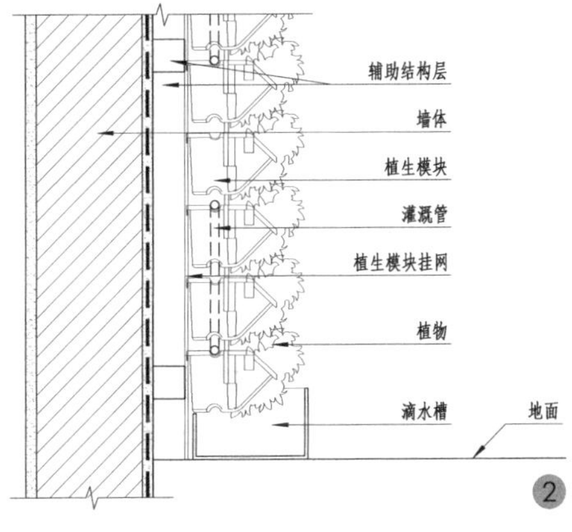

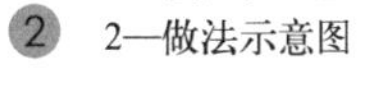

图 6–30 模块式垂直绿化
1—模块植生盒；
2—做法示意图

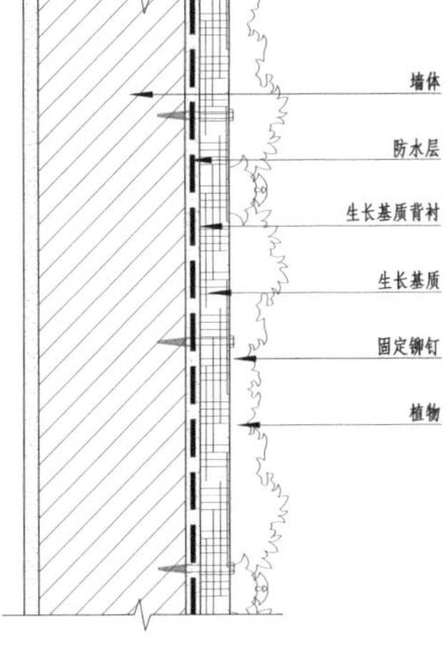

图 6–31 铺贴式垂直绿化
1—铺贴式生长基质；
2—做法示意图

图 6–32 攀爬或垂吊式垂直绿化
1—攀爬绿化；2—垂吊绿化做法示意图

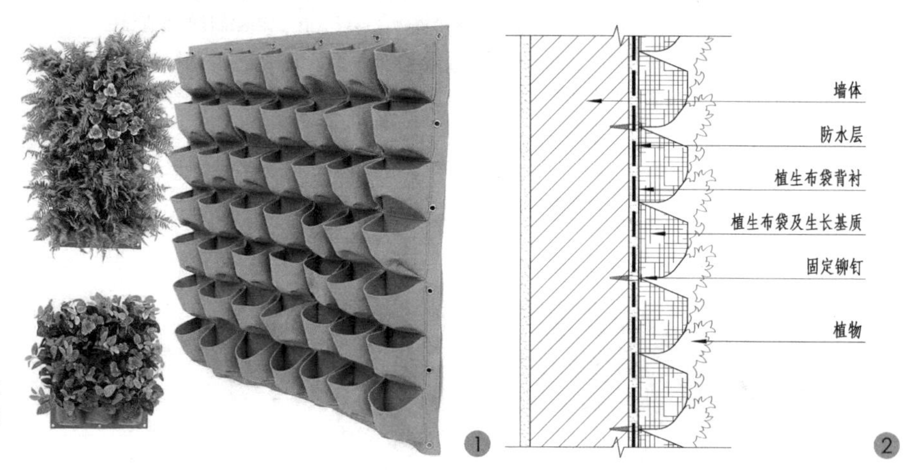

图 6–33 布袋式垂直绿化
1—植生布袋；2—做法示意图

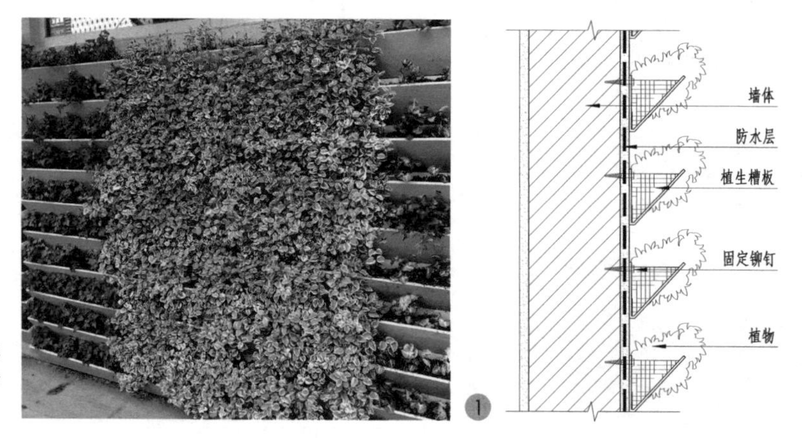

图 6–34 槽板式垂直绿化
1—植生槽板；2—做法示意图

第7章 风景园林灯光工程

风景园林照明的功用
夜景照明的主要指标
照明的设计原则与要点
照明的灯具类型、特点和功用
装饰灯具的类型、特点和功用
照明的光源种类及使用场所
照明设计

7.1 风景园林照明的功用

风景园林照明是既有照明功能，又兼有艺术装饰和美化环境功能的户外照明工程，具体功用如下：

7.1.1 安全功用

风景园林照明的首要功用为保证夜晚行人和游人的安全，提供安全的风景园林环境空间，降低潜在的人身伤害和财产损害（图 7–1）。

7.1.2 空间建构功用

照明作为风景园林空间在夜间的主要表现手段，可通过光的叠加、流动、限定、折射、投射等特性，对由于黑夜而消失的空间边界进行复原、重建或强化，从而建构夜间层次分明的风景园林空间（图 7–2）。

7.1.3 引导功用

在保证安全的基础上，风景园林照明可引导游人到达景观点或景观区域，在夜晚起到一定的引导功用（图 7–3）。

7.1.4 饰景功用

除了保证安全、建构空间、提供引导外，照明最主要的功用是对不同的风景园林区域、风景园林要素进行夜景装饰，提高风景园林空间的易识别性，并激发人们对风景园林空间的夜间使用（图 7–4）。

图 7–1　安全照明

图 7–2　空间建构照明

图 7-3 引导照明

图 7-4 饰景照明

7.2 夜景照明的主要指标

为了有效地控制风景园林灯光的效果，选择合适的灯具、灯源，确定不同风景园林元素的合理照明方式，需要了解如下相关照明的基本概念和专业名词(表 7-1)。

相关照明的基本概念与专业名词表 **表 7-1**

名称	符号	单位	说明
光束（光通量）	Φ	流明（Lm）	指人眼所能感觉到的辐射功率，它等于单位时间内某一波段的辐射能量和该波段的相对视见率的乘积。由于人眼对不同波长光的相对视见率不同，所以不同波长光的辐射功率相等时，其光通量并不相等
光强	I	灯光（Cd）	光强即发光强度的简称，指光源在给定方向的立体角内的光通量大小，其描述了光源到底有多亮（亮度指标）；一般是针对点光源而言的，或者发光体的大小与照射距离相比比较小的场合
照度	E	勒克斯（Lm/m^2）（Lx）	单位面积内所入射光的量，也就是光束除以面积（m^2）所得到的值，用来表示某一场所的明亮度
亮度	L	坎德拉/平方（cd/m^2）	亮度指发光体（反光体）表面发光（反光）强弱的物理量。即光源在某一方向上的单位投射面积、单位立体角中发射的光通量，即照度与反射率的乘积。$L=R\times E$（式中 L 为亮度，R 为反射系数，E 为照度）
色温	（T）C	开尔文（K）	当光源所发出的光的颜色与“黑体”在某一温度下辐射的颜色相同时，“黑体”的温度就成为该光源的色温。“黑体”的温度越高，光谱中蓝色的成分则越多，而红色的成分则越少。光色大致分三类：暖色 <3300K，中间色 3300~5300K，日光色 >5300K。由于光线中光谱的组成有差别，因此即使光色相同，光的显色性也可能不同

续表

名称	符号	单位	说明
显色性	*Ra*	—	显色性指光源对于物体颜色所呈现的程度，通常叫做“显色指数”(*Ra*)。*Ra* 值为 100 的光源表示事物在其灯光下显示出来的颜色与在标准光源下一致，*Ra* 数值越高表示越接近真实色彩
灯具效率	η	—	也叫光输出系数，指灯具发出的总光通量与灯具内所有光源发出的总光通量之比，用百分数表示。它是衡量灯具利用能量效率的重要标准
眩光	—	—	视野内有亮度极高的物体或强烈的亮度对比，则可以造成视觉不舒适，称为眩光，可以分为失能眩光和不舒适眩光。眩光是影响照明质量的重要因素
光束角	—	—	光束角指于垂直光束中心线之一平面上，光度等于 50% 最大光度的两个方向之间的夹角。光束角反应在被照墙面上就是光斑大小和光强。同样的光源若应用在不同角度的反射器中光束角越大，中心光强越小，光斑越大。一般而言，窄光束：光束角 <20°；中等光束：光束角 20~40°；宽光束：光束角 >40°

7.3 照明的设计原则与要点

7.3.1 功能与安全

风景园林照明设计的首要原则是满足风景园林空间的功能与安全性，即让该亮的地方亮起来，对夜间使用的功能空间如道路、场地、障碍物、路标等需进行照明，以满足风景园林空间的夜间使用功能与场地安全需求（图 7-5）。同时在照明设计需避免高温接触、阻碍行进、误导人流、灯具脱落等危险的发生。在灯具布局位置、高度、类型、强度、投射范围等选择上也应尽量避免眩光的产生，从而增加风景园林空间的安全系数（图 7-6）。

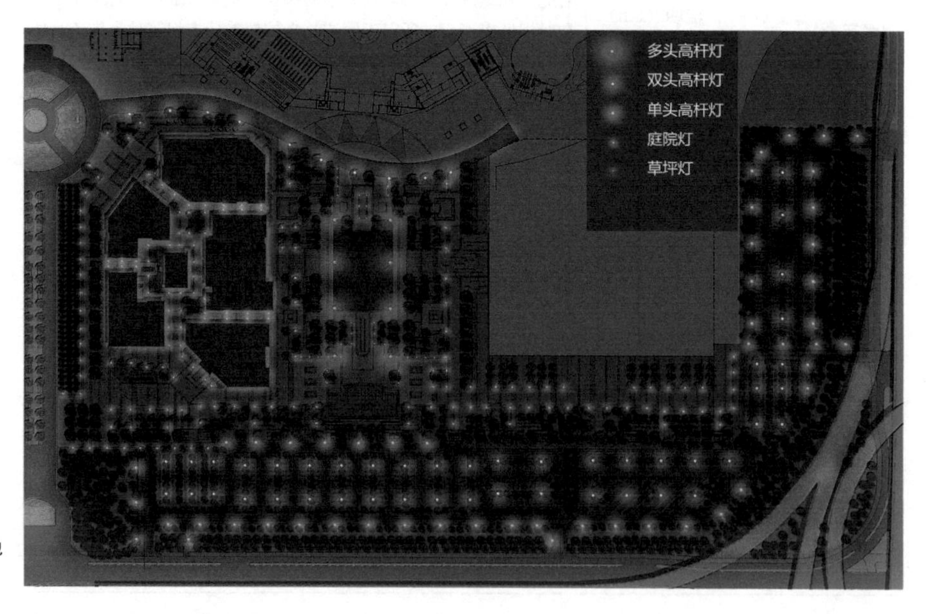

图 7-5　某风景园林场地安全照明平面图

图 7–6　不当灯源产生的不安全眩光
1、2—不当高度与出光方式产生的眩光；3—不当灯源产生的眩光

7.3.2　重点与主次

景观照明是对风景园林空间在夜间的二次设计，是对由于黑夜而消失的空间边界利用灯光进行复原、重建和强化，让夜景空间具有秩序感的重要手段。为此，景观照明需要根据风景园林空间的使用功能与特性，做到重点突出、主次分明，可通过灯具的高度、形式、光色等的变化将主路、次路、小径、广场等进行明确的区分。同时可通过灯光明暗、虚实、对比等巧妙处理，形成层次分明、主题突出、妙趣横生的夜间灯光效果（图 7–7）。

图 7–7　灯光的重点与主次

7.3.3 艺术与意境

不同风景园林空间具有不同的意境特征，灯光设计不仅可以丰富夜间环境，也可通过色彩应用、照度变化、灯具选择、情景展示等多种手法，通过灯光与绿化、雕塑、装置艺术、舞台艺术、地形等元素的结合，相互补充又相互映衬，将功能和艺术完美结合，形成悬浮、剪影、绘画等特色的灯光效果，在增加风景园林空间夜间情趣和营造新奇、富有想象力的感官享受的同时，进而提升空间的整体意境（图 7–8）。

图 7–8 灯光艺术与意境

7.3.4 色彩与氛围

不同色彩的灯光表达的情感有冷暖、轻重的不同，因此在风景园林照明工程中，常常通过不同光色对各类风景园林元素进行照明，以区别相互之间的差异和营造不同氛围的空间。如儿童活动区色彩多样化的灯光，可让儿童对空间产生浓烈的兴趣；色彩绚丽的灯光可以体现商业活动空间温暖、热烈的感觉；而采用暖白、暖黄柔和色调的休闲空间则可为游人创造出内心平静、舒缓放松的空间氛围。在风景园林工程中为了更好地感知道路或场地铺装与其他景观材料的区别，应以行人的尺度进行光色设计（表 7–2、图 7–9）。

光色的应用 表 7–2

光色	使用场合
暖色光	暖色光的色温在 3300K 以下，暖色光与白炽灯相近，红光成分较多，能给人以温暖、健康、舒适的感觉。适用于居住区宅间道路、公园次园路、提供休息设施的广场或场地、景观建筑物、构筑物等处的灯光照明，也常用在温度比较低的地方
冷白色光	又叫中性色，它的色温在 3300~5300K 之间，中性色由于光线柔和，使人有愉快、舒适、安详的感觉。适用于居住区主次道路、公园主园路、广场等处的灯光照明
冷色光	又叫日光色，它的色温在 5300K 以上，光源接近自然光，有明亮的感觉，使人精力集中。适用于大型广场、景观建筑物室内、展览橱窗等处的灯光照明

图 7-9 灯光色彩与氛围（上）
1—暖色光；2—冷白色光；3—冷色光

7.3.5 灯具与环保

风景园林照明设计中，应体现绿色照明理念，合理布设灯光和灯具选型，从灯具类型、灯高、灯效、灯源、照射角度、防眩光等多层面考虑去选择灯具，在保证风景园林照明效果的同时，有效解决能源浪费和光污染问题，从而改善生活环境，提高照明质量（图 7-10）。

图 7-10 灯具选择（下）
1—合适高度的灯具避免了树影对灯光的干扰；2—合适照射角度的灯具突出了照明的主次

7.4　照明的灯具类型、特点和功用

风景园林照明灯具由上而下，灯具高度与照明对象密切相关，因此户外照明灯具按照高度通常可分为高杆灯、路灯、庭院灯、低位灯等多种类型，其特点与功用见表 7-3，图 7-11。

图 7-11　风景园林灯具类型

1、2—高杆灯；3、4—路灯；5、6—庭院灯；7— 草坪灯；8—地埋灯；9、10—低位投射灯；11—水下彩灯；12—水下投射灯

风景园林照明灯具高度分类、特点和功用　　表 7–3

照明灯具		特点与用途
高杆灯		灯高一般在 15m 以上，主要应用于大面积场地的水平照明，其优点是照度均匀，眩光较低，方便安装与维护。一般在立交桥、运动场、停车场、大型广场等场所使用
路灯		高度一般在 6~15m，主要提供城市主干道和行车道的照明灯具，需要满足车辆行车照明要求和保证人行安全照明
庭院灯		庭院灯高度一般在 3~6m，主要应用于风景园林游览沿线的照明，其除了具备照明功能的作用外，还具有一定的景观装饰性，在风景园林照明中应用广泛。按照灯具的光照方式和光通量在空间上的分布，可分为漫射型、直接型和方向型等。配置在景观性道路中，间距一般为 12~18m
低位灯具（1.2m 以下）	草坪灯	高度在 0.3~1.2m，多用于次要景观道路的引导照明，或灌木、地被等低矮植物的剪边照明
	地埋灯	直接安装在地面或墙面的灯具，起到引导和提示的作用，一般用于建构筑物、广场、台阶等处的照明
	低位投射灯	主要用于对建筑物、构筑物、树木、雕塑小品等的投射照明，灯具角度可调
	水下灯	水下照明主要有两种：水下彩灯（LED 可变色）与水下投射灯（可变角度投射喷泉等水姿）

7.5　装饰灯具的类型、特点和功用

随着科技的发展，灯具的类型越来越丰富，目前常用的风景园林装饰灯具的类型包括美耐灯、满天星、光纤、LED 程控景观灯具、激光图案投射灯、景观灯光雕塑、激光地灯、灯光表演、蓄能自发光材料等多种形式与类型，各自具有不同的功能与特点（表 7–4，图 7–12）。

风景园林装饰灯具的类型、特点和功用　　表 7–4

照明灯具	特点与用途
美耐灯	又称塑料霓虹灯管，可塑性强，多用于轮廓照明，常用于台阶下等隐蔽场所提供轮廓线光源
满天星	由多个小型的 LED 灯源与光纤材料组成，多用于装饰树木，营造节日气氛
光纤	由液体高分子化合物聚合而成，分为实心侧光光纤和电光光纤，导光性强，可弯曲，导光不导电，可用于水体之中或单独使用，是一种极具装饰性的灯具形式
LED 程控景观灯具	以电脑控制单个 LED 发光二极管（红、绿、蓝三种光色）的不同组合，通过程控可以形成系列化的色彩与图案变化效果，具有表现力强，功耗与温度低，色彩丰富等特点，目前广泛用于建筑、地面、水景等风景园林要素的装饰照明
激光图案投射灯	表演性灯光，多用于建筑、广场、大型演出等，具有强力的视觉冲击力
灯光雕塑	以灯具为主体，结合其他风景园林设施与小品，形成雕塑式的灯光景观
激光 /LED 地灯	多用于铺装场地装饰的埋地照明灯具，可形成多种图案类型
灯光表演	包括激光束、空中玫瑰、激光投射灯等，可营造出强烈的节日氛围
蓄能自发光材料	可分为天然萤石自发光材料与人工合成自发光材料两种：前者多为具有磷光物质的萤石，其在受日照之后，吸收外来能量，然后又在黑暗中将这些能量释放出来，形成不同色彩的微光。后者由含有碱土硅酸盐或碱土铝酸盐的蓄光粉结合高耐久性树脂组成蓄光材料，蓄光材料在吸收光线后可在黑暗中持续主动发光，从而在夜间形成自发光路面

图 7–12 风景园林装饰灯具类型
1—美耐灯；2—满天星；3—光纤；4—LED 程控景观灯具；5—激光图案投射灯；6—灯光雕塑；7—激光地灯；8—LED 地灯；9—灯光表演；10—蓄能自发光材料

7.6 照明的光源种类及使用场所

风景园林照明的光源种类繁多，不同的光源由于其发光原理、照度、色温等不同具有不同的效果和特点，在风景园林工程中不同场所的特性决定了对不同光源的使用（表7–5）。

光源种类及使用场所 表7–5

光源种类	特点	使用场所
白炽灯	显色性好，但光效率低，寿命短，黄白色光	一般用于门廊、庭院或节日装饰的彩灯
卤钨灯	显色性好，光效率较好	用于大面积照明和定向照明
荧光灯	显色性好，光色均匀，光效好，寿命长	多用于广告灯箱景观照明
高压汞灯	光效高，但光色较差，主要为蓝、绿光	多用于交通性干道、广场处
金属卤化物灯	显色性好，种类、光色多	用于重点强调灯光，广泛用于商业街、文化与休憩场所的景观照明
低压钠灯	光效高，颜色单一，显色性较低	一般用于路灯、广场等功能性照明
高压钠灯	体积小、光效高，寿命长，光色优于低压钠灯，亮度高	多用于生活性干道、广场等处的照明
场致发光	荧光粉在强电流下的激发发光，耗电少，易操控、光色均匀	多以发光二极管的形式用于局部照明或线形照明
辉光放电灯	包括霓虹灯、氖灯、氙灯等	多用于风景园林装饰照明
柔光管	外壳选用PC防爆材料的灯种，按内部光源可分为冷阴极管柔光管、阴极柔光管、LED柔光管等	目前广泛用于建筑物、构筑物等的轮廓装饰照明
LED灯	LED灯源具有节能、环保、长寿、封装方便等特点，目前在风景园林照明中，除大功率照明和特殊照明外，其已逐渐取代上述灯源	可用于道路、场地、绿化、水景、小品等各类风景园林元素的照明
自然能灯	主要包括太阳能灯、风能灯等，具有节能、环保的优点	可用于道路安全照明、引导照明等

7.7 照明设计

7.7.1 照明的总体控制

1. 分层、分级控制

作为风景园林环境空间夜晚效果的二次设计，风景园林照明需根据其功能使用需求、空间与氛围、景观特点与意境等，对整体风景园林空间进行分层、分级的控制，确立照明设计主次关系，在保证安全照明的基础上，分层次、分级别对不同风景园林空间分为一般亮化区、重点亮化区、亮化节点等进行照明与灯光亮化的区划控制，进而对各区域的照度、照明元素、色温、灯型与灯源等做出详细的指标控制（表 7-6、表 7-7，图 7-13、图 7-14）。

2. 分时控制

除了必要的功能性照明外，风景园林照明可分平日、节假日与庆典日等进行分时控制，一般控制如下：

平日：主要以功能性照明为主，以路灯、庭院灯、低位灯等共同形成车行与人行流线、活动空间等的功能性照明（图 7-15）。

风景园林夜景照明控制表 表 7-6

照明分区	照明效果与方式	照度控制（Lux）	照明元素	色温控制	灯型与灯源	备注
一般功能性照明区						
一般装饰性照明区						
重点照明区						
重要亮化节点						
其他						

某风景园林工程夜景照明控制表 表 7-7

<table>
<tr><th colspan="2">主要区域</th><th>亮度等级控制</th><th>色温控制</th><th>设施控制</th><th>补充照明</th><th>说明</th></tr>
<tr><td colspan="2">沿湖水面</td><td>重点亮化</td><td>中低色调</td><td>嵌入灯</td><td></td><td>利用经栏杆反射的光线与堤岸上的灯光倒影达到水面亮化的效果，创造舒适、轻松的灯光氛围</td></tr>
<tr><td colspan="2">堤岸、栏杆</td><td>重点亮化</td><td>暖色调</td><td></td><td></td><td></td></tr>
<tr><td colspan="2">沿湖休闲空间</td><td>一般亮化</td><td>中低色调</td><td>庭院灯、座椅灯带、选择性绿化投射光照明、铺装地灯、草坪灯</td><td>以高杆灯为主体，满足基础性与沿湖引导性照明；根据空间尺度选取草坪灯、地灯进行补充照明</td><td>选用接近天空散射光的中等色温，以满足相对多数使用者的光色需求</td></tr>
<tr><td colspan="2">临街快速步行道</td><td>一般亮化</td><td>中低色调</td><td>市政路灯</td><td></td><td>由外侧市政照明与景观带内灯带照射范围共同覆盖</td></tr>
<tr><td colspan="2">公园主要出入口</td><td>重点亮化</td><td>中低色调</td><td>庭院灯、LED灯带</td><td>节庆活动补充照明</td><td>适当亮化以提高其在夜间的识别度与环湖夜景的节奏、韵律感</td></tr>
<tr><td rowspan="2">重要节点</td><td>活动广场</td><td>一般亮化</td><td>暖色调</td><td>庭院灯、草坪灯、绿化照明</td><td>节庆活动补充照明</td><td>此类场地景观标识作用较强，须提高照度水平，同时适当提高照明的色温，这将有利于创造快捷高效的视觉感受，同时能在相对较低的色温环境中突显，以提高该区域的视觉识别度</td></tr>
<tr><td>转角广场</td><td>一般亮化</td><td>暖色调</td><td>标识景观灯柱</td><td></td><td></td></tr>
</table>

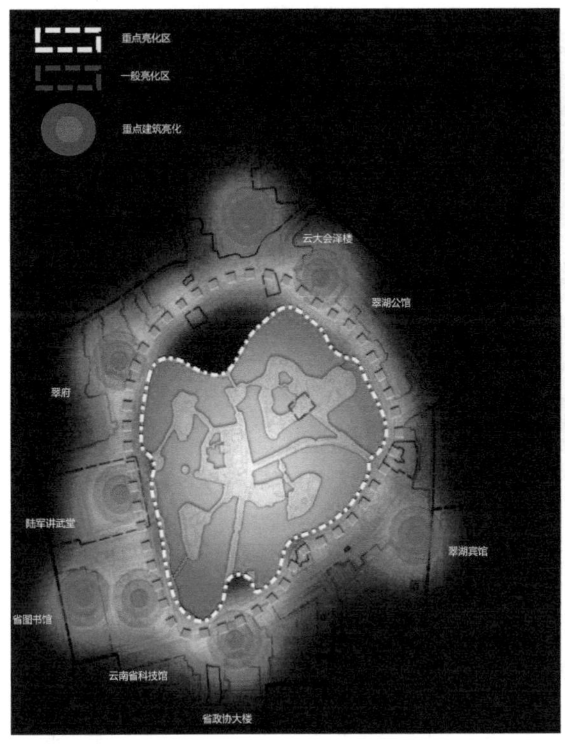

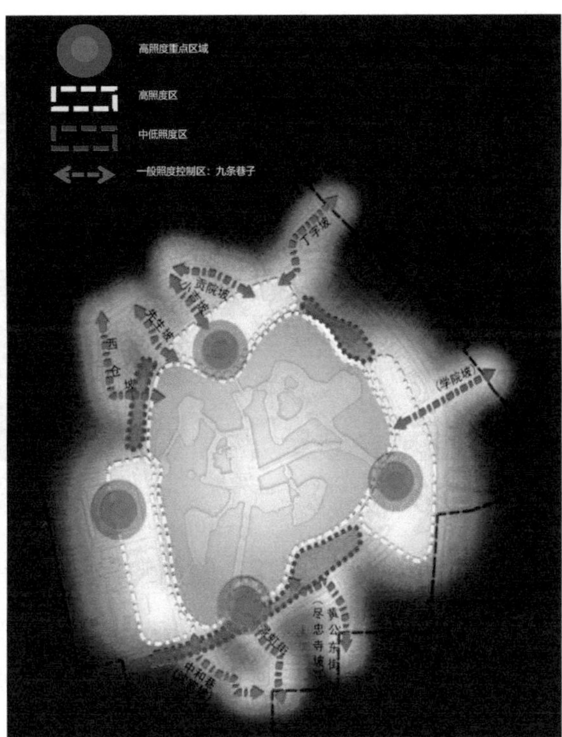

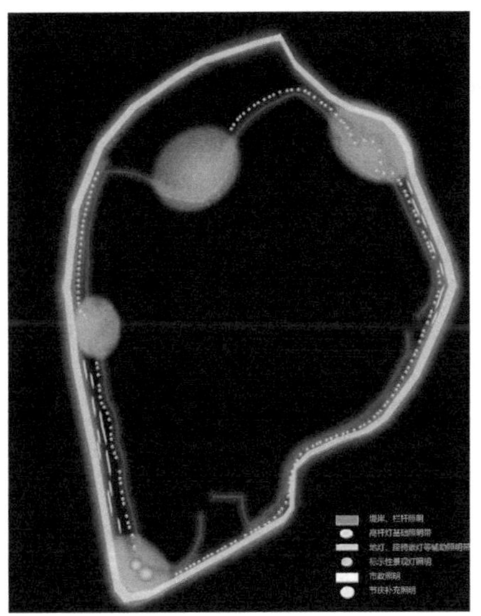

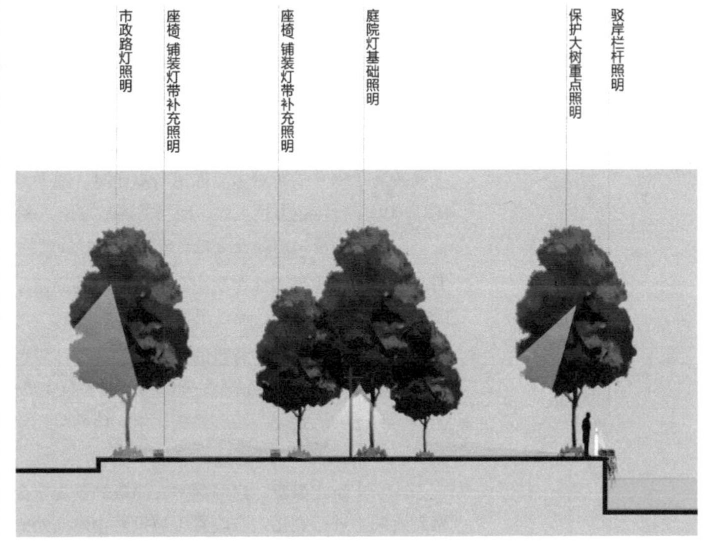

图 7-13　某风景园林区域照明分层、分级控制图（上）

图 7-14　某风景园林工程夜景照明控制（下）

1—控制平面图；2—典型区域灯光控制断面图

节假日：在平日功能性照明基础上，增加饰景照明，通过布设射树灯、景观小品装饰灯、绿化装饰灯、地面动态灯光等，营造节日的欢快气氛（图 7-16）。

庆典日：在平日功能性照明和节假日饰景照明的基础上，结合庆典活动，在出入口、集中活动场地等处增设演出灯光，形成风景园林区内特色明显的灯光效果（图 7-17）。

在四季分明的区域、生态要求较高的区域、特殊动物栖息区域（如候鸟等），可对景观照明进行春夏模式与秋冬模式的控制。

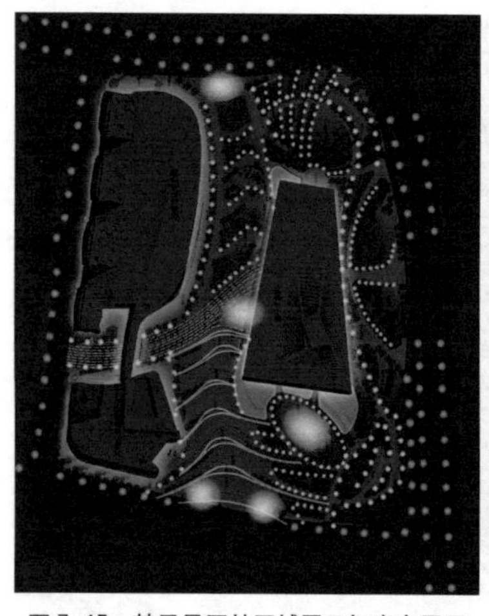

图 7–15 某风景园林区域平日灯光布置图

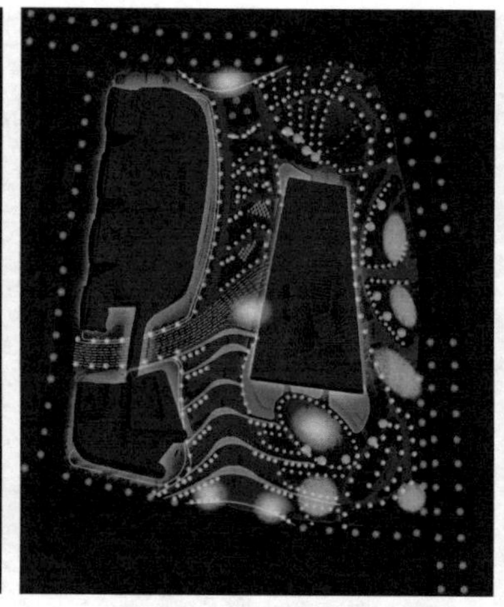

图 7–16 某风景园林区域节假日灯光布置图

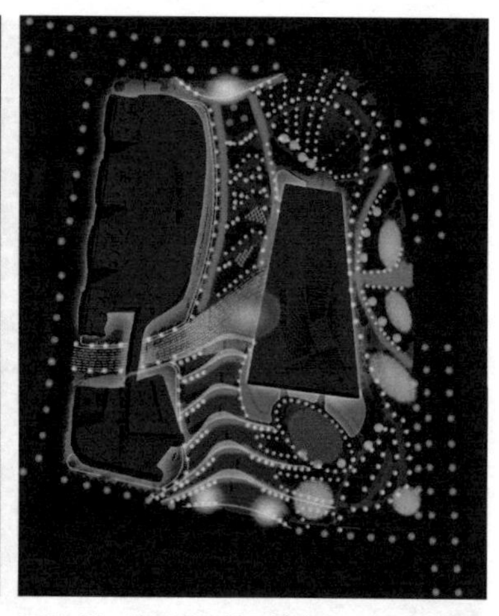

图 7–17 某风景园林区域庆典日灯光布置图

7.7.2 照明的常用效果

在风景园林照明中，常常会用到下照效果、上照效果、月光效果、轮廓效果、聚光效果、泛光效果、路径效果等多种照明效果（表 7–8）。

风景园林照明效果分类表 表 7–8

类型	特征	备注
下照效果（图 7–18）	灯源从上部向下照射景物，是最接近日光的照射方式，也是照度最为均匀的照明方式	在灯源布局时需根据景观空间的形态和规模、植物的高度等来决定其安装高度和投射范围
上照效果（图 7–19）	可分为特定方位上照和全方位上照两种形式。当景物只需要对主要面进行亮化时，通常采用投射灯进行特定方位上照，而当需要多方位、多角度亮化时，则可采用地埋泛光灯或低位投射灯进行全方位上照	在布局时一般较少将灯具布置于树间进行上照，这样灯光会更多地投射在树叶上而树干则较少能够得以照亮，落叶树种尤其如此
月光效果（图 7–20）	在风景园林照明中，通过将灯具固定于树上，向上向下投射，便可出现月光效果	地面灯光效果可通过树枝和树叶的阴影而得以强化
轮廓效果（图 7–21）	通过向作为背景的建筑侧面或墙体投射灯光，从而可将置于其前面的景物（如姿态优美的植物、雕塑、构筑物等）轮廓显现出来，该种灯光效果即为轮廓效果	轮廓效果可增加临近建筑空间的安全感
聚光效果（图 7–22）	特定雕塑、修剪灌木、浮雕等景观常会以聚光效果进行亮化，一般置于被投射物体高处的灯光可以消减眩光和光效分散。如聚光灯安置于地面，则在位置布局、投射角度上审慎安排	
投光效果（图 7–23）	投光效果可形成圆形光照图案，是将地被植物、灌木、小径、台阶、景观构筑物等亮化的主要形式	在餐饮、休息区域使用投光效果时，需要运用多个投光灯具减少阴影的影响，从而形成均匀的光效环境
路径效果（图 7–24）	路径效果一般通过采用漫射光源的草坪灯来实现，当周边环境其他风景园林要素需要同时亮化时，可适当加大其光照和灯源高度，以强化路径效果。当周边环境没有亮化时，则可利用沿路径的灯具将路径和邻近环境同时照亮	在灯具选择时需注意避免眩光的产生

图 7-18　下照效果（左）
图 7-22　聚光效果（右）

图 7-19　上照效果
1—特定方位上照；2—全方位上照

图 7-20　月光效果

图 7-21　轮廓效果
1—立面示意；2—剖面示意

图 7-23 投光效果（上）
图 7-24 路径效果（下）
1、2—下照式布局可减少眩光；3—上照式布局易产生眩光

7.7.3 风景园林元素的照明方式

风景园林照明元素可包括风景园林建筑、构筑物、水景、绿化、广场、雕塑、小品等，照度以照射范围与安全标准确定，具体可参见表 7-9。照明方式根据不同风景园林元素的特征可分为上照式、下照式、投射式、反射式、背照式、轮廓式、剪边式、内透式等多种形式。

不同风景园林元素照明方式一览表 表 7-9

照明元素类型	照明方式
景观建筑物、构筑物（图 7-25）	传统景观建筑多用剪边式轮廓照明，现代景观建筑多用投光式轮廓照明，如建筑采用大面积玻璃等透光材料，可通过室内灯光进行内透式照明。景观构筑物多以轮廓式照明为主，部分特殊建筑与构筑物可成为灯光表演的界面
水景（图 7-26）	对于动态喷泉照明可将灯具水下布置，避免眩光产生，对喷泉进行直接投射，营造晶莹剔透，活泼跳跃的景观效果；而对于静态湖面、河流水体照明则除了采用沿岸线布置灯光对水体进行剪边照明的方式外，多利用对陆地景物进行投射，从而通过水体进行间接反射，即以岸边景物倒影水中来对水体进行间接照明
绿化（图 7-27）	可根据单棵乔木、树群、草坪及灌木等不同绿化种植类型，而采用诸如特定方向上照、背光式上照、全方位上照、下照、侧向、剪影 / 投影、轮廓照射等多种形式
广场（图 7-28）	广场照明多以不同的元素进行组合照明，如以景观灯柱形成灯光标志物；以泛光灯对景观树种重点照明；以广场灯下照满足广场活动使用需求；以草坪灯创造广场灯光环境“底景”；以台阶内嵌灯条突出高差变化；以地灯增加足下趣味等
雕塑与小品（图 7-29）	根据雕塑与小品的主题、造型、材质等，具体确定其照明方式，如人物雕塑可采用投光或剪影照明；街具设施可结合 LED 灯源形成具有一定指示功能的小品等

图 7-25 景观建筑、构筑物照明

1、2—剪边式轮廓照明；3~5—投光式轮廓照明；6、7—内透式轮廓照明；8—灯具装饰式轮廓照明；9—灯光表演介质

图 7-26 水景照明

1~6—动态水景照明；7~9—静态水景照明

图 7–27 绿化照明
1~3—特定方位、全方位上照；4、5—月光效果；6—上照 + 月光效果；7—侧照；8—剪影；9、10—装饰点缀

图 7–28 广场照明
1~4—多要素组成广场的整体照明；5~8—广场不同要素照明

图 7-29　雕塑与小品照明
1~3—雕塑照明；4—灯光构筑物；5~9—灯光小品

不同风景园林区域照度可按表 7-10 选用。

在风景园林灯光照明施工图设计中，可参照表 7-11、图 7-30 进行灯具布局、设计和统计。

不同风景园林区域照度参考表　　表 7-10

区域 / 活动	风景园林设施		照度（Lux）
功能性建筑室外	出入口	经常使用	50
		非经常使用	10
	主要部位		50
	外墙周边		10
景观建筑物 / 构筑物	亮色背景	浅色表面	150
		中浅色表面	200
		中深色表面	300
		深色表面	500
	暗色背景	浅色表面	50
		中浅色表面	100
		中深色表面	150
		深色表面	200
景观标识物（公告牌、定位标识、信号标识等）	亮色背景	浅色表面	5
		深色表面	1000
	暗色背景	浅色表面	200
		深色表面	500

续表

区域 / 活动	风景园林设施		照度（Lux）
车行道	高速路	商贸区	14
		一般区域	12
		住宅区	9
	主干道	商贸区	17
		一般区域	13
		住宅区	9
	次干道	商贸区	12
		一般区域	9
		住宅区	6
	支路	商贸区	9
		一般区域	7
		住宅区	4
步行道	沿路人行道	商贸区	10
		一般区域	5
		住宅区	2
	非沿路人行道		5
	人行地下通道		20
	人行过街天桥		2
	公园游览步道		10~20
	台阶	浅色表面	200
		深色表面	500
花园	一般照明		5
	远离建筑物的小径、台阶		10
	背景、围墙、绿化等		20
	树木、花卉、山石等特殊风景园林元素		50
	大型景观焦点		100
	小型景观焦点		200
公交站台			200
停车场	自助机动车停车场		10
	辅助机动车停车场		20
	自行车停车场		10~15
码头	货运		200
	客运		200
	船只回旋区域		50
儿童游戏场			50
运动场			根据运动类型；室内、室外；娱乐、比赛的级别等进行区别，随不同要求确定其照度

注：表中的商贸区指在白天和夜晚具有较大车行和人行交通流量的城市地区；一般区域指在夜晚具有较大车行和人行交通流量的城市区域；住宅区指以居住功能为主，在夜晚具有一定车行和人行交通流量的城市地区。

风景园林设计照明灯具一览表　　　　**表 7-11**

序号	图例	灯具类型	应用位置	规格尺寸(m)	安装方式	配光角度	功率(W)	配置间距(m)	灯具要求						数量(套)
									灯具描述	光通量(lm)	色温(K)	显色性(Ra)	防护等级	电压(V)	
1															
2															
…															

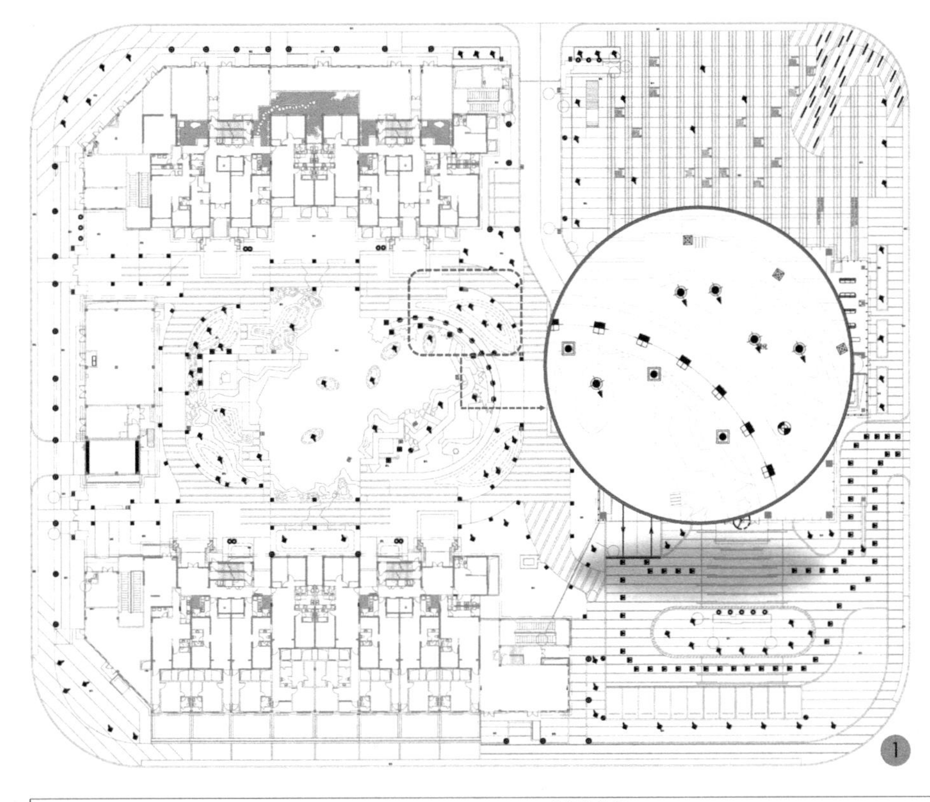

图 7-30　某风景园林工程照明设计
1—灯具布置平面图；
2—灯具统计表

灯具统计表

序号	图例	灯具类型	应用位置	参考尺寸（mm）	功率（W）	配光角度	灯具描述与控制要求						数量(套)
							灯具描述	光通量（lm）	色温（K）	显色性(Ra)	防护等级	电压（V）	
1		庭院灯	车行道路	4500×230×230	100W/4pcs		定制灯具，一次成型铝合金灯体，条纹PC透光罩	6000	3000	>80	IP66	AC220	8
2		草坪灯	人行道路	1000×200×200	13		定制灯具，一次成型铝合金灯体，条纹PC透光罩	1000	3000	>80	IP66	AC220	33
3		射灯	标志、构筑物	ϕ250×248	10	单颗40°	带预埋盒，压铸铝灯体，灯体一半埋入地里，露出灯头照射景石，角度可调	800	3000	>80	IP67	AC220	19
4		射树灯	特色树种	ϕ220×200	18×1W		压铸铝灯体，深藏防眩，内部角度可调，底部200mm厚素混凝土基础	1500	3000	>80	IP67	AC220	51
5		壁灯	休息棚架	ϕ80×ϕ10×500	7		定制灯具，青古铜灯具外壳，成品灯杯光源低压进线，带地插	350	3000	>80	IP66	DC12	10
6		交通引导道钉灯	办公区入口场地	100×100×60	3		定制埋地灯，侧向安装黄色透射光片	700	2700	>80	IP67	DC24	56
7		埋地灯	休息廊	ϕ228×279	12×2.2W	单颗30°	带预埋盒，压铸铝灯体，光源深藏带黑色遮光筒，角度可调	1800	3000	>80	IP67	AC220	12
8		矮柱灯	住宅区主通道	600×200×200	7		定制灯具，一次成型铝合金灯体，条纹PC透光罩	1000	3000	>80	IP67	AC220	69
9		LED整体灯箱	入口门架	600×600×900	30		定制灯具	3000	3000	>80	IP66	AC220	6
10		地埋LED灯带	商业区主广场		6W/m		户外防水软灯带，硅胶套管，专用线卡加耐候胶固定（平行顺直），带调光系统	350	3000	>80	IP68	DC24	26

2

第8章 风景园林基础工程

给水工程设计
排水工程设计
供电工程设计
其他基础工程及管线综合

8.1 给水工程设计

8.1.1 给水工程的组成

从工艺流程看，风景园林给水工程一般由取水工程、净水工程和输配水工程三部分组成。

1. 取水工程

取水工程是指从天然水源中取水的一种工程，其质量和数量取决于取水区域的水文地质状况。

2. 净水工程

净水工程是指为了达到风景园林用水的要求，而将天然水源经过物理、化学等方法处理净化的工程。

3. 输配水工程

输配水工程是指通过输配水管网将经过净化的水输送到各用水点的工程。

8.1.2 给水的类型、特点与预测

1. 给水的类型

风景园林用水从类型上可分为生活用水、生产用水、造景用水、游乐用水、消防用水等多种类型（表 8–1）。

景观用水类型表 表 8–1

序号	用水类型	特征
1	生活用水	指风景园林区域内游人、居民和内部管理人员的生活用水，如公园内的茶室、厕所、小卖部、后勤等的用水，风景区内为接待游客的餐饮设施与住宿设施的生活用水、常住居民的生活用水、为内部管理人员提供的食堂、浴室、住宿等设施的生活用水等
2	生产用水	指风景园林区域内为维持日常运作的养护和其他类生产的用水，如植物的浇灌用水、道路和场地等的冲洗用水、部分生产设施和基础设施的生产用水等
3	造景用水	指风景园林区域内诸如溪流、湖泊、喷泉、跌水等造景需求的用水
4	游乐用水	指风景园林区域内诸如戏水池、滑水池、游泳池等水上游乐项目所需的用水，一般具有用水量大、水质要求高、换水周转快的特点
5	消防用水	指风景园林区域内为防治火灾而准备的水源，如消防栓、消防水池、消防水箱等

2. 给水的特点

风景园林用水与居住用水、工业用水等不同，在用水类型与规律、给水设施布置等方面具有如下几方面的特点：

1）用水类型特别

风景园林用水最显著的特征便是生活用水较少，其他用水较多。在各类风景园林用水中，主要用水一般多为植物浇灌等生产用水和造景补充用水，同时在比例上消防和游乐用水也相对生活用水为多。

2）用水点相对分散

风景园林区域一般由于设施的均布性要求使得各用水点的布局相对分散，尤其是浇灌或喷灌点更是分散布局，从而决定了给水管网的密度较低，但长度却较长。而在一些风景区内由于地形、植被等自然要素的阻隔，各设施点分布更为分散，往往需要进行分区分片供水。

3）用水点水量变化较大

由于风景园林用水类型较多，用水点相对分散，不同用水点的水量变化较大，如生活用水和浇灌用水及游乐用水在水量上便相差悬殊，从而导致给水管网在主、次、支不同级别的管网在管径上也较为悬殊。

4）用水高峰相对较易调节

风景园林中的生活、生产、造景、游乐等用水在利用时间上相对居住、工业等用水可以自由确定，可不出现用水高峰，做到用水相对均匀。

3. 用水量预测

对于一个风景园林区域，其用水量一般可参照表 8–2 进行预测。

用水量测算表 表 8–2

用水区域或用水点	用水类型	规模或等级	用水标准	用水量（m^3）	备注
用水点名称	生活用水	高 中 低	L/ 人 d L/ 人 d L/ 人 d		不同地区、不同等级的住宿点，用水标准不同
	生产用水		$L/m^3 \cdot d$		
	造景用水		$L/m^3 \cdot d$		视循环情况、蒸发量等确定
	游乐用水		$L/m^3 \cdot d$		
	消防用水	60min 或 120min	L/s		视建筑物结构等级而定
	其他不可见用水				

在风景区用水量预测中，生活用水需对游客、常住居民及管理服务人员进行分类统计预测。

8.1.3 给水水源的选择

水源可分为地表水和地下水两类，该两类水源均可为风景园林工程所用，同时在城市中，风景园林工程的水源往往取自城市给水系统中的自来水。

地表水包括河流、湖泊、水库等，地下水由可分为潜水和承压水两种。风景园林工程在进行水源选择时应遵循如下几方面的原则 ：

1）生活用水优先选用城市给水系统提供的水源，其次选用地下水，并以泉水、浅层水、深层水为先后顺序 ；

2）风景园林用水和植物浇灌用水优先使用符合地面水质量标准的地表水，

无条件时植物浇灌用水可选用地下水或自来水；

3）风景区内，当必须筑坝蓄水作为水源时，应结合发电、防洪、浇灌、生产等功能综合考虑，统筹安排，复合利用；

4）尽量建立雨水收集和中水系统，从而保证水源的供应和水资源的循环利用。

8.1.4 给水的方式

根据给水性质和给水系统构成的不同，可将风景园林给水分成如下三种方式。

1. 引用式

城市风景园林区域的给水系统一般均直接从城市给水管网系统中进行取水，即直接引用式给水。采用该种给水方式，其给水系统的构成比较简单，只需设置区内给水管网、储配水设施即可。引水的接入点可视风景园林区域的具体情况及附近城市给水管网的接入点情况而定，可以集中一点接入，也可以分散由多点接入 (图 8-1)。

2. 自给式

在野外风景区或郊区的风景园林区域中，如果没有直接取用城市给水水

图 8-1 某旅游度假区引用式给水工程系统规划图

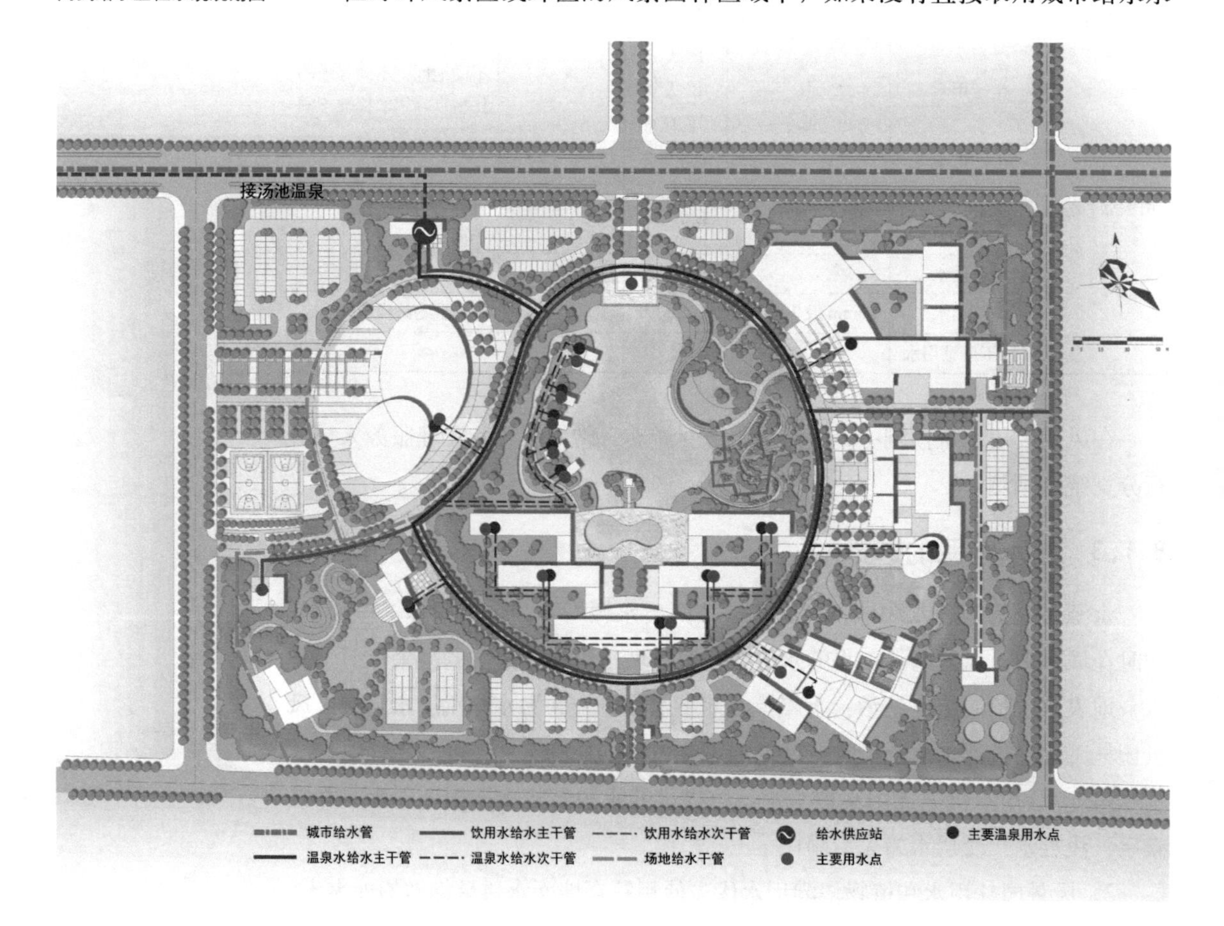

源的条件，可考虑就近取用地表水或地下水作为水源。以地下水为水源时，因水质一般比较好，往往不需净化处理就可直接使用，其给水工程的构成也相对简单，一般可只设水井（或管井）、泵房或变频水泵、消毒清水池、输配水管道等。如果是采用地表水作水源，其给水系统构成较为复杂，需要布置取水口、取水设施、净化设施、输配水设施等一系列从取水到用水过程中所必需布置的设施(图 8-2)。

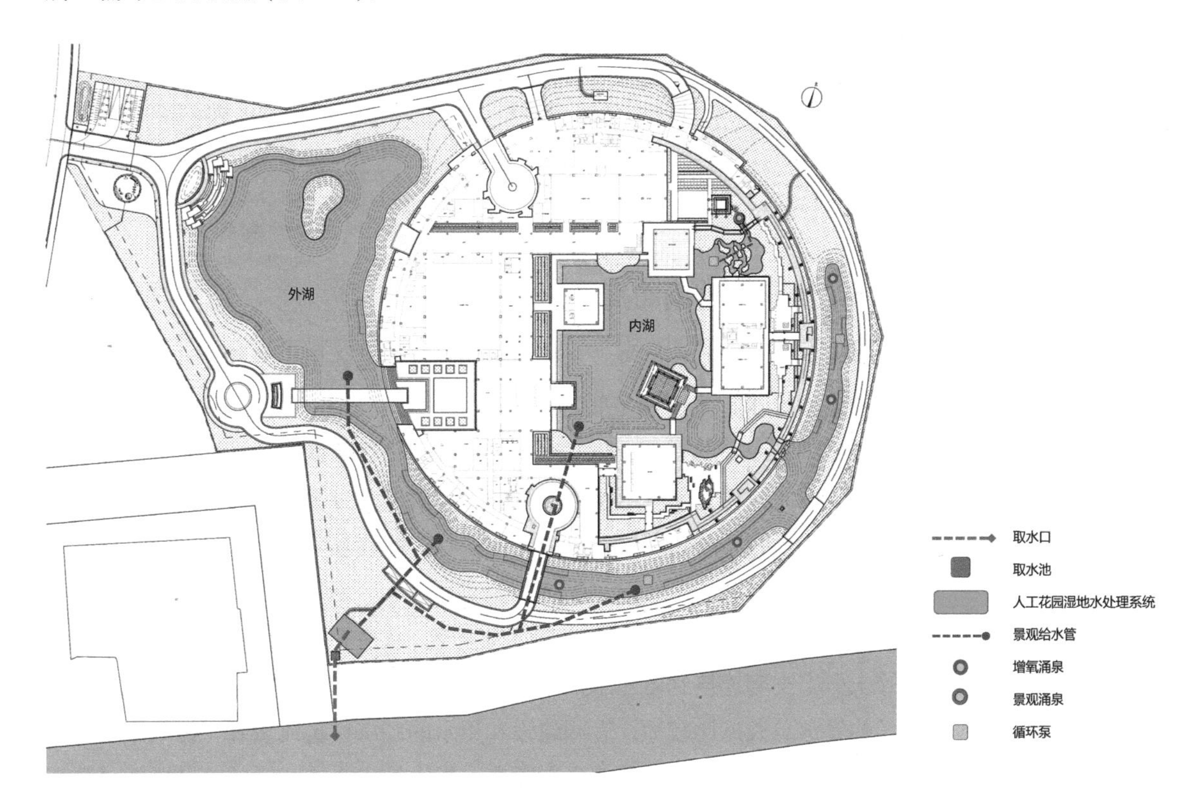

图 8-2 某学校景观用水自给式给水工程系统图

3. 兼用式

在既有城市给水条件，又有地下水、地表水可供采用的地方，可采用兼用式的给水方式，一方面可引用城市给水，作为风景园林生活用水或游泳池等对水质要求较高的项目的用水水源；同时风景园林生产用水、造景用水等，则可另设一个以地下水或地表水为水源的独立给水系统。这样做所投入的工程费用稍多一些，但以后却可以大大节约水费。

目前，根据《民用建筑节水设计标准》GB 50555—2010 诸如喷泉、水池、浇灌等风景园林观用水水源均不得采用自来水和地下水井水，这样就对雨水回收利用和中水使用提出了新的要求，除生活用水采用引用式外，其他风景园林用水均需采用自给式给水系统配置（图 8-3）。

另外，在地形高差变化显著的风景园林区域，需考虑分区给水方式，即根据地形将整个给水系统进行分区分片给水，从而使给水系统更为有效，并节约管道铺设投资。

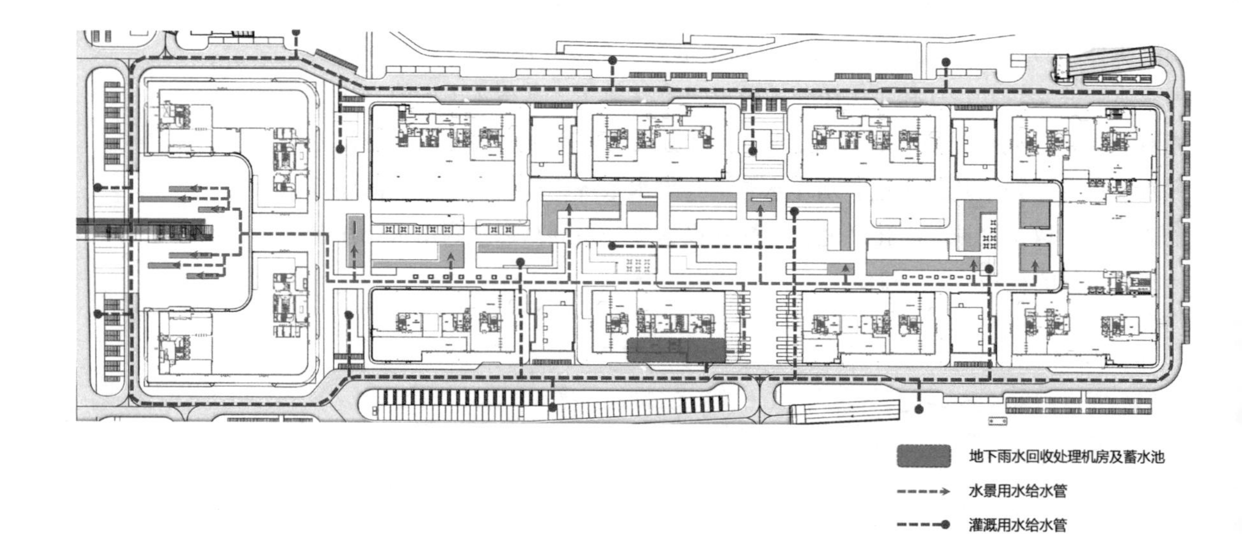

图 8–3 某办公区景观用水给水工程系统图

8.1.5 给水的管网布局

对于风景园林给水系统，其管网布局既要满足各用水点具有足够的水量和水压的技术要求，又要满足管网路线最短、施工方便、投资最少的经济要求，同时还要满足当管网发生故障或进行检修时，仍能保证继续供给一定水量的安全要求。因此，风景园林给水便需形成主、次、支分级明显的管网系统。一般风景园林给水管网的布置形式可分为树枝状、环状及平行鱼骨状三种。

1. 树枝状管网

该种管网是以一条或数条主干管为骨干，从主管上分出配水次管，进而在次管上引出支管连接到各用水点的管网形式。在一定范围内，采用树枝形管网形式的管道总长度比较短，管网建设和用水的经济性也比较好，但如果主干管出现故障，则整个给水系统就可能断水，用水的安全性相对较差（图 8–4）。

2. 环状管网

即主干管道在区内布置成一个闭合的环形，再从环形主管上分出配水次管及支管向各用水点进行供水的管网形式。该种管网形式所用管道的总长度较长，耗用管材较多，建设费用也稍高于树枝状管网。但管网使用方便，主干管上某一点出故障时，其他管段仍能通水，用水安全性较好（图 8–5）。

3. 平行鱼骨状管网

即由多条主干管道平行布局，从主管上分出配水次管连接到各用水点的管网形式，平面形式如同多个平行的鱼骨。该种管网形式适合分区分片供水，管道总长度较短，管网建设和用水的经济性较好，用水安全性也较好，但如与城市给水管网进行连接时需要多个引入点（图 8–6）。

在实际工作中，给水管网的布局往往需将上述三种布置方式结合起来进行应用。在用水点密集的区域，采用环形管网；在用水点稀少的局部，采用分支较少的树枝状管网；而在用水量均匀的区域，则采用平行鱼骨状管网。或者，在近期中采用树枝状或平行鱼骨状，而到远期用水点增多时，再改造成环状管网形式。

风景园林给水管网的布置，应根据地形、道路系统布局、主要用水点的位置、用水点所要求的水量与水压、水源位置和其他风景园林管线工程的综合布置情况，进行合理的安排布局（图 8-7）。

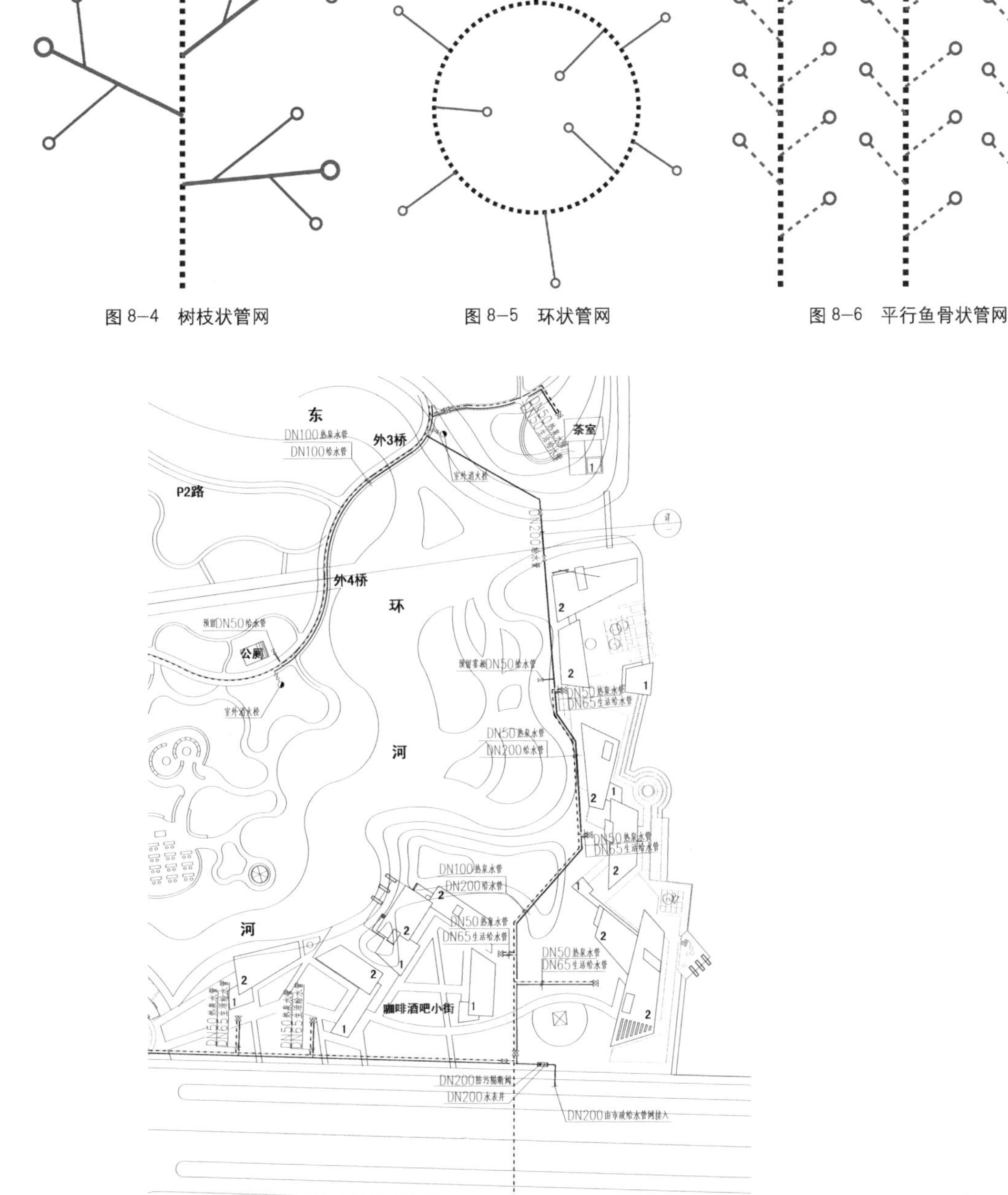

图 8-4 树枝状管网

图 8-5 环状管网

图 8-6 平行鱼骨状管网

图 8-7 某公园局部给水平面图

8.2 排水工程设计

8.2.1 排水的种类与特点

1. 排水的种类

从排水种类来看，风景园林工程中所排放的主要包括天然降水、生产废水、游乐废水及部分生活污水等类型（表 8–3）。这些废水和污水所含有害污染物质很少，主要含有一些泥沙和有机物，净化处理也相对容易。

风景园林排水类型表　　表 8–3

序号	用水类型	特征
1	天然降水	天然降水是风景园林工程的主要排水类型，由于天然降水在落到地面前后及融化的冰、雪等，会受到空气污染物和地面泥沙等一定污染，但污染程度一般不高，通常天然降水经过简单过滤后可以直接向景观水体如湖泊、池塘、河流中排放
2	生产废水	在风景园林区域内植物浇灌时多浇的水、道路和场地等冲洗过后的污水、部分生产设施和基础设施运行产生的废水、各类较小的水景池排放的废水，都属于风景园林工程的生产废水。这类废水一般在经过简单处理后也可直接排放于河流等流动水体，或者经过纳管排入风景园林区域所在地区统一的污水管网系统中
3	游乐废水	游乐设施中的水体一般面积不大，但积水太久会使水质变坏，无法满足用水标准，因此需要每隔一定时间就要换水。如游泳池、戏水池、碰碰船池、冲浪池、航模池等，常在换水时有废水排出。游乐废水中应根据不同废水类型中所含污染物的多寡，酌情向景观湖池中排放或污水管网中排放
4	生活污水	生活污水是来自风景园林区域内游客在各类餐饮、住宿、厕所等旅游服务设施、服务人员在后勤管理设施以及区内居民在其住宅内（主要指部分风景区）进行生活活动时使用过的水。生活污水中含有较多的有机物和病原微生物等，需经过处理后才能排入水体，灌溉农田或再用

2. 排水的特点

与一般城市排水工程的情况不同，风景园林排水工程具有以下几个主要方面的特点。

1）利用自然地形排水是主要的排水方式

风景园林环境中一般既有平地，又有坡地，甚至还可有山地。地面起伏度大，非常有利于地面排水组织。同时，为了简化风景园林地下管网系统，有效组织地表排水，在风景园林工程中往往会通过竖向设计来实现地形排水，利用和设计倾斜的地面和少数排水明渠直接将天然降水、废水等排放入景观水体中（图 8–8）。

2）排水管网布置相对集中

与用水点分散的给水特点不同，风景园林排水管网往往主要集中布置于人流活动频繁、建筑物密集、功能综合性强的区域中，如集散广场、餐厅、茶室、游乐场、游泳池、喷泉区等地方。而在林地、苗圃及草地等功能单一而又

图 8-8　利用自然地形排水
1—利用自然地形排水至景观水体；2—利用竖向设计实现地形排水

面积广大的区域，则多利用自然地形或采用明渠排水，一般不设或少设地下排水管网。

3）管网系统中雨水管多，污水管少

相对而言，由于风景园林环境中污水产生较少，排水管网中的雨水管数量明显要多于污水管。

4）排水成分中，污水少，天然降水和废水多

风景园林内所产生的污水，除了由餐厅、宿舍、厕所等产生的生活污水外，基本上没有其他污水源。因此污水的排放量只占风景园林总排水量的很小一部分。而占排水量大部分的是污染程度较轻的天然降水和各处水体排放的生产废水和游乐废水，这些地面水常常不需要进行处理而可直接排放，或仅作简单处理后再排除或再利用。

5）排水的循环使用可行性高

由于大部分风景园林排水的污染程度较低，因而基本上都可以在经过简单的处理后，即可用于植物灌溉、湖池水源补给等方面的用水，水的循环使用效率较高。而一些喷泉、瀑布等动态水景，可通过安装水泵，实现水体的循环利用。

8.2.2　排水体制与排水工程组成

1. 排水体制

将风景园林中生活污水、生产废水、游乐废水和天然降水从产生地点收集、输送和排放所采用的不同的排除方式所形成的排水系统，称为排水体制，又称排水制度，可分为合流制和分流制两类。

1）合流制排水

合流制是指将生活污水、生产与游乐废水以及天然降水混合在一个管渠内排除的系统，即“雨、污合流”，雨水与污水共用一套管网。该排水体制具体可分为如下两种类型（表 8-4）。

合流制排水类型表 **表 8-4**

序号	排水类型	特点
1	直排式合流制	管渠系统的布置就近坡向水体，分若干个排水口，混合的污水不经处理和利用直接就近排入水体。该种排水系统已不适于现代城市环境保护的需要，所以在一般城市排水系统的设计中已不再采用。但在污染负荷较轻，没有超过自然水体环境的自净能力时，还可酌情采用。而一些公园、风景区等风景园林区域的水体面积很大，水体的自净能力完全能够消化区内有限的生活污水，为了节约排水管网建设的投资，可在近期考虑采用该种排水系统，后期再改造为分流制系统（图 8-9）
2	截流式合流制	该系统是在直排式合流制排水系统的基础上，于临近所要排放的水体如湖泊、河流等岸边建造一条截流干管，并在截流干管处设溢流口。晴天和初雨时，所有污水可通过截流干管排送至污水厂，经处理后排入水体。当雨量增加，混合污水的流量超过截流干管的输水能力后，部分混合水将经溢流口溢出直接排入水体。这种排水系统比直排式污染少，投资也较低。但在雨天，仍有部分混合污水不经处理直接排入水体,会对水体造成一定程度的污染。为了进一步改善和解决污水厂晴、雨天水量变化较大而引起的管理问题，可在溢流口后设贮水库，待雨停之后把积蓄的混合污水送污水厂进行处理，但投资会较大。截流式合流制多用于风景园林区域内污水量较少，且在河流自净能力之内的区域（图 8-10）

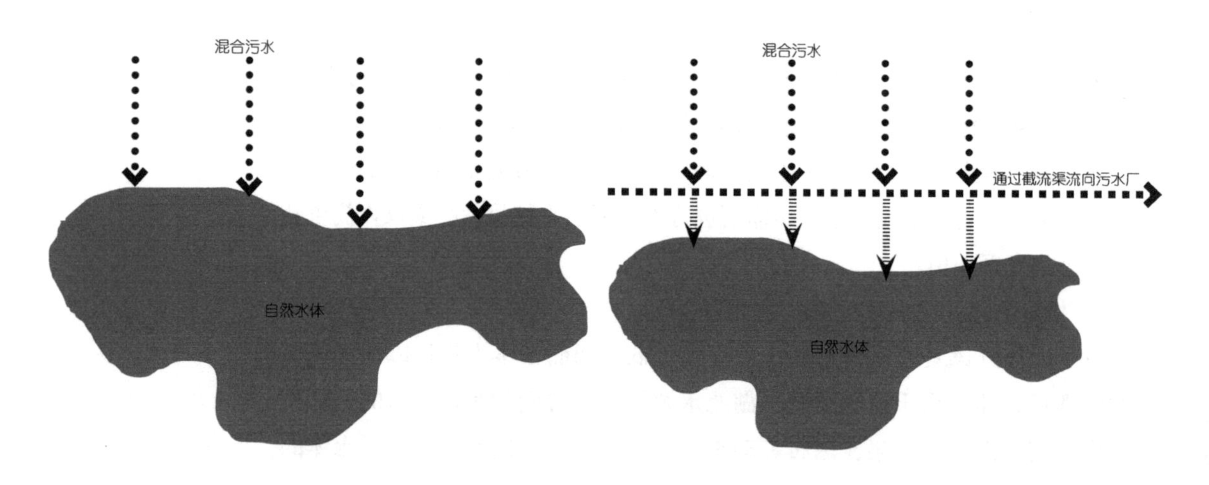

图 8-9 直排式合流制排水示意图（左）
图 8-10 截流式合流质排水示意图（右）

2）分流制排水

是指将生活污水、生产与游乐废水以及天然降水分别在两个或两个以上各自独立的管渠内排除，即“雨、污分流”的系统。由于天然降水、生产废水、游乐废水等污染程度较低，不需净化处理而可直接排放，为此而建立的排水系统，称雨水排水系统。为生活污水和其他需要除污净化后才能排放的污水另外建立的一套独立的排水系统，则为污水排水系统。具体可分为如下两种类型：

（1）完全分流制

分设污水和雨水两个管渠系统，前者汇集生活污水、需要处理的废水等，送至处理厂，经处理后排放和利用；后者汇集雨水和部分较洁净废水，就近排入水体。该体制卫生条件较好，但仍有初期雨水污染问题，且投资较大（图 8-11）。

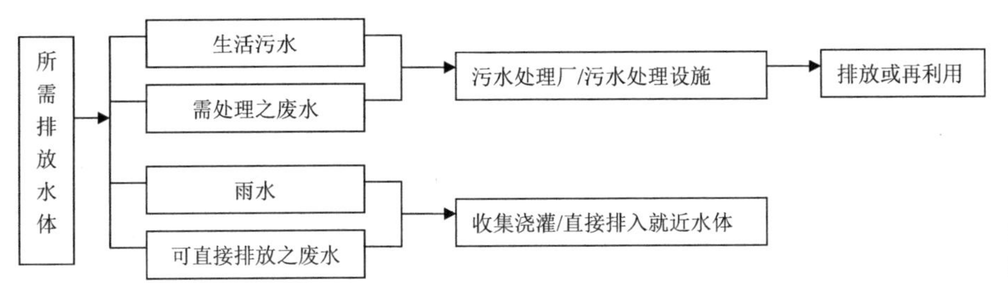

图 8-11　完全分流制示意框图

(2) 不完全分流制

只有污水管道系统而没有完整的雨水管渠排水系统。污水经由污水管道系统流至污水厂，经过处理利用后，排入水体；雨水通过地面漫流进入系统的明沟或小河，然后排入较大的水体。该种体制投资省，主要用于有合适的地形、有比较健全的明渠水系的地方，以便顺利排泄雨水。对于一些风景区，为了节省投资，初期常采用明渠排放雨水，待有条件后，再改建雨水暗管系统，变成完全分流制系统。对于地势平坦，多雨易造成积水地区，则不宜采用不完全分流制。

3）排水体制的选择

排水体制的确定，不仅影响排水系统的设计施工、投资运行，对景区布局和环境保护也影响深远。一般应根据风景园林区域及周边区域的总体规划、生态环境保护的要求、污水利用处理情况、原有排水设施、水环境容量、地形、气候等条件，结合工程投资、近远期关系、施工管理等方面的比较，从全局出发，通过技术经济比较，综合考虑确定。

总之，排水体制的选择应因时因地而宜，一般新建的排水系统宜尽量采用分流制。但在在雨水稀少，废水全部处理的地区等，采用合流制有时可对处理的水体进行综合利用。

2. 排水工程的组成

风景园林排水工程的组成，包括了从天然降水、废水、污水的收集、输送，到污水的处理和排放等一系列过程。从排水工程设施方面来分，主要可以分为排水工程设施、处理工程设施及附属设施三大部分。排水工程设施是指作为排水工程主体部分的排水管渠，其作用是收集、输送和排放风景园林区域内各处的污水、废水和天然降水；处理工程设施是指对污水和废水进行处理的设施，包括必要的水池、泵房等构筑物;附属设施则是指在排水工程中,需要附设的诸如水闸、水泵房、雨水口、检查井、倒虹管等辅助风景园林排水工程得以顺利完成的设施。

8.2.3　雨水排放系统设计

1. 地表径流的组织与排放

1）地表径流系数与径流量

风景园林雨水排放系统设计所需要的一个重要参数，就是地表的径流系数。因为当雨水降落到地面后，便会形成地表径流，而在径流过程中，由于渗透、蒸发、植物吸收、洼地截流等原因，雨水并不能全部流入风景园林排水系统中，而只是流入其中的一部分。地面雨水汇水面积上的径流量与该面积上降雨量之比，叫做径流系数，一般用符号 Φ 表示，即 Φ= 地表径流量 / 降雨量。具体地方径流系数值的大小，与汇水面积上地形地貌、地面坡度、地表土质及地面覆盖情况有关，并且也和降雨强度、降雨时间长短等也密切相关。

一定汇水面积上的地表径流量可通过风景园林区域所在地区的最大降雨量、径流系数和汇水面积相乘所得。

2）地表径流的组织与排除

为了通畅有效地组织地表排水，并防止地表径流过大而造成对地面的冲刷破坏，在风景园林工程设计中，应通过竖向设计来控制地表径流，要多从排水角度来考虑地形的整理与改造，并注意以下几个方面：

地面倾斜方向要有利于组织地表径流，使雨水能够向排洪沟或排水渠汇集。

注意控制地面坡度，使之不致过陡。对于过陡的坡地要进行绿化覆盖或进行护坡工程处理，使坡面稳定，抗冲刷能力加强，以减少水土流失。两面相向的坡地之间，应当设置有汇水的沟渠，沟的底端应与排水干渠和排洪沟连接起来，以便及时排走雨水。

同一坡度的坡面，即使坡度不大，也不要持续太长，太长的坡面会使地表径流的速度越来越快，产生的地面冲刷也越来越严重，因此需要进行分段设置。坡面也要有所起伏，要使坡度的陡缓变化不一致，才能避免径流一冲到底，造成地表设施和植被的破坏。同时，坡面不要过于平整，要通过地形的变化来削弱地表径流流速加快的势头。

要通过弯曲变化的谷、涧、浅沟、盘山道等组织起对径流的不断拦截，并对径流的方向加以组织，一步步减缓径流速度，把雨水就近排放到地面的排水明渠、排洪沟或雨水管网中。

对于直接冲击风景园林区域内一些景点和建筑的坡地径流，要在景点、建筑上方的坡地面边缘设置截水沟拦截雨水，并且有组织地排放到预定的管渠之中（图 8–12）。

2. 海绵城市理念下的雨水排放方式

为了有效地解决城市日益凸显的水生态问题，科学地进行城市雨洪管理，2014 年 10 月，住房和城乡建设部正式发布《海绵城市建设技术指南——低影响开发雨水系统构建》（简称《海绵城市建设技术指南》），同年 12 月，财政部、住房和城乡建设部、水利部联合印发了《关于开展中央财政支持海绵城市建设试点工作的通知》（财建 [2014]838 号），组织开展海绵城市建设试点示范工作。

《海绵城市建设技术指南》中对海绵城市的概念定义为：城市能够像海绵一样，在适应环境变化和应对自然灾害等方面具有良好的“弹性”，下雨时吸水、蓄水、渗水、净水，需要时将蓄存的水“释放”并加以利用。其在雨水排放方

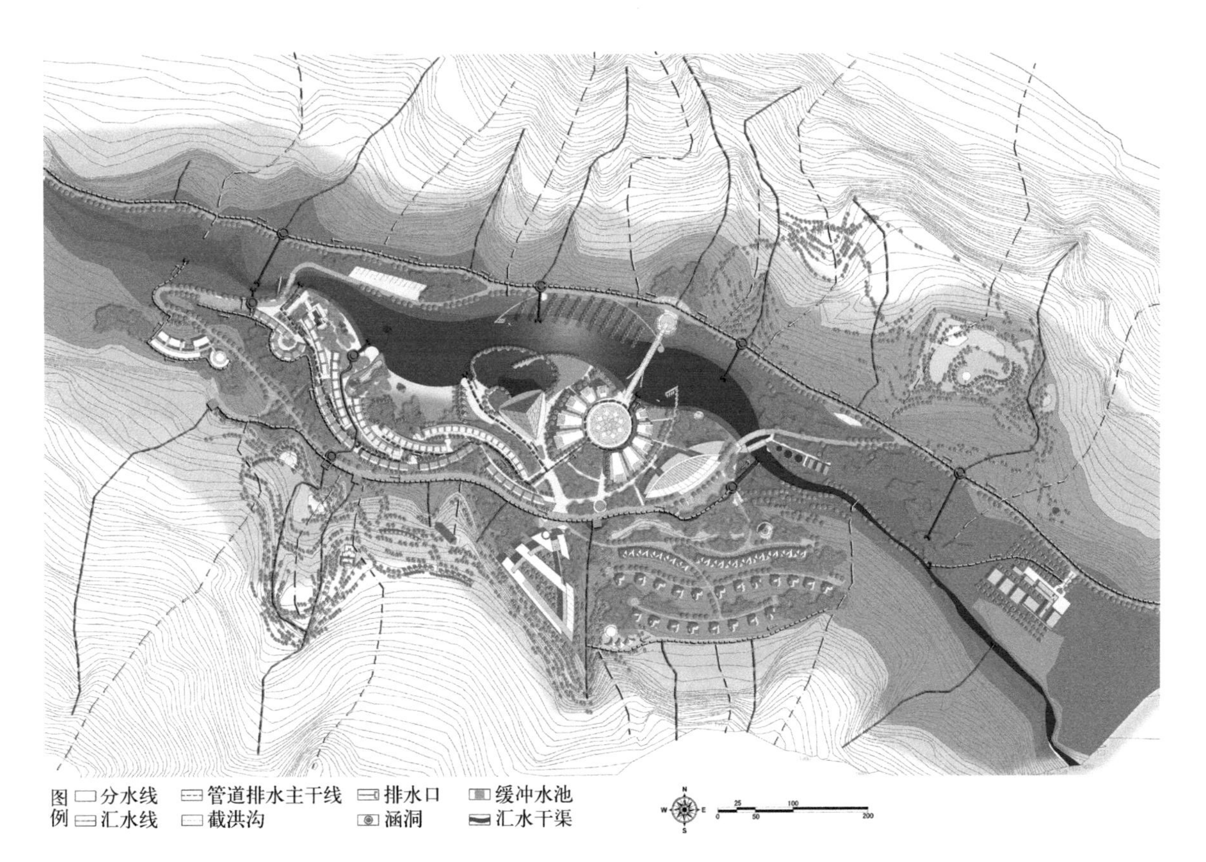

图 8-12　某旅游景区雨水排放规划平面图

面的核心理念为“慢排缓释”“源头分散”，即在雨水径流总量不变、峰值流量不变、峰现时间不变的前提下通过渗、滞、蓄、净、用、排等多种技术手段来实现对城市原有水生态系统保护、被破坏水生态的恢复、低影响开发理念的实现，以及通过减少径流量，减轻暴雨对城市运行的影响。为此，在雨水排放系统设计中，需改变传统雨水快速排放的规划设计方式，以下渗减排、集蓄利用为主导方式进行规划设计，具体如表 8-5，图 8-13、图 8-14 所示。

海绵城市建设排水技术流程表　　　　**表 8-5**

序号	排水流程	特点
1	渗	通过改变各种路面、地面铺装材料，增设屋顶绿化，调整绿地竖向，从源头将雨水留下来然后“渗”下去
2	滞	其主要作用是延缓短时间内形成的雨水径流量，通过微地形调节，让雨水慢慢地汇集到一个地方，用时间换空间。通过“滞”，可以延缓形成径流的高峰，具体形式主要包括雨水花园、生态滞留池、渗透池、人工湿地等
3	蓄	雨水回收、收集、蓄用，作为灌溉、冲洗等风景园林用水
4	净	通过土壤的渗透，植被、绿地系统、水体等对水质产生净化作用，可包括土壤渗滤净化、人工湿地净化、生物处理等净化环节
5	用	在经过土壤渗滤净化、人工湿地净化、生物处理等多层净化之后的雨水要尽可能被利用，不管是丰水地区还是缺水地区，都应该加强对雨水资源的利用，通过“渗”涵养，通过“蓄”把水留在原地，再通过净化把水“用”在原地
6	排	利用城市竖向与工程设施相结合，排水防涝设施与天然水系河道相结合，地面排水与地下雨水管渠相结合的方式来实现一般排放和超标雨水的排放，避免内涝等灾害的发生

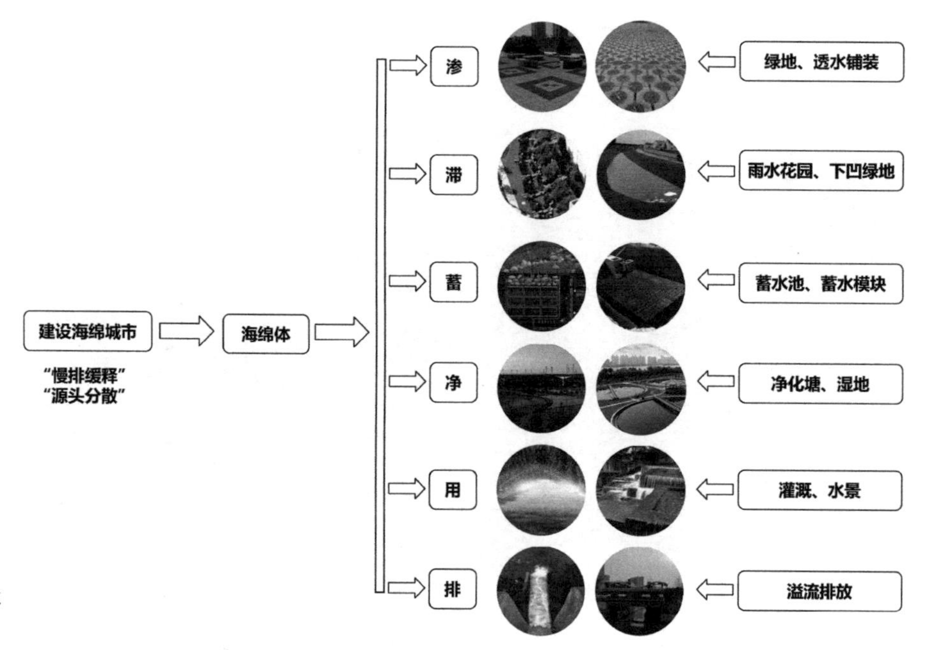

图 8-13 海绵城市建设雨水排放技术流程图

图 8-14 某城市道路海绵式生态雨水口做法图

风景园林工程中，根据地形、道路、水体、植被等风景园林要素的组合以及材料的选择与应用，可通过多种方式实现海绵城市对雨水排放的技术要求（表 8-6）。

3. 雨水排放管渠设计

1）截水沟

截水沟一般应与坡地的等高线平行设置，其个数、间距及断面随具体的截水环境而定。宽而深的截水沟，其截面尺寸可达 1000mm × 700mm；而窄而浅

雨水排放方式及实现海绵城市建设的技术手段表 **表 8–6**

方式	特点	主要实现的海绵城市技术
地形组织	通过地形组织与竖向设计，将谷、涧、沟、坡地、道路等加以组织，划分排水区域，设置下凹绿地、雨水花园、生态滞留池、渗透池、水体等，对初期雨水进行下渗、滞留及储蓄，并通过绿化植被进行净化	渗、滞、蓄、净
水系组织	通过对汇水区域划分，设置由溪流、水池、河道、湖面等组成的水体系统，实现对雨水的滞、蓄、净、用、排等	滞、蓄、净、用、排
自然管渠设置	根据排水分区、地形坡度、道路走向等，设置排水明沟、草沟等自然式排水管渠，来实现雨水的渗、滞、蓄、净等功能	渗、滞、蓄、净
透水材料应用	通过地面透水材料的选择，充分实现场地雨水的下渗，对初期雨水起到一定的滞留功能，多余雨水再通过导水盲管进行排放	渗、滞
雨水管网布设	通过地埋雨水管道、盲沟等将雨水引导排放入附近水体或雨水干管	排
雨水设施布置	通过设置雨水收集池、收集箱、收集管、收集井等方式，储蓄雨水，作为风景园林水体的补给水源，以及绿化浇灌、场地冲洗等的水源	蓄、净、用

的截水沟断面，如为了很好保护文物和有效拦截岩面雨水，一些风景名胜区内摩崖石刻顶上的岩面开凿的截水沟，其断面可小到 50mm × 30mm（图 8–15）。

2）排水明渠

除了在苗圃中排水渠有三角形断面之外，一般的排水明渠均为矩形或梯形断面。梯形断面的最小底宽应不小于 300mm（但位于分水线上的明沟底宽可用 200mm），沟中水面与沟顶的高度差应不小于 200mm。道路边排水沟渠的最小纵坡坡度不得小于 0.2%；一般明渠的最小纵坡为 0.1%~0.2%。明渠在用材上可包括石料、砖、混凝土、土、草、加筋麦克垫等（图 8–16）。

3）排洪沟

在一些地形变化较大或处于河谷冲击地区的风景园林区域，为了防洪，需要通过设置排洪沟来预防洪水带来的危害，通常应尽量利用洪水迹线来安排排洪沟。一般排洪沟通常采用明渠形式，设计中应尽量避免用暗沟。明渠排洪沟

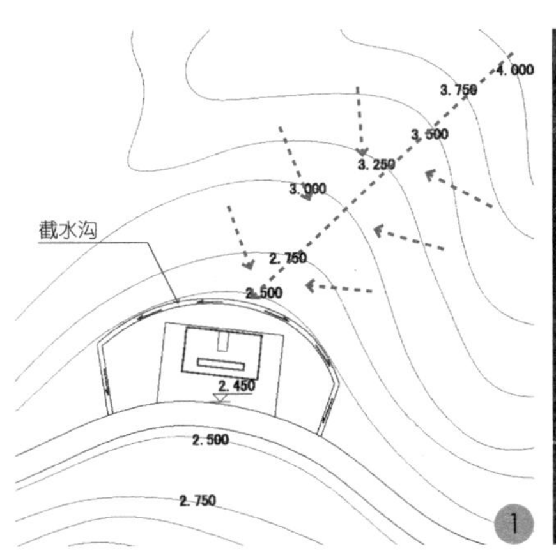

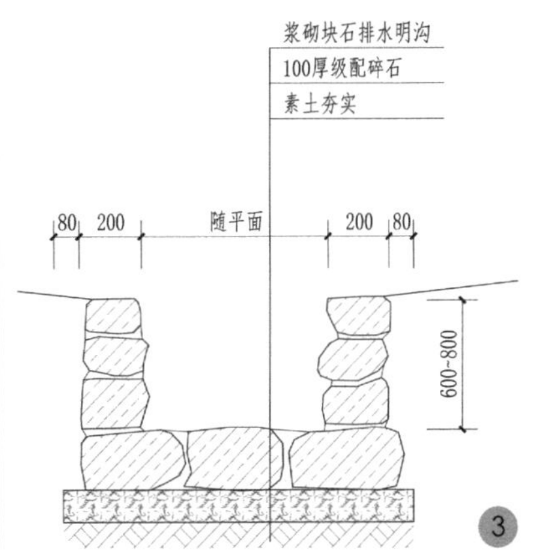

图 8–15 截水沟
1—截水沟布置平面图；2—截水沟实例；3—截水沟构造示意图

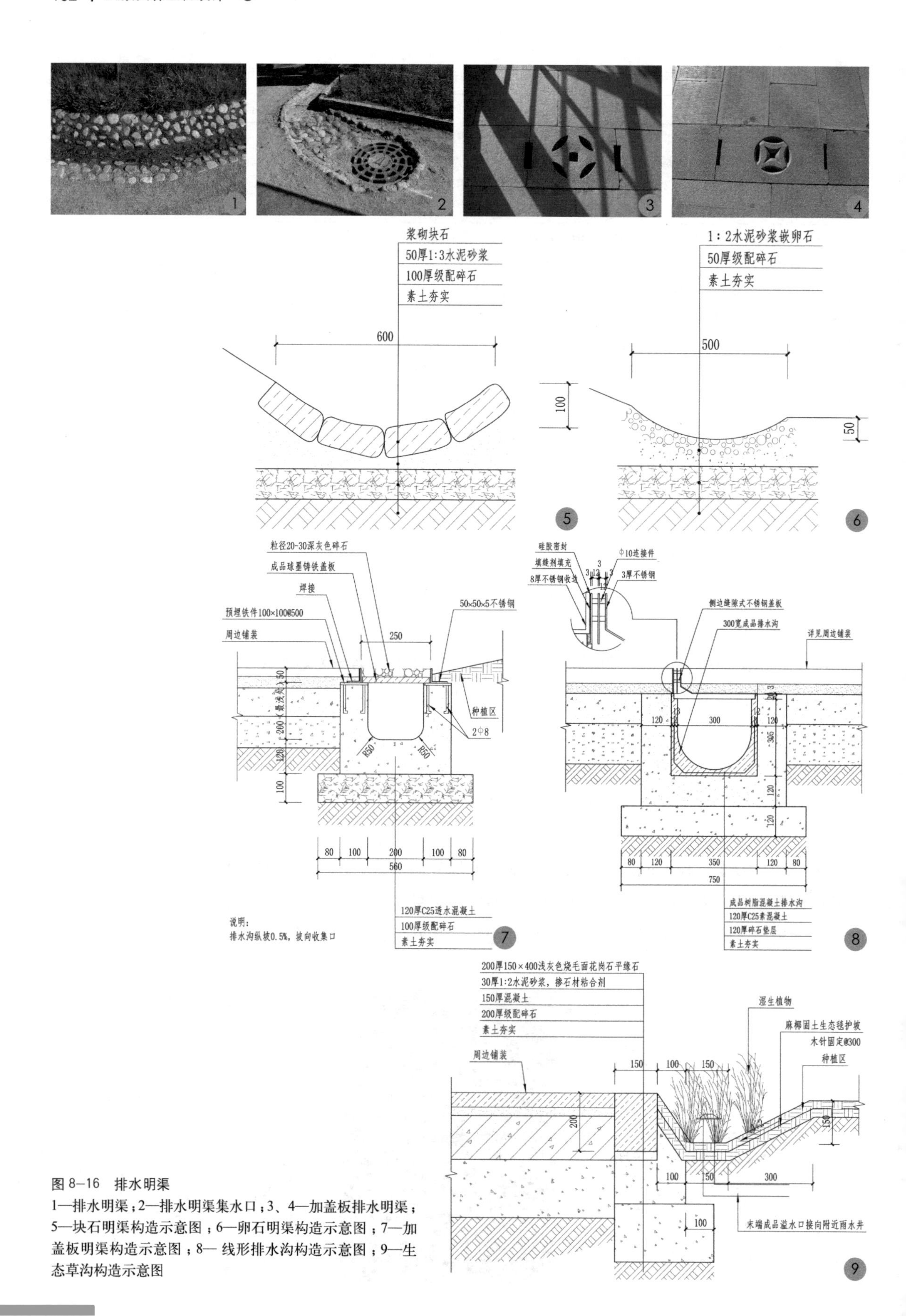

图 8-16　排水明渠

1—排水明渠；2—排水明渠集水口；3、4—加盖板排水明渠；5—块石明渠构造示意图；6—卵石明渠构造示意图；7—加盖板明渠构造示意图；8— 线形排水沟构造示意图；9—生态草沟构造示意图

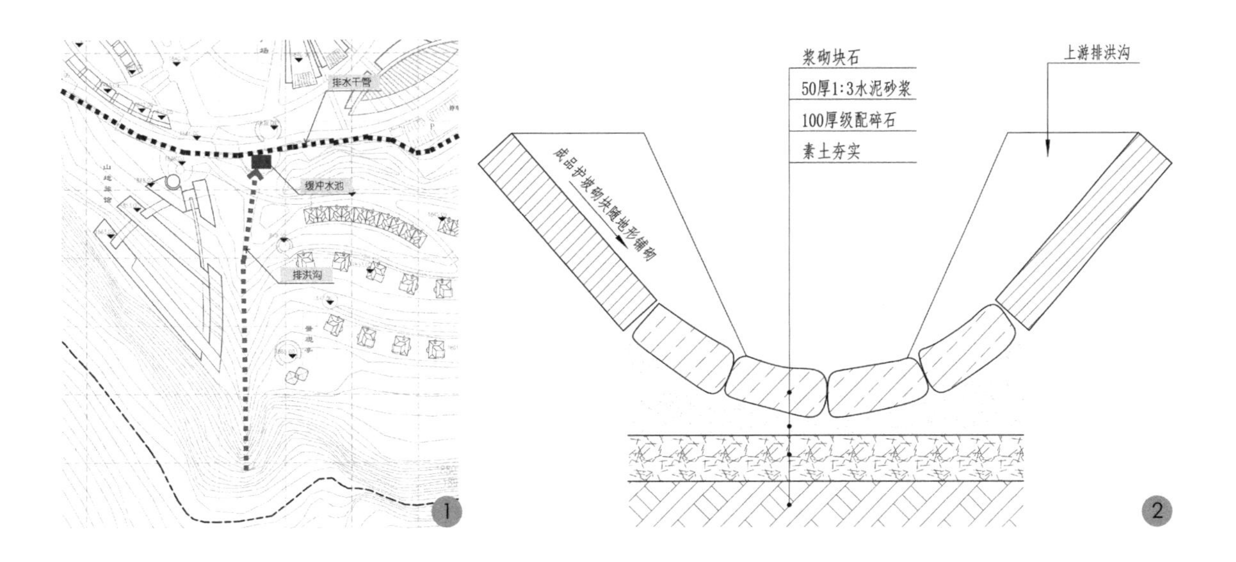

图 8–17 排洪沟
1—排洪沟布置平面图；2—排洪沟剖面与构造示意图

的底宽一般不应小于 400~500mm。当必须采用暗沟形式时，排洪沟的断面尺寸一般不小于 900mm（宽）×1200mm（高）。排洪沟的断面形状一般为梯形或矩形（图 8–17）。

排洪沟的纵坡，应自起端而至出口不断增大。但坡度也不应太大，坡度太大则流速过高，沟体易被冲坏。为此，对于浆砌片石的排洪沟，最大允许纵坡为 30%；混凝土排洪沟的最大允许纵坡为 25%。如果地形坡度太陡，则应采取跌水措施，并不得在弯道处设跌水。

4）排水盲渠

盲渠（盲沟）是一种地下排水渠道，可用以排除地表渗水和地下水，对降低地下水位效果显著。在一些要求排水很好的全天候型体育活动场地和地下水位高的地区，以及作为某些不耐水的植物生长区，常采用盲渠（盲沟）作为主要的排水工程措施。盲渠具有取材方便，可利用废料、造价低廉，不需附加雨水井等构筑物，地面不留“痕迹”，可保持景观环境完整性等优点（图 8–18）。

布置盲沟的位置与盲沟的密度要求视场地情况而定。通常盲沟的布置形式可用树枝式或鱼骨式，由支渠集水于干渠排除。对排水要求高即全天候型的，可多设支渠。以场地排水为主的，应多设直渠，反之则少设。盲渠渠底纵坡不应小于 0.5%，如果情况允许的话，应尽量取大的坡度，以便于排水。

4. 雨水管网系统的设计方法和步骤

风景园林雨水排放管网系统的设计方法和步骤，一般可按下述程序进行：

1）根据设计地区的气象、雨量记录及风景园林生产、游乐等废水排放的有关资料，推求雨水排放的总流量。

2）结合风景园林竖向设计，绘制地形的分水线、集水线，标出地面自然坡度和排水方向，初步确定雨水管道的出水口，并注明控制标高。

3）按照雨水管网设计原则、具体的地形条件和风景园林工程总体规划的

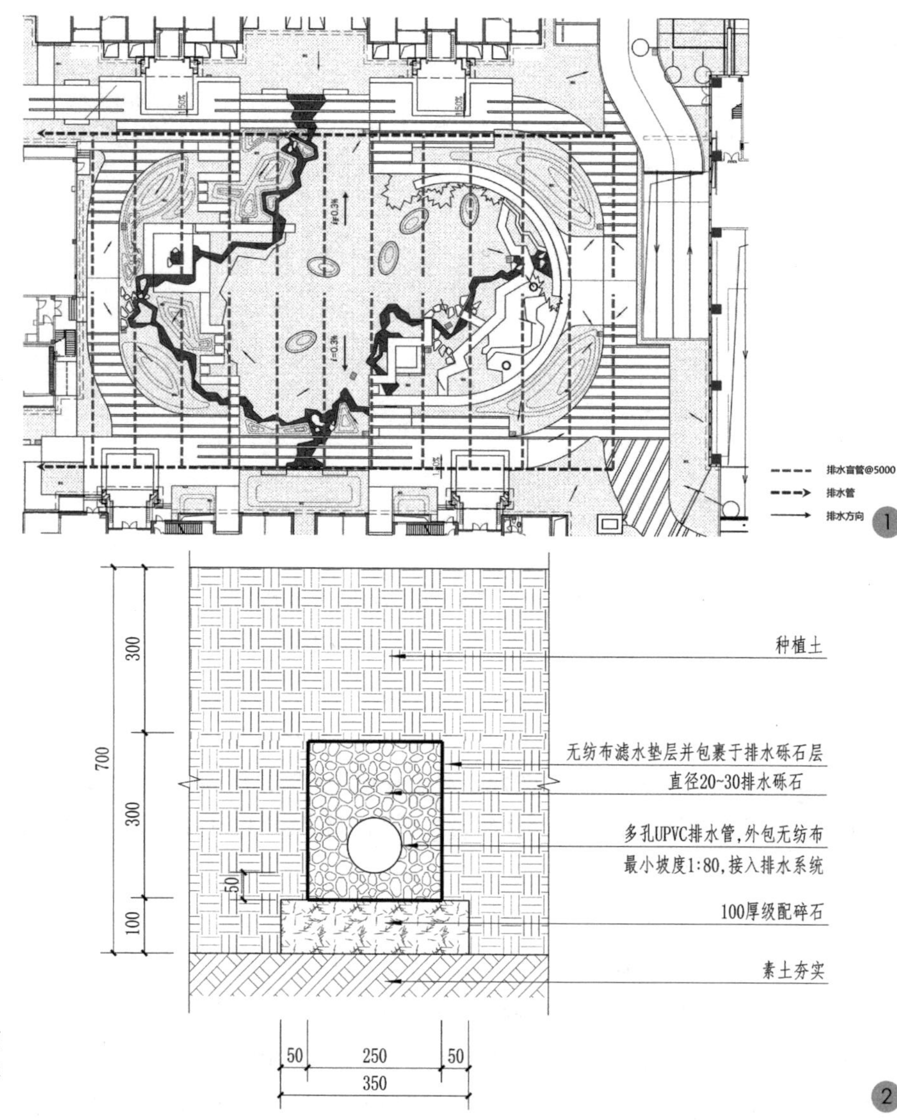

图 8–18 盲渠（管）
1—盲渠（管）布置平面图；2—盲渠（管）构造示意图

要求，进行管网的布置。确定主干渠道、管道的走向和具体位置，以及支渠、支管的分布和渠、管的连接方式，并确认出水口的位置。

4）根据各设计管段对应的汇水面积，按照从上游到下游、从支渠支管到干渠干管的顺序，依次计算各管段的设计雨水流量。

5）依照各设计管段的设计流量，再结合具体设计条件并参照设计地面坡度，确定各管段的设计流速、坡度、管径或渠道的断面尺寸。

6）根据水力、高程计算的一系列结果，从《给水排水标准图集》GJBT—807 或地区的给排水通用图集中选定检查井、雨水口的形式，以及管道的接口形式和基础形式等。

7）在保证管渠最小覆土厚度的前提下，确定管渠的埋设深度，并依此进行雨水管网的一系列高程计算；要使管渠的埋设深度不超过设计地区的最大限埋深度。

8）综合上述各方面的工作成果，绘制雨水排水管网的设计平面图及纵断面图，并编制必要的设计说明书、计算书和工程概预算。

以上是一般风景园林雨水管网系统的设计方法和步骤，而在风景区内的一些大型管网工程，其设计过程和工作内容还要复杂得多，需根据具体情况灵活处理（图 8-19、图 8-20）。

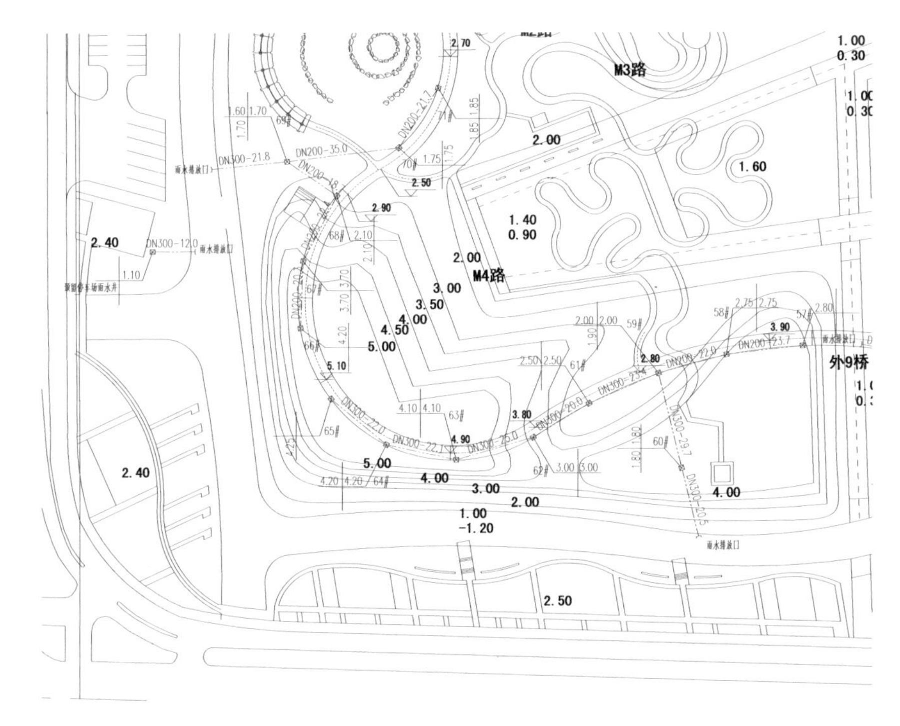

图 8-19　某公园局部雨水管网布置平面图

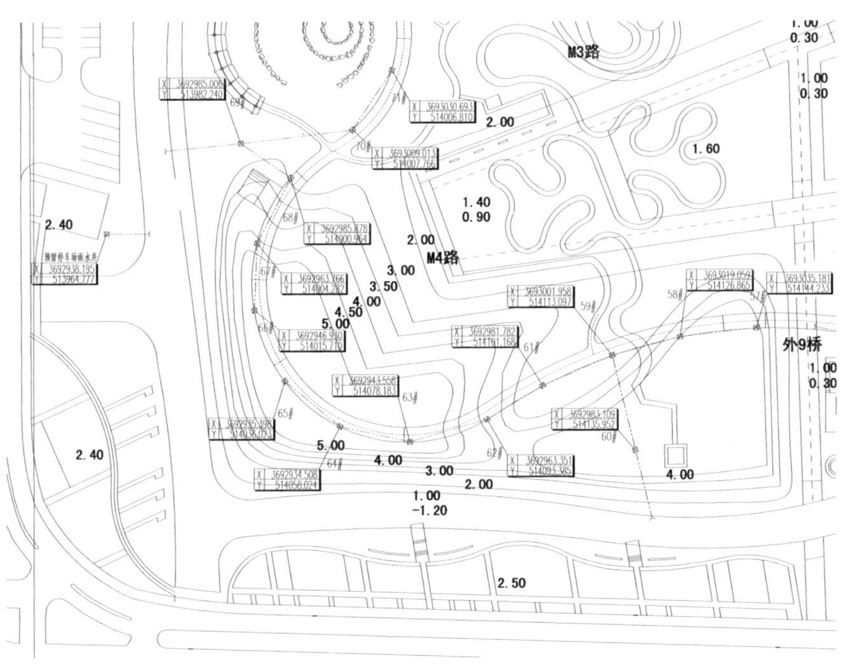

图 8-20　某公园局部雨水井布置平面图

8.2.4 污水排放系统设计

1. 污水量计算

在计算风景园林区域内的污水量时，一般可以参照用水量来进行推算，如果主要为生活污水，可参照居住区的生活污水量标准计算，可取生活用水量的85%~95% 计算；如果为混合污水如生活污水和废水等，则可取混合用水量的75%~90% 计算。

2. 污水管网布置

一般污水管网布置的主要任务和内容为：确定排水区界；划分排水区域；确定污水处理设施的位置及出水口的位置；拟定污水干管及主干管的路线；确定需要抽升的排水区和设置泵站的位置、数量、规模等。

风景园林污水管道布置应遵循如下原则：

1）尽可能在管线较短和埋深较小的情况下，让最大区域上的污水自流排出。

2）充分利用地形的边界或自然分水线来划分排水区域。

3）根据污水厂或出水口的位置与数量决定污水主干管的走向与数量，并布置在污水管道系统的高程最低位置上，在地势平坦地区没有明显的分水线时，要考虑污水主干管的最大合理埋深。

4）污水管道尽量采用重力流形式，避免提升。

5）管道定线尽量减少与河道、山谷、铁路及各种地下构筑物交叉，并充分考虑地质条件的影响。

6）管网的定线，一般应按照从大口径管到小口径管的顺序进行。先确定大口径的主干管的位置和流向，再确定干管的位置、流向及污水处理点和出水口的位置与数量。在施工图设计阶段，还需要确定支管的位置和流向。

7）管线布置应简洁顺直，不要绕弯，尽量使线路最短，埋深最小，并注意节约大管道的长度。

8）管线布置考虑工程的远、近期规划及分期建设的安排，应使管线的布置与敷设满足近期建设的要求，同时考虑远期扩建的可能（图 8-21~图 8-23）。

3. 污水的处理与排放

由于风景园林污水性质简单，排放量少，所以处理也相对简单。城市中的风景园林区域如公园、广场等，多纳入城市污水系统进行统一处理。部分无条件纳入城市污水处理系统的风景园林区域，可建立独立的污水处理设施，采用物理、化学、生物等方式进行处理。

在风景园林区域内，污水处理的常用方法一般包括物理处理（如自然浮法分离除油、沉淀、过滤等）、化学处理（如利用化粪池在厌氧细菌作用下，发酵、腐化、分解，使污物中的有机物分解为无机物）、生物处理（如以土壤自净原

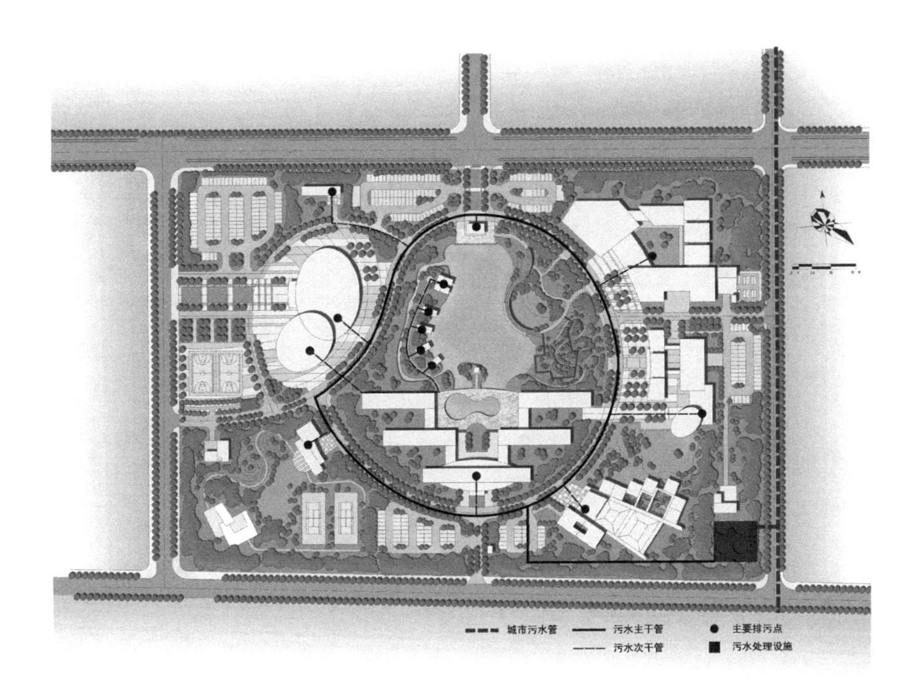

图 8-21 某旅游度假区污水排放规划平面图

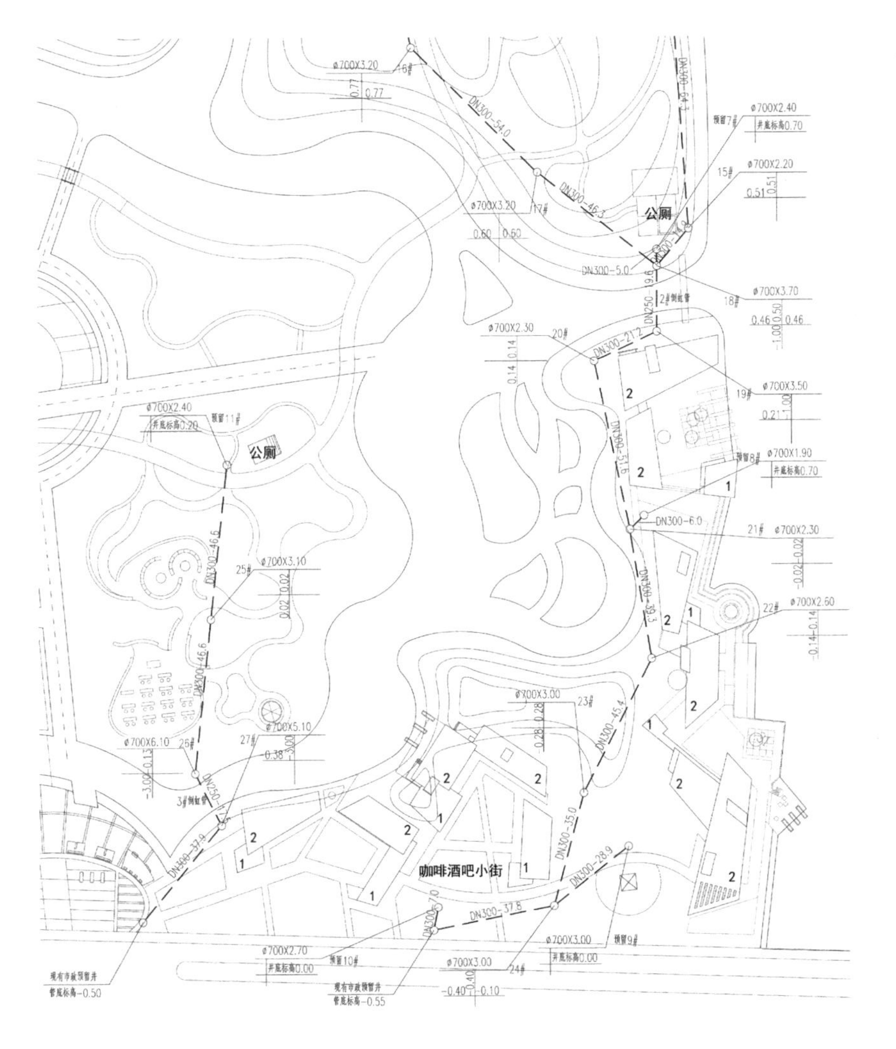

图 8-22 某公园局部污水排放规划平面图

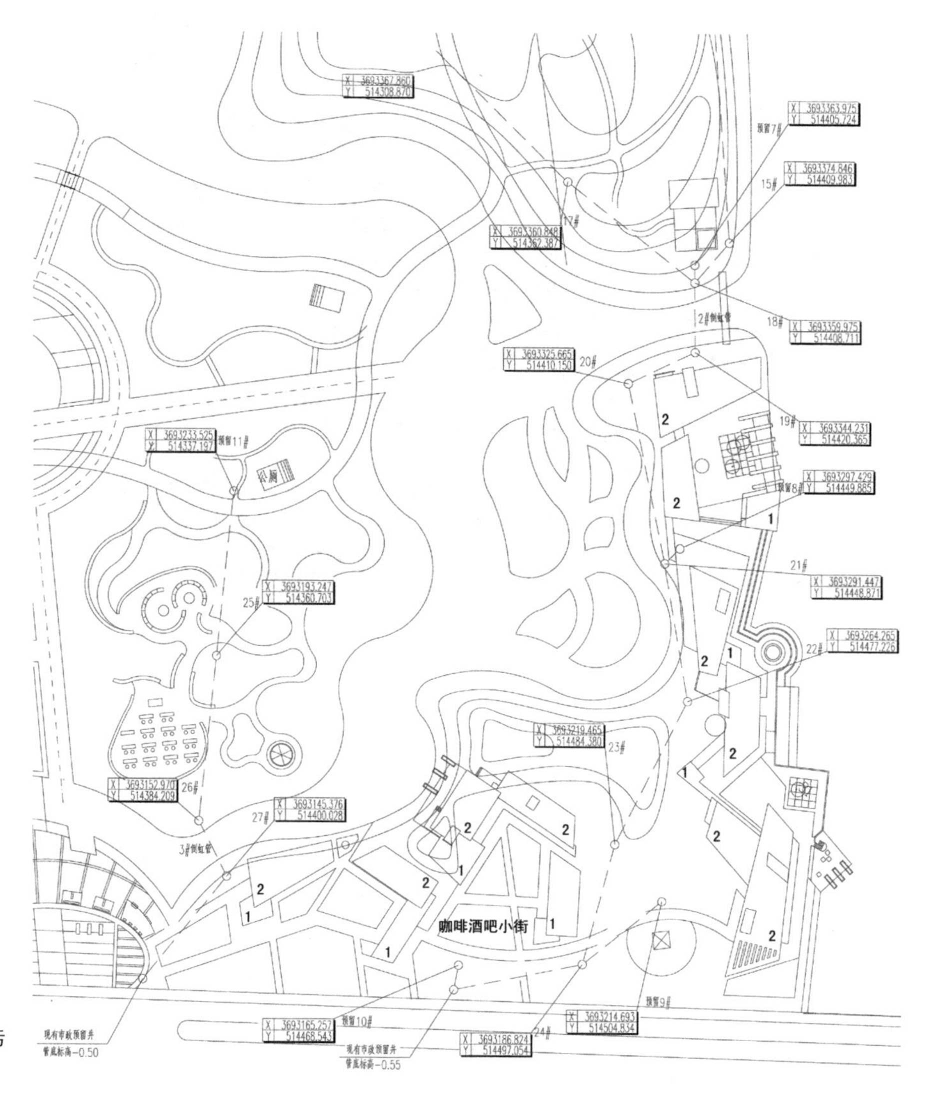

图 8-23 某公园局部污水井布置平面图

理为依据，将污水长期以滴状洒布在土壤表面上，形成生物膜。生物膜成熟后，栖息在膜上的微生物随即摄取污水中的有机污染物作为营养，从而使污水得到净化）等。

对处理过的风景园林污水，根据其性质，可分别排入就近的水体通过水生植物和水体进行净化、排入城市污水管网，或者作为绿化的灌溉用水等。

8.2.5 排水系统的布置形式

风景园林排水系统的布置，一般是在确定排水体制、污水处理利用方案和估算出排水量的基础上进行的。在污水排放系统的平面布置中，应确定污水处理构筑物、泵房、出水口以及污水管网主要干管的位置；当考虑利用污水、废水对林地、草地进行灌溉时，则应确定灌溉干渠的位置及其灌溉范围。在雨水排放系统平面布置中，主要应确定雨水管网中主要的管渠、排洪沟及出水口的位置。各种管网设施的基本位置大概确定后，再选用一种最适合的管网布置形式，对整个排水系统进行安排。如表 8-7 所示为风景园林排水管网的常用的几种布置形式（图 8-24）。

风景园林排水管网常用布置形式表 **表 8-7**

形式	布置方式与适用条件	特点
正交式	当排水管网的干管总体走向与地形等高线或水体方向大致成正交时，管网的布置形式就是正交式。这种布置方式适用于排水管网总体走向的坡度接近于地面坡度时，或地面向水体方向较均匀地倾斜时	各排水区的干管以最短的距离通到排水口，管线长度短、管径较小、埋深小、造价较低。在条件允许情况下，应尽量采用这种布置方式
截流式	即在正交式布置的管网较低处，沿着水体方向再增设一条截流干管，将污水截流并集中引到污水处理站	可减少污水对于园林水体的污染，也便于对污水进行集中处理
扇形式	在地势向河流湖泊方向有较大倾斜的风景园林区域中，可将排水管网的主干管，布置成与地面等高线或与水体流动方向相平行或夹角很小的状态	可有效避免因管道坡度和水的流速过大，而造成管道被严重冲刷的现象
分区式	当风景园林区域地形高低差别很大时，可分别在高地形区和低地形区各设置独立的、布置形式各异的排水管网系统，称为分区式布置。如低区管网可按重力自流方式直接排入水体的，高区干管可直接与低区管网连接。如低区管网的水不能依靠重力自流排除，则可将低区的排水集中到一处，用水泵提升到高区的管网中，由高区管网依靠重力自流方式把水排除	可减少排水管网的敷设长度，减小主干排水管的管径，减少投资
辐射式	在用地分散、排水范围较大、基本地形是向周围倾斜以及周围地区都有可供排水的水体时，可将排水干管布置成分散的、多系统的、多出口的形式	可避免管道埋设太深，降低造价
环绕式	该方式是将辐射式布置的多个分散出水口用一条排水主干管串联起来，使主干管环绕在周围地带，并在主干管的最低点集中布置一套污水处理系统，以便污水的集中处理和再利用	可减少出水口的数量，便于集中排放、处理或再利用

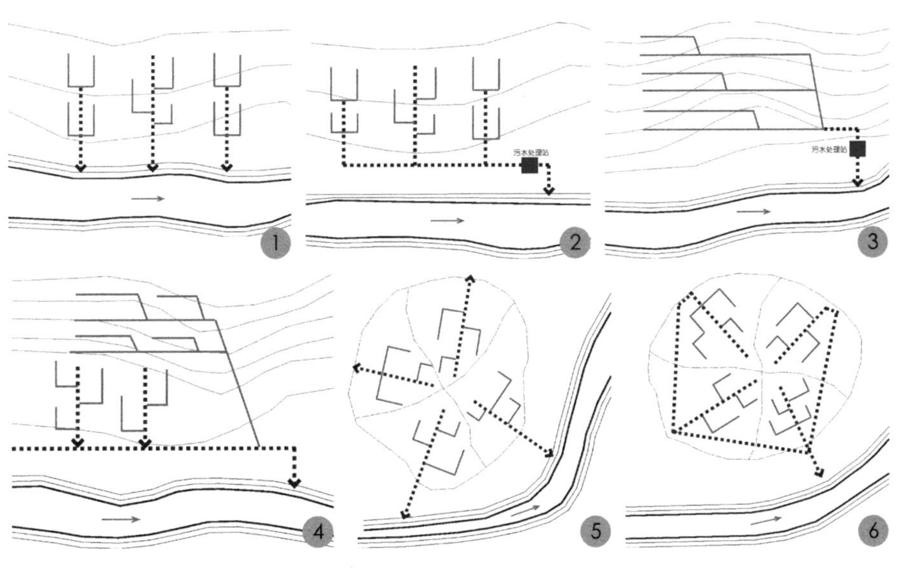

图 8-24 风景园林排水管网布置形式图
1—正交式；2—截留式；3—扇形式；4—分区式；5—辐射式；6—环绕式

8.2.6 景观排水系统的附属设施

1. 排水泵站与水闸

为了控制风景园林区域内部水体的水位，减少降水对水位升高的影响，或防止外围水体升高或潮汐变化而形成的倒灌，在排水工程中便需要设置排水泵站与水闸来进行水位控制。同时，在排水泵站及水闸设计时，也可结合水体的补水设施合并进行双向式设计（图 8-25）。

2. 闸门井

为了防止雨水倒灌、非雨时污水对风景园林水体的污染，或为了调节、控制排水管道内水的方向与流量，需要在排水管网中或排水泵站的出口处设置闸门井。闸门井一般由基础、井室和井口组成。如单纯为了防止倒灌，可在闸门井内设单向开启的活动拍门。当排水管内无水或水位较低时，活动拍门依靠自重关闭；当水位增高后，由于水流的压力而使拍门开启。如果为了既控制污水排放，又防止倒灌，也可在闸门井内设置手动或电动的启闭闸门。

3. 雨水口

雨水口是在雨水管渠或合流管渠上收集雨水的构筑物。一般的雨水口，由基础、井身、井口、井箅等几部分构成（图 8-26）。雨水口一般为一矩形井，以连管与排水管道相连接，连管直径一般不应小于 250mm。雨水口的通常间距为 25~30m。雨水口一般有如下两种形式：

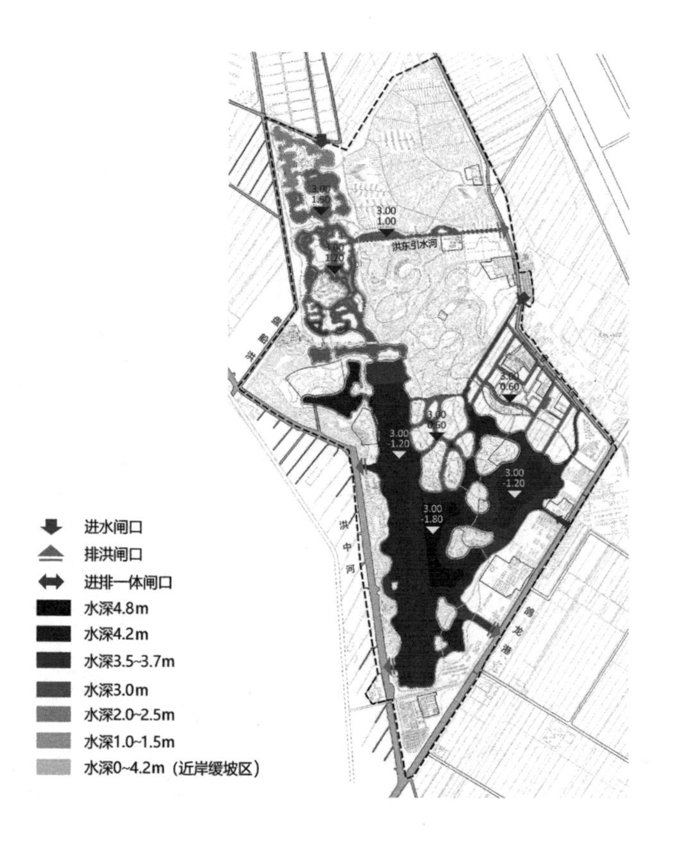

图 8-25 某景区水位控制及闸口布置平面图

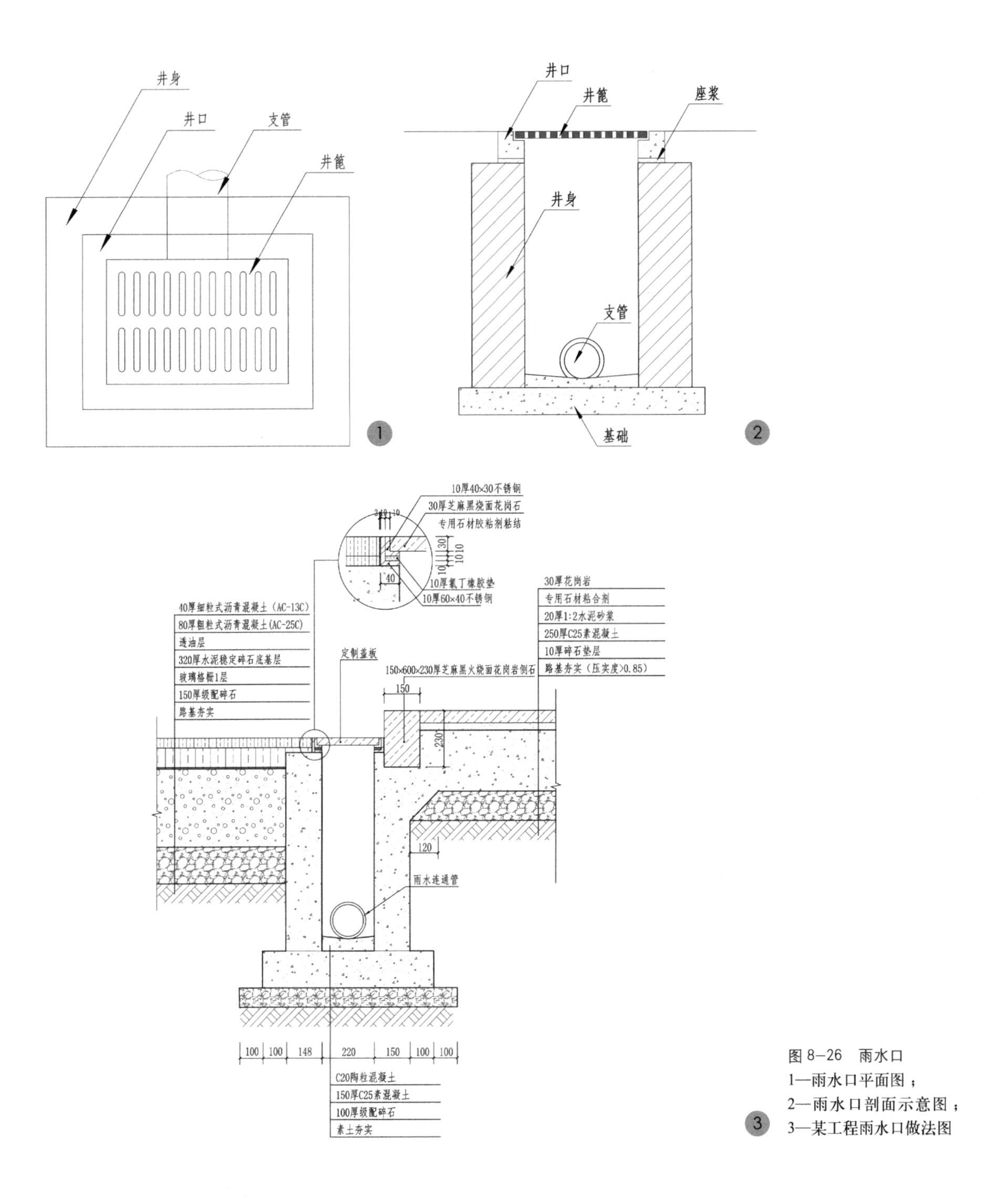

图 8–26 雨水口
1—雨水口平面图；
2—雨水口剖面示意图；
3—某工程雨水口做法图

1）平石式雨水口（图 8–27）

该类型雨水口的井箅与道路边沟处于同一平面，或低于边沟 20~50mm，以便雨水的迅速排放。

2）侧石式雨水口（图 8–28）

该类型雨水口的井箅立砌于道路侧石处，雨水口则设置在人行道上或绿化内，可有效过滤树叶等杂物，景观效果也相对较好。

图 8-27 平石式雨水口（左）
图 8-28 侧石式雨水口（右）

4. 检查井（图 8-29）

当雨水或污水管渠建成后，在后期使用中需要对管渠系统进行定期检查，就必须设置检查井。检查井通常设在管渠交汇、转弯、管渠尺寸或坡度改变、跌水等处以及相隔一定距离的直线管渠段上。检查井在直线管渠段上的最大间距，一般可按表 8-8 采用。

检查井基本上有两类，即雨水检查井和污水检查井。在合流制排水系统中，只设雨水检查井。检查井的材料主要是砖、石、混凝土或钢筋混凝土。检查井

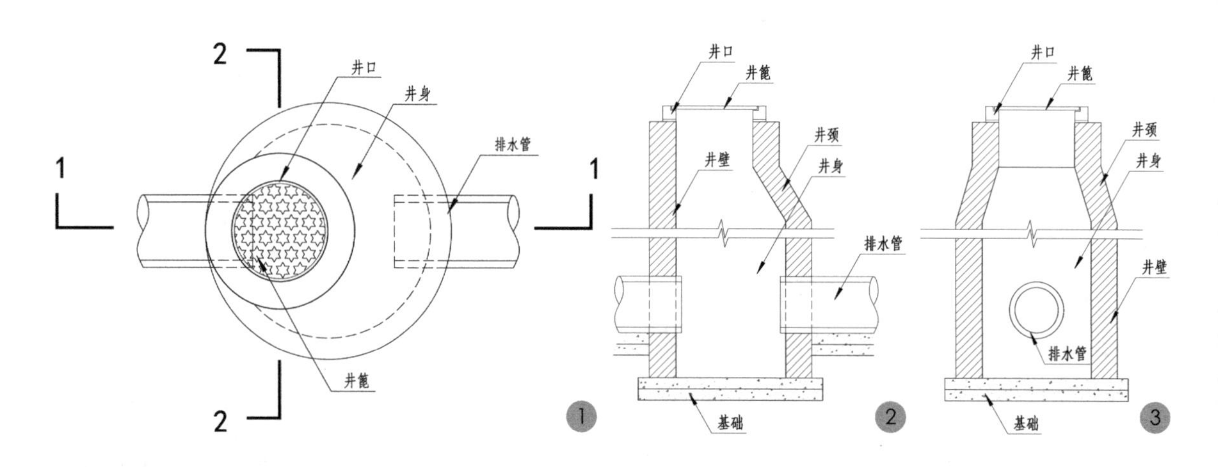

图 8-29 检查井
1—平面图；2—1-1 剖面图；3—2-2 剖面图

检查井的最大间距表 表 8-8

管道类型	管渠或暗渠净高（mm）	最大间距（m）
污水管道	<500	40
	500~700	50
	800~1500	70
	>1500	100
雨水管渠	<500	50
	500~700	60
合流管渠	800~1500	100
	>1500	120

的平面形状一般为圆形,大型管渠的检查井也可为矩形或扇形。检查井的深度,取决于井内下游管道的埋深。为了便于检查人员上、下井室工作，井口部分的大小应能容纳人身的进出。

由于各地地质、气候条件相差很大，在布置检查井的时候，需参照全国通用的《给水排水标准图集》GJBT—807 和地方性的《排水通用图集》，根据当地的条件直接在图集中选用合适的检查井，可不必再进行检查井的计算和结构设计。

5. 跌水井

在排水沟渠底部高差较大的相邻管道，为降低上游管道带来的高能流速，一般排水管道在某地段的高程落差超过 1m 时，就需要在该处设置一个具有水力消能作用的检查井，即跌水井。

跌水井有竖管式和溢流堰式两种形式。竖管式跌水井一般适用于管径不大于 400mm 的排水管道上。井内允许的跌落高度，因管径的大小而异。管径不大于 200mm 时，一级的跌落高度不宜超过 6m；当管径为 250~400mm 时，一级跌落高度不超过 4m。溢流堰式跌水井多用于 400mm 以上大管径的管道上。当管径大于 400mm，而采用溢流堰式跌水井时，其跌水水头高度、跌水方式及井身长度等，都应通过有关水力学公式计算求得（图 8-30）。

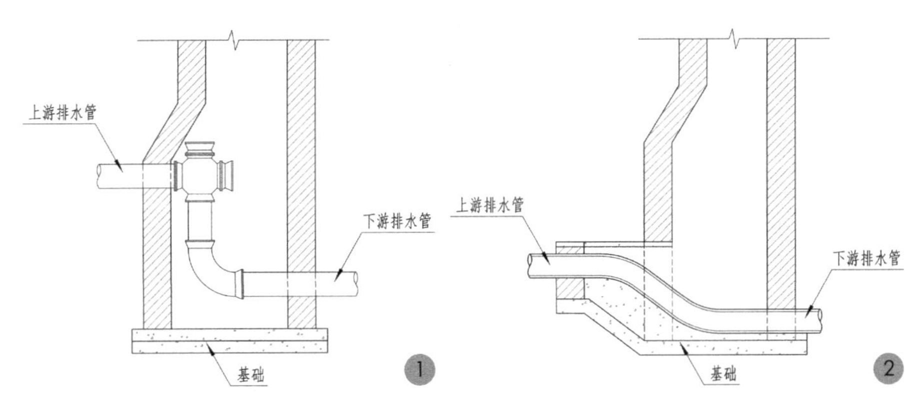

图 8-30 跌水井
1—竖管式跌水井；2—溢流堰式跌水井

跌水井的井底要考虑对水流冲刷的防护，需采取必要的加固措施。当检查井内上、下游管道的高程落差小于 1m 时，则可将井底做成斜坡，而不必做成跌水井。

6. 倒虹管

由于排水管道在布置时有可能与其他管线发生交叉，而它又是一种重力自流式的管道，因此，要尽可能在管线综合中解决好交叉时管道之间的标高关系。但有时受地形所限，如遇到要穿越河流、沟渠和其他地下管线等障碍物的时候，排水管道就不能按照正常情况敷设，而不得不以一个下凹的折线形式从障碍物下面穿过，这段管道就成了倒置的虹吸管，即所谓的倒虹管。

一般排水管网中的倒虹管由进水井、下行管、平行管、上行管和出水井等部分构成。倒虹管采用的最小管径为200mm，管内流速一般为1.2~1.5m/s，不得低于0.9m/s，并应大于上游管内流速。平行管与上行管之间的夹角不应小于150°，要保证管内的水流有较好的水力条件，以防止管内污物滞留。为了减少管内泥砂和污物淤积，可在倒虹管进水井之前的检查井内，设一沉淀槽，以预沉部分泥砂污物（图8-31）。

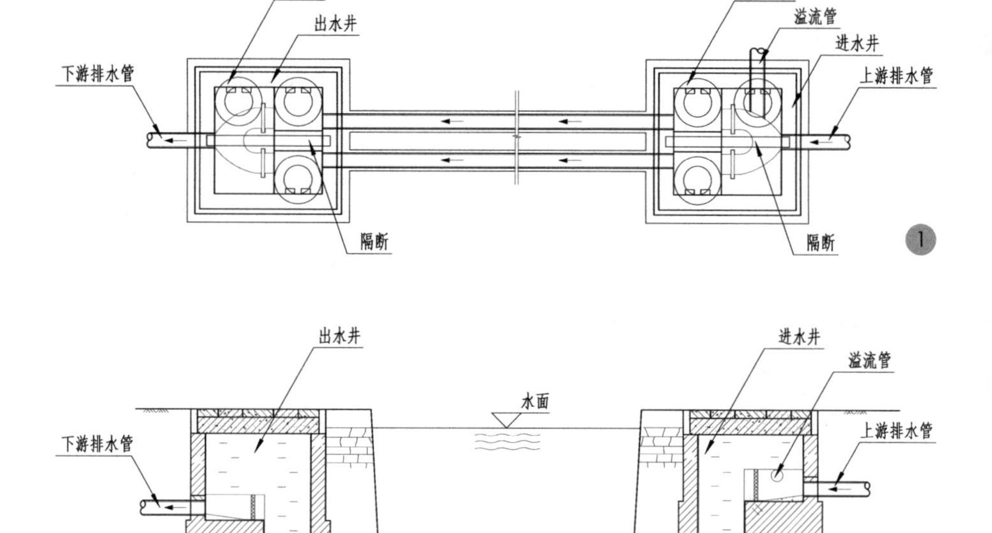

图8-31　倒虹管
1—倒虹管平面示意图；
2—倒虹管剖面示意图

7. 出水口

排水管渠的出水口是雨水、污水排放的最后出口，其位置和形式，应根据污水水质、下游用水情况、水体的水位变化幅度、水流方向、波浪情况等因素确定。在风景园林排水工程设计中，如条件允许，出水口最好设在水体的下游末端，并和给水取水区、游泳区等保持一定的安全距离。

雨水出水口的设置一般采用非淹没式设计，即排水管出水口的管底高程要安排在水体的常年水位线以上，以防倒灌。当出水口高出水位很多时，为了降低出水对岸线的冲击力，应考虑将其设计为多级的跌水式出水口。污水系统的出水口，则一般布置为淹没式，即把出水管管口布置在水体的水面以下，以使污水管口流出的水能够与河湖水充分混合，减轻对水体的污染（图8-32）。

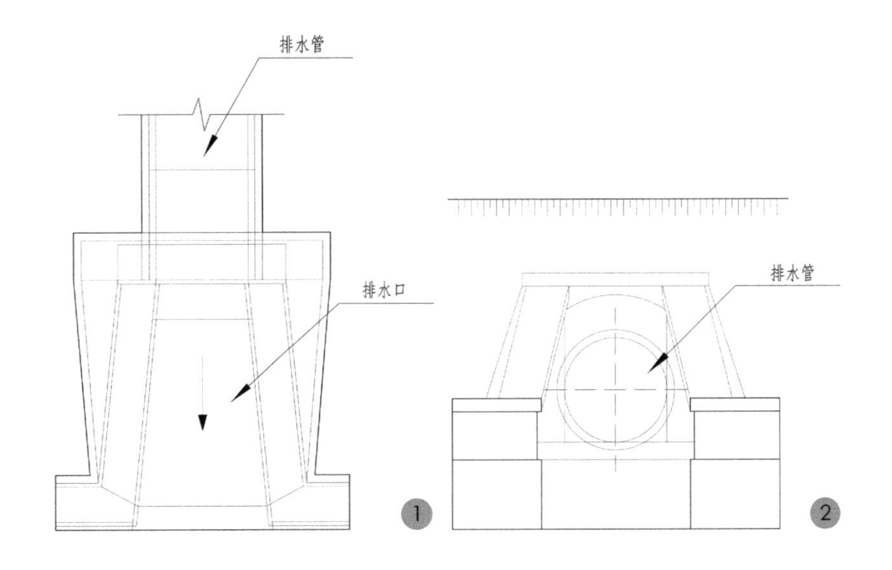

图 8-32 出水口
1—出水口平面示意图；
2—出水口剖面示意图

8.3 供电工程设计

8.3.1 供电工程设计的内容

风景园林供电工程规划设计一般包括如下几方面的内容：

1）用电负荷的计算。

2）变配电设施的选择和布局。

3）高压电网规划设计。

4）低压电网规划设计。

5）造价估算等。

8.3.2 用电负荷预测与用电量计算

风景园林工程中一般由生活用电、生产用电及景观用电三类用电类型组成，在进行用电负荷预测和用电量计算时，需根据不同风景园林工程的具体情况参照表 8-9 分类进行预测和计算。

由于不同风景园林工程所涵盖的内容不同，在用电负荷预测与用电量计算时所包含的内容也不尽相同，表 8-10 为某风景园林工程项目的用电估算表。

8.3.3 供电电源选择

位于城市中的风景园林工程一般由城市电网统一供电，而处于非城市区的风景区则或由外部发电厂经高压电网长途输送至区内变电所，接入风景区电网；或有条件的话，利用区内诸如水力、风力、电热等资源自行建设电厂，作为供电电源。

风景园林工程用电负荷预测与用电量计算表 表 8–9

用电类型	用电分类	用电负荷指标	用电负荷(kW)	用电量(kW·h)	备注
生活用电	游客				在风景区内可按床位数进行计算，公园则纳入服务设施内计算
	常住人口				在风景区内需进行计算，一般城市公园、广场等可不纳入计算
	路灯照明				
	其他				诸如厕所、小卖部、码头等公共服务设施的用电
生产用电	给水、灌溉、清洗、消防、设备运行等				
景观用电					景观建筑物、构筑物、绿化、水景等的景观装饰照明用电
合计					
其他不可见用电					可以上述用电量的 10%~15% 计算
总计					

某工风景园林项目用电负荷估算表 表 8–10

项目			用电负荷指标	用电负荷(kW)
	名称	规模 / 面积		
建筑物	星级度假宾馆	350 床位	2000W/ 床位	700
	温泉别墅	12 床位	2000W/ 床位	24
	大众洗浴中心	4040m^2	40W/m^2	161.6
	餐饮中心	3040m^2	40W/m^2	121.6
	会务中心	6940m^2	40W/m^2	277.6
	温泉养生馆	3480m^2	40W/m^2	139.2
	健身中心	930m^2	40W/m^2	37.2
	游泳中心	4040m^2	50W/m^2	202
	游客中心	120m^2	40W/m^2	4.8
	管理用房	130m^2	40W/m^2	5.2
	水厂	210m^2	30W/m^2	6.3
	污水处理中心	340m^2	30W/m^2	10.2
	锅炉房	130m^2	30W/m^2	3.9
	垃圾转运站	30m^2	30W/m^2	0.9
景观照明	亲水平台、景观亭桥等各景点			50
路灯等照明		约 1500m 长道路需设置路灯或庭院灯	100W/10m	15
服务人员用电		以 100 人计	300W/ 人	30
设备运转				100
合计				1889.5
不可见用电量	以上述用电量 15% 计算			283.44
总计				2172.94

8.3.4 强电供电电网规划设计

1. 输配电线路设计布局

1）输电线路电压与送电距离

电压是电路中两点之间的电势（电位）差，以V（伏）来表示。电功率是电所具有的做功的能力，用W（瓦）表示。不同电压输电线路的送电距离和送电功率不尽相同，具体见表8-11。

输电线路电压与送电距离表 **表8-11**

电压类型	线路电压（kV）	送电距离（km）		送电功率（kW）	
		架空线	埋地电缆	架空线	埋地电缆
低压线路	0.22	≤ 0.15	≤ 0.20	≤ 50	≤ 100
	0.38	≤ 0.25	≤ 0.35	≤ 100	≤ 175
中压线路	6	10~5	≤ 8.00	≤ 2000	≤ 3000
	10	15~8	≤ 10.00	≤ 3000	≤ 5000
高压线路	35	50~20		0.2~1万	
	110	150~50		1~5万	
	220	300~100		10~50万	
	330	600~200		20~100万	

风景园林工程设施所直接使用的电源电压主要为220V和380V，属于供电系统的低压线路，其最远输送距离在250m以下，当传输距离大于250m，计算负荷大于100kW（千瓦）时宜采用高压供电，再通过变电箱进行供配电。

2）电力的输送

由火力发电厂或水电站生产的电能，要通过很长的线路输送，才能送达到电网用户的电器设备。而送电距离越远，则线路的电能损耗就越大。送电的电压越低，电耗也越大。因此，电厂生产的电能必须要用高压输电线输送到远距离的用电地区，然后再经降压，以低压输电线将电能分配给用户。通常，发电厂的三相发电机产生的电压是1kV、10kV或15kV，在送上电网之前都要通过升压变压器升高电压到35kV以上。输电距离和功率越大，则输电电压也越高。高压电能通过电网输送到用电地区所设置的6kV、10kV降压变电所降低电压后，又通过中压电路输送到用户的配电变压器，将电压再降到380/220V，供各种负荷使用。

3）配电线路的布置方式

用户配电主要是经由配电变压器降低电压后，再通过一定的低压配电方式输送到用户设备上。低压配电线路的布置形式见表8-12，图8-33。

在风景园林工程配电线路布局中，需按负荷的分布情况，设若干配电箱，由就近低压配电柜供电，完成对附近负荷的现场控制。另外，对于风景园林照

低压配电线路布置形式表　　表 8–12

布置形式	特征	备注
链式线路	从配电变压器引出的 380/220V 低压配电主干线，顺序地连接起几个用户配电箱，其线路布置如同链条状	适宜在配电箱设备不超过 5 个的较短的配电干线上采用
环式线路	通过从变压器引出的配电主干线，将若干用户的配电箱顺序地联系起来，而主干线的末端仍返回到变压器上。这种线路构成了一个闭合的环。环状电路中任何一段线路发生故障，都不会造成整个配电系统断电	供电的可靠性比较高，但线路、设备投资也相应较高
放射式线路	由变压器的低压端引出低压主干线至各个主配电箱，再由每个主配电箱各引出若干条支干线，连接到各个分配电箱。最后由每个分配电箱引出若干支线，与用户配电板及用电设备连接起来	这种线路分布是呈三级放射状，供电可靠性高，但线路和开关设备等投资较大，所以较适合用电要求比较严格，用电量也比较大的用户地区
树干式线路	从变压器引出主干线，再从主干线上引出若干条支干线，从每一条支干线上再分出若干支线与用户设备相连。这种线路呈树木分枝状，减少了许多配电箱及开关设备，因此投资比较少	若主干线出故障，则整个配电线路即不能通电，可靠性较低
混合式线路	即采用上述两种以上形式进行线路布局，构成混合了几种布置形式优点的线路系统。例如，在一个低压配电系统中，对一部分用电要求较高的负荷，采用局部的放射式或环式线路，对另一部分用电要求不高的用户，则可采用树干式局部线路。整个线路则构成了混合式	

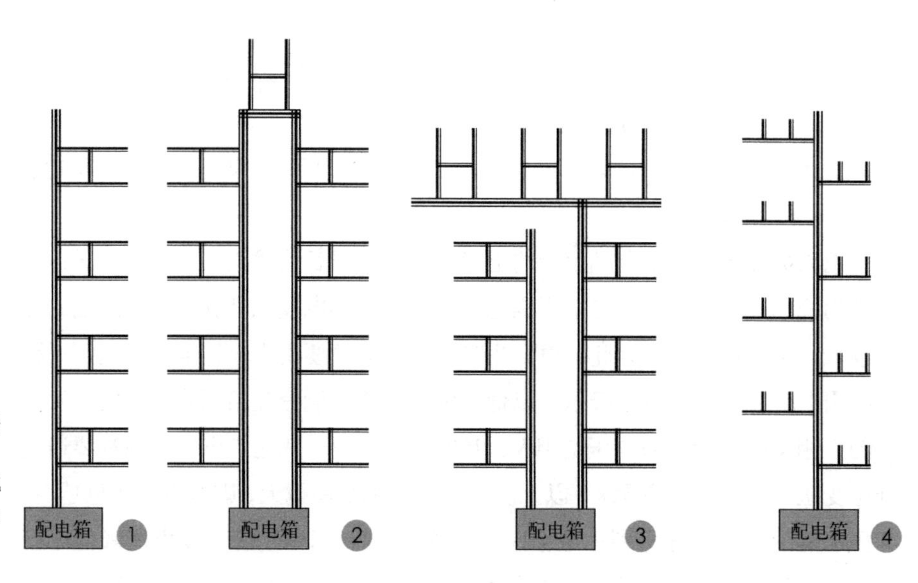

图 8–33　低压配电线路布置形式
1—链式线路；2—环式线路；3—放射式线路；4—树干式线路

明，可在每个照明配电箱内设制一台照明调控装置，以完成对照明灯具的开闭时间、节能等智能化控制。

2. 变配电设施的选择与布局

当用电负荷、用电量、供电电源及配电线路布置形式确定后，在风景园林工程中便可向供电局申请安装相应容量的配电变压器，并根据变压范围、容量、供电半径等选择和布局相应的变配电设施（图 8–34）。

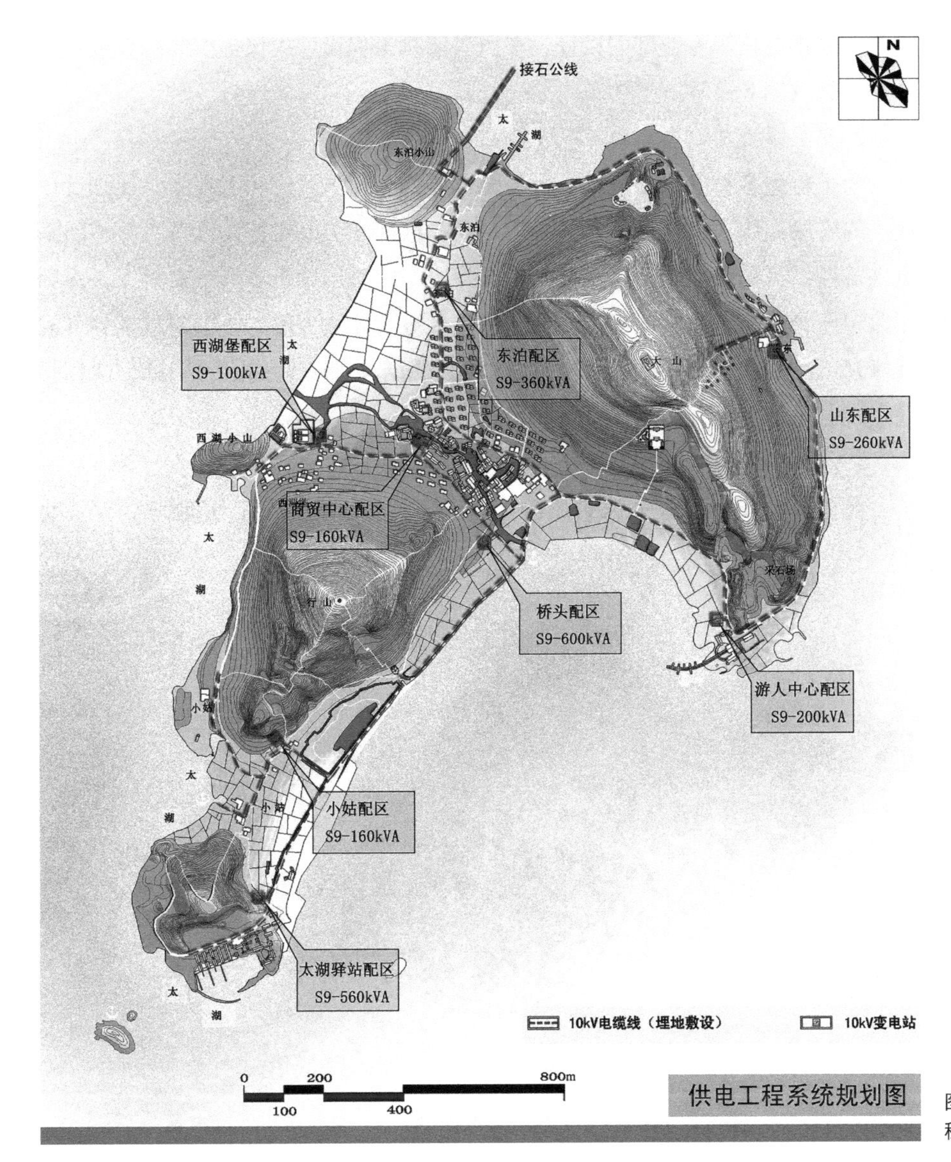

图 8-34 某景区供电工程系统规划图

变压器的布置一般有三种方式：一是布置在独立的变电房中，二是附设在其他建筑物内部，三是在电杆上作为架空变压器。不论采用何种布置方式，都要尽量布置在接近高压电源的地方，以使高压线进线方便；并且要尽量布置在用电负荷的中心地带。在变压器布置时，应注意不要布置在地势低洼潮湿的地方，特别是不要布置在百年一遇洪水水位以下地区；在有易燃物或有剧烈振动的场所，也不宜布置变压器。

8.3.5 弱电系统规划设计

1. 内容

风景园林工程弱电系统规划设计，一般包括电话、安保系统、公共广播、有线电视、宽带网络、移动网络等。其中电话、有线电视、宽带网络、移动网络等一般由电信等专业部门设计，在风景园林工程设计中仅提供终端数量及配合预埋管（图 8-35）。

2. 安保系统

为了避免各种潜在的危险，在公园、居住区等风景园林工程中常规划设计统一的安保系统。目前，一般多采用主动式远红外多光束控制设备，并与闭路电视监控系统配合使用作为主要的安保手段。即采用远距离红外对射探头，利用接口与布线相连，实现周边防范。一旦周边有非法入侵者企图跨越周界（或围墙），管理处的管理机或计算机就会发出报警，同时显示报警的编码、时间、地点、电子地图等（图 8-36）。

3. 公共广播

大型风景园林工程如风景旅游区、城市公园、广场等，一般均设置公共

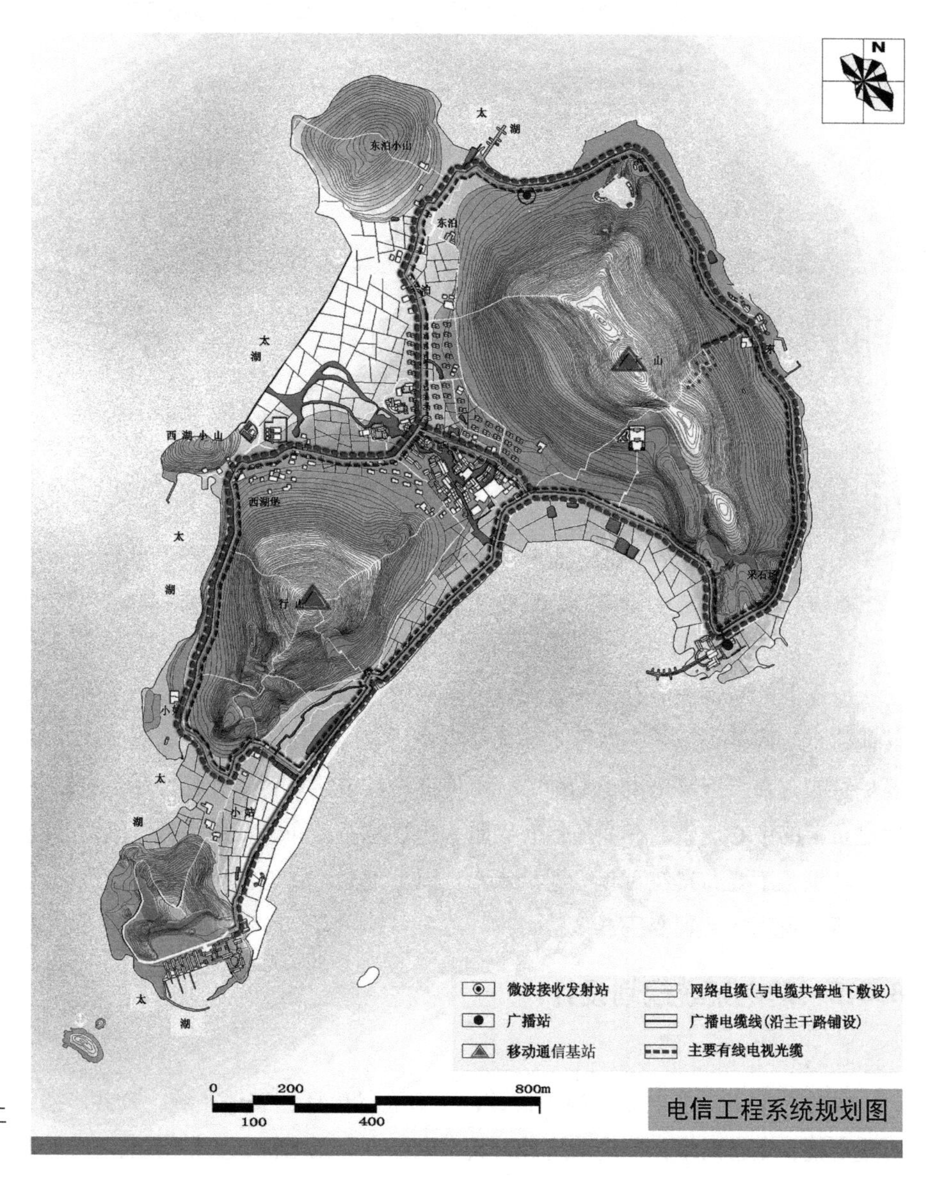

图 8-35 某景区弱电工程系统规划图

图 8-36 红外安保围墙

广播系统，提供业务广播和通知等服务，同时提供背景音乐，营造舒适的景观环境。公共广播系统一般由广播控制中心、连接线路、信号终端等组成，广播控制中心里设置前级增音机并具有数路信号输入，设有 AM/FM 收音、CD 播放、录放，及分区广播控制，并且具有紧急广播优先的功能；信号终端——扬声器根据场所需要而做不同的布置；两者由分区控制器及弱电线路进行连接与控制（图 8-37）。

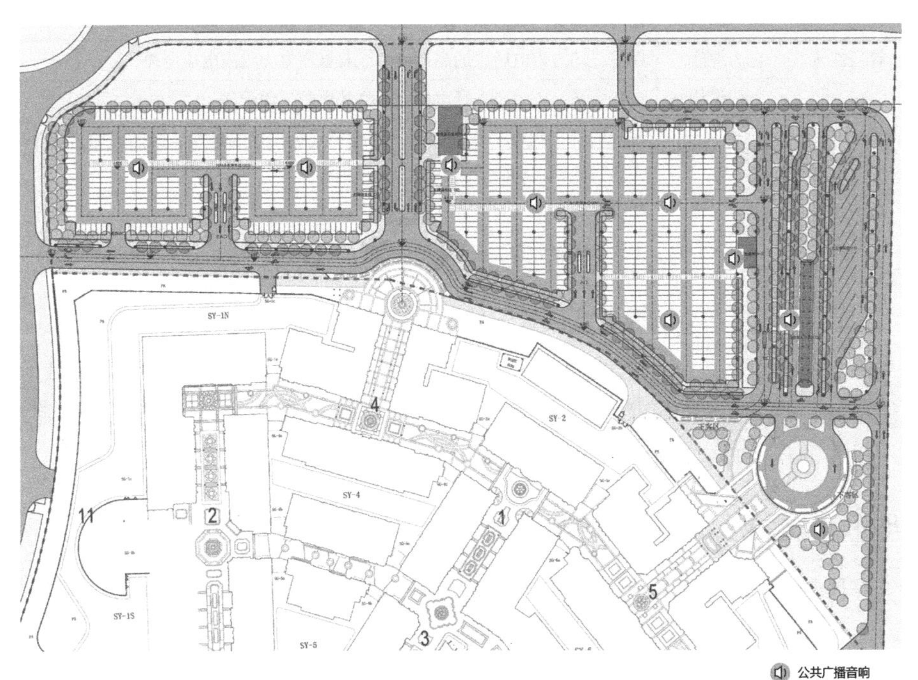

图 8-37 某景区停车场公共广播布置图

8.4 其他基础工程及管线综合

在较为复杂的风景园林工程中，由于服务设施类别的多样化，需要进行燃气、供暖等基础工程的规划设计，目前在实际工程中专业分工越来越细化，该类工程设计多为供气、供暖等部门进行专项设计，而对管线的综合控制和设计则是风景园林基础工程设计的重点。

风景园林工程管线综合，就是对风景园林工程内外管线的规划设计现状及施工情况进行全面的分析和研究，找出并解决管线之间的冲突和矛盾，对全部管线进行统一安排，确定相互之间的协调关系，为管线工程的正确施工创造有利的条件，同时通过管线综合设计校核风景园林完成面内铺装、绿化、水景等风景园林元素与管线设施之间的布局关系，协调相互之间的关系。

8.4.1 工程管线的类别

相对居住区、商业区等城市功能性用地，绿地景观区工程管线种类相对较少，管线分布密度也不高，布置相对灵活，因此管线之间产生矛盾的时候也较少。风景园林工程管线类别可按管线性质与用途、压力输送方式等进行如下划分（表 8–13）。

风景园林工程管线类别划分表　　表 8–13

划分方式	类别	内容
管线性质与用途	给水管	包括生活、生产、造景、游乐、消防等给水管道
	排水沟管	包括雨水管沟和污水管
	电力缆线	照明、动力用电所设的高压、中压及低压电力线或电力电缆
	电信缆线	包括电话、广播、光纤电视、网络等电信工程管线
	气体类管道	风景园林工程中餐饮、住宿、管理等设施所用的燃气、天然气管道和冬季采暖、温室加热所用的蒸汽、热水管道等
压力输送方式	压力管道	如给水管、煤气管等自身具有一定管压的工程管道
	重力自流沟管	主要是依靠水的自重力而进行排放的雨水管、污水管、排水明沟等

表 8–13 中所列的管线是风景园林工程中经常应用的管线。在城市环境中可能偶尔会有另外一些管线经过风景园林区域，如公路、铁路及其涵管、电车轨道线、热水管道、乙炔管、氧气管、压缩空气管、石油管、酒精输送管等。在风景园林工程管线综合中，均需要做出协调和安排。

8.4.2 景观工程管线的敷设方式

风景园林工程管线的敷设方式一般可分为架空敷设和地下埋设两大类。

1. 架空敷设

在风景园林工程中，为了减少工程管线对景观的破坏作用，应尽量避免采用架空敷设管线的方式。但在不影响景观的边缘地带或建筑群之中，为了节约工程费用，也可酌情进行架空敷设。管线架空敷设时，架设高度要根据管线的安全性、经济性和视觉干扰性来确定。表 8–14 为风景园林工程中各类管线的架空敷设要求。

在建筑群内，可利用建筑的外墙墙面、挑件等对低压电线、弱电类电信线

风景园林工程管线架空敷设要求表　　　　**表 8-14**

管线类别	架设要求
蒸汽管、热水管	一般沿着风景园林区域边缘地带低空架设，支架高 1m 左右，便于在旁边配植灌木进行遮掩。管道一般外设保温层。热力管道也可利用围墙或隔墙墙顶作敷设依托，架设于墙上
低压电线	敷设高度以两电杆之间电线下垂的最低点距绿化地面 5m 为准，人迹罕到的边缘地带可为 4m，电线底部距其下的树木至少 1m；电线两侧与树木、建筑等的水平净距，至少也要 1m。电杆的间距可取 30~50m
弱电类电信线	可用电杆架设。线路离地高 3~5m，电杆的间距可为 35~40m
高压输电线路	35kV 和 110kV 的高压线，杆塔标准高度为 15.4m；220kV 的高压线，用铁塔敷设，铁塔标准高 23m。高压线与两旁建筑、树木之间的最小水平距离，35kV 电线为 6.5m，110kV 电线为 8.5m，220kV 电线则为 11.2m。高压线杆塔的间距：35kV 的为 150m，110kV 的为 200~300m

等进行架空敷设。

2. 埋地敷设

埋地敷设是风景园林工程管线主要的敷设方式，各类管道均可进行埋地敷设，根据管线之上覆土深度的不同，管线埋地敷设又可分为深埋和浅埋两类。所谓深埋，是指管道上的覆土深度大于 1.5m；而浅埋，则是指覆土深度小于 1.5m。管道深埋或浅埋方式的确定，主要由管道类别、地方冰寒气候、土壤冰冻线等因素共同决定。表 8-15 为风景园林工程中各种管线在采取埋地敷设时的最小埋设深度。

当有多条管线平行埋设在一处如道路之下时，为避免相互影响并保证管线安全，管线之间在水平方向上和垂直方向上都要留有足够的间距。特别是管线相互交叉穿过时，更要保证管线的垂直间距，以免造成管线之间的冲突。

地下管线最小埋设深度表　　　　**表 8-15**

管线类别		埋设深度（m）	备注
电力电缆	小于 10kV	0.7	可埋设在地道中，地道顶距地面 0.5m 以上
	小于 20~35kV	1.0	
电信线缆	铠装电缆	0.8	在人行道下可减小 0.3m
	管道	0.7~0.8	
热力管道	直埋土中	1.0	
	埋在地道中	0.8	地道埋深指地道顶至地面的深度，在特殊情况下埋深可不小于 0.3m
煤气管道	干煤气	0.9	湿煤气管道应埋在冰冻线以下
	湿煤气	不小于 1.0	
给水管道		冰冻线下	不连续供水的应在冰冻线以下，连续供水的保证不冻时可浅埋
		浅埋	
排水管道		不小于 0.7	应埋在冰冻线以下，有防冻措施时埋深可不小于 0.7m
污水管道	$D \leq 30$cm	冰冻线上 0.3	埋深不小于 0.7m，在有保温措施或不受外来荷载破坏时可小于 0.7m
	$D \geq 400$cm	冰冻线上 0.5	

表 8-16 是各种地下管线间最小水平净距表。净距，是指管线与管线外皮之间的净空距离。

地下管线间最小水平净距表（单位：m） **表 8-16**

类型		建筑物	给水管	排水管	燃气管				热力管	电力电缆	直埋电信电缆	电信管道	乔木（中心）	灌木	地上杆柱（中心）	道路侧石边缘	备注
					低压	中压	高压	高压									
建筑物			3.0	3.0	2.0	3.0	4.0	15.0	3.0	0.6	0.6	1.5	3.0	1.5	3.0	—	
给水管		3.0		1.5	1.0	1.0	1.0	5.0	1.5	0.5			1.5	−*g*	1.0		
排水管		3.0*a*	1.5*b*	1.0	1.0	1.0	1.0	5.0	1.5	0.5	1.0	1.0	1.0*f*	−*g*	1.0		
燃气管	低压	2.0	1.0	1.0					1.0	1.0	1.0	1.0	1.5	1.5	1.0	1.0	
	中压	3.0	1.0	1.0					1.0	1.0	1.0	1.0	1.5	1.5	1.0	1.0	
	高压	4.0	1.0	1.0					1.0	2.0	2.0	1.0	1.5	1.5	1.0	1.0	
	高压	15.0	5.0	5.0					4.0	2.0			2.0	2.0	1.5	2.5	表中*a*、*b*、*c*、*d*等具体含义见注释
热力管		3.0	1.0	1.0	1.0	1.0	1.0	4.0		2.0	1.0	1.0	2.0	1.0	1.0		
电力电缆		0.6	0.5	1.0	1.0	1.0	1.0	2.0	2.0	−*c*	0.5	0.2	1.5		0.5		
直埋电信电缆		0.6	1.0*d*	1.0	1.0	1.0	2.0	10.0	1.0	0.5		0.2	1.5		0.5		
电信管道		1.5	1.0*d*	1.0	1.0	1.0	2.0	10.0	1.0	0.2	0.2		1.5		1.0		
乔木（中心）		3.0*e*	1.5	1.0	1.5	1.5	1.5	2.0	2.0	1.5	1.5	1.5		—	2.0	1.0	
灌木		1.5	−*g*	−*g*	1.5	1.5	1.5	2.0	1.0				—		−*g*	0.5	
地上杆柱（中心）		3.0	1.0	1.0	1.0	1.0	1.0	1.5	1.0	0.5	0.5	1.0	2.0	−*g*		0.5	
道路侧石边缘		—	1.5*h*	1.0*h*	1.0	1.0	1.0	2.5	1.5*i*	1.0*i*	1.0*i*	1.0*i*	1.0	0.5	0.5		

注：

a：排水管埋深浅于建筑物基础时，其净距不小于 2.5m；而埋深深于建筑物基础，则净距不小于 3.0m。

b：表中数值适用于给水管管径 $D \leqslant 200$mm；如 $D>200$mm 时应不小于 3.0m。当污水管的埋深高于平行敷设的生活给水管 0.5m 以上时，其水平净距：在渗透性土壤地带不小于 5.0m，如不可能时，可采用表中数值，但给水管须用金属管。

c：并列敷设的电力电缆相互间的净距不小于下列数值：① 10kV 及 10kV 以上的电缆与其他任何电压的电缆之间，为 0.25m；② 10kV 以下的电缆之间，和 10kV 以下电缆与控制电缆之间，为 0.10m；③控制电缆之间，为 0.05m；④非同一机构的电缆之间，为 0.50m。在上述①、④两项中，如将电缆敷设在套管内或装置隔离板加以可靠的保护，则净距可减至 0.10m。

d：表中数值适用于给水管 $D \leqslant 200$mm；如果 D=250~500mm 时，净距为 1.5m；$D>500$mm 时，为 2.0m。

e：尽可能大于 3.0m。

f：与现状大树距离为 2.0m。

g：不需间距。

h：距道路边沟的边缘或路基边坡底均应不小于 1.0m。

i：铁路与各种管线的最小水平净距可参考铁路部门有关规定。

表 8-17 是各种地下管线交叉敷设或平行敷设时，在垂直方向上的最小净距。表中数据为净距数字，如管线敷设在套管或地道中，或者为有基础的套管在其他管线上面越过时，其净距自套管、地道的外边或基础的底边算起。电信电缆或电信管道一般在其他管线上面越过。而电力电缆则一般布置在热力管道和电信管缆下面，但也需要在其他管线上面越过。低压电缆应安排在高压电缆以上；如高压电缆用砖、混凝土块或把电缆装入管中加以保护时，则低压和高压电缆之间的最小净距可减至 0.25m。煤气管应尽量在给水、排水管道上面越

地下管线间的最小垂直净距（单位：m） 表8-17

管线名称			铺设在下面的管线						
			给水管	排水管	热力管	燃气管	电力线		电力电缆
							铠装电缆	管道	
铺设在上面的管线	给水管		0.10	0.10	0.10	0.10	0.20	0.10	0.20
	排水管		0.10	0.10	0.10	0.10	0.20	0.10	0.20
	热力管		0.10	0.10	—	0.10	0.20	0.10	0.20
	燃气管		0.10	0.10	0.10	0.10	0.20	0.10	0.20
	电信	铠装电缆	0.20	0.20	0.20	0.20	0.10	0.10	0.20
		管道	0.10	0.10	0.10	0.10	0.15	0.10	0.15
	电力	高压电缆	0.20	0.20	0.20	0.20	0.20	0.15	0.50
		低压电缆	0.20	0.20	0.20	0.20	0.20	0.15	0.50
	明沟（沟底）		0.50	0.50	0.50	0.50	0.50	0.50	0.50
	涵洞（基础底）		0.15	0.15	0.15	0.15	0.20	0.25	0.50
	电车（轨道底）		1.00	1.00	1.00	1.00	1.00	1.00	1.00
	铁路（铁轨底）		1.00	1.00	1.00	1.00	1.00	1.00	1.00

过。热力管一般在电缆、给水、排水、燃气等管道上安装。排水管道通常布置在其他所有管线下面。

8.4.3 工程管线综合布置原则

风景园林工程管线综合布置应遵循如下一般原则：

1. 定位统一

在平面上布置各种管线时，管线的平面定位应尽量采用统一的世界或城市坐标系统和高程系统，以免发生混乱和互不衔接的情况。

2. 合理利用现状

对现状中已有的管线，如穿越风景园林工程用地的城市水电干线和风景园林工程基建施工中敷设的永久性管线，应尽量直接利用，原有管线仅部分可用的，要经过整理、改造后，再加利用。只有确实不符合工程继续使用要求的，才考虑弃用和拆除。

3. 尽量埋地敷设

各种管线应尽可能采取埋地敷设的形式，并且尽可能沿着边缘地带敷设。但在沿边敷设会使管线长度增加时，可离开边缘地带，采取最短的路线敷设。在不影响今后的运行、检修和合理占用土地的情况下，尽量使线路最短、最简捷。多数管线最好布置在绿化用地中，以便后续运行中进行检修。

4. 保证合理的埋设距离

管线从建筑边线、围墙边线等向外侧水平方向平行布置时，布置的次序要根据管线的性质及其埋设深度来确定。可燃、易燃的和损坏时对房屋基础及地下室有危害的管道，要埋设在离建筑物较远的位置。埋设较深的管道应适当远离建筑、围墙等建筑和构筑物。地下管线自上向下布置的顺序一般为：电力电缆、电信电缆或电信管道、燃气管道、热力管道、给水管道、雨水管道、污水管道。

5. 尽量避免交叉

埋设在园路、建筑旁边的管线，一般应与道路中心线或建筑边线平行，尽量一侧布局，减少管线的随意变换，并力求减少管线交叉。当管线发生交叉冲突时，一般采取如下避让原则：临时管线让永久性管线；小管道让大管道；可弯曲的管线让不易弯曲的管线；压力管道让重力自流管道；还未敷设的管线让已经敷设的管线。

6. 充分考虑后续发展需求

管线规划布局时，要考虑后续的发展变化，为以后新增支线留下埋设的余地。

8.4.4 工程管线设计综合

1. 任务

风景园林工程管线设计的主要任务为：根据各类管线具体的设计资料和规划所定管线的使用情况来确定各项管线具体的平面位置，检查管线在立体上的相互关系（如相互之间的水平净距及垂直净距、从上到下的敷设顺序等），并解决和协调不同管线在发生交叉时的矛盾关系。

2. 内容

管线设计综合工作的内容一般包括：管线工程平面布局设计综合和管线交叉点竖向设计等。

1）管线工程平面布局设计综合

主要协调布局各类风景园林工程管线的平面布置位置；分支及交叉情况；起端、终端、转折点，以及在基地边界处的进出口的平面定位；各类管线之间的相互距离等。

2）管线交叉点竖向设计

对各条管线交叉点处的高程进行控制，使管线能够顺利地交叉，避免矛盾和冲突。可以垂距简表法、垂距表法及直接引注法等方法进行表达（表 8-18）。

管线交叉点竖向设计表达方法表 **表 8-18**

表达方法	具体方法	备注
垂距简表法	在管线的每一个交叉点处画一垂距简表，来标明管线的高程和垂距	表 8-19、图 8-38
垂距表法	先将管线交叉点进行编号，然后再根据编号将管线交叉点标高等各种数据填入另外绘制的交叉管线垂距表中	表 8-20、图 8-39
直接引注法	对交叉口标高不用垂距表或垂距简表表示，而是在管线交叉点处，将两管相邻的外壁高程用线引出，直接注写在图纸空白处	图 8-40

垂距简表　　　　表8-19

管线名称	截面	管底标高	净距	地面标高
…				

交叉管线垂距表　　　　表8-20

交叉口图	交叉口编号	管线交点号	交点地面高	上层管道				下层管道				垂直净距	附注
				名称	截面	管底高	埋深	名称	截面	管底高	埋深		
	2	A		给水				污水					
		B		雨水				污水					
		…											

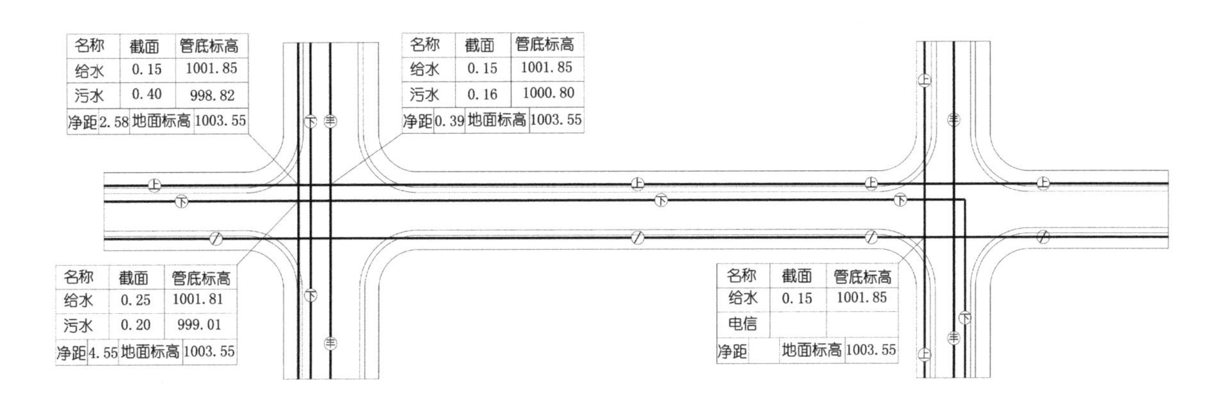

图8-38　垂距简表法

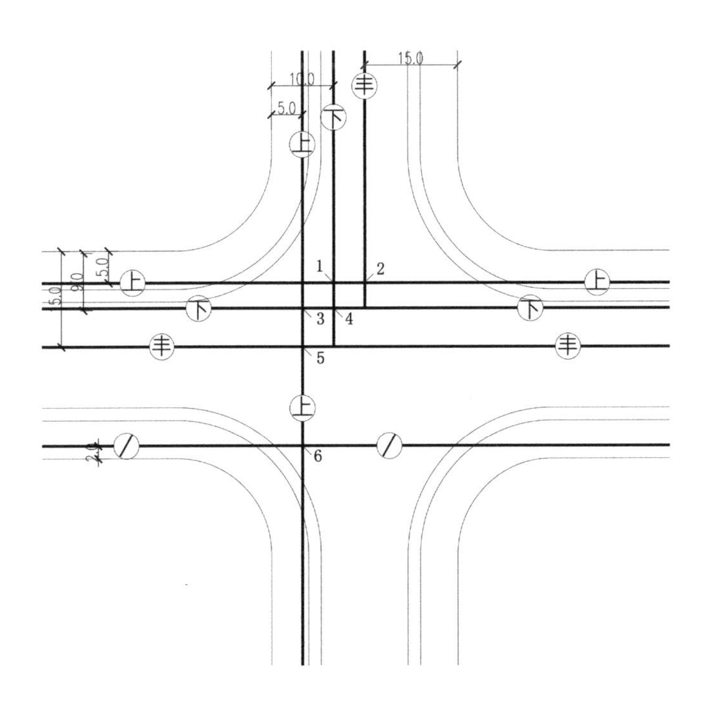

图8-39　某道路交叉口管线平面图

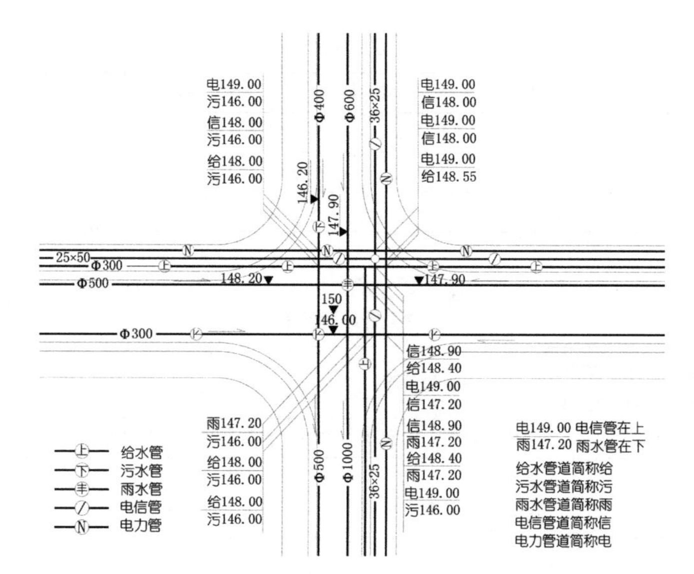
电149.00
污146.00
信148.00
污146.00
给148.00
污146.00
Φ400
Φ600
36×25
146.20
147.90
电149.00
信148.00
电149.00
信148.00
电149.00
给148.55
25×50
Φ300
Φ500
148.20
147.90
150
146.00
Φ300
信148.90
给148.40
电149.00
信147.20
信148.90
雨147.20
给148.40
雨147.20
电149.00
污146.00
雨147.20
污146.00
给148.00
污146.00
给148.00
污146.00
Φ500
Φ1000
36×25
给水管
污水管
雨水管
电信管
电力管
电149.00 电信管在上
雨147.20 雨水管在下
给水管道简称给
污水管道简称污
雨水管道简称雨
电信管道简称信
电力管道简称电

图 8-40　直接引注法

第3部分　风景园林详细工程设计

第9章　风景园林建筑构筑物工程

风景园林建筑与构筑物的类型与特征

中国传统园林建筑导读

常见风景园林建筑与构筑物设计

9.1 风景园林建筑与构筑物的类型与特征

作为主要造景元素，风景园林建筑与构筑物在风景园林工程中一直占有非常重要的位置，从其在风景园林环境中承担的主导功能，可分为管理与服务类、停留与休憩类、观赏与点景类、安全与功用类等四大类型（表 9–1、图 9–1）。

风景园林建筑与构筑物的类型和形式 **表 9–1**

类型	特征	主要形式
管理与服务类	风景园林环境中为游客提供服务的各类功能性景观建筑与构筑物，以及维持风景园林环境运作的管理性建筑物与构筑物	风景区内的游客中心、宾馆、管理建筑等，公园的大门、小卖、茶室、露天剧场、游船码头、公厕、管理建筑、倒班房等
停留与休憩类	风景园林环境中为游人提供停留、休息、休憩等功能的各类景观建筑与构筑物	亭、廊、花架、榭、桥等
观赏与点景类	在风景园林环境中起到点缀景观，提供自身观赏或对外借景观赏功能的景观建筑与构筑物	亭、台、楼、阁、塔、桥、榭、舫等
安全与功用类	为各类风景园林工程提供安全和功用保障的景观建筑与构筑物	挡土墙、围墙、围栏、水闸、排水泵站、垃圾转运站等

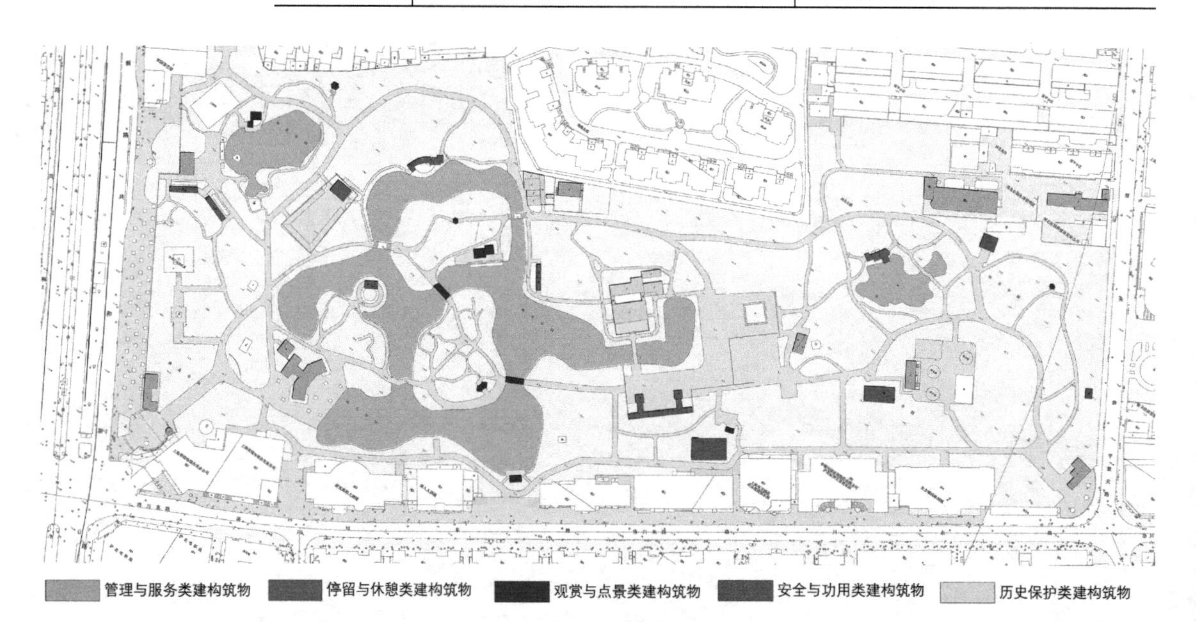

图 9–1 某公园建筑构筑物分类总图

在风景园林环境中建筑与构筑物的功能往往具有多样性，可能主导功能为服务功能，辅助功能则为休憩功能，而同时具有点景的补充功能，不仅需要针对具体位置、服务人群、建筑规模等而确定，同时需结合周边环境进行景观化处理和设计。

9.1.1 管理与服务类建筑与构筑物

该类风景园林建筑与构筑物根据游人的使用频率可分为服务类及管理类

两类。前者主要为游人服务使用，后者则多为管理人员使用。由于使用对象、类型特征等不同，管理服务类风景园林建筑与构筑物在位置选择和布局上，也不尽相同。如入口大门的选择需综合考虑区内外的交通、用地等环境而决定；小卖部、公厕等需充分考虑其均布性和均好性；游客中心需尽量靠近游人集中处及风景旅游区出入口区域；宾馆餐饮建筑需考虑地形、景观、配套设施的连接等协调布局；游船码头需结合水岸规划、水位情况、风向情况、人流情况等综合布局；管理建筑则既要考虑管理的便利性，又要考虑位置的相对独立性（图 9-2）。

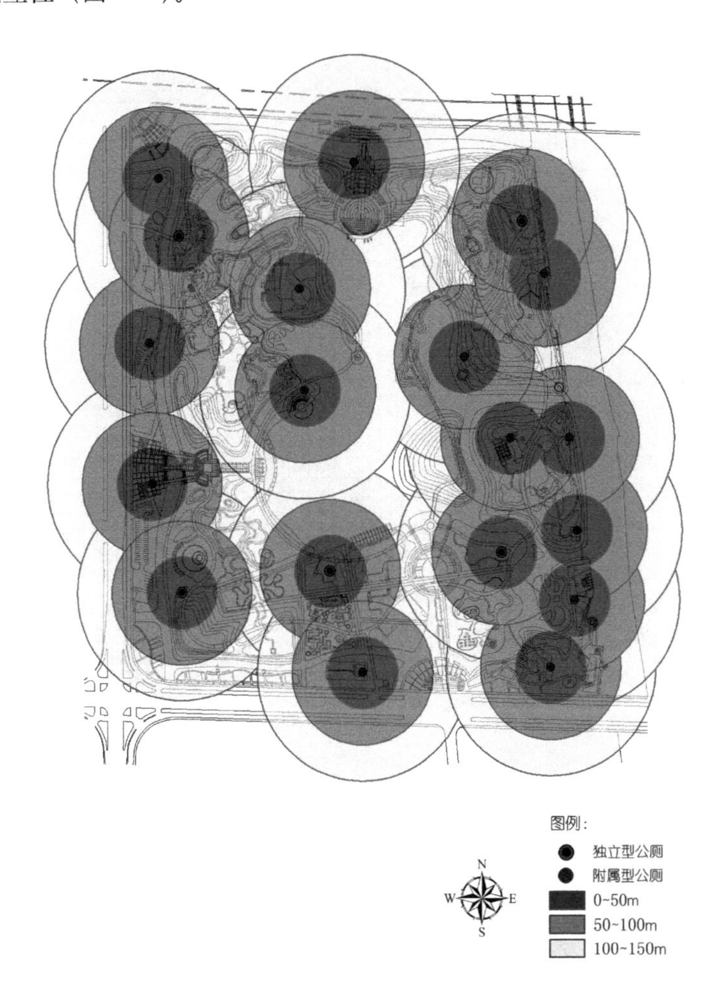

图 9-2 某公园公厕分布规划图

由于不同建筑的使用规律各具特点，在设计上管理服务类风景园林建筑与构筑物需遵循如下几方面的原则：

1）综合考虑基地内外的景观、地形地质条件、交通环境等规划布局其空间组成，使得建筑物与构筑物和环境有机融合；

2）充分解析不同类型建筑与构筑物的构成模式，从而确定其平面与空间布局；

3）在使用功能满足的基础上，注重功能与形式的有机统一。

9.1.2 停留与休憩类建筑与构筑物

该类建筑的主要服务对象为游人，是游人在风景园林环境游憩过程中，遮风、避雨、休息的主要停留之所。因此在布局和设计时需注意如下几方面的问题：

1）充分考虑游人量和游人的使用需求进行合理布局，既考虑该类建筑与构筑物的均布性和均好性，又要根据不同景区景点形成体系化、级差式布局。

2）根据游人的游览速度、遭遇突发天气时的步行时间距离等划分服务区域，确定合理的服务半径（图 9-3）。

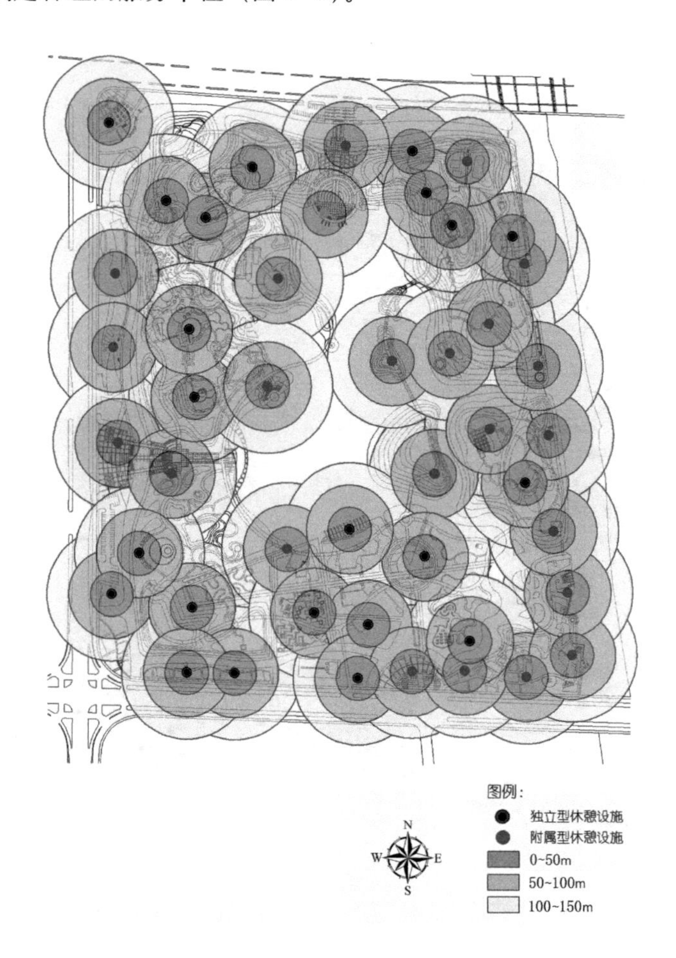

图 9-3 某公园停留休憩设施分布规划图

3）应根据游人的结构和心理特征（如恋人、单独使用人群、老年人、儿童、团体等不同人群对开放、私密程度不同），并结合景区来确定其布局位置。

4）在设计上需根据游人停留时间、停留方式等确定休息休憩设施的空间布局，体现不同时段、不同年龄人群、不同方式的使用需求（图 9-4）。

9.1.3 观赏与点景类建筑与构筑物

该类建筑在风景园林环境中主要起到点缀景观，提供自身观赏或对外借景的观赏功能，往往具有画龙点睛的效果。因此，在布局和设计上较上述两类建

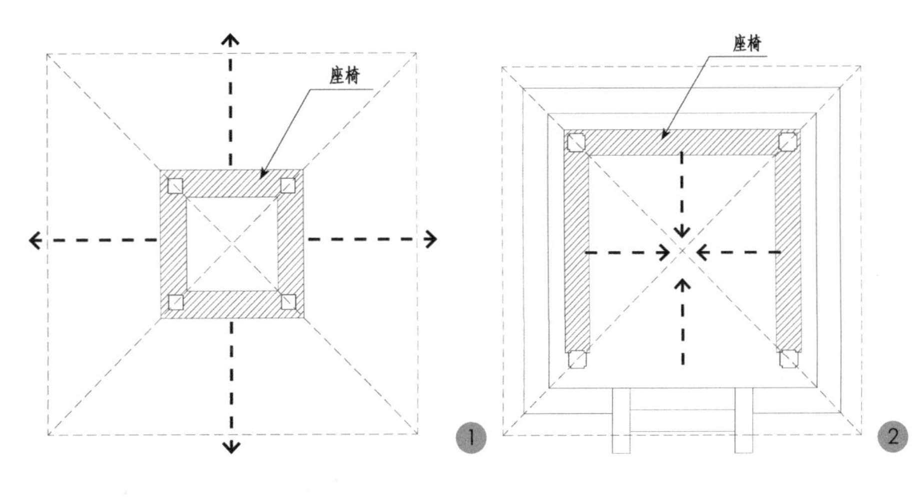

图 9-4　不同休憩设施布局形成的不同空间形式
1—互不干扰的外向空间；
2—促进交流的内向空间

筑更注重其视觉景观效果，规划设计需要注意如下几方面的问题：

1）充分考虑造景需求与周边环境的关系，确定该类建筑与构筑物点景或借景的功能，从而进行位置布局。

2）点景建筑与构筑物要切题，标志性点景建筑与构筑物要突出其标志性、识别性，应充分考虑其造型、比例、色彩等；人文意境类点景建筑与构筑物要符合风景园林的意境需求，不求建筑造型的独特，可结合匾额、楹联等凸显景点的氛围与意境（图 9-5）。

图 9-5　通过匾额、楹联凸显景点氛围与意境的景观亭

3）借景类建筑与构筑物，需充分研究其与所借景观的相互关系，分析两者之间的视线构成，如平视、仰视、俯视等关系，水平视角与垂直视角的大小等（图 9-6）。

9.1.4　安全与功用类建筑与构筑物

该类建筑与构筑物的主要功能是为各类风景园林工程提供安全和功用保障，在规划布局与设计时，首先需要考虑的是其结构安全、工艺流程等功能要求，而景观往往处于相对次要的地位（该类建筑在设计时在满足其功能需求的基础上，也应充分对其进行景观化处理）。因此，在布局和选择该类建筑位置时，既需要考虑设备、设施的便捷运输与维修，也要考虑如何限制游人的进入。

图 9-6　点景与借景的杭州西湖雷峰塔

9.2　中国传统园林建筑导读

作为中国传统园林的四大设计要素之一，园林建筑一直占据非常重要的地位。中国传统园林建筑既有亭、台、楼、阁等不同的名称类型，有庑殿、歇山、攒尖等屋顶形式类型，也有抬梁、穿斗等结构类型，同时也有水戗发戗、嫩戗发戗等屋角起翘方式。为此，本书以表格的形式对中国传统木构建筑（园林建筑的主要形式）进行归类总结，以便简洁明了地对中国传统园林建筑有所认识（表 9-2）。

中国传统园林建筑的分类　　表 9-2

分类方式	类型	特征
屋顶形式（图 9-7）	庑殿	四面斜坡，有一条正脊和四条斜脊，屋面稍有弧度，又称四阿顶。可分为重檐庑殿顶和单檐庑殿顶。是中国传统建筑中最高级别的建筑，在园林中一般很少用到
	歇山	是庑殿顶和硬山顶的结合，即四面斜坡的屋面上部转折成垂直的三角形墙面。有一条正脊、四条垂脊，四条戗脊组成，所以又称九脊顶。可分为重檐歇山顶和单檐歇山顶
	攒尖顶	平面为圆形或多边形，上为锥形的屋顶，没有正脊，有若干屋脊交于上端，其上饰以宝顶。一般亭、阁、塔常用此屋顶形式。可分为单檐攒尖顶、重檐攒尖顶、多重檐攒尖顶等
	悬山	屋面双坡，两侧伸出山墙之外。屋面上有一条正脊和四条垂脊，又称挑山顶
	硬山	屋面双坡，两侧山墙同屋面齐平，或略退后于屋面
	卷棚	屋面双坡，没有明显的正脊，即前后坡相接处不用脊而砌成弧形曲面
	十字脊顶	两个歇山顶呈垂直方向正脊相交成十字，多用于角楼等建筑
	盔顶	与攒尖顶相似，只是汇交于宝顶之戗脊为曲线，形成类似盔形的屋顶
	盝顶	呈四面坡，而顶部由四条正脊围成平顶，类似一台形。在金、元时期比较常用，元大都具有相当多的盝顶建筑，明、清两代也有较多的盝顶建筑
	其他	单坡顶、穹隆顶、圆拱顶等

续表

分类方式	类型	特征
传统木结构建筑的结构形式（图 9-8）	抬梁式	抬梁式结构是中国古代木结构的一种主要形式，大多应用于官式建筑与北方民间建筑中。其基本结构特征是沿房屋进深方向，柱子支撑大梁，大梁上再放置较短的梁，这样层层叠置而成的梁架，再放置在柱顶或柱网上的水平铺作层上，从而形成建筑的主要结构骨架
	穿斗式	穿斗式结构的特点是沿房屋的进深方向按檩数立一排柱，每柱上架一檩，檩上布椽，屋面荷载直接由檩传至柱，不用梁。每排柱子靠穿透柱身的穿枋横向贯穿起来，成一榀构架。每两榀构架之间使用斗枋和纤子连接起来，形成一间房间的空间构架。斗枋用在檐柱柱头之间，形如抬梁构架中的阑额；纤子用在内柱之间。斗枋、纤子往往兼作房屋阁楼的龙骨 穿斗式结构用料较少，建造时先在地面上拼装成整榀屋架，然后竖立起来，具有省工、省料，便于施工和比较经济的优点。同时，密列的立柱也便于安装壁板和砌筑夹泥墙
	井干式	一种不用立柱和大梁的房屋结构，该结构以圆木或矩形、六角形木料平行向上层层叠置，在转角处木料端部交叉咬合，形成房屋四壁，形如古代井上的木围栏，再在左右两侧壁上立矮柱承脊檩构成房屋，是一种横向的结构体系
	干栏式	干栏式结构是中国古代木构建筑主要用于潮湿地区的一种结构形式。其主要特征是将房屋的底层用较短的柱子架空，柱端上铺木板，形成室内的地面，地板之上架设类似穿斗式结构的木构架
名称（图 9-9、图 9-10）	殿堂	布局上处于主要地位的大厅或正房，结构高大而间架多，气势雄伟，多为帝王治政执事之处。在宗教建筑中供神佛的地方，亦称殿。如颐和园东部的殿堂、佛寺中的主殿等
	厅	是满足会客、宴请、观赏花木或欣赏小型表演的建筑，它在古代园林宅第中发挥公共建筑的功能。它不仅要求较大的空间，以便容纳众多的宾客，还要求门窗装饰考究，建筑总体造型典雅、端庄，厅前广植花木，叠石为山。一般的厅都是前后开窗设门，但也有四面开门窗的四面厅
	堂	居中向阳之物为堂（《园冶注释》）。是居住建筑中对正房的称呼，一般是一家之长的居住地，也可作为家庭举行庆典的场所。堂多位于建筑群中的中轴线上，体型严整，装修瑰丽。室内常用隔扇、落地罩、博古架等进行空间分割
	楼	堂高一屋谓之楼（《园冶注释》）。一般多为两层。楼的位置在明代大多位于厅堂之后，在园林中一般用作卧室、书房或用来观赏风景。由于楼高，也常常成为园中的一景，尤其在临水背山的情况下更是如此。楼的横向宽度大于竖向高度，上下高度之比多为 4 ∶ 5，正面为长窗或地坪窗，两侧是砌山墙或开洞门，楼梯可放室内，或由室外倚假山上下楼，造型多样
	台	园林中的台，或叠石很高，而上面平坦；或用木架支高，而上铺平板无屋；或是在楼阁前走出一步而开敞的，都叫做台（《园冶注释》）
	阁	阁是指四坡顶而四面皆开窗的建筑物（《园冶注释》）。阁一般形与楼相似，但较小巧。平面为方形或多边形，多为两层的建筑，四面开窗。一般用来藏书、观景，也用来供奉巨型佛像。但阁也有一层，一般建于山上或水池、台之上
	轩	类似古代的车子，取其开敞而又居高之意，一般建于高旷的地方（《园冶注释》）。另外，厅堂出廊部分，顶上一般做卷棚的也称轩
	斋	多作专心攻读静修的学舍书屋之用，一般置于幽静之处，自成院落，与景区分隔成一封闭式景点
	馆	暂时居住的地方，叫作馆，也可为另一住处（《园冶注释》）
	榭	“榭者，藉也”（《释名》）。依借环境而建榭，或临水，或花旁。常见形式多为水榭，体型扁平，并有平台伸向水面，平台周围设矮栏杆，屋顶通常用卷棚歇山式，檐角低平，简洁大方。榭的功用以观赏为主，又可作休息的场所

续表

分类方式	类型	特征
名称（图9-9、图9-10）	舫	运用联想手法，建于水中的船形建筑，犹如置身舟楫之中，整个体形以水平线条为主，其平面分为前、中、尾三段，一般前舱较高，有眺台，作赏景之用；中舱较低，两侧有长窗，供休息和宴客之用；尾舱则多为两层楼，下实上虚，以便登高眺望
	亭	“亭者，停也。人所停集也”（《园冶注释》）。供游人停留休憩的多面观景的点状小品建筑，平面多成几何形
	廊	“廊者，庑出一步也，宜曲宜长则胜”（《园冶注释》），是一种带形的多面观景的通过性建筑
	塔	是重要的佛教建筑，在园林中往往是构图中心和借景对象
	门楼	门上起楼，犹如城门上筑楼以状观瞻，门上无楼，一般也称为门楼（《园冶注释》）
	牌坊	只有华表柱（冲天柱）加横梁（额仿），横梁之上不起楼（即不用斗栱及屋檐）
	牌楼	与牌坊相似，在横梁之上有斗栱、屋檐或“挑起楼”，可用冲天柱制作
	华表	来源于古代氏族社会的图腾标志，多为标志性的竖向构件，如天安门广场前的华表
	墙	园林的墙，用于围合及分隔空间，有外墙、内墙之分。墙的造型丰富多彩，常见的有粉墙和云墙。粉墙外饰白灰以砖瓦压顶。云墙呈波浪形，以瓦压饰。墙上常设漏窗，窗景多姿，墙头、墙壁也常用装饰
屋顶曲线做法	举折（图9-11）	为宋代建筑的屋顶曲线形式，以《营造法式》为标准。先根据进深步架确定脊椽的高度，再自上而下用“折”的办法，依次降低各缝椽的位置，从而定出屋顶曲线
	举架（图9-12）	为清代建筑的屋顶曲线形式，以《营造则例》为标准，先根据房屋的大小和檩数的多少确定步架之间的举高，再自下而上用“架”的办法，依次增高各缝椽的位置，从而定出屋顶曲线
	提栈	提栈的方法与举架基本相同，也是从檐檩推算至脊檩，只是用词和坡度换算系数不同，以《营造法原》为标准，江南建筑多用
屋角起翘	水戗发戗（图9-13）	它是由两根梁上下叠合而成，上面一根称仔角梁，下面一根称老角梁，由仔角梁，叠加于老角梁上而成，夹角较小。起翘平缓持重、雅逸、挺括、舒展且浑厚有力，是北方建筑的主要屋角起翘形式
	嫩戗发戗（图9-14）	嫩戗向上斜插在老戗端部，立脚飞椽也顺着正身飞椽到嫩戗之间的翘度变化，依势向前上方翘起排列，组成一个向上翘起的屋角。屋面上老戗与嫩戗间的凹陷处用菱登木、箴木、扁担木等填成衔接自然的弧度，使屋面到嫩戗尖形成优美的曲线。老戗和坐于其斜上方的嫩戗夹角常在110°~130°之间
	南式水戗发戗（图9-15）	是江南园林建筑较为多用的一种屋角起翘形式，由老戗，有时外加斜坐于戗端的小嫩戗插接而成，但夹角较大，在160°左右。老戗本身不起翘，小嫩戗所起作用不明显，另在屋面戗脊端部上筑小脊，该脊利用铁板和筒瓦泥灰等做成假脊状。其势随戗脊的曲度而变化，戗端逐皮起翘上弯，形如弯弓状，曲线优美，但屋檐平直
内部装修（图9-16）	天花	建筑物内用以遮蔽梁以上部分的构件，一般可分为硬天花、软天花。硬天花以木条纵横相交成若干格，也称为井口开花，每格上覆盖木板，称天花板，天花板圆光中心常绘龙、龙凤、吉祥花卉等图案。软天花又称海漫天花，以木格蓖为骨架，满糊麻布和纸，上绘彩画或用编织物，为等级较低的天花。古典园林建筑主要以硬天花为主，可分为平棊和平闇两种形式 卷棚也是室内天花的一种，在南方又称轩，在房前出廊的顶上用卷曲的薄板或薄薄的望砖搁在卷曲的椽子上。卷棚天花因其轻快、素雅又有变化，故多用于廊、厅堂、亭内
	藻井	中国传统建筑中室内顶棚的独特装饰部分，呈覆斗形的窟顶装饰，一般做成向上隆起的井状，有方形、多边形或圆形凹面，周围饰以各种花纹、雕刻和彩绘。具体可分为方井套叠藻井、盘茎莲花藻井、飞天莲花藻井、双龙莲花藻井、大莲花藻井等

图 9-7 中国传统园林建筑的屋顶形式（上）
1—庑殿顶；2—歇山顶；3—攒尖顶；4—悬山顶；5—硬山顶；6—卷棚顶；7—十字脊顶；8、9—盝顶

图 9-8 中国传统园林建筑的木结构形式（下）
1—抬梁式；2—穿斗式；3—井干式

图 9-9　中国传统园林建筑的名称（一）
1—殿堂；2—厅堂；
3、4—楼;5—楼台;6—阁;
7—轩；8—馆；9、10—榭

图 9-10　中国传统园林建筑的名称（二）
1、2—舫;3—亭;4—廊;
5—塔；6—华表；7—门楼；8—牌坊；9— 牌楼；
10—墙

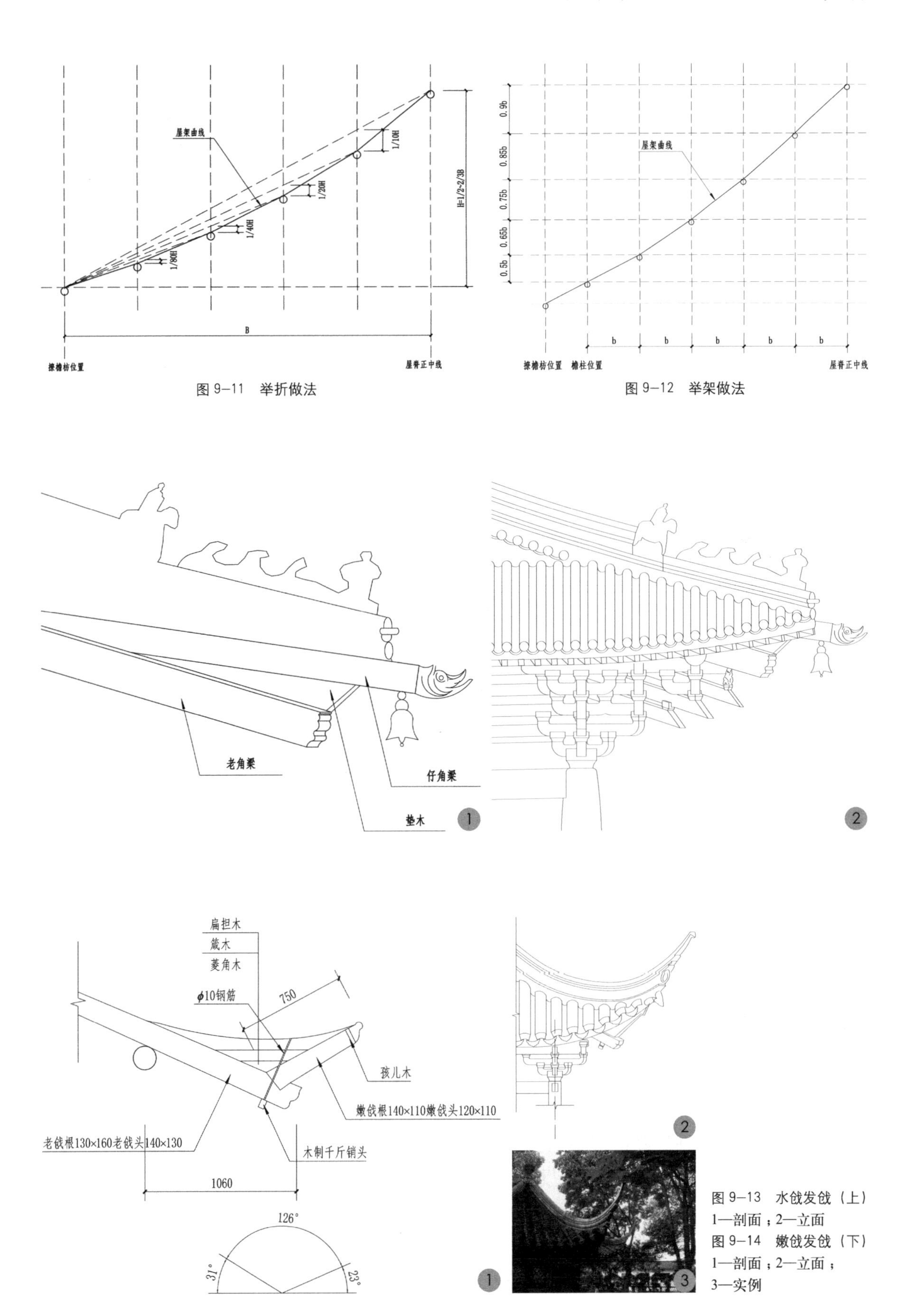

图 9–11 举折做法

图 9–12 举架做法

图 9–13 水戗发戗（上）
1—剖面；2—立面

图 9–14 嫩戗发戗（下）
1—剖面；2—立面；
3—实例

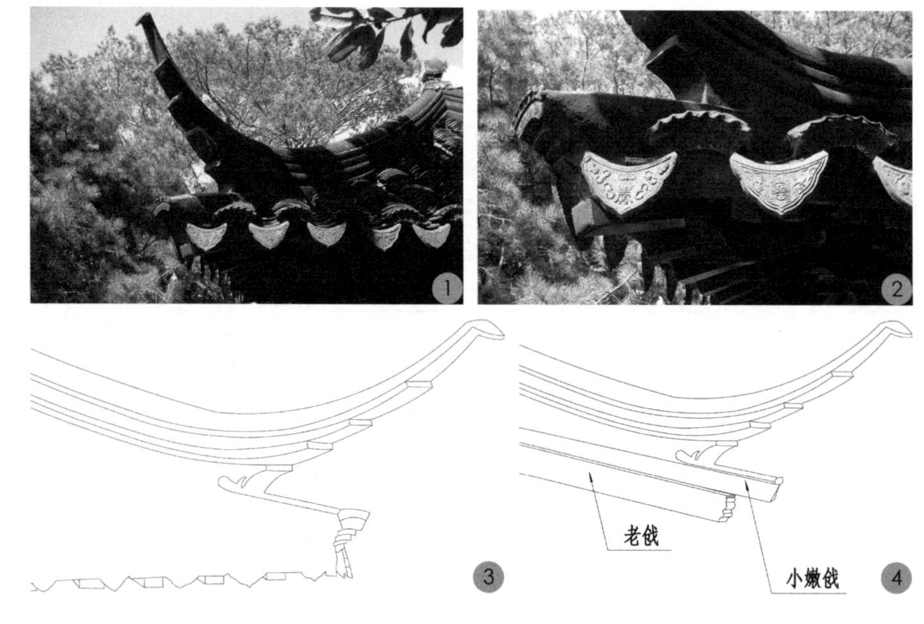

图 9–15 南式水戗发戗
1、2—实例；3—立面；4—剖面

图 9–16 中国传统园林建筑的内部装修
1—天花；2、3—藻井

中国传统园林建筑的参考书籍较多，限于篇幅，本书对于各类园林建筑的详细设计、细部等将不作深入介绍。

9.3 常见风景园林建筑与构筑物设计

9.3.1 亭

亭是风景园林环境中最为常见的停留休憩类建筑物，其既无选址的限制，又形式多样。“通泉竹里，按景山巅，或翠筠茂密之阿；苍松蟠郁之麓；或借濠濮之上，入想观鱼；倘支沧浪之中，非歌濯足”皆可置亭（《园冶注释》）。即“花间”、“水际”、“山巅”、泉流水注的溪涧、苍松翠竹的山丘等都是不同情趣的环境，有的可纵目远瞻，有的幽僻清静，均可置亭。

1. 亭的类型与特征

从古到今亭在中国园林中一直扮演着主要的角色，也形成了多种多样的形态，为了便于了解亭的工程特性，特根据其平面、立面、亭顶、材料等方面对其进行分类分析，形成亭的类型与特征表（表 9–3）。

亭的类型与特征表 表 9–3

分类方式	类型			特征
平面	正多边形			常见多为三、四、五、六、八角形亭。平面长阔比为 1 ∶ 1，面阔一般为 3~4m
	长方形			平面长阔比多接近黄金分割比，即 1 ∶ 1.6
	半亭			一面为墙，一面为亭
	其他形态亭			睡莲形、扇形、十字形、圆形、梅花形、组合形（如双亭）等
立面	正方形			具有端正、浑厚、稳重、敦实的观感
	长方形			具有素雅、大方、轻巧、玲珑的观感，具体可分为 1 ∶ 1.618 黄金长方形、1 ∶ 1.414 长方形、1 ∶ 1.732 长方形、1 ∶ 2 长方形（多为重檐亭）
亭顶	中国古典园林（图 9–17）	攒尖顶	角攒	平面为正多边形的主要屋顶形式，宜于表达向上、高峻、收聚交汇的意境
			圆攒	平面为圆形亭的主要屋顶形式，具有向上之中兼有灵活、轻巧之感
		歇山		立面呈水平长方形亭的主要屋顶形式，宜于表现强化水平趋势的环境
		卷棚		多表现为卷棚歇山的形式，是水平长方形亭的主要屋顶形式，宜用于表现平远的气势
		盝顶		多用于井亭
		重檐顶		形式多样，多用于立面高宽比不小于 2 的亭子
	现代（图 9–18）	平板亭		多用钢筋混凝土形成水平的亭顶板，经找坡后向四周汇水或中间汇水（多用于伞板亭）
		类拱亭		以拱形结构形成多种形式的亭子
		折板亭		亭顶板呈折板形，可以较薄的板厚组合成韵律状的顶板覆盖较大的空间
		其他形		如用充气薄膜为亭顶或用帆布覆盖而成的亭顶

分类方式	类型	特征				
		风格特点	亭顶	木作	装修	墙面栏杆色调
地方风格（图 9–19）	南方亭	朴素、淡雅，开敞、通透，尺度小巧，与环境协调	灰色筒瓦、小青瓦	栗壳色、清漆本色	多为棕褐色、黑色	白、灰色宝顶或灰、白粉墙、栏杆色与木作一致
	北方亭	堂皇、富丽，色泽艳丽，与环境对比强烈，尺度均大于南方	多用琉璃瓦，并使用纯度高的黄、蓝、橙色	红棕色、朱赤色、使用鲜艳的原色或间色	红、黄、绿、金色，并有彩画	墙面、栏杆为砖、石本色

分类方式	类型	特征
材料类型（图 9–20）	自然材料	如木、竹、石、茅草等
	轻钢	以轻钢为主要结构构件，如上海松江方塔园的大门和亭子
	钢筋混凝土亭	可塑造出形式各异的景观亭
	特种材料	如玻璃钢、薄壳充气软结构、帆布等
	混合材料	如竹与木组合、混凝土与轻钢组合、木与钢件组合、钢与软结构组合等

图 9-17　中国传统亭
1—正方形攒尖亭；2—卷棚歇山亭；3—八角重檐攒尖亭；4—六角攒尖亭；5—圆形重檐攒尖亭

图 9-18　现代亭
1—平板亭；2—折板亭；3—类拱亭；4、5—钢膜亭

图 9-19　不同地方风格的亭
1—江南园林亭；2—北方园林亭

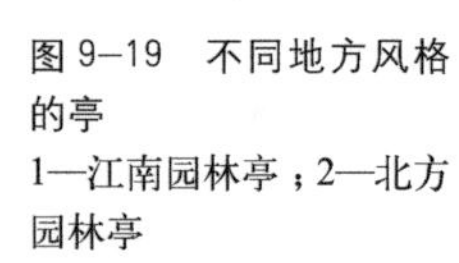

图 9-20　不同材料的亭
1—混凝土＋钢＋木亭；2—混凝土＋轻钢亭；3—钢＋玻璃亭；4—铸铁＋木亭；5、6—钢＋膜亭

2. 亭的构造与做法（表 9-4、图 9-21~ 图 9-24）

亭的构造与做法表　　　　表 9-4

类别	分类	特征
中国传统形式亭顶的构架做法（图 9-21、图 9-22）	伞法	为攒尖亭顶构架做法之一，模拟伞的结构形式，不用梁而用斜戗及枋组成亭的屋顶架子，边缘靠柱支撑，即由老戗支撑灯心木（雷公柱），而亭顶的自重形成了向四周作用的横向推力，由檐口处一圈檐梁（枋）和柱组成的排架来承担。这种结构整体刚度较差，一般多用于亭顶较小、自重较轻的小亭、草亭或单檐攒尖亭。为增加刚度，可在亭顶内上部增加一圈拉结圈梁，以减小推力
	大梁法	亭顶外檐圈梁上架设大梁，上架灯心木，与老戗共同形成亭顶构架。较大的亭则用两根平行大梁或相交的十字梁，来共同分担荷载
	搭角梁法	在亭的檐梁上首先设置抹角梁与脊（角）梁垂直，与檐梁成 45° 角，再在其上交点处立童柱，童柱上再架设搭角梁，重复交替，直至最后收到搭角梁与最外圈的檐梁平行即可，以便安装架设角梁戗脊
	扒梁法	扒梁有长短之分，长扒梁两头一般搁于柱子上，而短扒梁则搭在长扒梁上。用长短扒梁叠合交替，有时再辅以必要的抹角梁即可
	抹角扒梁组合法	在亭柱上除设置额枋、平板枋及用斗栱挑出第一层屋檐外，在 45° 角方向施加抹角梁，然后在其梁正中安放纵横交圈井口扒梁，层层上收，视标高需要而立童柱，上层重量通过扒梁、抹角梁而传到下层柱上
	杠杆法	以亭之檐梁为基线，通过檐枋斗栱等向亭中心悬挑，借以支撑灯心木。同时以斗栱之下昂后尾承托内拽枋，起类似杠杆作用使内外重量平衡。内部梁架可全部露明，以显示这一巧作，是宋《营造法式》唯一记录的亭子构造做法
	框圈法	多用于上下檐不一致的重檐亭，特别当材料为钢筋混凝土时，此种法式更利于冲破传统章法的制约，创造出更符合力学法则，而又不失传统神韵的构造。如上四角，下八角重檐亭由于采用了框圈式构造，上下各一道框圈梁互用斜脊梁支撑，形成了刚度极好的框圈架，故其上之重檐可自由设计，四角八角均可，上檐为圆，下檐为方形亦可
	井字交叉梁法	以井字形大梁搭于外檐圈梁或额枋上，形成主要的结构，其上再以搭角梁法或其他方式支撑起灯心木

续表

类别	分类	特征	
中国传统形式亭的亭顶构造	出檐	一般出檐约为檐高的1/4，多为750~1000mm之间	
	封顶	1）以结构构件直接作装饰 2）天花全封顶 3）抹角梁露明：抹角梁以上用天花（棚）封顶 4）抹角梁以上，形成多层穹式藻井 5）将瓜柱向下延伸作成垂莲悬柱，瓜柱以上部分，露明或做成构造轩式封顶	
	装修	挂落	宋代后才普遍设置，宋及宋以前亭一般不设挂落（图9-23）
		彩绘	北方，尤其是皇家园林中多用，可分为和玺彩绘、旋子彩绘和苏式彩绘三种
尺度设计	主要尺度	开间	柱子间距：2.4~5m之间，具体根据环境决定
		檐口标高	单檐亭：檐口下皮高度一般取2.6~4.2m，可视亭体量而定，一般取3~4m符合人体尺度 重檐檐口标高：下檐沿口标高一般取3.3~3.6m；上檐沿口标高一般取5.1~5.8m
	受力构件尺度	柱	一般取150~200mm见方或D=150~200mm的圆径。石柱截面可略大，300~400mm见方，多用海棠截面
		梁	根据柱子间距而定
	装饰与辅助构件（图9-24）	宝顶	攒尖顶之宝顶一般由灯心木伸出亭顶，其直径为D=180~200mm，长度为600-1200mm。或由砖、木、混凝土、钢丝网组成，用琉璃宝顶亦可
		座椅	高度一般为400~450mm，宽度为400~450mm；靠背：中国传统亭的美人靠有其具体做法，可参照《营造法原》进行设计，当代设计时应根据人体工程学进行

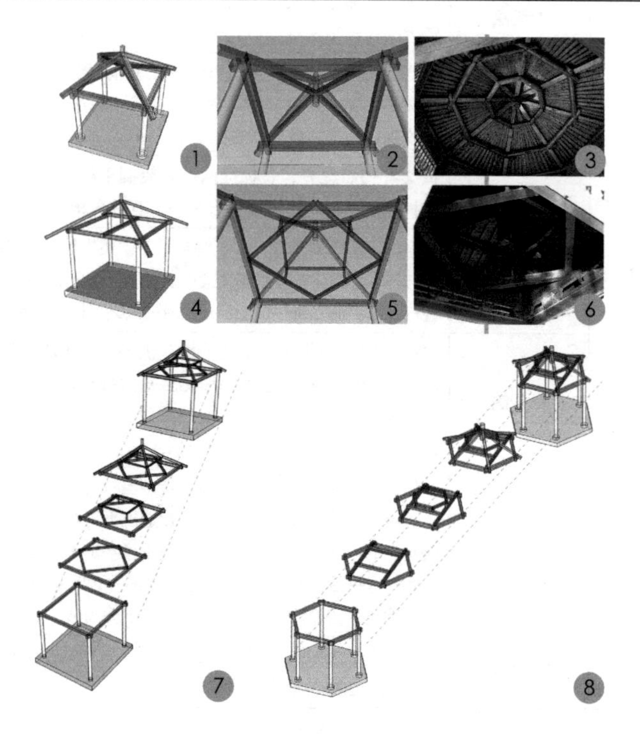

图9-21 中国传统形式亭顶构架做法（一）
1~3—伞法；4—大梁法；5~7—搭角梁法；8—扒梁法

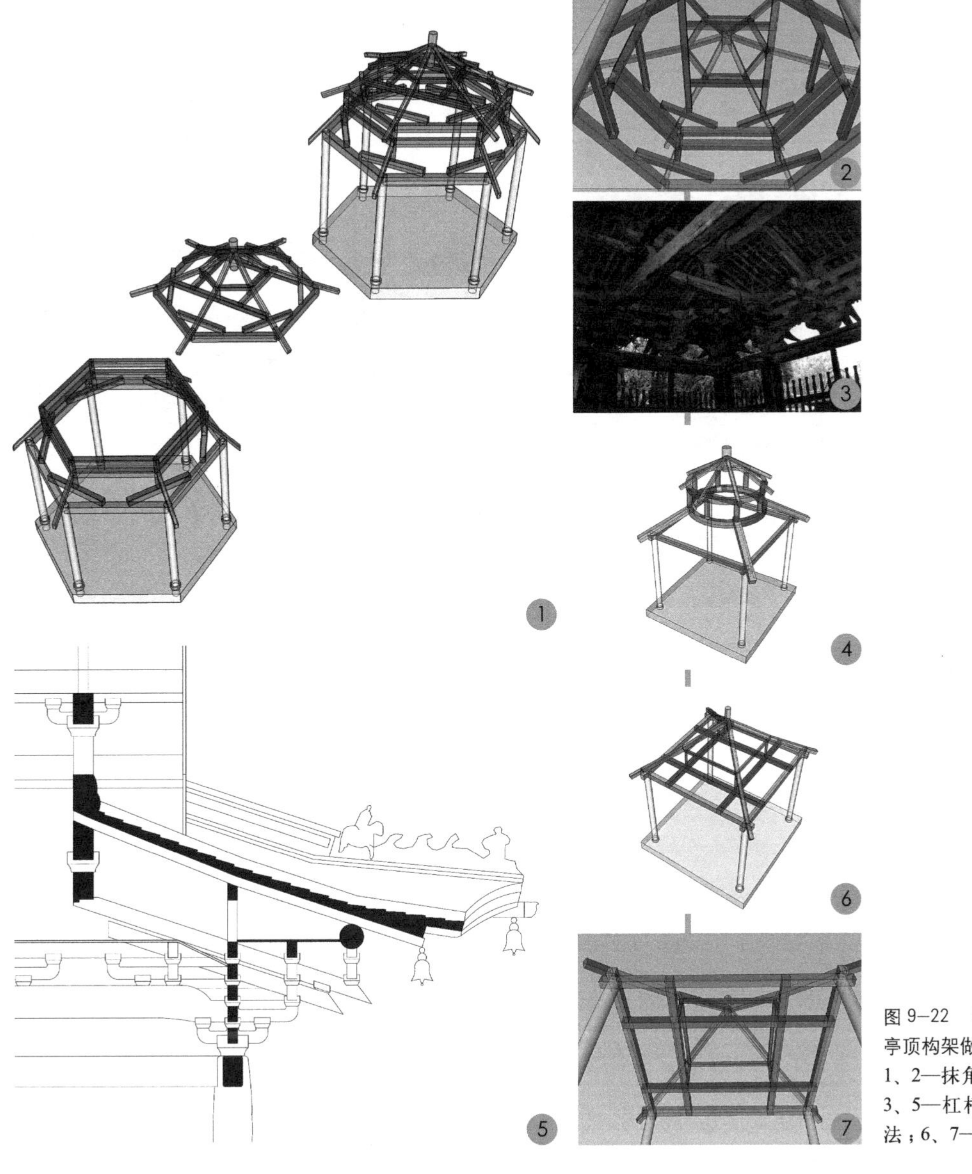

图 9-22　中国传统形式亭顶构架做法（二）
1、2—抹角扒梁组合法；3、5—杠杆法；4—框圈法；6、7—井字交叉梁法

图 9-23　挂落

图 9-24　亭的装饰与辅助构件
1—宝顶立面；2、3—宝顶实例；4—美人靠剖面；5、6—美人靠实例

3. 亭的设计实例（图 9-25）

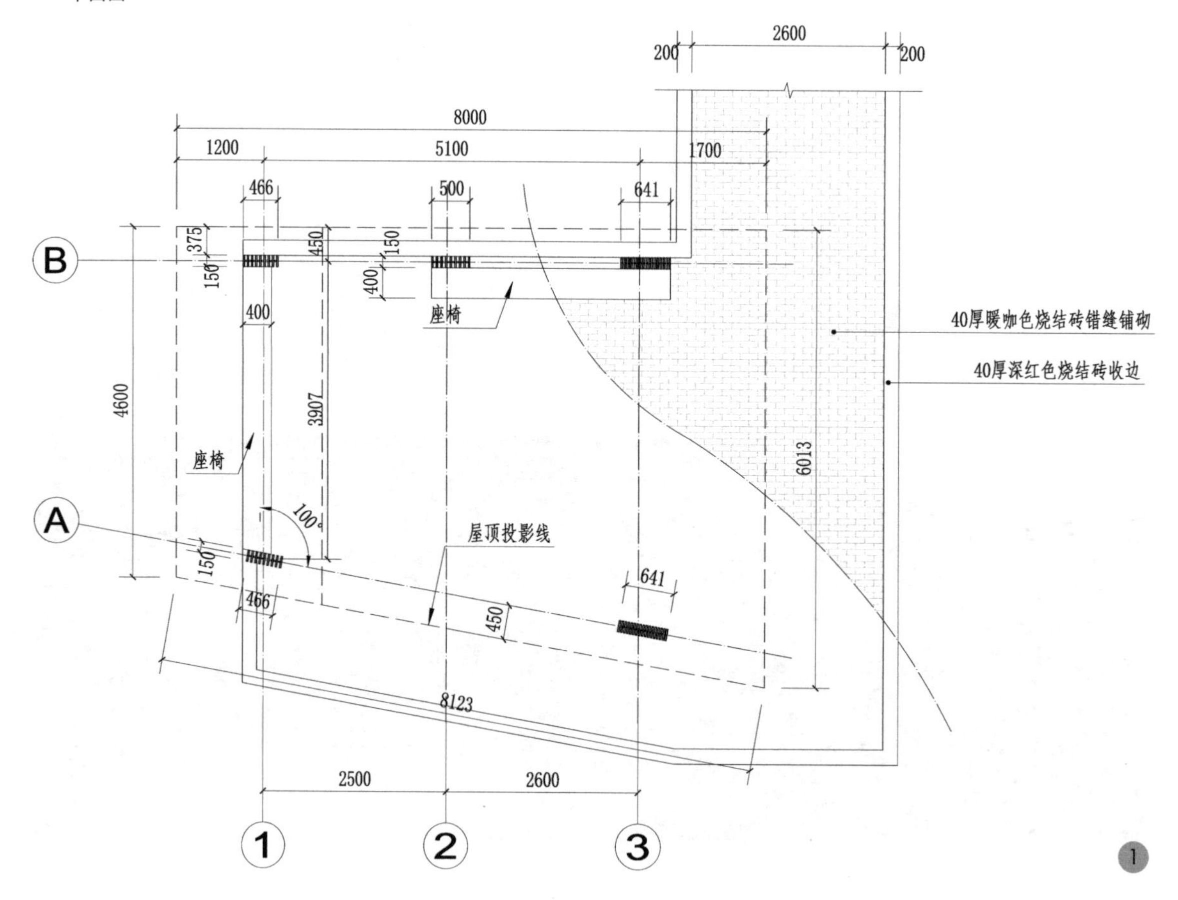

图 9-25　亭子设计实例
1—平面图

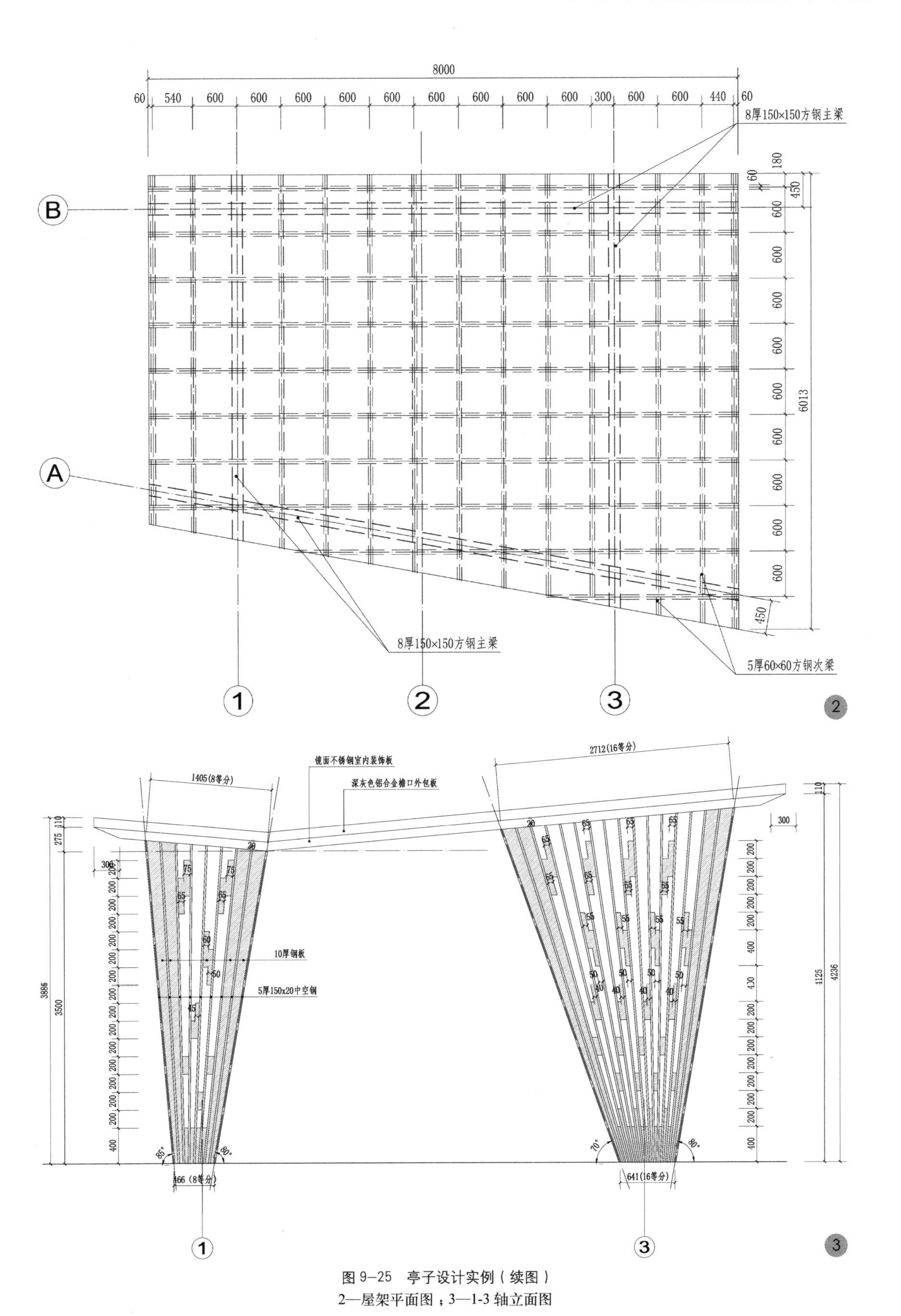

图 9–25 亭子设计实例（续图）

2—屋架平面图；3—1-3 轴立面图

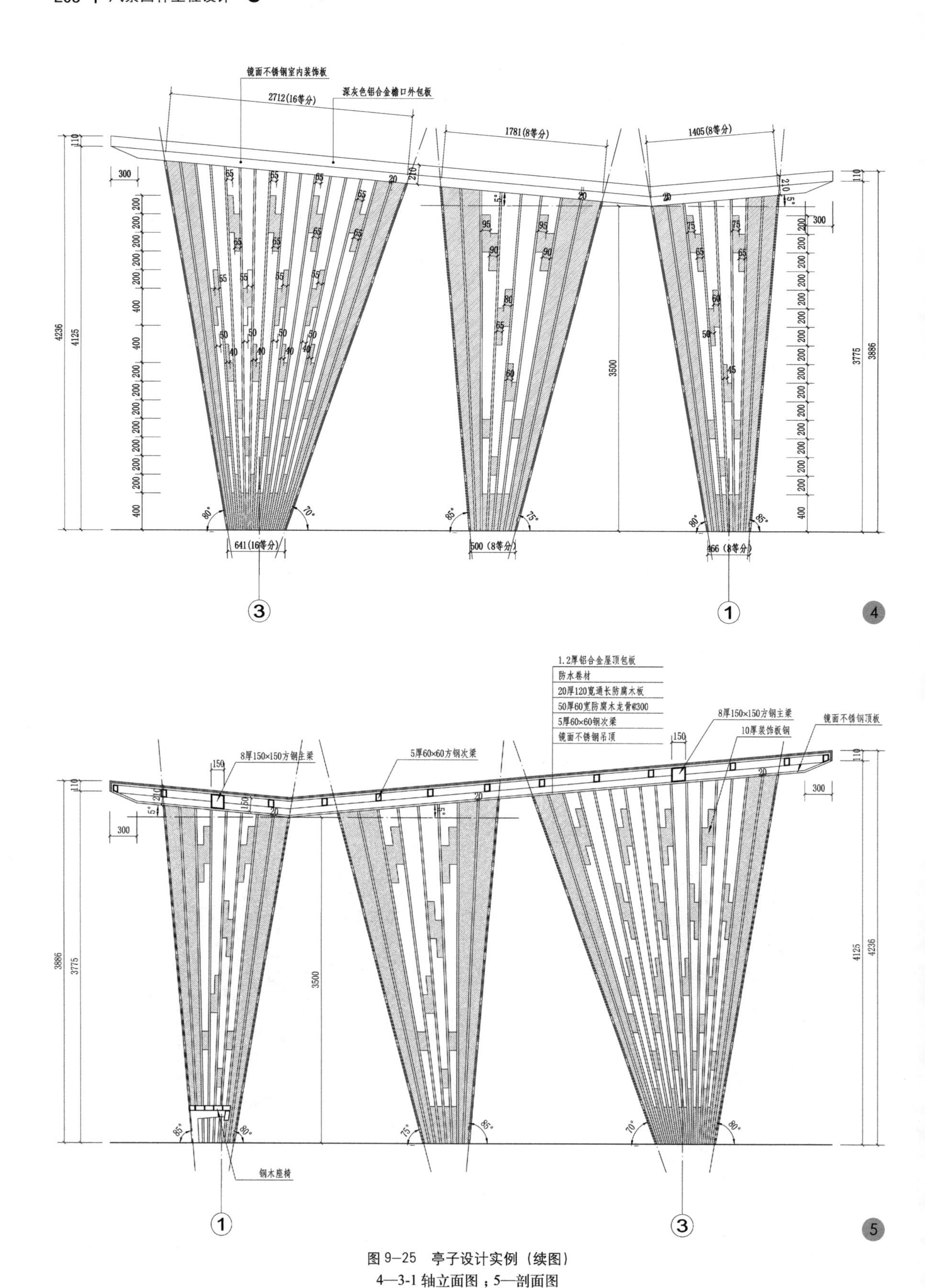

图 9-25 亭子设计实例（续图）

4—3-1 轴立面图；5—剖面图

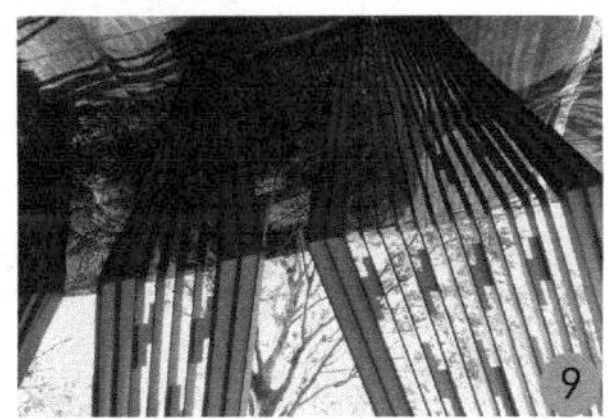

图 9-25 亭子设计实例（续图）
6~9—建成效果

9.3.2 廊

作为一种带状的多面观景的通过性建筑，廊的形式多样、尺度各异、空间曲折，在中国古典园林，尤其是明晚期及清代江南私家园林中扮演着非常重要的角色，是连接各景点的主要手段。

1. 廊的形式（表 9-5、图 9-26）

廊的形式表 **表 9-5**

形式	特征
空廊	有柱无墙，开敞通透，可两面赏景，适用于景色层次丰富的环境。当廊隔水飞架，即为水廊
半廊	一面开敞，一面靠墙，墙上可设有各色漏窗、门洞或宣传柜窗等
复廊	廊中间设有漏窗之墙，犹如两列半廊复合而成，两面皆可通行，宜用于廊的两边各属不同景区的场所
双层廊	又称复道阁廊，有上、下两层，便于联系不同高程上的建筑和景物，增加廊的气势和观景层次。园林中常以假山阁道上下联系，作为假山进入楼厅的过渡段
爬山廊	廊顺地势起伏蜿蜒曲折，犹如伏地游龙而成爬山廊。常见的有跌落爬山廊和竖曲线爬山廊。当顺参差跌落有致地形可成跌落爬山廊；当顺斜坡地形起伏绵延，则可成竖曲线爬山廊
曲廊	依墙又离墙，在廊与墙之间形成各式小院，空间交错，穿插流动，曲折有法或在其间栽花置石，或略添小景而成曲廊，多为“之”字形，廊不曲则称修廊

图 9-26 廊的形式
1—空廊；2—半廊；3—复廊；4—双层廊；5—爬山廊；6—曲廊

2. 廊的体量尺度（表 9-6）

廊的体量与尺度一览表 **表 9-6**

项目	尺度关系
开间与进深	廊子开间不宜过大，宜在 3m 左右。古典园林中廊的进深一般在 1.2~1.5m。目前一些公共景观为了适应较多的游人量，进深常在 2.4~3.0m 之间
檐口高度	廊的檐口高度多在 2.4~3.0m，可取 2.7m
廊顶	可为平顶、双坡顶、单坡顶、双坡卷棚顶等
廊柱	一般柱径 D=150mm。方柱截面控制在 150mm × 150mm~250mm × 250mm。长方形截面柱长边应不大于 300mm

3. 廊的细部设计（表 9-7）

廊的细部设计一览表 **表 9-7**

项目	设计特点
檐口	为了增加立面细部，南方廊檐下一般设挂落，北方廊檐多绘制彩画
栏杆与座椅	廊柱之间一般设 0.45m 高带美人靠的座椅，或 0.5~0.8m 高的矮墙，以供坐憩。廊下也可设 1m 左右高之透空栏杆
吊顶	廊子可采用各式轩的做法，也可结构露明，或以灯具进行装饰（图 9-27）
柱子	同样大小的柱子，由于人眼的错视，会感到方形比圆形大出 1/4。为此，当柱子截面较大时，可以圆形柱子代替方柱，也可将方柱柱边棱角做成圆角海棠形或内凹成小八角形，或者将同一方柱分解为两个尺寸较小的方柱，从而在视觉上减小柱子的体量感

4. 廊的结构类型（表 9-8，图 9-28）

廊的结构类型一览表 **表 9-8**

结构类型	设计特点
木结构	多采用三角形或人字形木结构梁架，梁架上敷设木椽子、望砖和青瓦等
钢结构	钢结构具有轻巧、灵活、机动性强的特点，结构构架同木结构类似，可做成梁架式或人字型屋架
钢筋混凝土	可为平顶或坡顶，用纵梁或横梁承重均可，可现浇，也可将各部分构件进行预制，现场组装完成
竹结构	尺度、构造、做法基本同木结构

图 9-27 廊顶处理

图 9–28　廊的结构类型
1—木结构；2—钢结构；3—混凝土结构

5. 廊的设计实例（图 9–29）

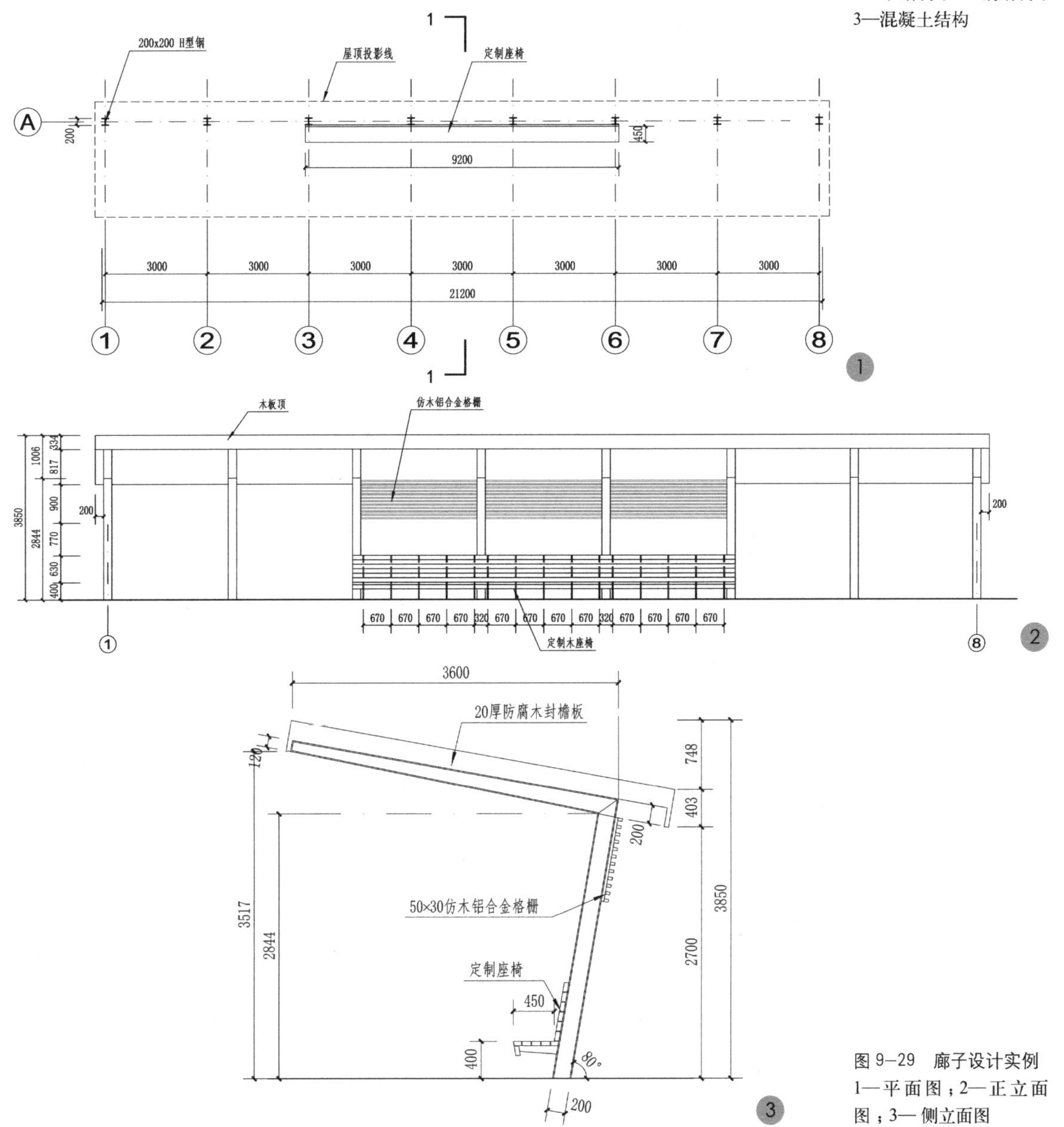

图 9–29　廊子设计实例
1—平面图；2—正立面图；3—侧立面图

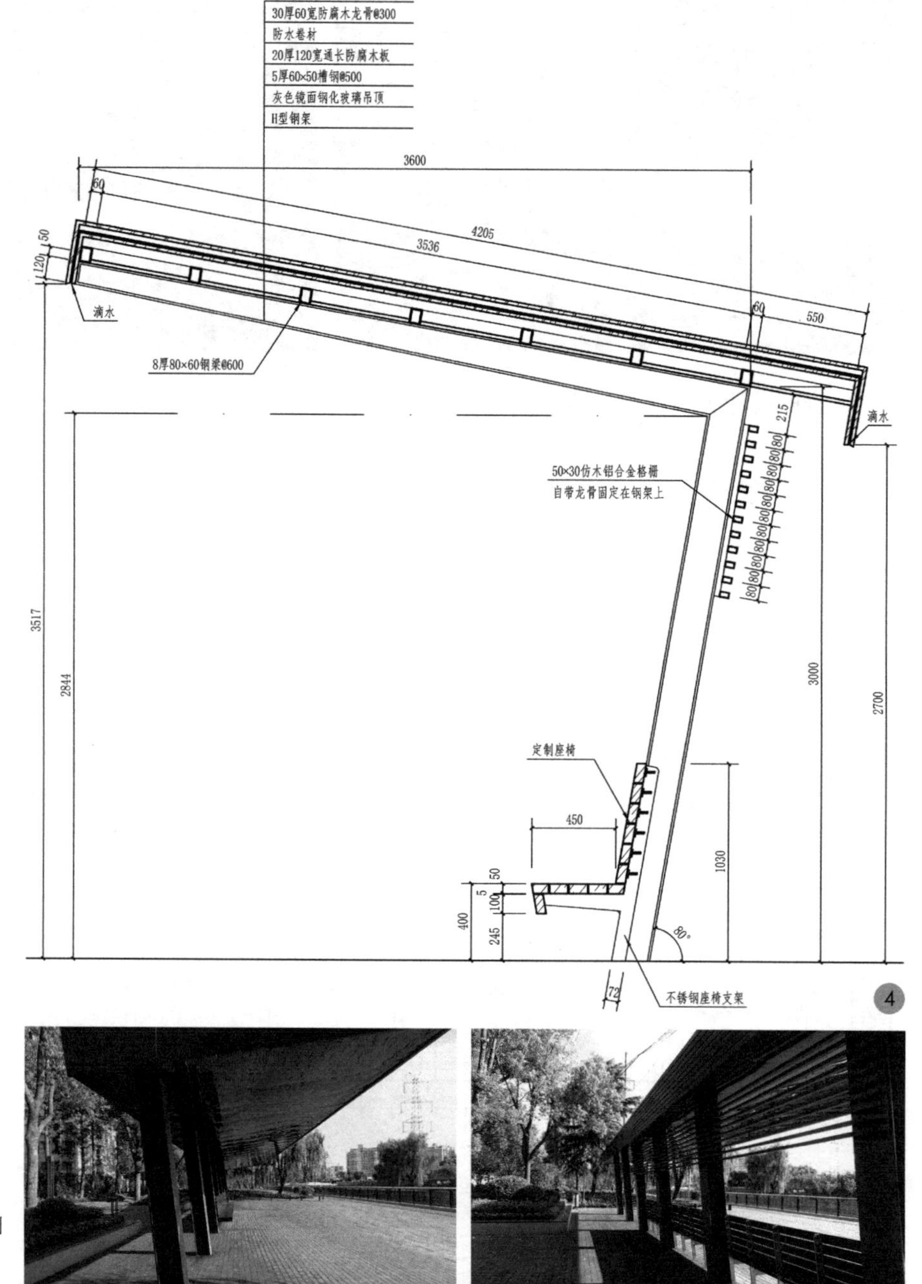

图 9–29 廊子设计实例（续图）
4—1-1 剖面图；
5、6—建成效果

9.3.3 花架

花架是风景园林环境中以植物材料为顶的廊，它既具有廊的功能，又比廊更接近自然，融合于环境之中，布局灵活，形式多样。可与花架进行匹配的植物多为爬藤类植物，既可为耐阴的络石、常春藤等，也可为喜阳的凌霄、木香等。同时各类植物的比重也不同，如紫藤、凌霄、葡萄等较重，而常春藤、爬山虎等则较轻，在花架的布局和设计时需充分考虑植物的选择和应用。

1. 花架的形式（表 9–9、图 9–30）

花架形式表 **表 9–9**

分类形式	具体分类	特征
按上部受力结构	简支式	花架由支柱和横梁，横梁与格子条形成简支结构，是常见的一种花架形式
	悬臂式	又分单悬臂和双悬臂，既可做成悬挑梁式，又可做成板式或于板上部分开孔洞做成镂空板式，以利空间光影变化和植物攀援生长获得雨水阳光
	拱门刚架式	采用轻钢或混凝土形成的半圆拱顶或门式刚架的花架
	组合式	由简支、悬臂、拱门刚架等结构形式组合而成的花架
按垂直支撑	柱式	由独立或复合的方柱、长方、小八角，海棠截面柱、变截面柱等组成花架的垂直构架
	墙柱组合式	由墙（如清水花墙、饰面墙等）与柱共同组合而成的花架

图 9–30 花架形式
1~4—澳大利亚布里斯班南岸公园花架长廊：由不同断面相互组合而形成多种形态变化的花架；5、6—西班牙某公园花架

2. 花架的体量与细部尺度（表 9–10、图 9–31）

花架的体量与细部尺度一览表 **表 9–10**

项目	尺度关系
高度	一般控制在 2.4~3.0m，具有亲切感，一般采用 2400mm、2700mm、3000mm 等尺寸
开间与进深	开间一般设计在 3~4m 之间，进深通常采用 2700mm、3000mm 或 3300mm 等尺度
柱	木柱或混凝土柱的截面一般控制在 150mm×150mm 或 150mm×180mm 间，若用圆形截面 D=160mm 左右。石柱断面宜≥ 400mm×400mm。柱截面形状以海棠形及小八角形为宜，有时设计的柱截面较粗时，可化粗为细，用双柱代之，柱间设装饰构件联系，以加强视觉联系
梁	简支梁或连续梁断面多为（80~120mm）×（160~180mm）间，纵梁收头处外挑尺寸常在 750mm 左右； 悬臂挑梁截面尺寸形式除满足结构要求外，本身还有起拱和上翘要求，以求视觉效果，一般起翘高度为 60~150mm，视悬臂长度而定
格子条	断面常选择在（50~80mm）×（120~160mm）之间，间距一般为 500mm，两端外挑 700~750mm。格子条可为木、混凝土、轻钢等材料。根据花架形式，上部也可不搁置格子条而改用平板或开孔斜板，以加强变化及光影效果

图 9-31　花架细部

3. 花架的设计实例（图 9-32）

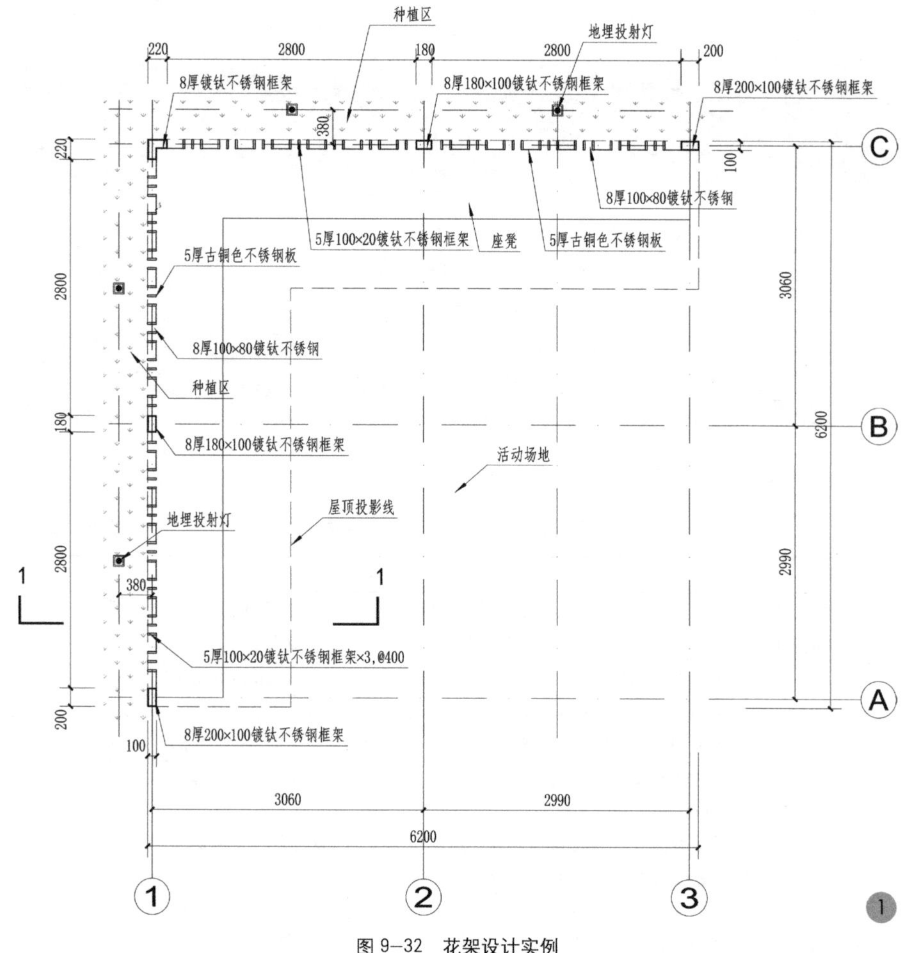

图 9-32　花架设计实例

1—平面图

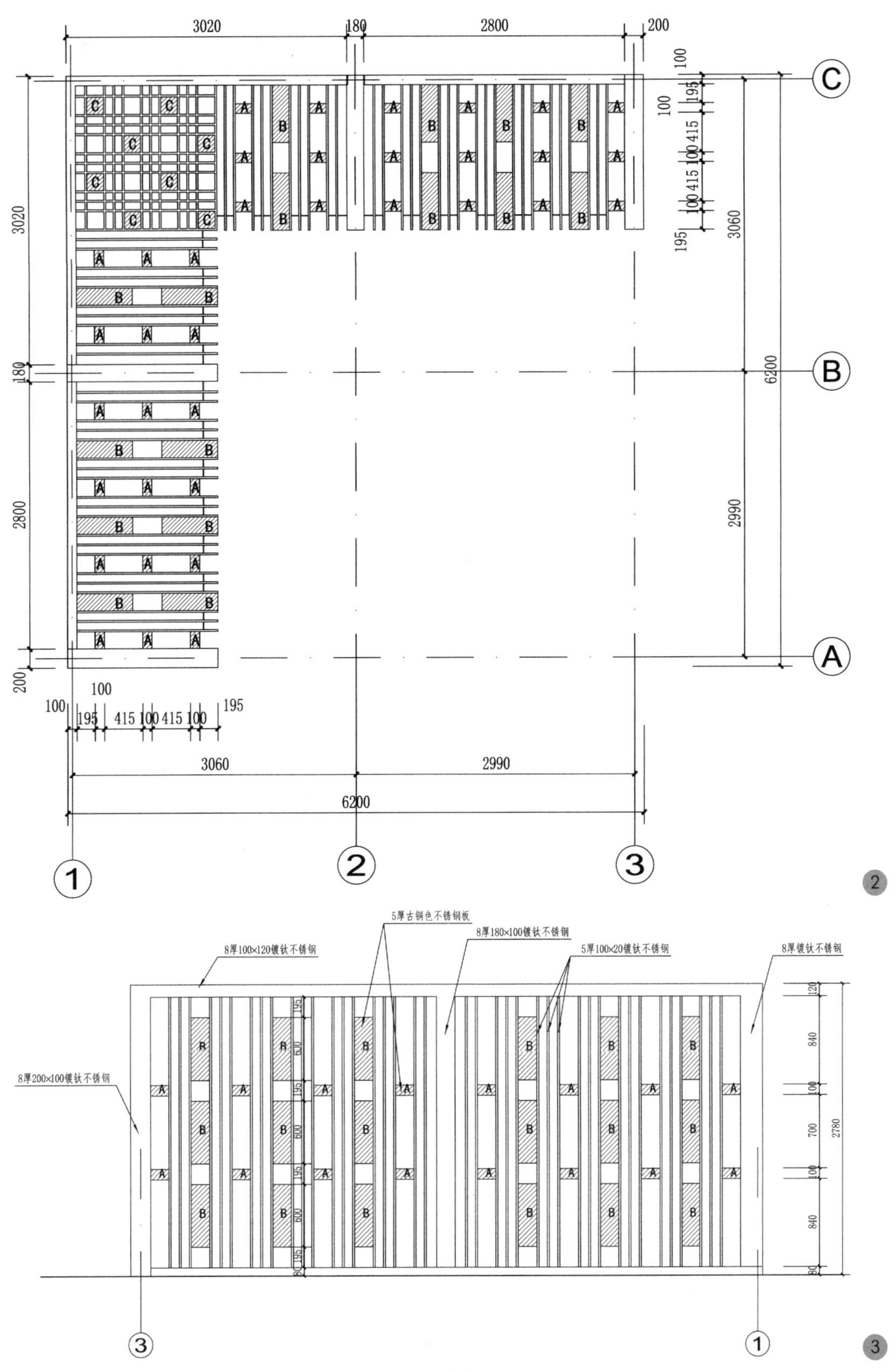

图 9–32 花架设计实例（续图）
2—屋顶平面图；3—正立面图

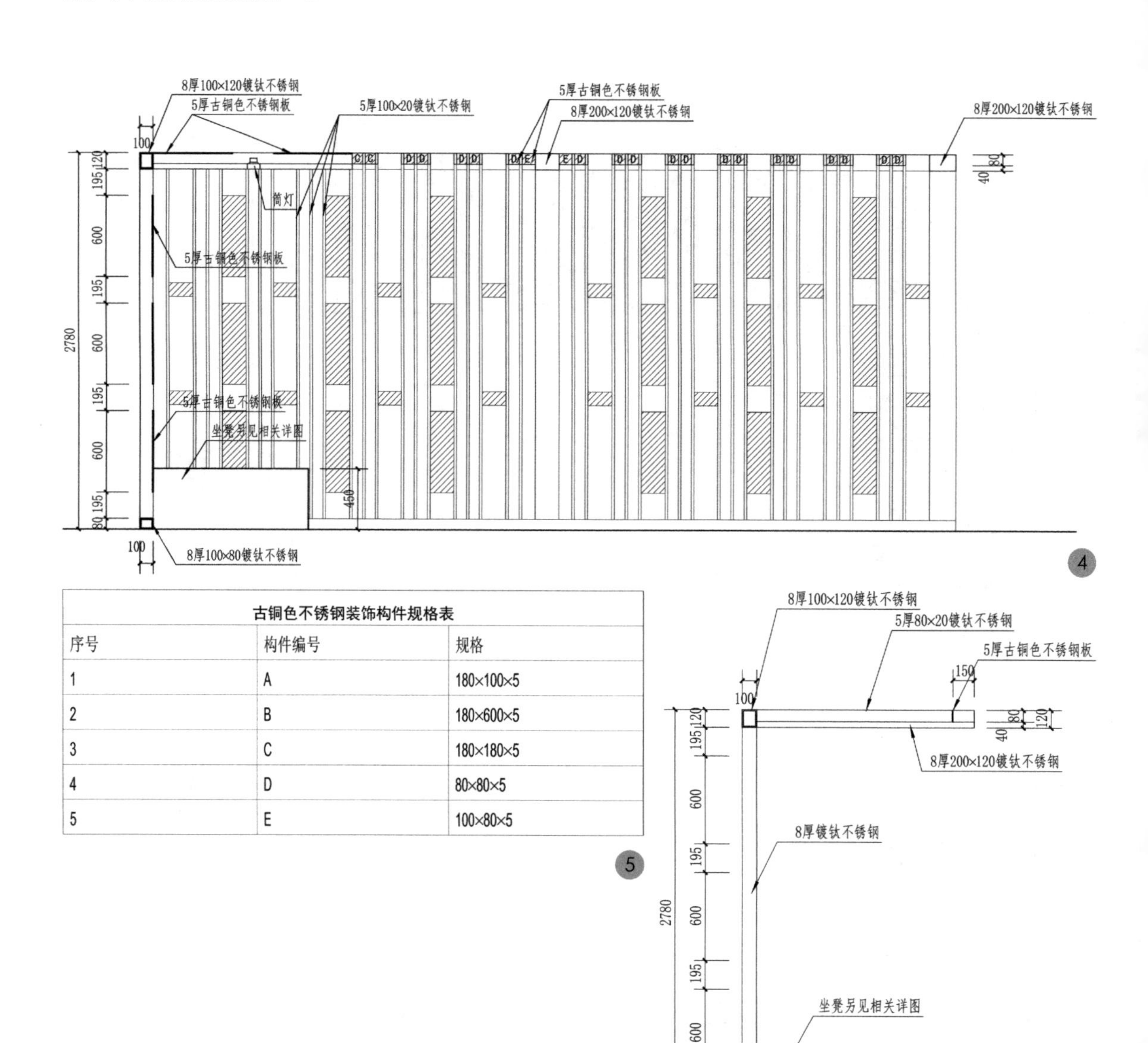

古铜色不锈钢装饰构件规格表

序号	构件编号	规格
1	A	180×100×5
2	B	180×600×5
3	C	180×180×5
4	D	80×80×5
5	E	100×80×5

图 9-32 花架设计实例（续图）

4—侧立面图；5—构件规格表；6—1-1 剖面图

9.3.4 风景园林桥梁

1. 桥梁的功用（表 9-11，图 9-33）

风景园林桥梁功用表 **表 9-11**

作用	特征
交通功能	风景园林桥梁作为游览线路和交通上的节点，是道路交通跨水的主要表现形式
点缀水景	风景园林桥梁作为主要的造景要素之一，点缀水景的功能往往超过其交通功能。而建筑与桥梁结合的亭桥或廊桥，如扬州瘦西湖的五亭桥，则更可成为风景园林环境中的标志性景观
分隔水面	风景园林桥梁在组织游线、点缀水景的同时，可通过其位置选择来划分水面的大小，增加水景层次，赋予构景的功能
游憩游乐	形式独特的风景园林桥梁在满足上述三种功能的同时，可为游人提供多种游憩和游乐体验

图 9–33　景观桥梁的功能
1—交通功能；2—点缀水景与分隔水面；3—游憩游乐

2. 桥梁的分类（表 9–12）

风景园林桥梁分类表　　**表 9–12**

分类形式	类型	特征
按平面分类（图 9–34）	直桥	平面为直线
	曲桥	平面呈折线形或曲线形
按立面分类（图 9–35）	平桥	立面平直，贴水或临水而设
	拱桥	是常见的一种风景园林桥梁形式，可分为单拱式、多拱式和连续拱式等
	廊桥	桥上设亭、廊等之类建筑的桥梁，可供游人避雨和休息
	其他	如斜拉桥、吊桥、桁架桥等
按材料分类（图 9–36）	石桥	是中国古典园林景观桥梁的主要形式，多为拱桥，也有平桥、汀步等形式
	竹桥与木桥	形式多样，可就地取材与环境融为一体，然竹木易腐朽损坏，养护工程量大，需要进行必要的防腐处理，一般可用于气候干燥区域的小水面和临时性桥位上
	钢筋混凝土桥	经久耐用，适用场合广泛，形式多样。跨度较大时可采用预应力混凝土桥
	钢桥	可为钢架桥或钢索桥，造型轻巧、形式独特，需定期维护
	其他	如合成塑料形成的浮桥、混凝土砌块砌筑的拱桥等
接力学分类（图 9–37）	梁柱式	桥梁由梁、柱、板组成的结构形式，具体可分为简支梁桥（主梁简支在墩台上）、连续梁桥（主梁连续支撑在几个桥墩上）及悬臂梁桥（将简支梁向一端或两端悬伸出短梁）等
	拱券式	以承受轴向压力为主的拱券作为主要承重构件的桥梁。具体按结构形式可分为板拱、肋拱、双曲拱、箱形拱、桁架拱等。按拱上建筑形式可分为用于小跨度，主拱以上至桥面部分全部用填料填实的实腹式拱，以及用于中长跨度，主拱以上设有横向贯通腹孔的空腹式拱（敞肩拱）
	桁架式	由桁架所组成的桥，杆件多为受拉或受压的轴力杆件，结构简单，造型轻巧，富有韵律
	刚构式	桥梁上部承重的梁和下部支撑的桥墩组成整体，形成刚架的桥梁，可为单跨或多跨使用。造型既能展现结构的力度而又具有简练挺拔的轻快感
	斜拉式	用斜拉索将水平横梁悬拉在塔柱或塔门上组合形成的桥梁结构形式。斜拉索常用平行的钢丝缆索或放射式的钢索构成，更便于悬臂施工
	悬索式	即通常讲的吊桥，是以承受拉力的缆索或链索作为主要承重构件的桥梁，主要由悬索、索塔、锚碇、吊杆、桥面等部分组成
	浮力式	利用水面浮力，将木排、铁筒或船只排列于水面作为浮动的桥墩使用，上铺桥面板而形成的桥梁结构形式。为了防止水流的冲移，可在水面下系缆索以固定浮动桥墩的位置

图 9-34 风景园林桥梁的平面形式
1—直桥;2—曲桥;3—“X”形桥

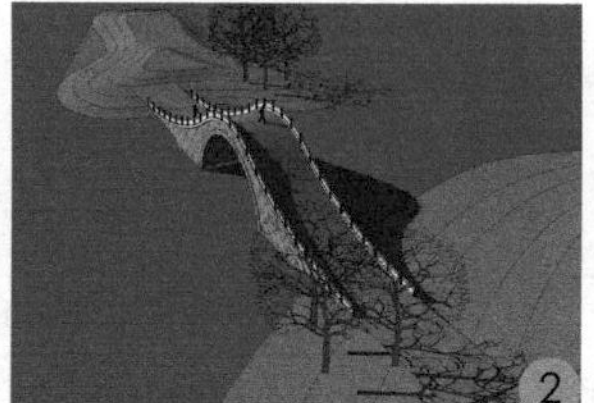

图 9-35 风景园林桥梁的立面形式
1—平桥；2—单拱桥；
3—多拱桥；4—连续拱桥；
5—亭桥；6、7—廊桥

图 9-36 不同材料类型的风景园林桥梁
1、2—石桥；3—木桥；
4、5—混凝土桥；
6、7—钢桥；8—塑料浮桥

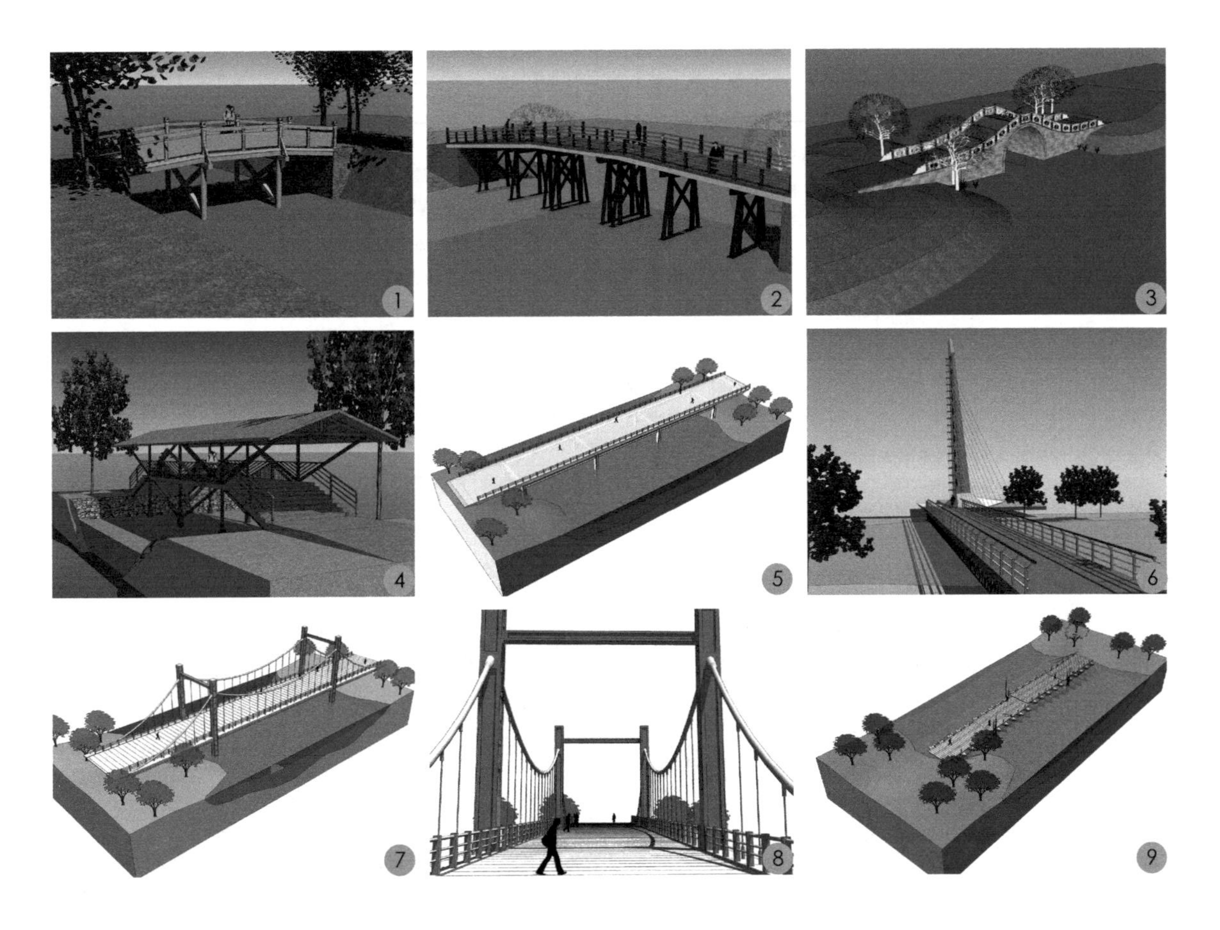

图 9-37　风景园林桥梁的力学形式
1—简支梁桥；2—连续梁桥；3—拱桥；4—桁架桥；5—刚架桥；6—斜拉桥；7、8—悬索桥；9—浮桥

3. 桥梁的设计（图 9-38~ 图 9-40）

风景园林桥梁的设计一般包括选址、选型、细部处理等内容（表 9-13）。

风景园林桥梁主要设计要点表　　表 9-13

项目		设计要点	备注
选址		与风景园林工程总体规划、游路系统、水体的形态、水面的分隔或聚合、水体面积大小、水岸的形式等综合协调而确定。有时为了造景需求和展示桥梁的建造技术，在选址时景观桥梁会选择在诸如湍急水流、峡谷悬崖等一般桥梁不会选择的场所	
选型		1）确定桥上车行或人行等使用用途，确定景观桥梁的等级标准 2）确定桥下是否具有通航要求，确定景观桥梁的通航净空要求 3）根据景观地形环境、造景要求、结构标准、净空要求等综合选择景观桥梁的建筑与结构造型	一般情况下风景桥梁的造景要求大于其功能要求
桥形设计		在选型的基础上，进一步设计桥梁的形式，确定桥梁的跨度、跨数、跨径、矢跨比（桥孔高 / 桥跨径）、梁高、桥台、桥墩、桥塔等	
细部处理（图 9-38）	桥上建筑	结合造景、休憩等功能，桥上可设亭、廊、楼、阁等建筑，与桥梁共同形成具有个性与多功能的景观特色	

续表

项目		设计要点	备注
细部处理（图9-38）	桥头建筑与构筑物	包括桥头雕塑（如华表、经幢、石塔、狮子等）、桥头堡、牌楼（坊）、指示信号标志等，需根据具体造景要求、周边环境、桥梁造型等综合协调而设置	
	桥栏和护栏	当桥面与水面高差大于1m时，为安全起见，桥的栏杆高度通常应不小于1.05m，当高差加大时，可提高至1.3m。当桥下的净空小于1m，周边水深低于0.7m时，栏杆高度可适当降低或仅单侧设置栏杆，甚至不设栏杆	
	坡道与桥梯	景桥作为一种跨水的道路形式，在与道路及场地衔接时需要设置坡道与桥梯。坡道设计应根据通行不同车辆的坡度要求、无障碍设计等要求进行确定；桥梯设计可同室外台阶做法	
	照明灯具	应根据桥型选择相适宜的灯具形式	
	其他	其他如桥墩、桥台、拱桥的券心石等细部设计，可根据风景园林环境的氛围、桥体的风格等进行确定	

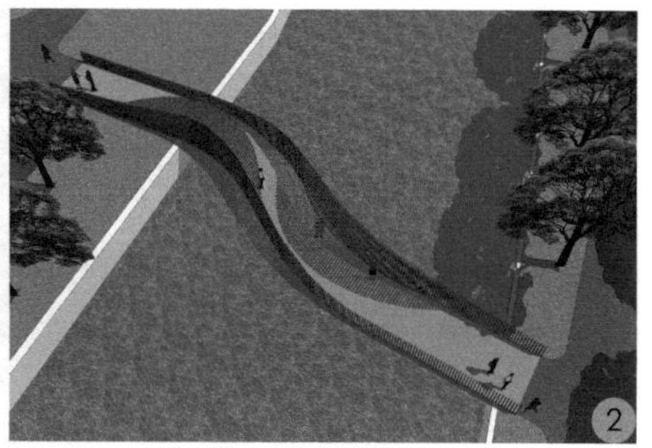

图9-38　景观桥梁细部设计
1—桥上建筑；2—桥上构筑物；3—栏杆；4—坡道与桥梯；5—照明灯具

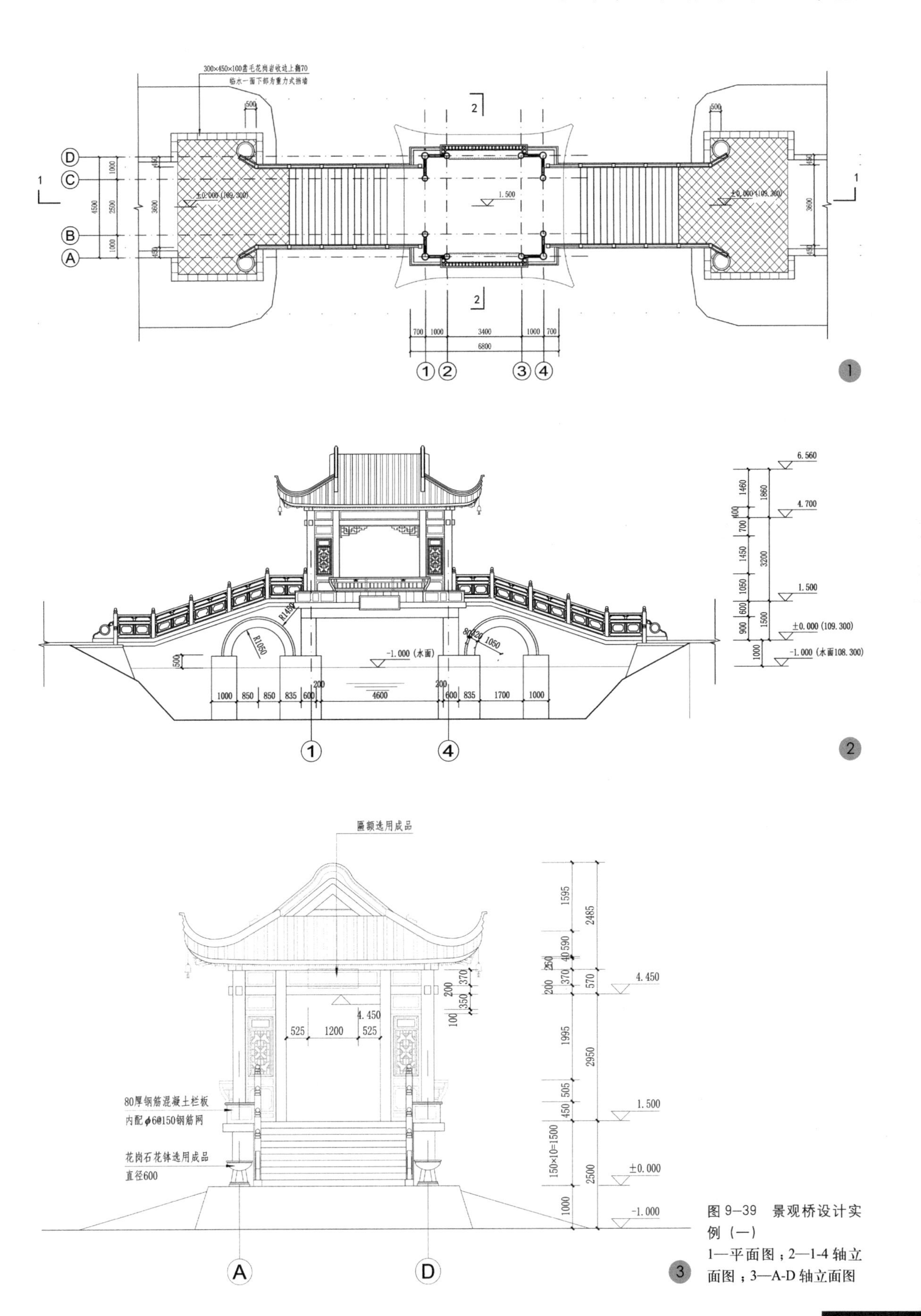

图 9-39　景观桥设计实例（一）

1—平面图；2—1-4 轴立面图；3—A-D 轴立面图

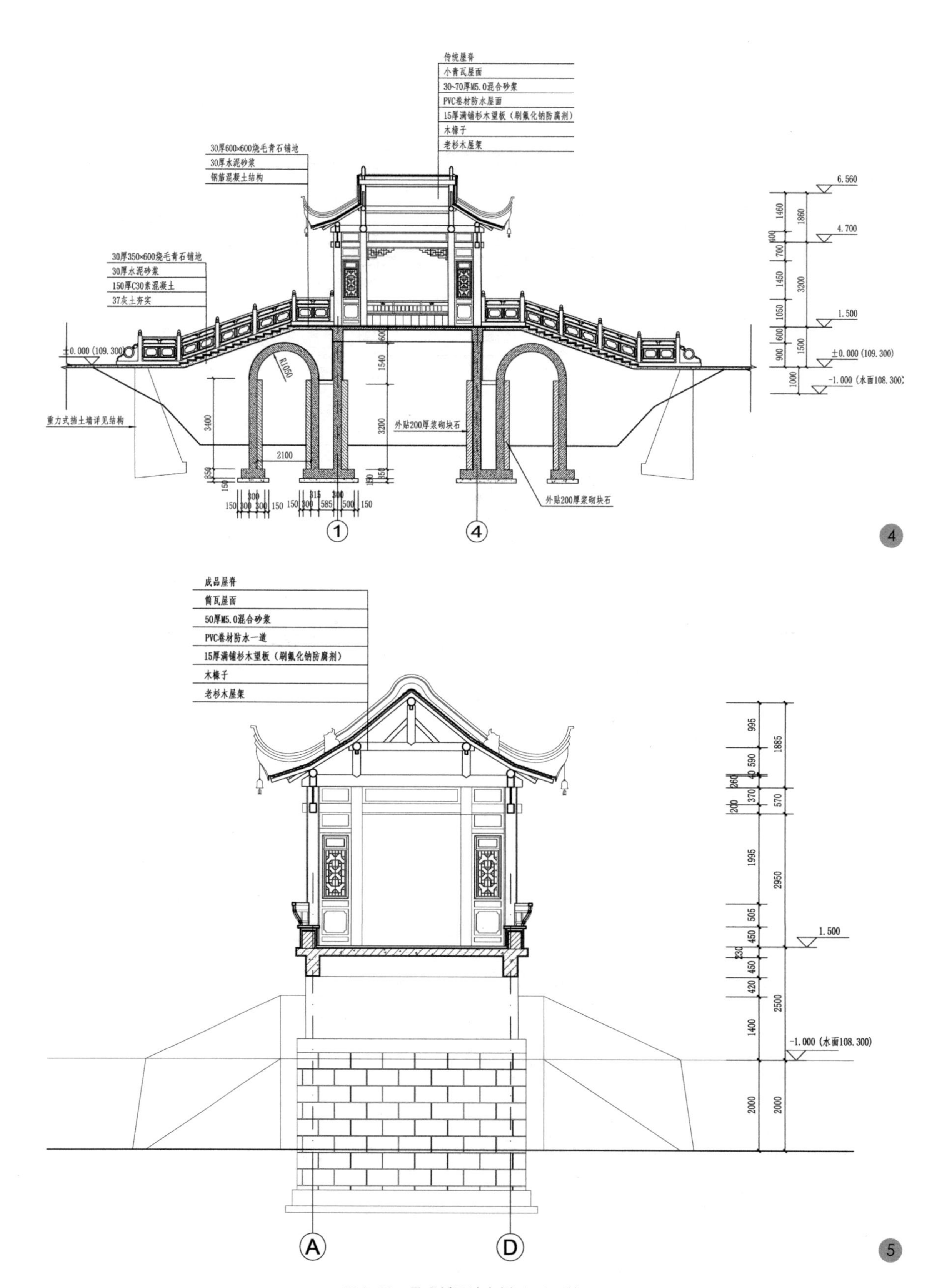

图 9–39 景观桥设计实例（一）（续图）

4—1-1 剖面图；5—2-2 剖面图

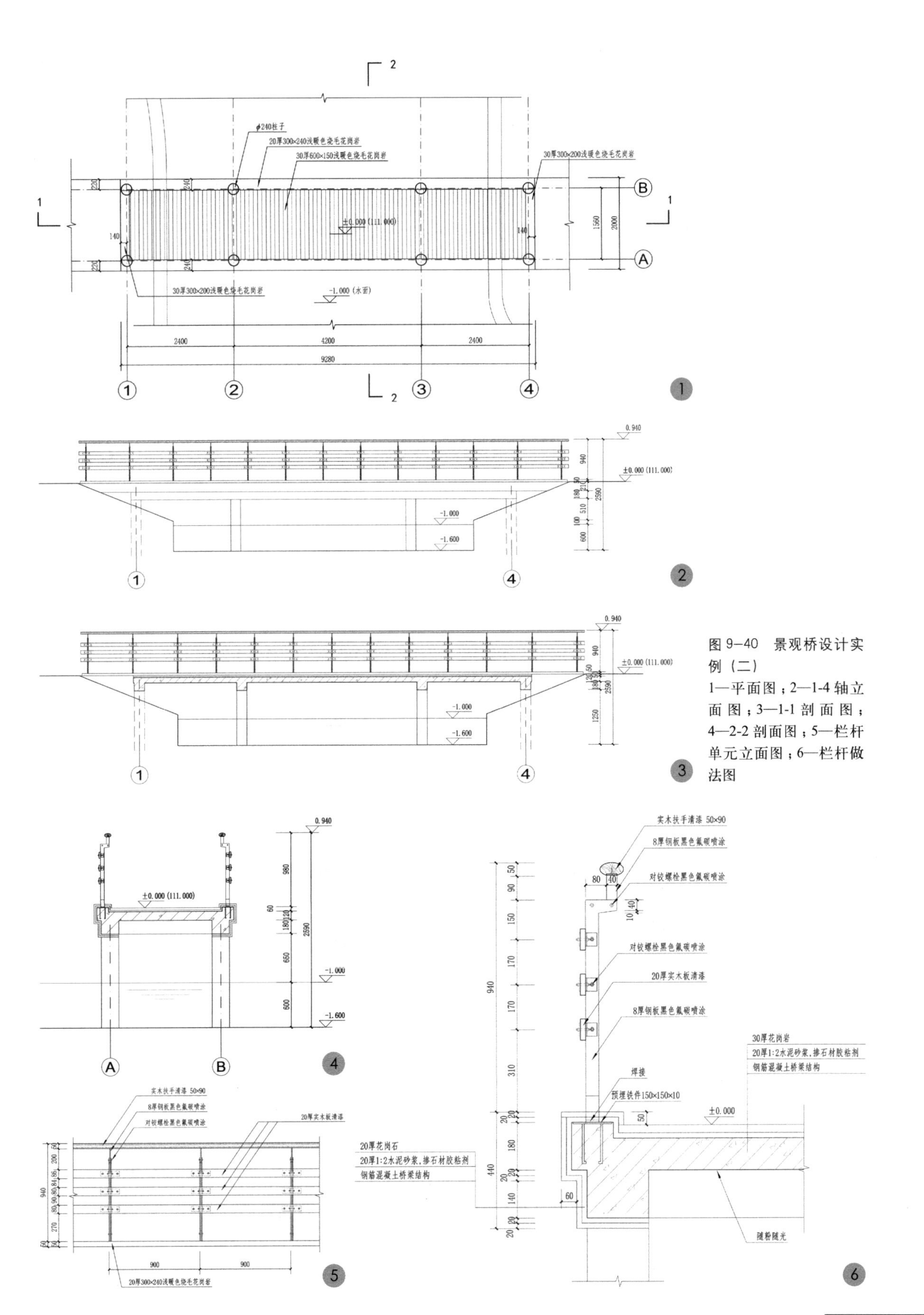

图9–40 景观桥设计实例（二）

1—平面图；2—1-4轴立面图；3—1-1剖面图；4—2-2剖面图；5—栏杆单元立面图；6—栏杆做法图

9.3.5 墙体与围栏

墙体包括景墙、挡土墙、围墙等形式。

景墙是指在风景园林工程中主导功能为造景作用的墙体，如浮雕墙、纪念墙等，可分为由于造景需要单独筑设的独立式景墙和将建筑、挡墙等景观化处理后的附属式景墙两类（图 9−41、图 9−42）。

挡土墙是指为了风景园林竖向工程的安全实现而必须设置的工程性墙体（图 9−43）。

图 9−41　独立式景墙

图 9−42　附属式景墙

围墙是指为了安全或划分空间界限而设置的墙体，一般高度在 2m 以上，可分为实体式围墙和透空式围墙两类（图 9-44）。

图 9-43　挡土墙

图 9-44　围墙

围栏一般则是为防止人或动物随意进出、安全防护、标明分界，以及防止球类飞出等而设置的维护式栏杆（网）（图 9-45）。

1. 墙体与围栏的作用（表 9-14、图 9-46）

2. 墙体的类型（表 9-15）

图 9-45　围栏

图 9-46　墙体的不同建构功能
1—限制与划分空间；2—屏障视线；3—提供休息座椅；4—视觉背景

墙体与围栏的主要作用表 表 9–14

作用	特征
限制与划分空间	不同高度的墙体和围栏，会限制和分隔出不同功能、不同使用权限的空间，使区域范围界限明确，并为其所封闭的空间提供安全感
屏障视线	通过墙体和围栏的设置可屏障视线，限制出空间的私密性
调节气候	通过对墙体和围栏在景观空间中的运用，可最大限度地削弱阳光和风等带来的不良气候影响，调节微气候环境
提供休息座椅	低矮的墙体可以充当人们的休息座椅
视觉作用	墙体和围栏既可以作为主要景物的背景，将不同景物在视觉上进行连接，又可以通过其空间变化以及在质地、色彩、图案等方面的变化形成一定的视觉效果

景墙与挡土墙分类表 表 9–15

分类形式	类型	特征
结构形式（图 9–47）	重力式	即靠墙身自重抵抗侧压力的墙体。可采用混凝土、石块、人工砌体等，高度一般在 4m 以下较为经济
	半重力式	即在墙体中加入钢筋，与墙体自重共同来承受侧压力，从而缩小墙体截面的重力式挡土墙。半重力挡土墙的高度一般在 4m 左右较为合适
	悬臂式	即凭靠墙体立壁、基座等构件承受侧压力的墙体。根据其立壁与基座间的构筑形式，可分为倒 T 形、L 形和倒 L 形等几种，是一种较为常用，经济的墙体形式
	扶臂式 / 扶垛式	在悬臂式墙体侧向加设扶壁即为扶壁式墙体，而在墙体侧向加设扶垛的即为扶垛式墙体，可用于高度较高，用地受限的区域。此类挡土墙的高度一般为 5~6m
	特殊式	除上述种类外，还有一些特殊结构的墙体形式，如箱式、框架式、锚杆式等，可用于前 4 种墙体无法设置的区域
形态	直墙式	剖面呈直线的墙体形式
	坡面式	剖面向受力一侧倾斜的墙体形式
材料	混凝土	结构部件为混凝土，表面可做抹面、剁斧、压痕、打毛、上漆、贴面材等多种处理
	预制混凝土砌块	结构部件为预制混凝土砌块，面部处理同混凝土墙体
	砖	以普通黏土砖、人工轻质砌块砖等为结构部件，表面可通过砖的不同砌法形成图案肌理，也可同混凝土墙体一样，通过表面装饰进行处理
	石	以石块砌筑的围墙，可分为干砌式和浆砌式两类

3. 墙体的设计（表 9–16，图 9–48 ~ 图 9–50）

墙体设计要点表 表 9–16

项目	设计要点
形式选择	应结合用地的地基状况、承载力、地压、冰冻等基础条件，经过结构设计再确定其类型与形式
排水（图 9–48）	挡土墙必须设置排水孔，具体间距根据工程所在地、所在区域的降水与排水环境决定，一般间距为 3~6m，设置于墙体靠近地面的位置。同时，墙体靠土一侧还需要进行排水处理
沉降与伸缩	为了应对墙体的沉降与伸缩变形，墙体需要设置沉降缝与伸缩缝。一般墙体的沉降与伸缩缝可结合设置，间距为 15~30m，缝宽为 20~30mm

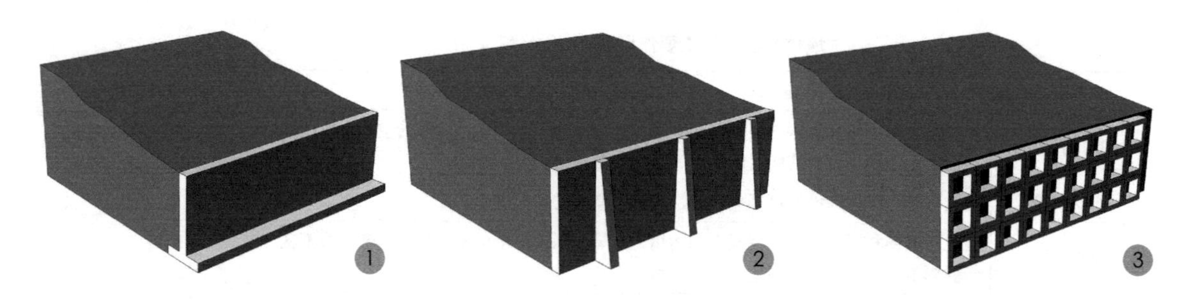

图 9-47 墙体的结构形式
1—悬臂式；2—扶垛式；
3—特殊式

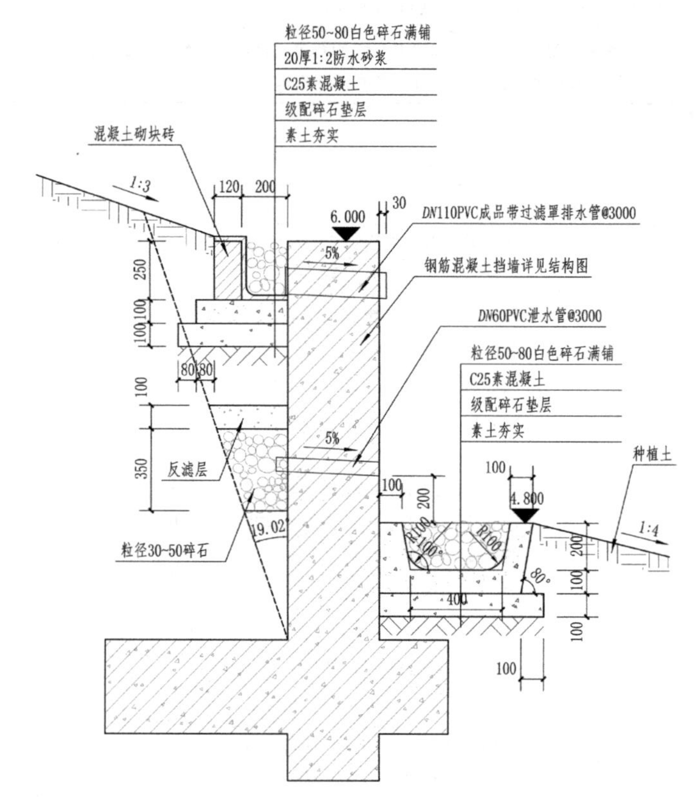

图 9-48 挡土墙构造形式

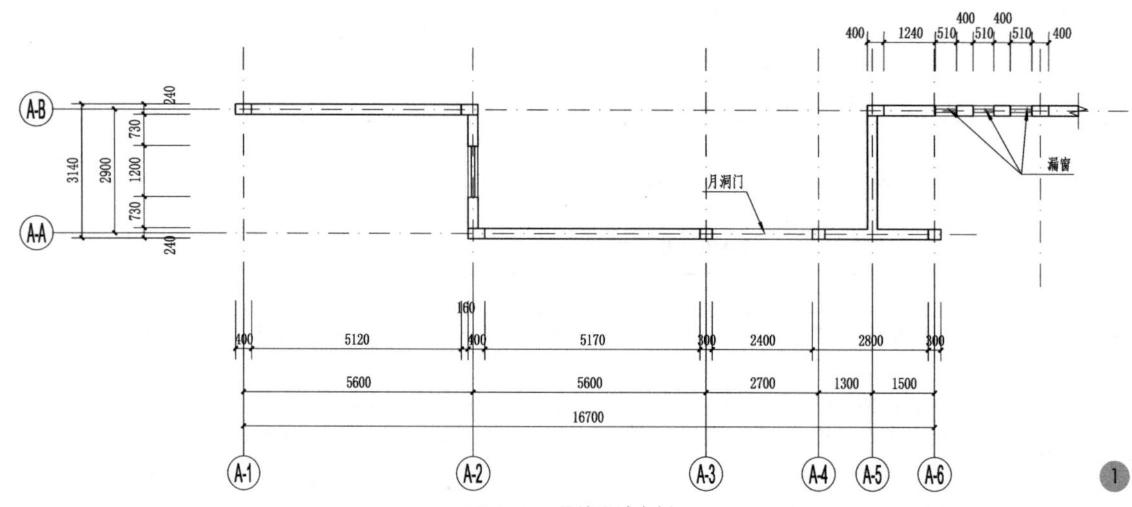

图 9-49 景墙设计实例
1—景墙 A 平面图

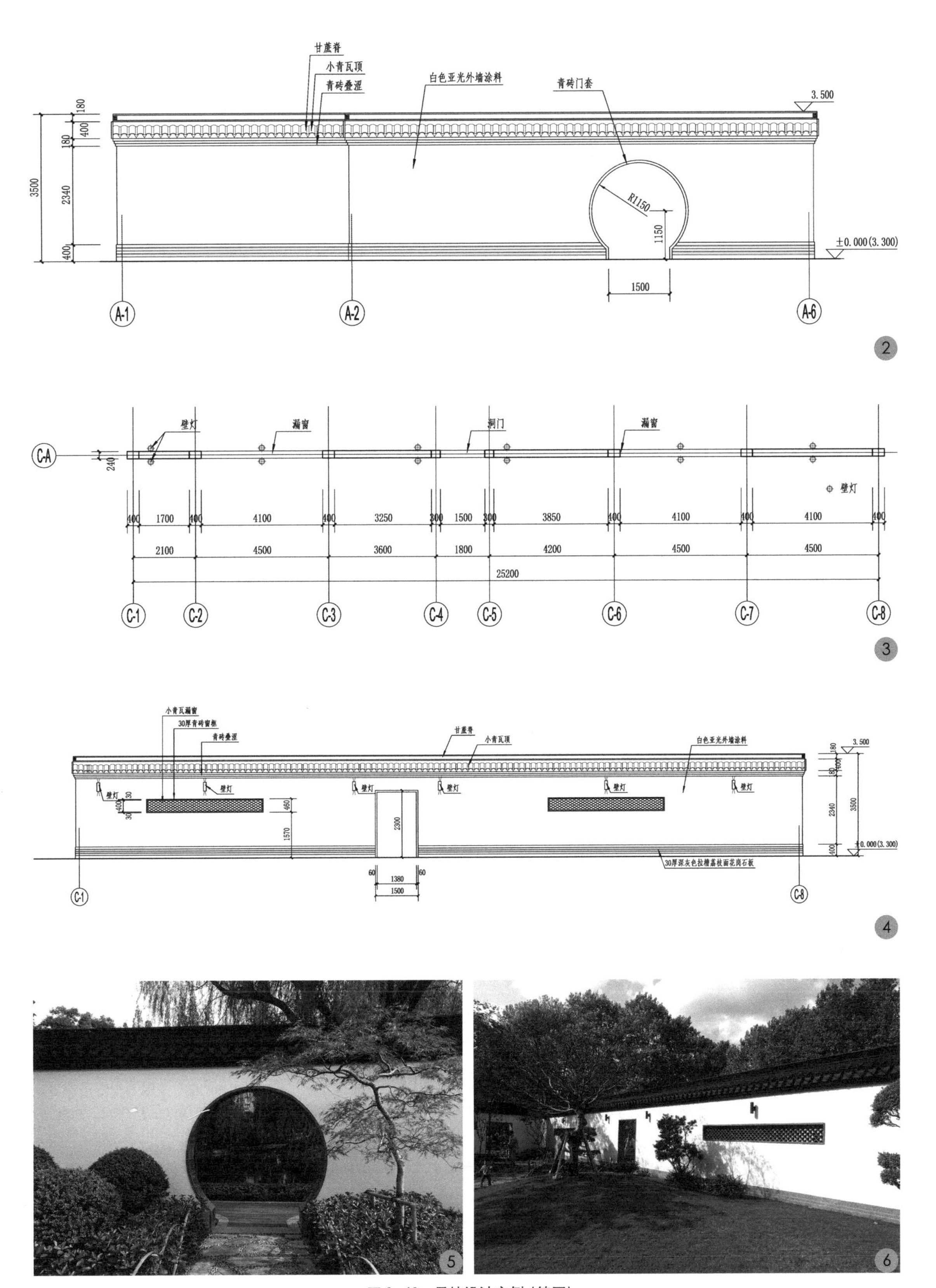

图 9–49　景墙设计实例（续图）

2—景墙 A 立面图；3—景墙 C 平面图；4—景墙 C 立面图；5、6—建成效果

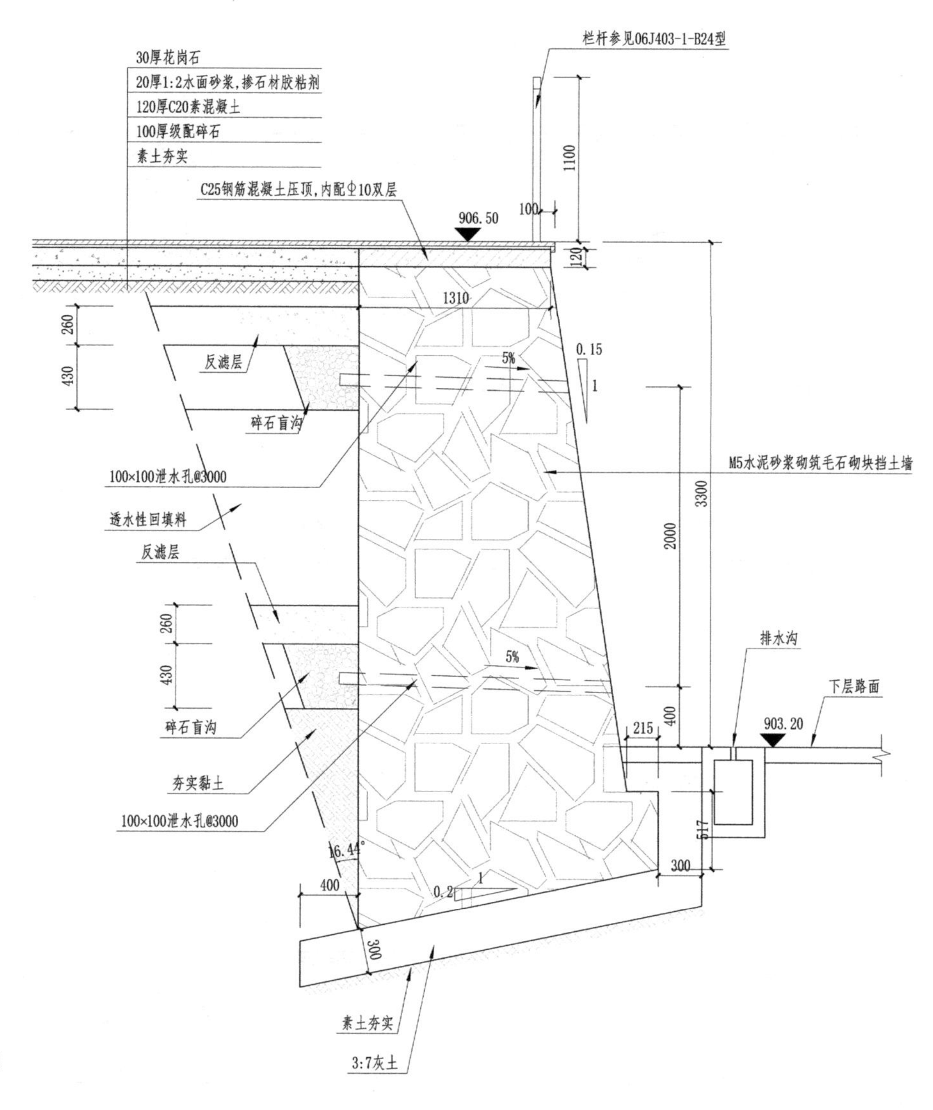

图 9-50 挡墙设计实例

4. 围栏设计（表 9-17，图 9-51）

围栏设计要点表 **表 9-17**

项目	设计要点
高度	限制人员进出者，高度为 1.8~2.0m 以上；隔离植物者，高度为 0.4m 左右；限制车辆进出者，高度为 0.5~0.7m 左右；标明分界者，高度在 1.2~1.5m 左右；网球场等场地的挡球网，高度一般设计在 3.0~4.0m 之间
材料	围栏材料可采用铁、铝、不锈钢等金属材料，可采用竹、木、石材等自然材料，也可采用混凝土、砖等其他材料
其他	其他诸如立面形式、色彩、质地等可根据具体情况而确定

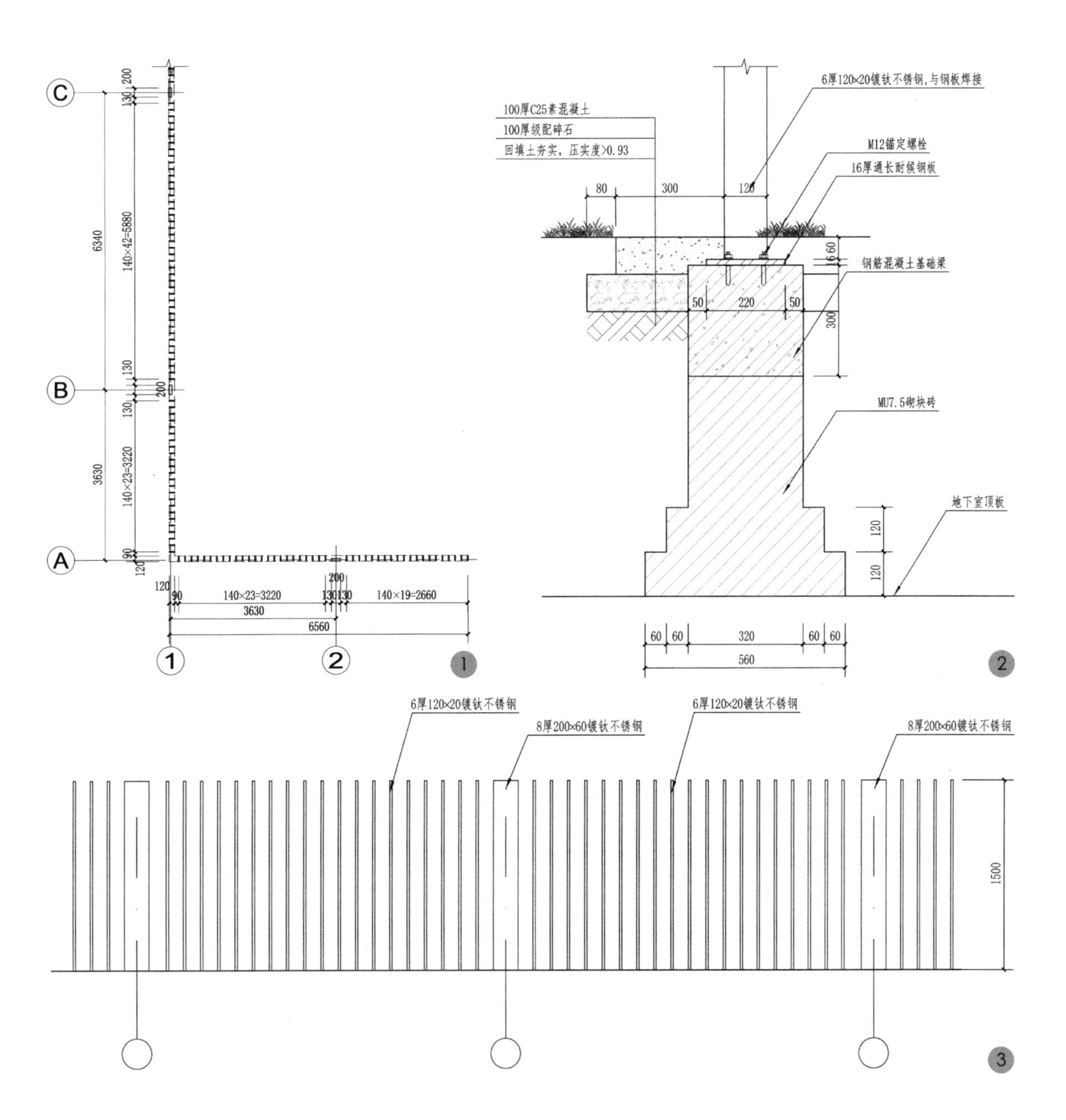

图 9-51 围栏设计实例
1—平面图；2—单元立面图；3—做法图

9.3.6 小型游船码头

1. 小型游船码头的形式（表 9-18，图 9-52）

小型游船码头常用形式表 **表 9-18**

形式	特征
驳岸式	如果水体规模不大，常结合驳岸建设，即垂直岸边布置；当水面较大时，可平行驳岸布置；当水位和池岸的高差较大时，则可结合台阶和平台进行布置
伸出式	当水面较大时，可直接将码头挑伸到水中，拉大池岸和船只停靠的距离，增加水深，以节约建造费用
浮船式	当水位变化较大时，可采用浮船式游船码头，以适应水位的不同变化，使得码头与水面始终能保持合适的高度

2. 小型游船码头的功能构成（表 9–19）

小型游船码头功能构成表 **表 9–19**

功能单元	特征
售票检票单元	售票检票单元的主要功能为售票、检票、维护秩序、回船计时退押金、回收船桨等，一般售票室面积控制在 10~12m^2；检票室面积控制在 6~8m^2，有时可采用检票箱和活动检票室的形式进行检票
管理办公单元	可与售票检票单元结合在一起，也可独立分离，可起播音、存放船桨和对外联系等功用，包括办公室、休息室、卫生间等，面积一般控制在 20~30m^2
等候休息单元	为排队等候游船的游人提供的休息空间，可结合码头管理建筑或亭、廊等休憩建筑统一布局
码头单元	即候船的露台，供上下船用，面积需根据停船的大小、多少确定，一般应高出水面 30~50cm
维修储藏单元	应尽可能靠近码头区，上下水较容易，可单独设立船坞对游船进行日常维护与储藏

3. 小型游船码头的设计（表 9–20，图 9–53）

小型游船码头设计要点表 **表 9–20**

项目	设计要点
人流组织	包括工作人员和游客的人流组织及游客上下船的路线组织两部分内容，前者应注意避免工作人员和游客的活动路线相互交叉，以免互相干扰；后者应注意上下船人流的有序分流
空间布局	以码头的功能单元构成及其相互关系进行空间布局，从而达到良好的使用效果
竖向设计	结合水位、驳岸、附属建筑等进行竖向设计，形成使用合理、空间丰富、景观独特的竖向空间关系
安全防护	应设置告示栏、栏杆、护栏等安全宣传保护措施

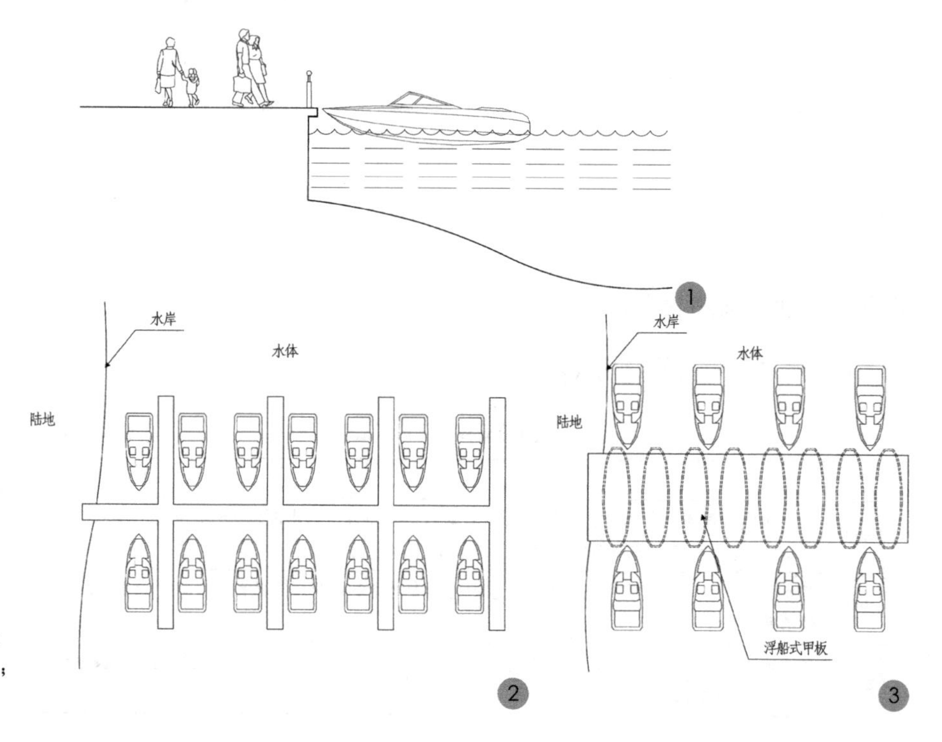

图 9–52 码头常用形式
1—驳岸式；2—伸出式；3—浮船式

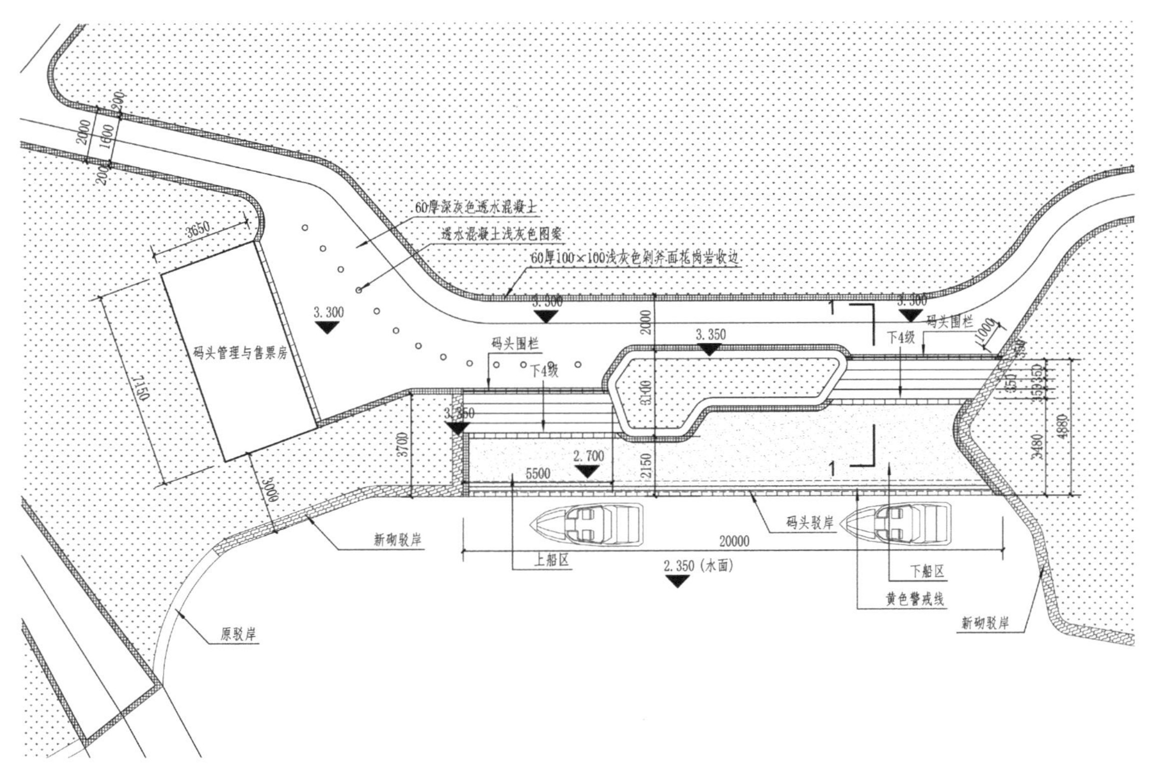

图 9–53 码头设计实例

9.3.7 其他风景园林建筑与构筑物

其他诸如大门、茶室、露天剧场、大型码头、公厕、水闸、排水泵站、垃圾转运站、管理建筑、游客中心、宾馆、餐饮、娱乐等功能性建筑与构筑物，由于各自功能不同，都有自身不同的规律和特征，如大门设计不仅需要考虑其标志性、识别性，也又考虑人流的组织和管理的便捷；茶室设计需处理好内外景观的协调与互借、后勤服务与茶座之间的隔离和联系等关系；露天剧场设计需综合考虑观演视线关系、音响效果、灯光照明、人流疏散等相互之间的关系；公厕设计需平衡男女蹲位的合理比例、解决好采光与通风的关系等；水闸设计需综合考虑水位、驳岸、地基情况、设计标准等多方面的因素；排水泵站设计需在计算排水量的基础上进行工艺设计和建筑设计；垃圾转运站需结合垃圾转运设备和设施处理好垃圾的进出关系；管理与服务建筑则更需要根据不同的使用需求进行，不一而足。同时，由于服务规模不同，同类建筑在共性的基础上也存在较大差异，各类建筑与构筑物都有明确的设计规范可以参考，限于篇幅，本书将不再一一介绍。如下为几个不同类型的风景园林建筑与构筑物实例，供参考（图 9–54~ 图 9–58）。

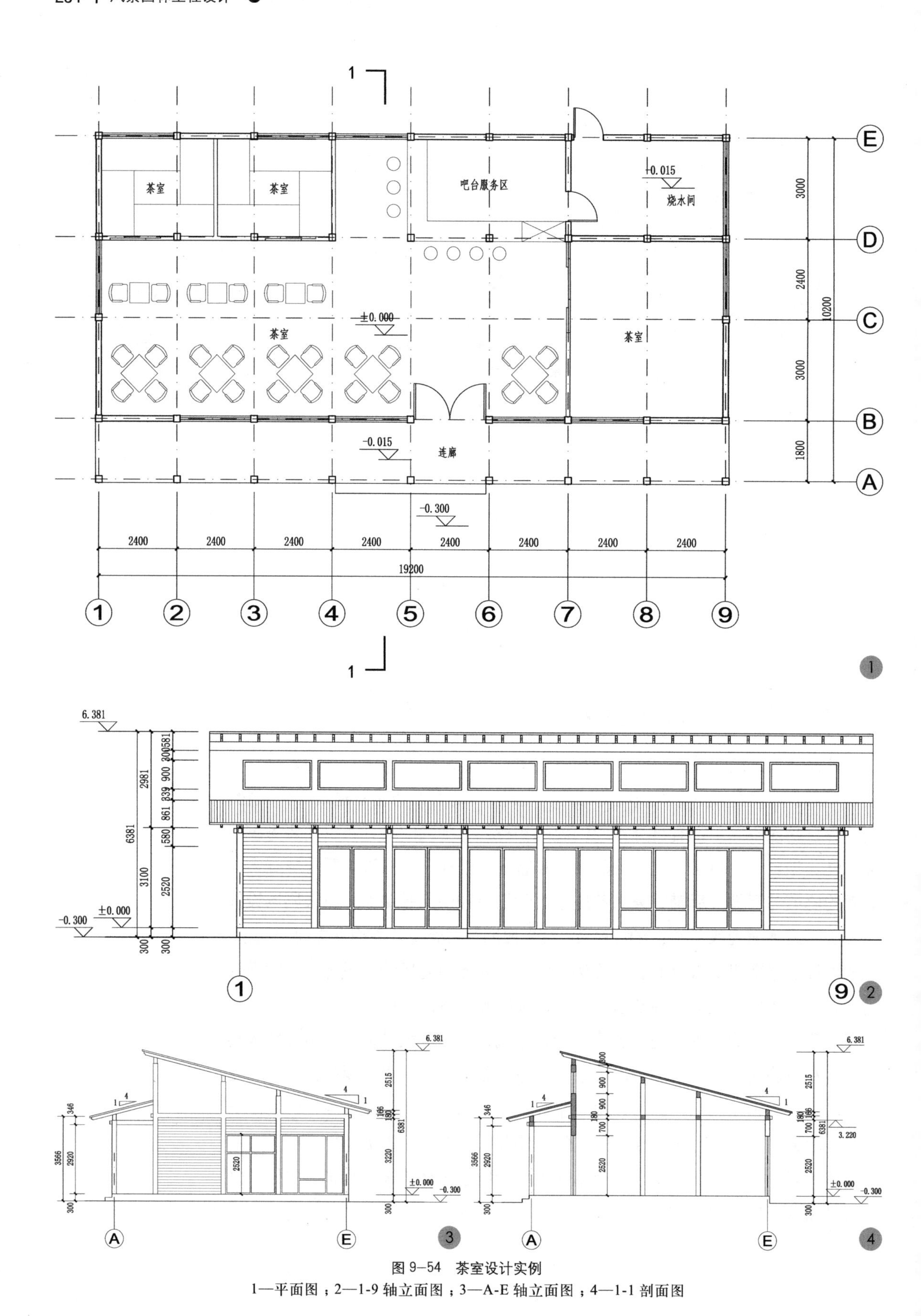

图 9-54 茶室设计实例

1—平面图；2—1-9 轴立面图；3—A-E 轴立面图；4—1-1 剖面图

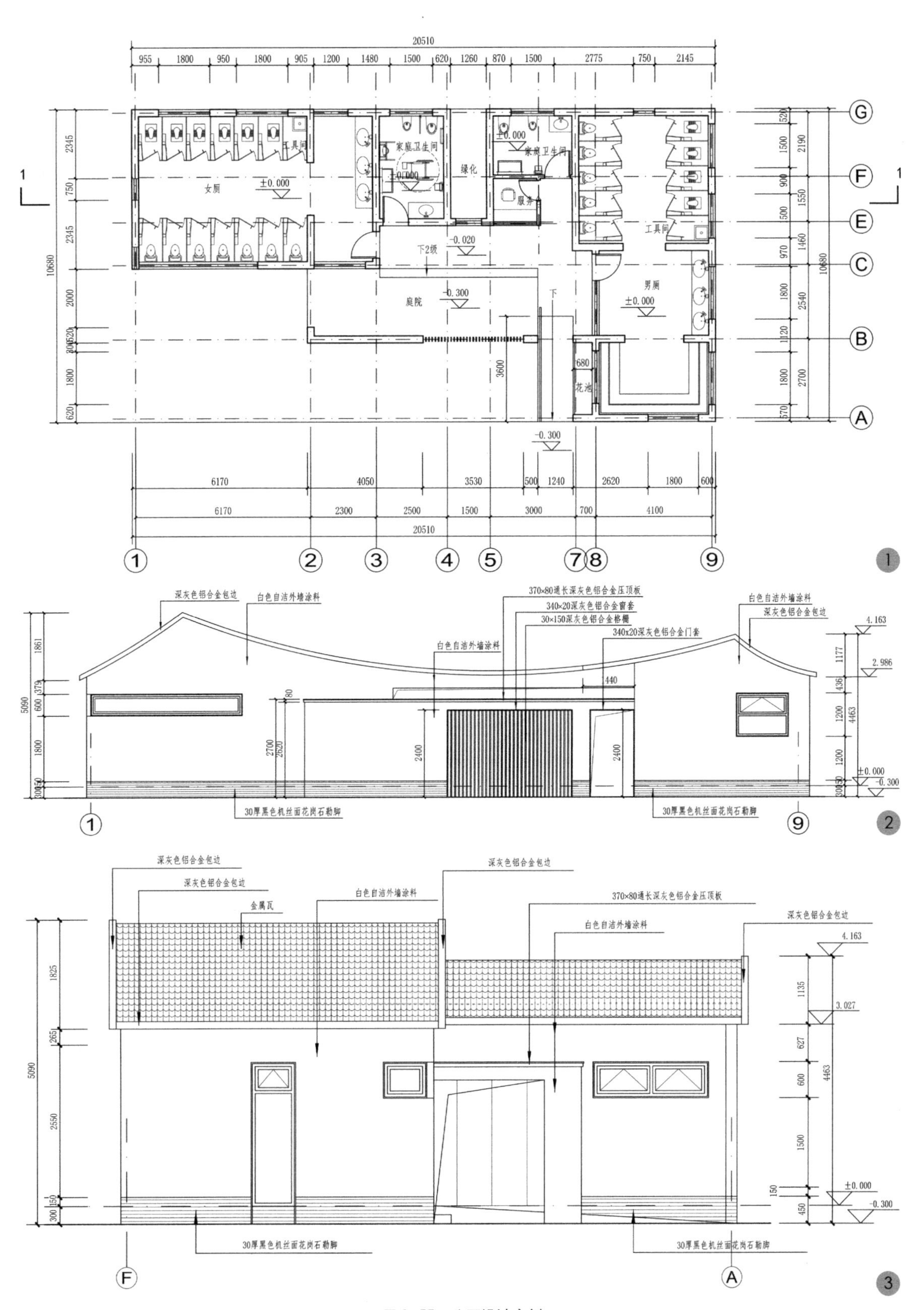

图 9–55 公厕设计实例

1—平面图；2—1-9 轴立面图；3—F-A 轴立面图

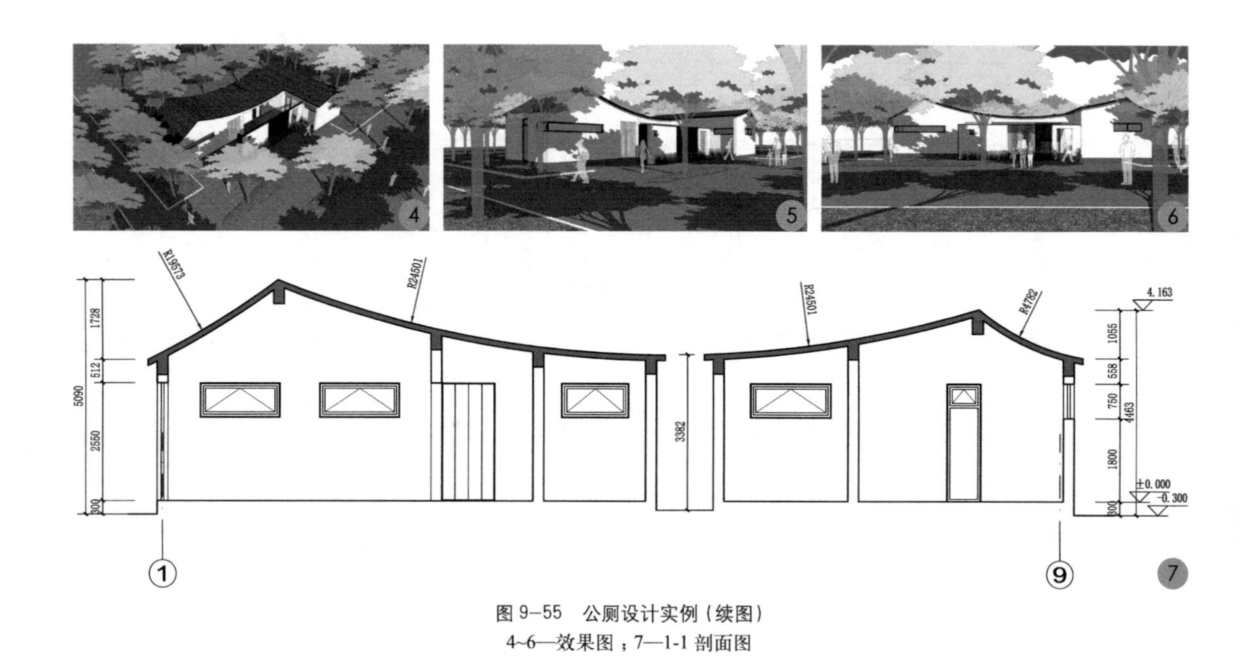

图 9-55 公厕设计实例（续图）
4~6—效果图；7—1-1 剖面图

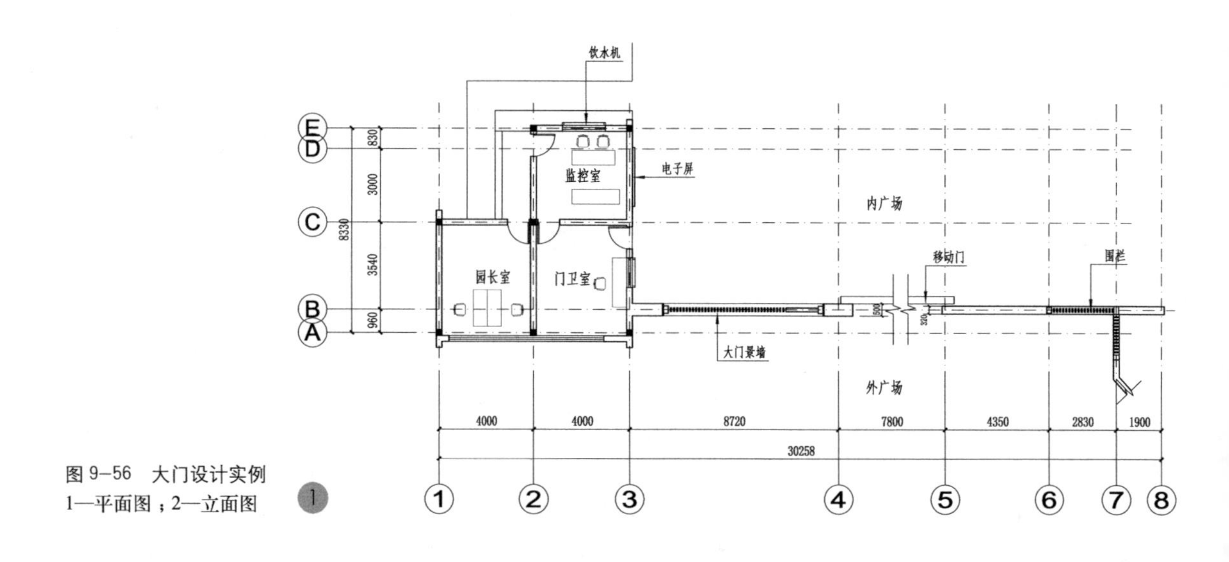

图 9-56 大门设计实例
1—平面图；2—立面图

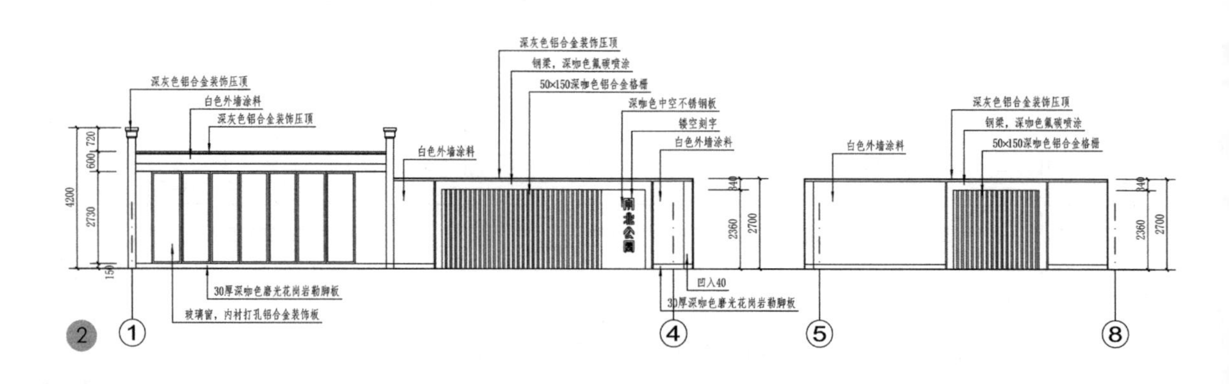

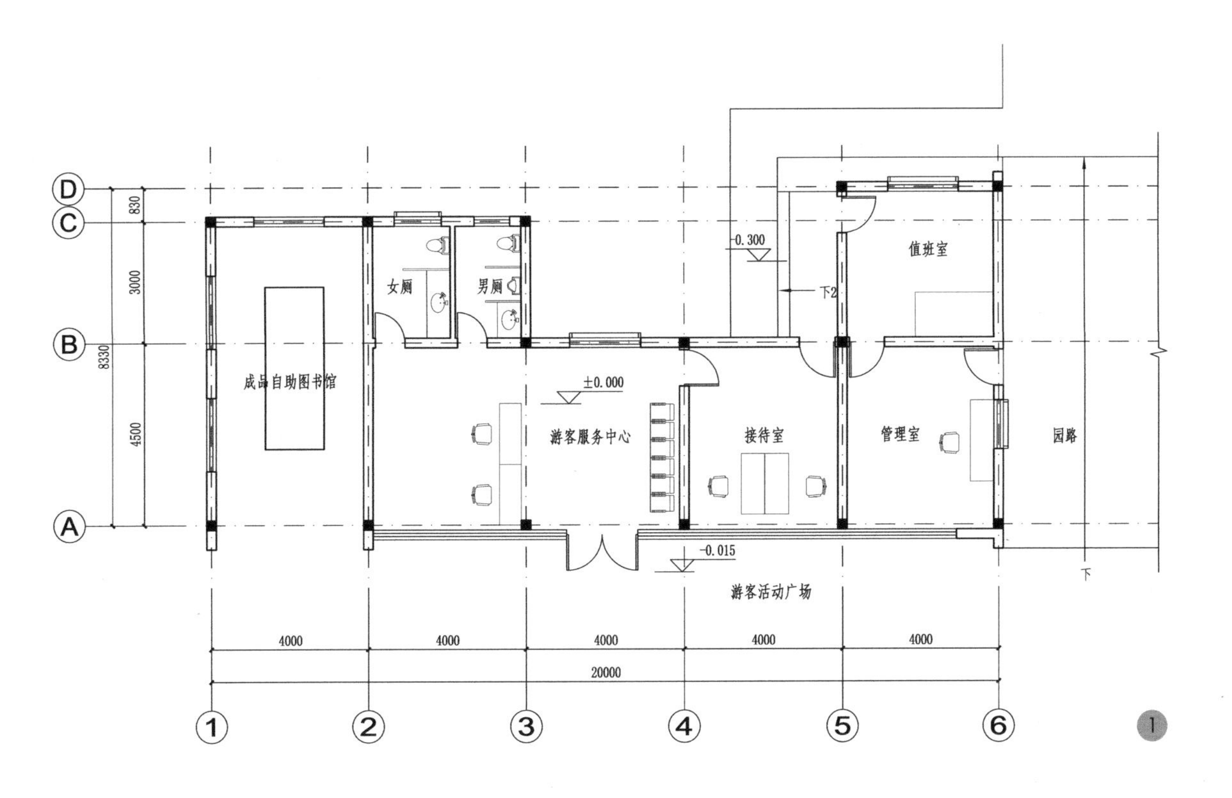

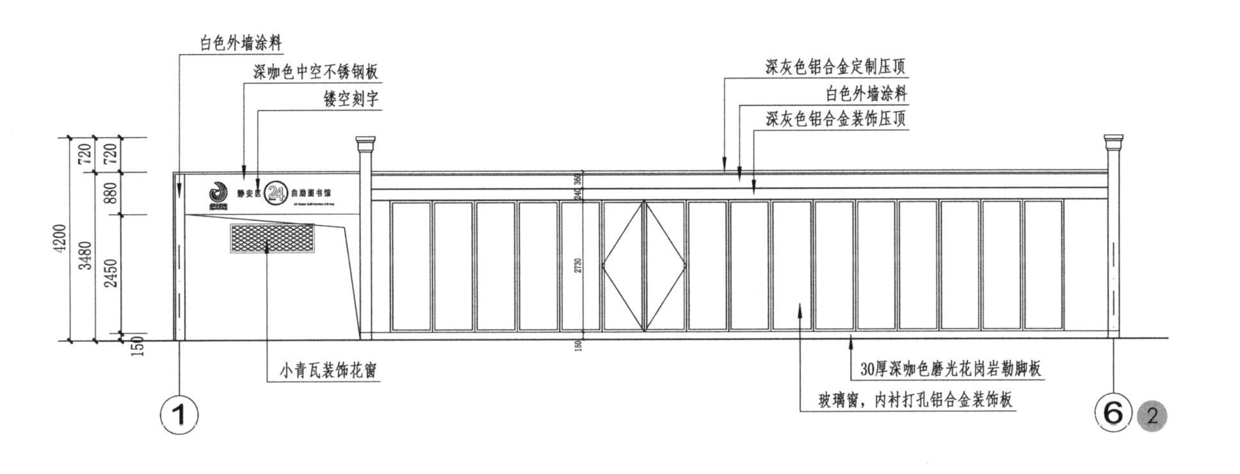

图 9-57 游客服务中心设计实例

1—平面图；2—立面图

图 9-57 游客服务中心设计实例（续图）（右）

3—建成效果

图 9-56 大门设计实例（续图）（左）

3—建成效果

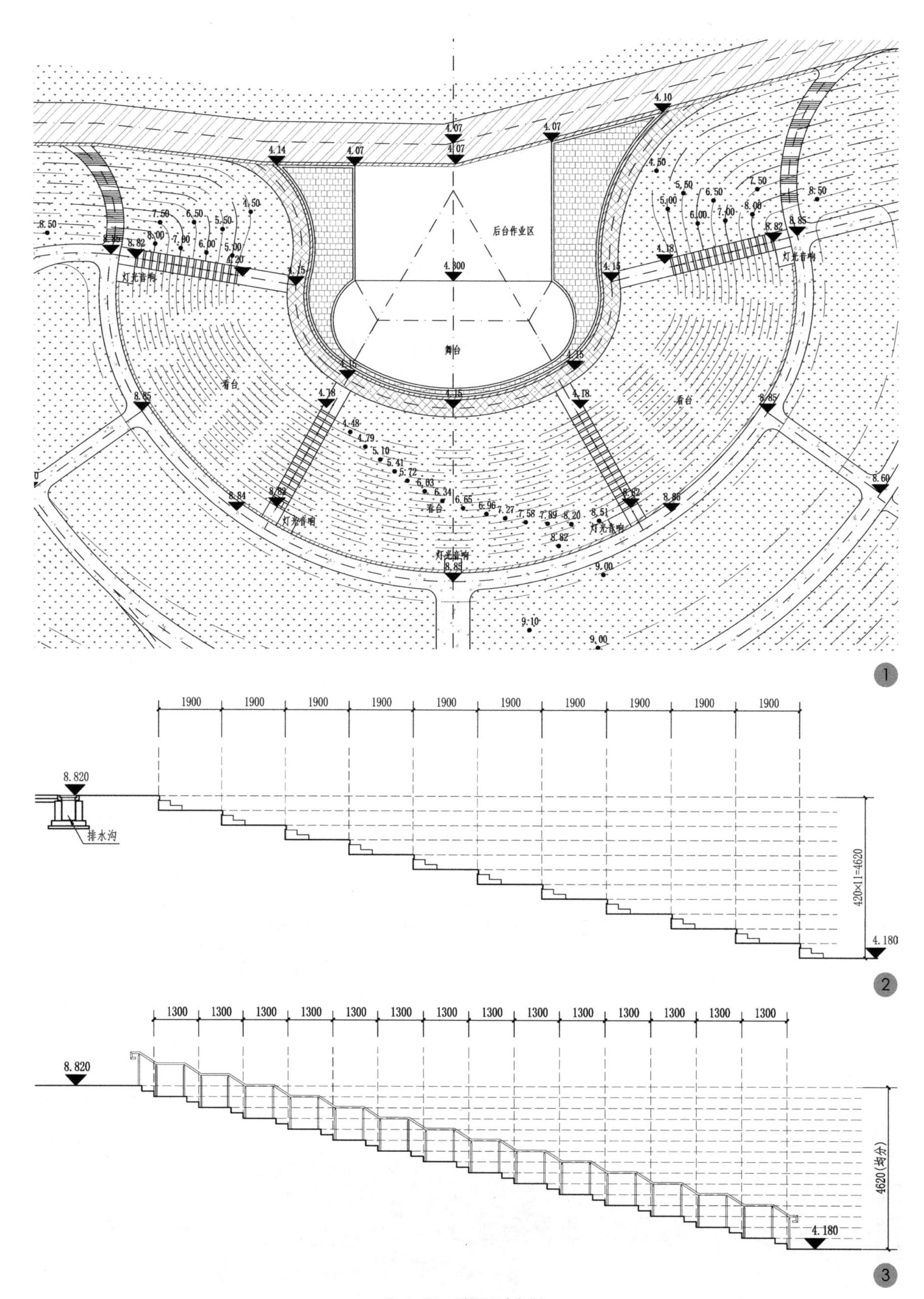

图 9-58 剧场设计实例

1—平面图；2—看台剖面图；3—通道剖面图

图 9-58 剧场设计实例（续图）
4、5、6—建成效果

第10章 风景园林水景工程

水景的形式

水景设计的基本流程

水景工程的类型及其设计

水岸设计

从老子“上善若水，水利万物而不争，处众人之所恶，故几于道”（《老子·八章》），到孔子的“仁者乐山，智者乐水”，再到汉代刘安《淮南子·原道训》的水之颂，对水情感化和拟人化的思想，一直指导着中国的造园活动，并形成了“一池三山”的经典园林格局形态。而宋代郭熙在其画论《林泉高致》中，更是以“水活物也，其形欲深静，欲柔滑，欲汪洋，欲迴环、欲肥腻、欲喷薄……”来描绘水的多种情态。

从水的物理特性看，水是一种无色、无味、透明的液体。而液体之形，受制于容器。因此，水所表达的种种情态，都是对承载其的容器诸如大小、深浅、色彩、质地、位置等的具体反映，水景设计亦即容器设计。

10.1 水景的形式

从景观效果看，水景基本上可分为静水和动水两大类，表现为水池、溪流、落水、喷泉等多种形式（表 10–1）。

水景形式一栏表 **表 10–1**

<table>
<tr><th>类型</th><th colspan="2">形式</th><th>特征</th></tr>
<tr><td rowspan="4">静水
（图 10–1）</td><td rowspan="2">不受外界环境影响的水体</td><td>反射</td><td>通过水面的反光特性产生镜面效应，映出周围环境的景物，形成“隔岸观桃花，一枝变两枝”的效果</td></tr>
<tr><td>透光</td><td>通过水体的透光效应，清晰地反映池底的材质</td></tr>
<tr><td rowspan="2">受风等外界环境影响的水体</td><td>质地</td><td>在风等外界环境的影响下，产生浪花的水面能表现出一定的质地</td></tr>
<tr><td>媒介</td><td>产生浪花的水面可成为表现池底质地的媒介</td></tr>
<tr><td rowspan="9">动水</td><td colspan="2">溪流（图 10–2）</td><td>水的行为特征，如平静或奔流，取决其流量、河床的大小、坡度、宽窄、驳岸的形式、河底的质地等</td></tr>
<tr><td rowspan="3">落水（图 10–3）</td><td>自由落式</td><td>水不间断地从一个高度落到另一个高度，其特征取决于水的流量、流速、落差、瀑口、瀑身、承瀑台等的形状、质地等</td></tr>
<tr><td>跌落式</td><td>瀑布在不同高度的平面上相继落下</td></tr>
<tr><td>滑落式</td><td>水沿斜坡滑落而下</td></tr>
<tr><td rowspan="5">喷泉（图 10–4）</td><td>单射流</td><td>水由单管喷头喷射</td></tr>
<tr><td>喷雾式</td><td>利用微孔高压撞击式雾化技术，使水分子在瞬间分裂成亿万个 1~10um 的雾分子，达到气雾状，呈悬浮状态，如同自然雾的一种喷泉形式</td></tr>
<tr><td>充气式</td><td>由孔径较大的喷嘴将水体喷射湍流水花效果的喷泉</td></tr>
<tr><td>造型式</td><td>由各种类型的喷泉通过一定的造型组合而形成的喷泉</td></tr>
<tr><td>音乐式</td><td>和由弱电控制的音乐一起形成的喷泉，水姿随音乐的节拍而变换</td></tr>
</table>

不同形式的水景在造景效果上也各有不同，所表现出来的视觉效果、产生的水声、受风影响后产生的浪花对水体周边环境的飞溅程度、在风的作用下，水景效果的稳定程度、形成该类型水景的能耗度也均有不同，在选择时需综合

考虑。而达成不同形式水景的控制变量也不尽相同，如容器的形式、色彩、坡度、质地等；水的流量、流速、水压等；人的观赏距离、视角等均需要根据造景需求而进行设计。

图 10–1　静水
1—反射；2—透光；
3—质地；4—媒介

图 10–2　动水——溪流

图 10–3　落水
1—自由落式落水；2—跌落式落水；3—滑落式落水

图 10-4 喷泉
1—单射流喷泉；2—喷雾式喷泉；3—充气式喷泉；4、5—造型式喷泉

10.2 水景设计的基本流程

水景设计一般遵循如下流程进行：

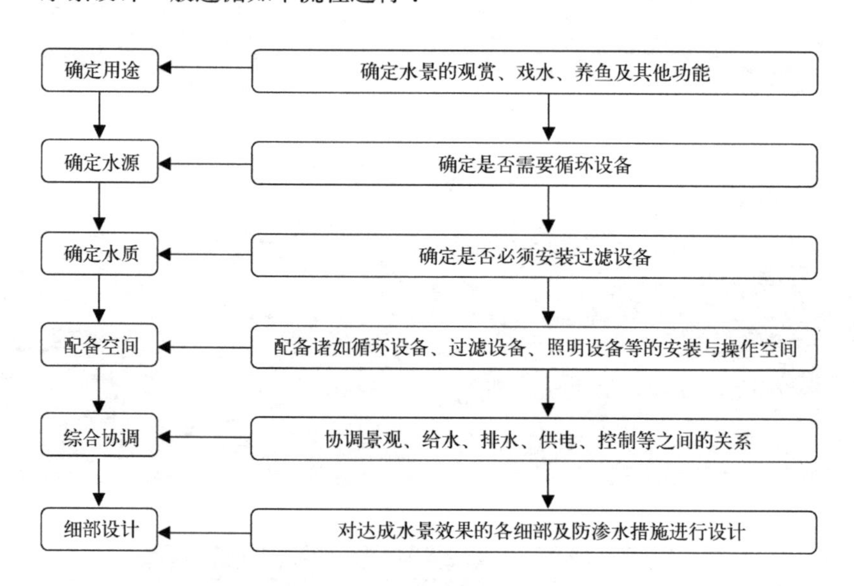

10.3 水景工程的类型及其设计

10.3.1 湖泊与水池

湖泊和水池的设计主要包括形态、水深、水岸、水底、溢流、设备等部分（表 10-2）。

湖泊与水池设计要点表　　表 10–2

项目	设计要点
形态	可分为几何规则式和自然式两类。自然式又可分为心形式、云式、兽皮式、羊肠式等多种形态（图 10–5）
水质	根据功能控制水质标准和应对措施
水深	湖泊与水池的水深主要根据其功能、造景效果、安全要求等确定，如戏水则应低于 30cm；养鱼，水深则应大于 30~50cm；行船则应满足所通行船只的吃水深度。在同一湖泊与水池也可划分不同区域满足不同功能，或利用不同水深的组合形成不同的功能区域
水岸	自然湖泊式水岸设计详见本章第 4 节水岸设计。规则式水池可根据周边环境处理成多种不同的形式
水底	对于自然湖泊，池底设计主要应考虑湖泊的防渗漏问题，一般情况下当地下水位高于池底时，可不进行防渗处理，反之则需要防渗处理。当池底自然土壤为渗水性较差的黏性土壤时，即使地下水位较低，也可经简易处理后不做防渗水处理； 人工规则式观赏水池则需要根据水景的反射、透光、质地、媒介等效果确定池底的色彩、材料和质地等； 水池的防渗可分为刚性防水和柔性防水两种，前者指水池的结构层采用钢筋混凝土、砖、石材等刚性材料，防水层铺设于钢筋混凝土池底与池壁的一侧，形成刚性防水，一般多用于喷泉、跌水等造景水池；后者则主要指水池的结构层与防水层均采用柔性材料如结构层为改性土壤、防水层采用高聚物防水薄膜等，或采用膨润土、长兴土等黏土类土壤作为水池池底的防渗处理材料，多用于面积较大的自然式水池或湖泊等（图 10–6、图 10–7）
溢流	湖泊与水池中的水体除了日常蒸发外，当遇到雨天，水量超过设计水岸时需要进行溢流。一般景区、公园中的湖泊需在总体规划的基础上，通过水闸等进行水位的控制；规则式观赏水池则需要设置溢流口或溢流壁进行溢流。一般溢流口可分为堰口式、漏斗式、管口式、连通管式等（图 10–8）
设备	包括水体供给设备、循环设备、排放清污设备、照明与供电设备、过滤与增氧设备等的配给与布置（图 10–9）

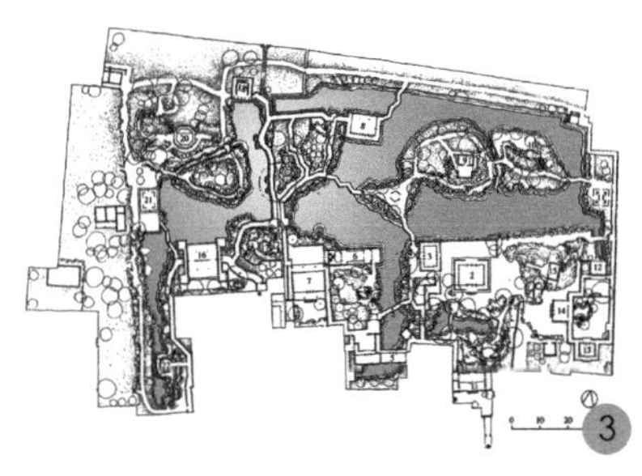

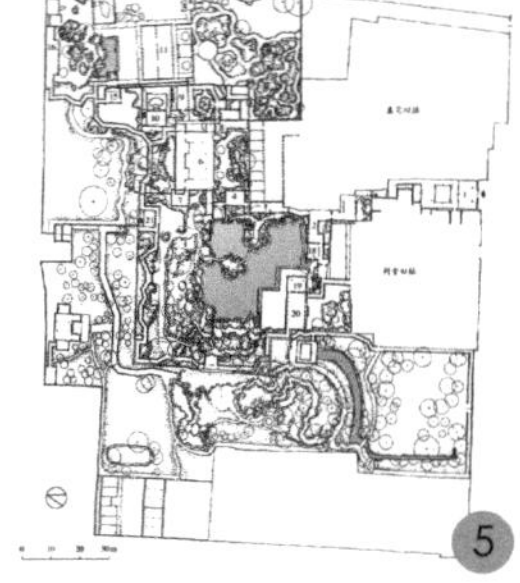
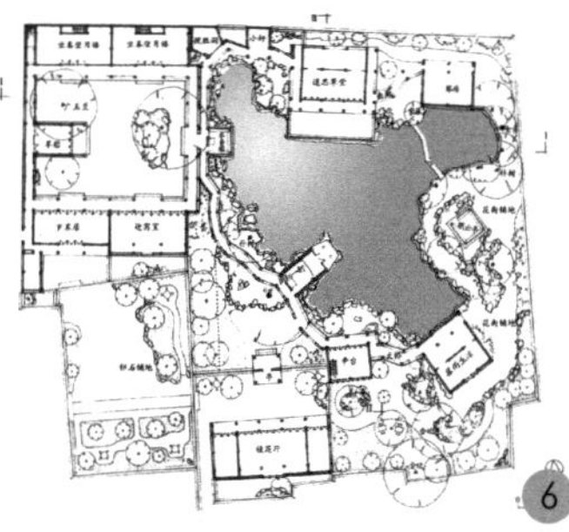

图 10–5　水池的多种形态

1—规则式水池；2—自然式水池；3—拙政园水系平面；4—网师园水系平面；5—留园水系平面；6—退思园水系平面

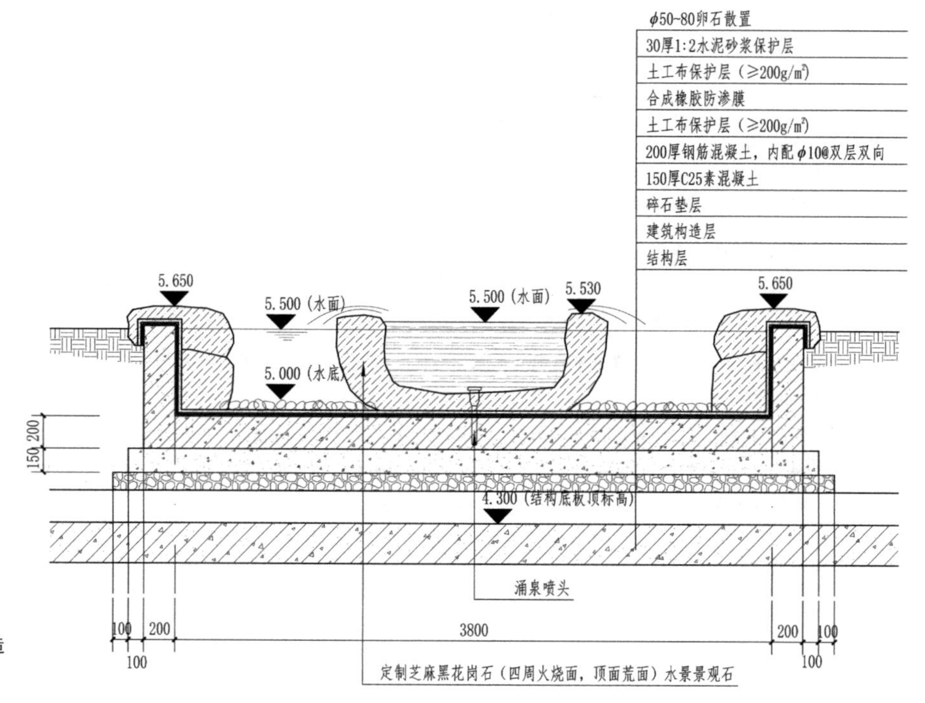

图 10–6 刚性水池构造示意图

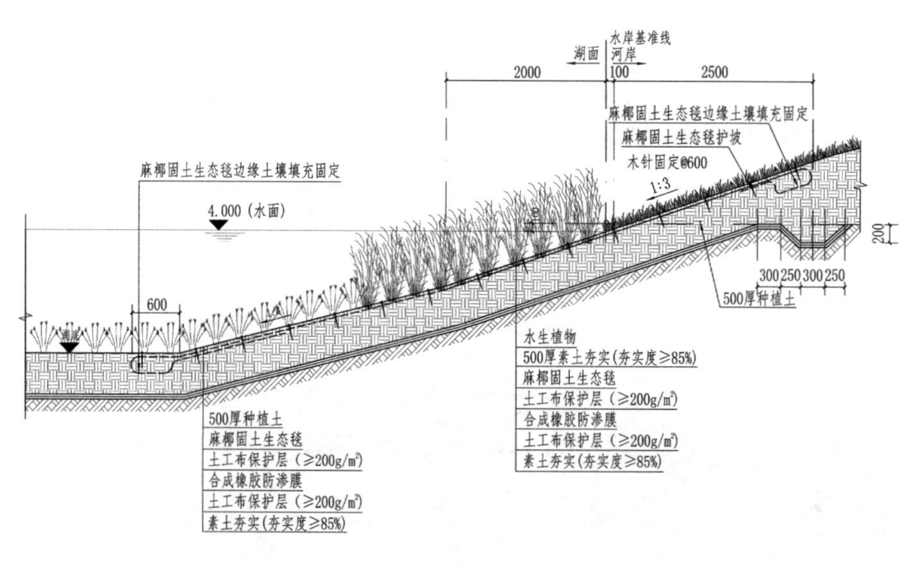

图 10–7 柔性水池构造示意图

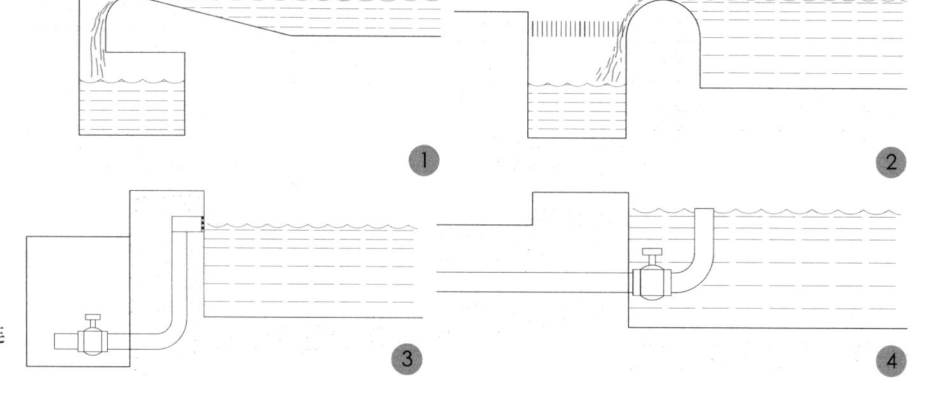

图 10–8 水池溢水口
1、2—堰口式溢水口；3—漏斗式溢水口；4—连通管式溢水口

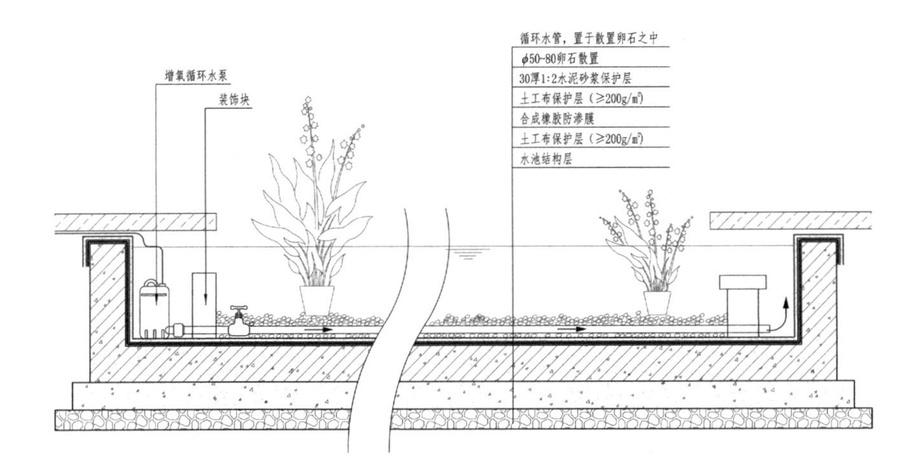

图 10–9 水池的循环增氧

10.3.2 溪流

溪流是水体依靠重力从高处流向低处的流水形态，在风景园林工程设计中，人工溪流设计的重点一般包括整体形态与走向、普通河段、主要节点等三个方面（表 10–3，图 10–10）。

溪流设计重点表　　表 10–3

项目	设计要点
整体形态与走向	根据溪流起点和终点的竖向高差、水量、流速等确定河床的坡度，结合游路、休憩场地和设施的布局、水体的循环等确定溪流的形态和走向
普通河段	对于造景功能相对较弱的河段，可采用宽度、水深、坡度、水岸与水底材质等相对统一的标准河段
主要节点	重点造景区域、游人亲水区域、与游路交叉区域等处，可作为溪流的主要节点空间进行设计，根据需求可通过改变河道断面、高差、坡度、河岸与池底形式及在河流中设置隔水石、栽植绿化等形成诸如水体流速、水体形态等的变化

在溪流的细部设计中，需要重点关注溪流的河床坡度、水深、水岸、水底、设备、绿化等（表 10–4，图 10–11）。

溪流细部设计要点表　　表 10–4

项目	设计要点
河床坡度	一般情况下，溪流急流处的坡度为 3% 左右，缓流处为 0.5%~1.0% 左右，普通的溪流，其坡势多为 0.5% 左右
水深	人工溪流的水深应根据水量、形态、长度等确定，一般普通河段的水深为 5~10cm，主要节点处形成的水潭、池塘等则可根据其功能如戏水、养鱼等而具体确定。为了增加流水的气势，水深可增加至 15~20cm
水岸	在统一规划的基础上，根据造景及功能需求进行局部变化和材料选择，一般建议选择自然材料
水底	可选用卵石、砾石、石料等铺砌处理，也可适当加入砂石、种植苔藻等，在减少清扫次数的同时展现溪流的自然风格
水质	同湖泊与水池，根据功能控制水质标准和应对措施
绿化	根据水岸变化、水深变化等栽植湿生和水生植物，弱化河岸的人工痕迹
防渗	一般人工溪流的水底与水岸均应设防水层，防止溪流渗漏（图 10–12）
设备	根据水源、水体功能等配给与布置供给设备、循环设备、排放清污设备、照明与供电设备、过滤与增氧设备等

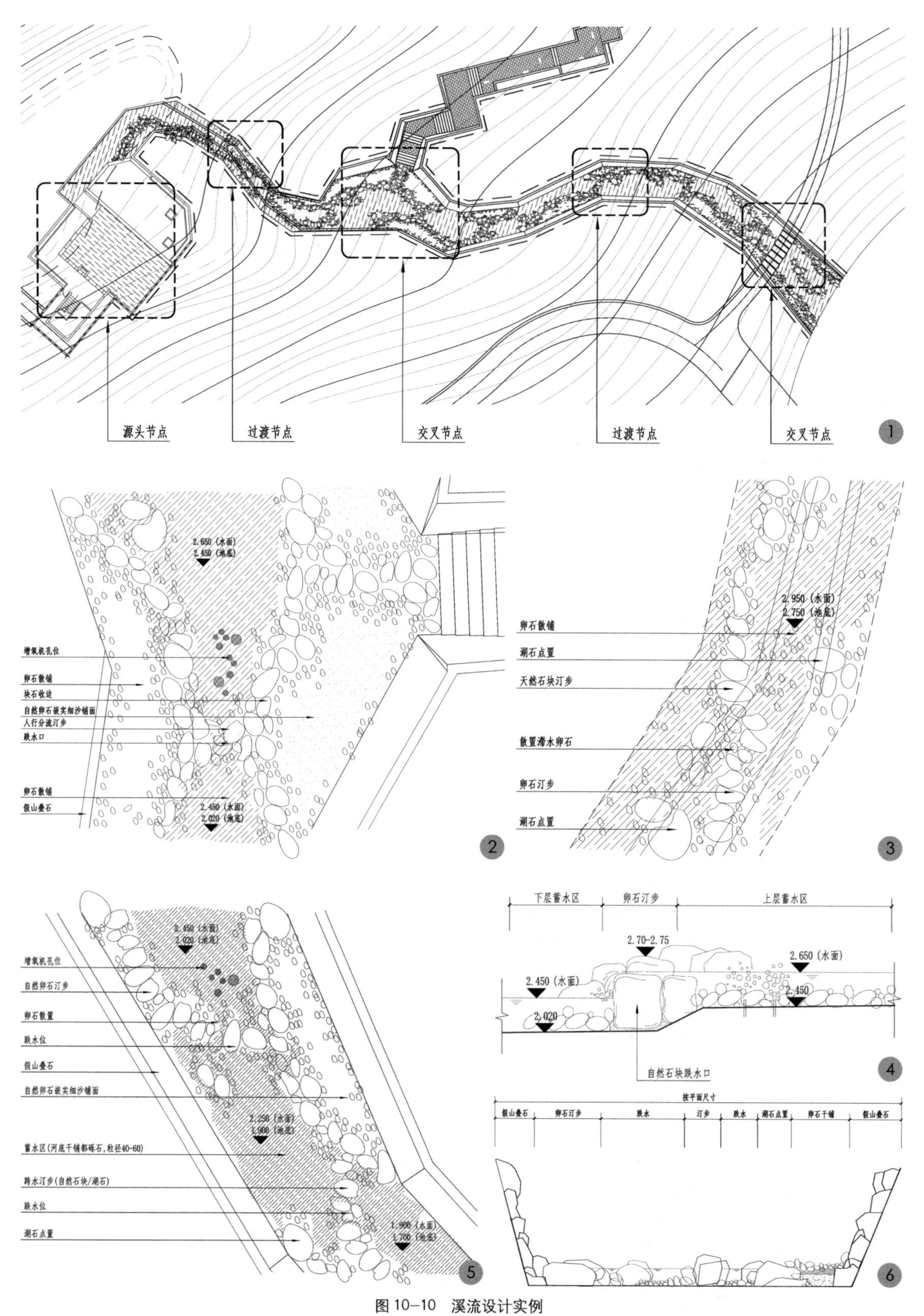

图 10-10　溪流设计实例

1—平面图；2—普通河段单元平面图；3—交叉节点平面图；4—交叉节点剖面图；5—过渡节点平面图；6—过渡节点剖面

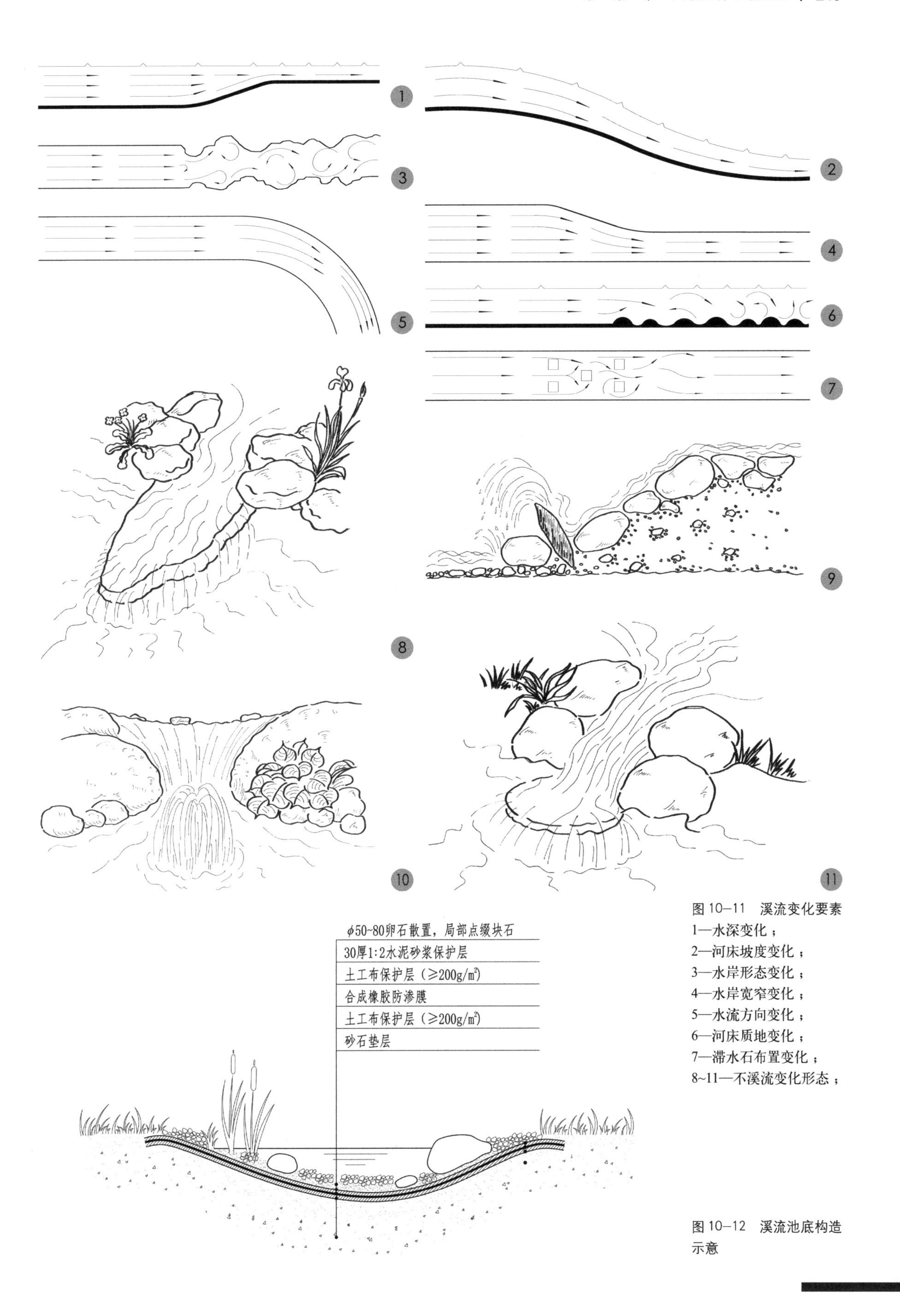

图 10–11　溪流变化要素
1—水深变化；
2—河床坡度变化；
3—水岸形态变化；
4—水岸宽窄变化；
5—水流方向变化；
6—河床质地变化；
7—滞水石布置变化；
8~11—不溪流变化形态；

图 10–12　溪流池底构造示意

10.3.3 落水

1. 落水的形式

落水又称瀑布或跌水，是指水流从高处向低处垂直或较大角度落下的一种形态。落水基本可分为自由落式、跌落式及滑落式三种形式，而通过水量、落水口、瀑身、承瀑台等的变化而衍生出多种类型（表 10–5）。

落水形式表　　表 10–5

类型	形式		特征
	分类方式	形式	
自由落式	水量多少（图 10–13）	泪落	如同泪水般呈点滴状下落
		线落	呈多股线状或丝带状下落
		布落	呈连续的幕布形式下落
	落水口的变化（图 10–14）	直线形	落水口呈直线，从形态上可分为连续直线形和段落形；在水口质地上可分为自然式直线与平滑形直线两类，前者落水呈自然形，后者呈水幕形
		错位形	落水口在平面上不处于一条直线，通过不同角度的变化可形成锯齿及其他非规则形状
	瀑身的形态（图 10–15）	离落	竖向上落水口外挑于瀑身或瀑身整体向外倾斜，使得落水与瀑身之间形成一定的距离
		段落	瀑身呈不规则的自然台阶式状，形成多端式的落水形态
		披落	瀑身相对变化不大，落水与瀑身时断时连，披滑而下
		组合式	通过瀑身的多种变化，在立面上呈现多种落水形态的组合
跌落式（图 10–16）	连续台阶跌落式		落水在连续的台阶上进行跌落
	错位台阶跌落式		落水在平面和空间上错位的台阶上进行跌落
	连续台阶形水池跌落式		落水由一个水池跌向另外一个水池的跌落形式，可分为连续台阶形水池跌落式和错位台阶形水池跌落式
	组合式		以上几种方式的组合
滑落式（图 10–17）	镜面式		落水顺光滑的表面滑落而下
	质地式		落水顺不同质地的表面如凿毛、凸起、拉道、压痕等滑落而下，水量较少时可利用表面质地的变化形成丰富的水体景观

2. 落水的设计

落水的设计主要包括水量控制、落水口、瀑身、承瀑台、设备等方面（表 10–6，图 10–18）。

落水设计要点表 **表 10–6**

项目	设计要点
水量与气势	落水的水量与落差成正比，即落差越大，所需水量越多。通常对于布落式瀑布和滑落式瀑布水厚一般在 3~5mm 左右，普通瀑布水厚一般在 8~10mm 左右，气势宏大的瀑布水厚一般在 15~20mm 左右，而对于泪落和线落瀑布水量则可适当减少
落水口	可通过平面与空间形态、材料、质地等形成多种类型的落水口形式
瀑身	通过对瀑身竖向空间的设计形成表 10-5（落水形式表）中表达的多种落水形态
承瀑台	可为水滩或池塘直接承瀑，也可设置如台阶式、自然式等多种类型的承瀑台进行承瀑，以消减落水的势能对落水池的破坏
补水口	为了减小补水对瀑布形态的冲击影响，可采用连通管、多孔管等进行补水
循环	人工落水一般均需通过水泵来实现落水的循环和调节落水循环速度，可单独设置泵房或结合承瀑水池设置水下泵井
水质、防渗	同湖泊与水池
设备	包括水体的供给设备、排放清污设备、溢流设备、照明与供电设备、过滤与增氧设备等

图 10–13 落水水量与形态（上）
1—泪落；2—线落；3—布落

图 10–14 落水出水口形态（下）

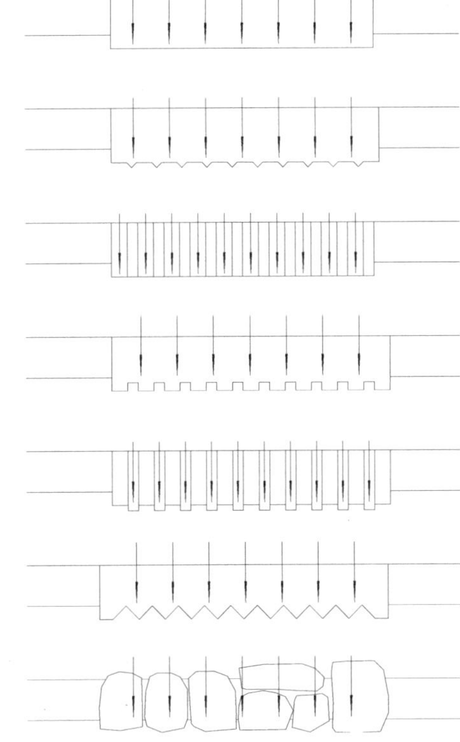

图 10-15 瀑身形态
1—离落；2—段落；3—披落

图 10-16 跌水形式
1—连续台阶式；2—错位台阶式；3—连续台阶形水池式

图 10-17 滑落式跌水形式
1、2—镜面式；3、4—质地式

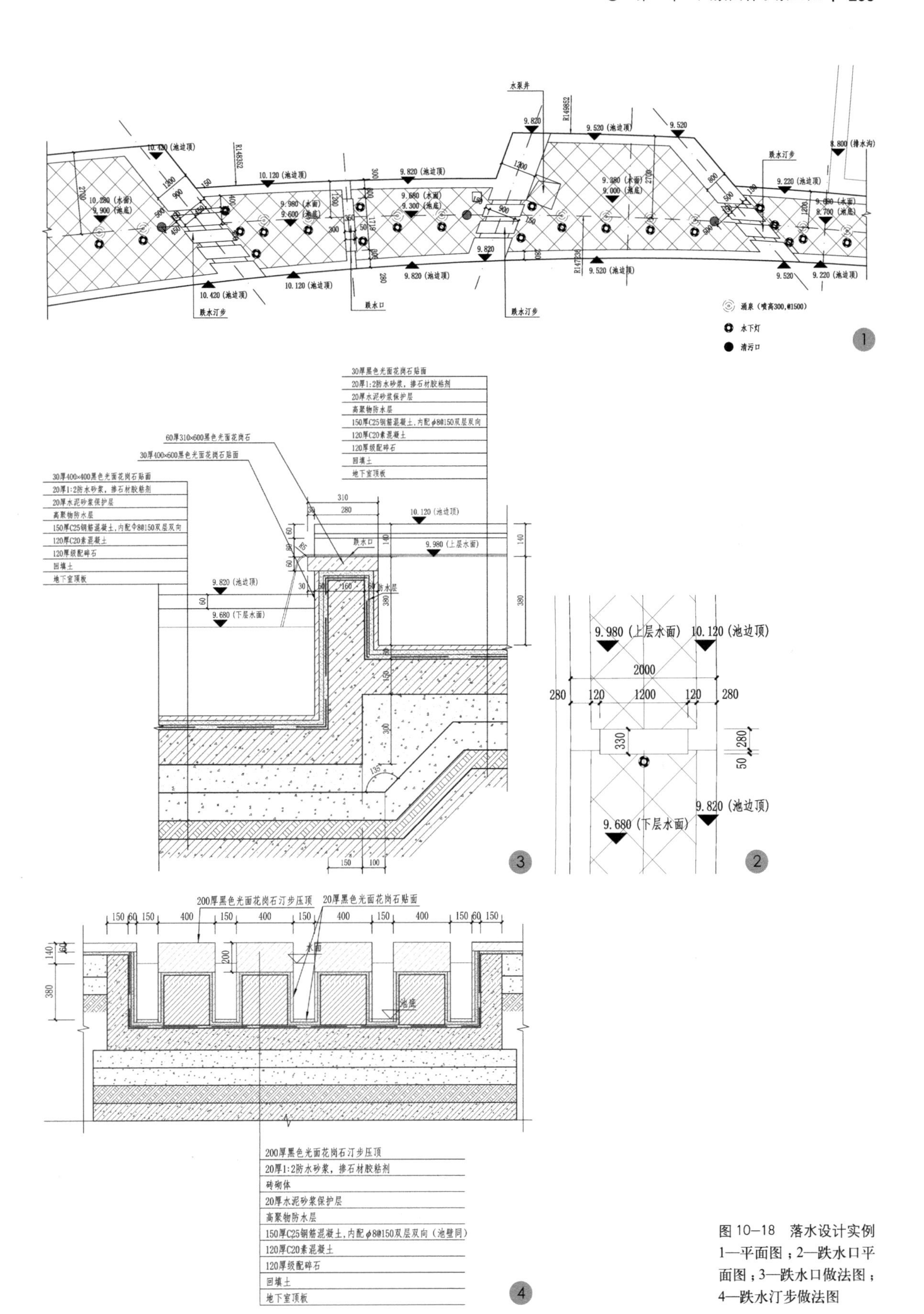

图 10-18 落水设计实例
1—平面图；2—跌水口平面图；3—跌水口做法图；4—跌水汀步做法图

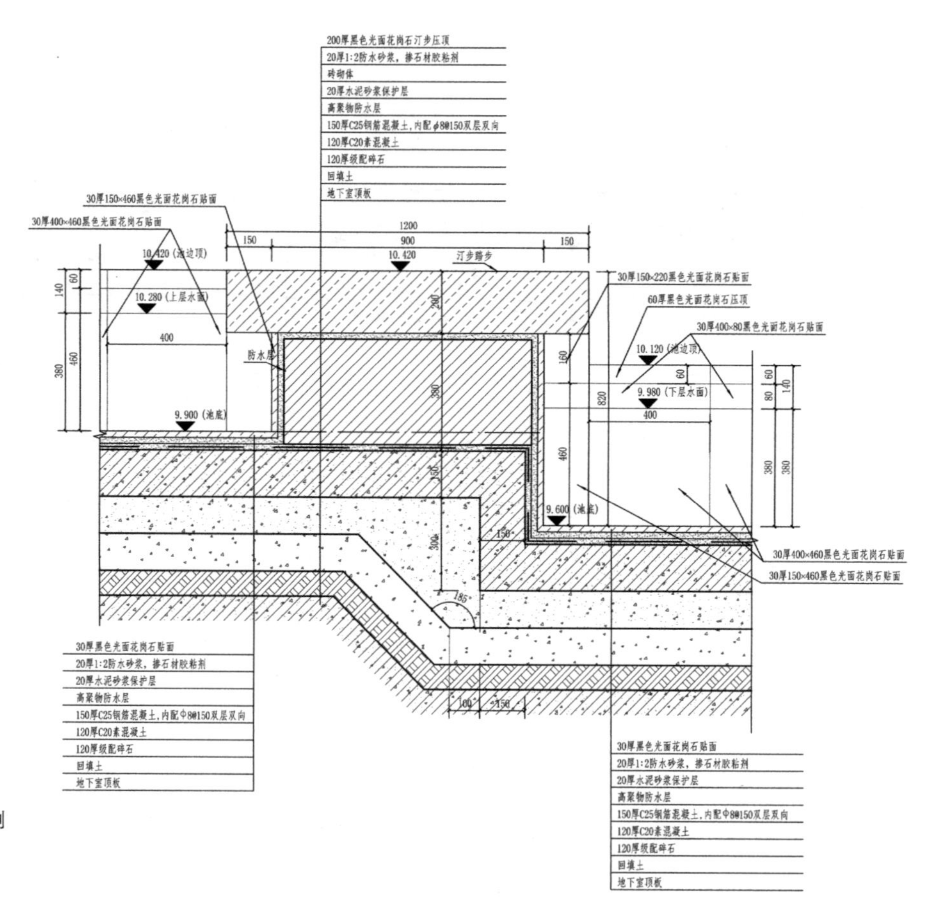

图 10–18　落水设计实例（续图）
5—跌水汀步做法图

10.3.4 喷泉

1. 喷泉的原理和工艺流程

同溪流和落水利用水的自然重力不同，喷泉需通过压力水而实现，具有一定的工艺流程。喷泉的工艺流程基本为：水源（河湖、地下水、城市供水等）—泵房（水压若符合要求，则可省去，小型喷泉可用潜水泵直接放于池内而不用泵房）—进水管—将水引入分水配水设备（以便喷头等在等压下同时工作）—喷嘴—喷出各种形式的喷泉（图 10–19~ 图 10–21）。

2. 喷泉设计

喷泉设计包括水姿、水池、水压、循环、补水、溢流、过滤与清污、灯光照明，及其他设备等方面（表 10–7，图 10–22）。

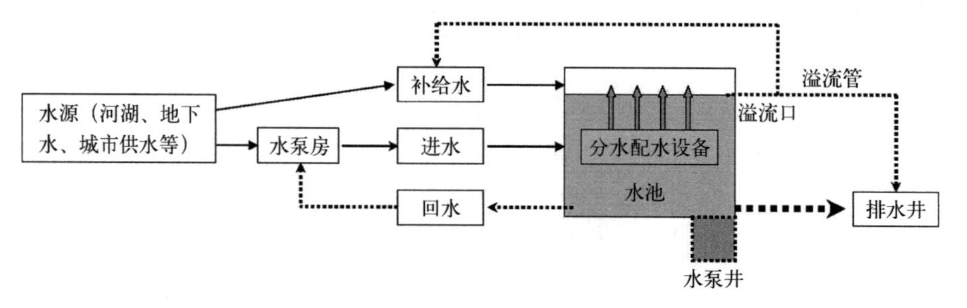

图 10–19　喷泉的原理与工艺流程图

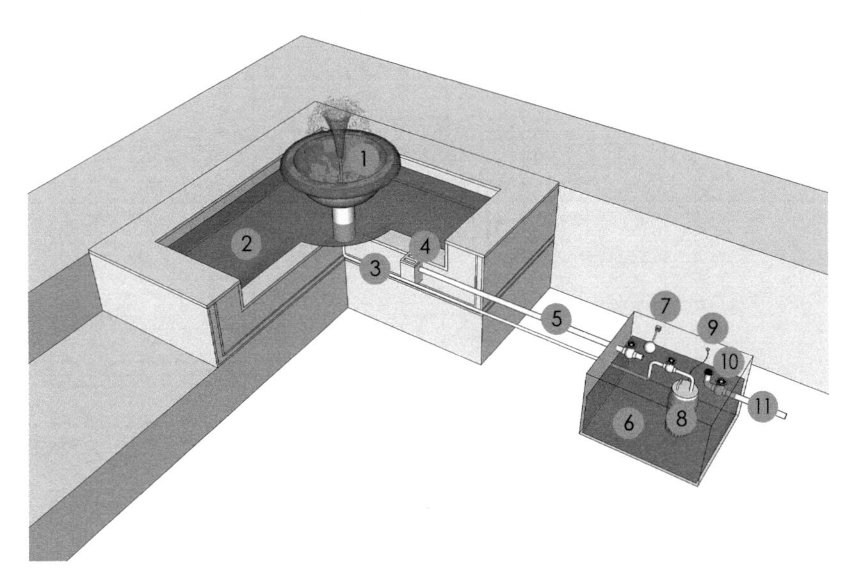

图 10–20 喷泉工艺流程示意图
1—喷泉；2—喷泉水池；3—进水管；4—回水口；5—回水管；6—水泵井；7—补水口浮水阀；8—水泵；9—水泵电源线；10—溢水口；11—溢流管

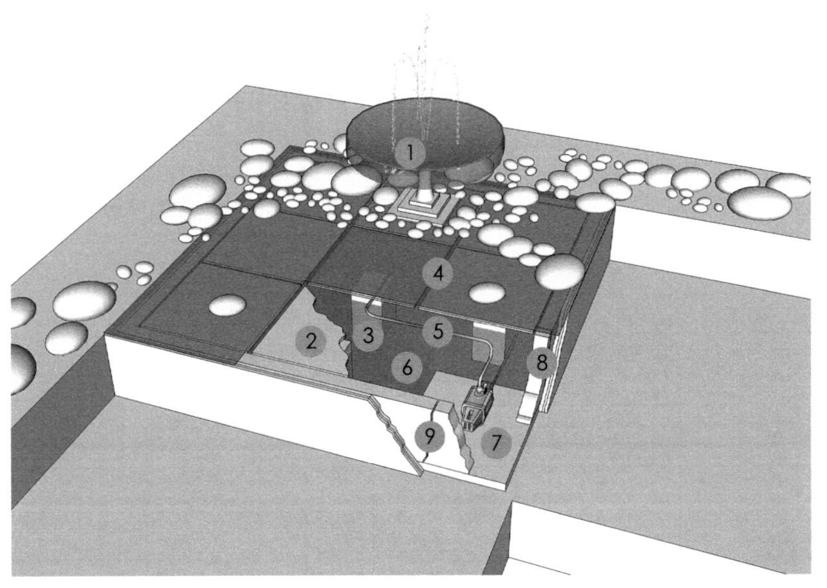

图 10–21 旱喷泉工艺流程示意图
1—喷泉；2—水池盖板；3—支撑墩；4—回水槽；5—进水管；6—水池；7—水泵；8—池壁；9—防水层

落水设计要点表 **表 10–7**

项目	设计要点
水姿	确定喷泉的平面与立面形态，选择不同的喷泉形式。由于喷水易受风吹影响而飞散，设计时应慎重选择喷泉的位置及喷水高度
水池	可为露明式和埋地式（通常称旱喷泉）两种
水压	根据水姿和喷高选择合适的工作水压
循环	设计选择循环水泵数量、规格，布置其位置及管道连接设备等
补水口	可进行人工或自动补水
溢流	同湖泊与水池
过滤与清污	喷泉池需设置滤网等过滤设施，以防吸入尘砂等堵塞喷头；同时需设置清污泵、清污池等设施，以便定期清洗，小型喷泉池清污泵可与循环泵合用，以节约造价
灯光照明	为了突出喷泉的姿态，可设置灯光照明设施
其他设备	如音乐、给排水、供电等设备

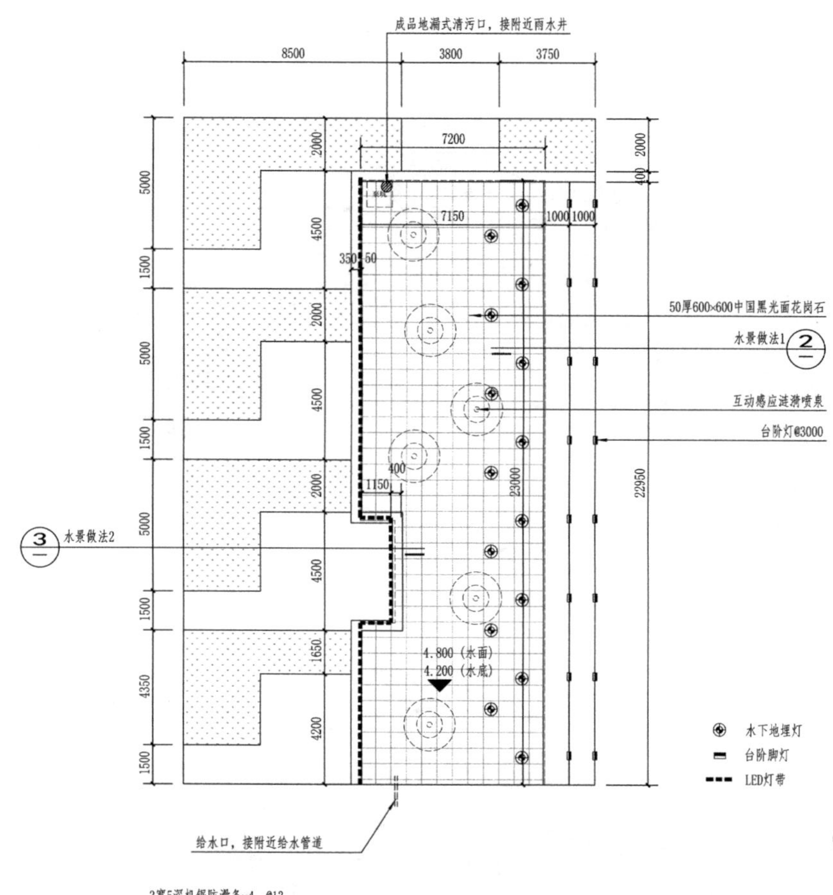

图 10-22 喷泉设计实例
1—平面图；2—水景做法（一）

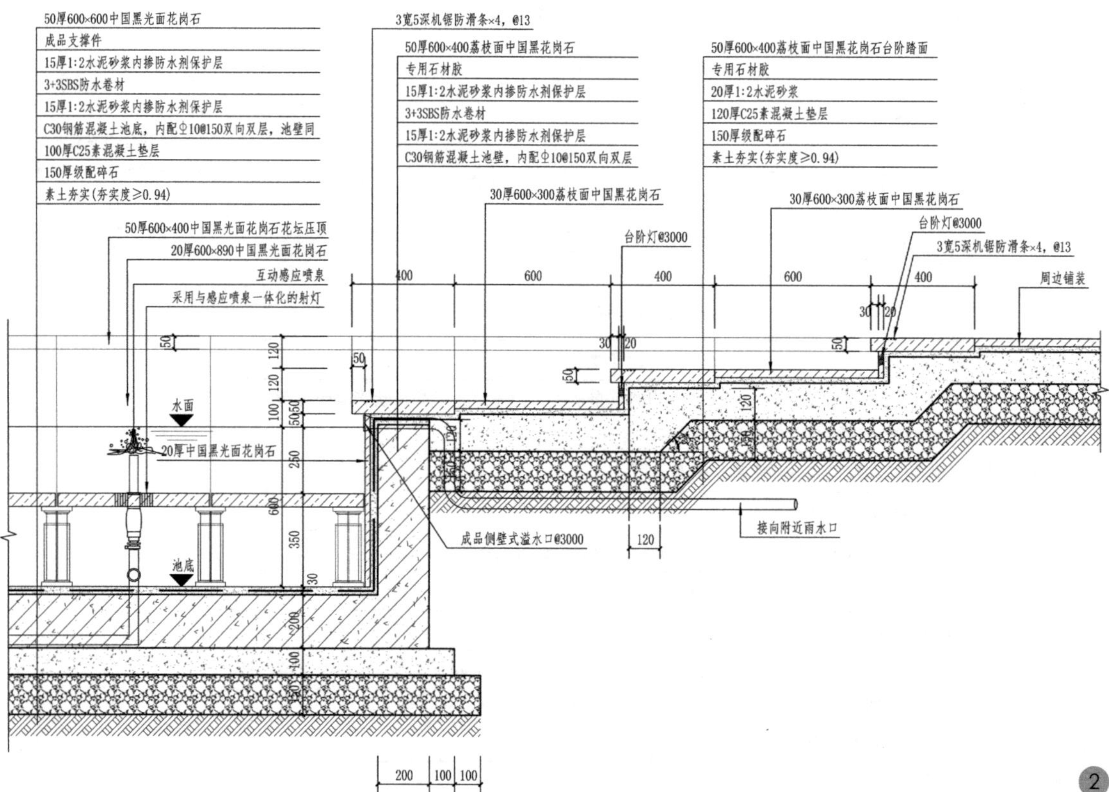

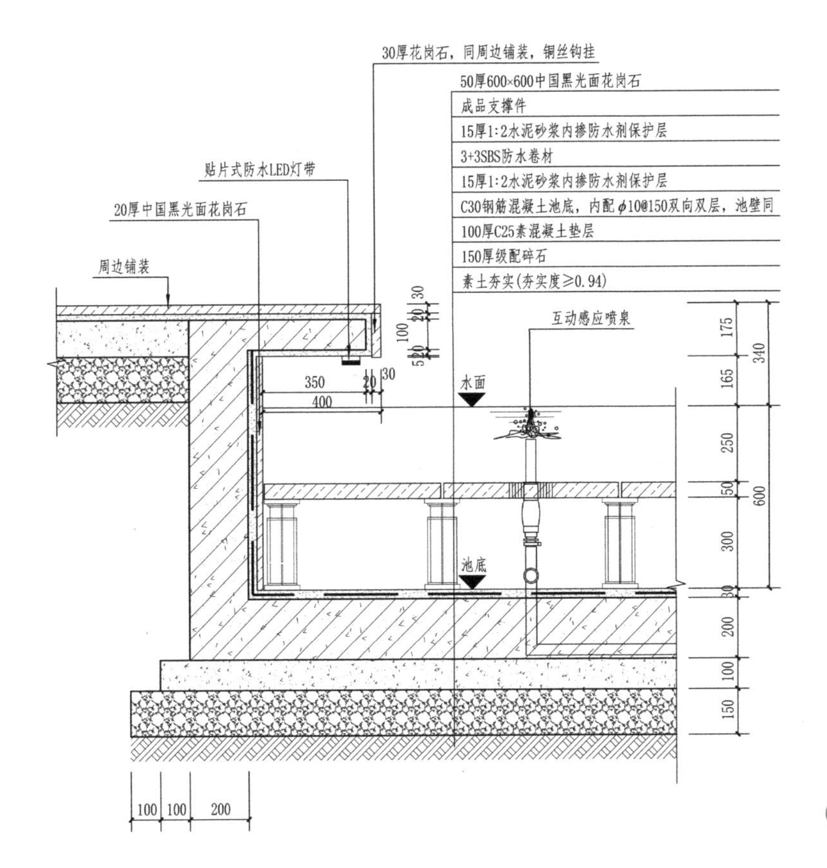

图 10—22 喷泉设计实例（续图）
3—水景做法（二）

10.4 水岸设计

为了保持陆地和水面一定面积的比例关系，并防止陆地被淹没或因水岸塌陷而扩大水面，保持景观水体稳定而美观的岸线，需要进行水岸设计。水岸的设计效果及合理性由多种要素决定，如水体深度、水位变化幅度、河道宽度、断面形式、两岸景观、亲水性、工程材料与做法、生态性和经济性等。

10.4.1 水岸设计原则

1. 功能优先

不同的水体具有不同的功能，如通航功能、净化功能、戏水功能、养殖功能等，在水岸设计时，首先需要考虑水体的不同功能要求。如通航水体要考虑不同船只的规格尺寸和吃水深度；净化水体需要考虑水体的深度、规模和水岸的渗透性等；戏水和养殖水体需考虑水体的水质和水岸的安全等。

2. 保证安全

风景园林水体的水岸设计需保证岸边行人的安全。根据《公园设计规范》GB 51192—2016 第 5.3.3 条对非淤泥底人工水体的岸高及近岸水深应符合下列规定：

1）无防护设施的人工驳岸，近岸 2.0m 范围内的常水位水深不得大于 0.7m。

2）无防护设施的园桥、汀步及临水平台附近 2.0m 范围以内的常水位水深不得大于 0.5m。

3）无防护设施的驳岸顶与常水位的垂直距离不得大于 0.5m。

3. 景观并重

水岸设计需要从以下三个方面去塑造水体景观。

1）游人行船于水中的视觉景观层面：需要充分考虑行船速度与两岸景观单元划分和空间效果之间的关系。可通过水岸段面的形式和两岸景观元素的控制，来营造开敞型、半开敞型、密闭型和覆盖型等类型的水岸景观，以此加强船行水中的视觉景观效果。

2）游人在岸边的行为感受层面：需要充分考虑游人与水岸的关系，合理规划亲水岸线，设置亲水平台、亲水步道、缓坡草坪等，强化水岸的亲水性。

3）生态保持层面：需要考虑水岸工程的综合生态效果，如水生植物的生长、水下生物的栖息环境塑造、水陆之间的营养互给等。

4. 工程合理

作为风景园林环境中的一项主要工程，水岸设计需要充分考虑基地的土质状况、气候变化尤其是水体的涨落幅度、施工工艺水平等，根据水岸断面形式与高度要求，确定合适的驳岸或护坡的材料及做法。

10.4.2 设计流程

水岸设计可分为三个阶段，即水岸规划阶段、水岸断面设计阶段（一般经由水下断面设计、水上断面设计、水系断面形式组合等流程）、驳岸 / 护坡工程做法选择及设计阶段，分别满足水体和水岸的功能、安全、景观和工程等方面的要求（图 10–23）。

10.4.3 水岸规划

对于景观水体，从使用功能上可将水岸分为功用型、观赏型、游憩型及普通型等（表 10–8）。从空间效果上可分为开敞型、半开敞型、密闭型及覆盖型等（表 10–9）。在水岸规划中需要根据不同的功能使用对水岸进行功能规划，确定不同功能类型水岸的位置、长度，并平衡相互之间的比例关系。同时，根据造景需求、游览方式、游览路线、游览速度等划分水岸的景观空间效果，确定不同类型空间的位置、单元长度及相互组合关系等（图 10–24、

图 10-25)。

对于河道和狭长型的湖泊，需考虑两岸的景观空间组合，给游人以不同的感受，见表 10-10，图 10-26、图 10-27。

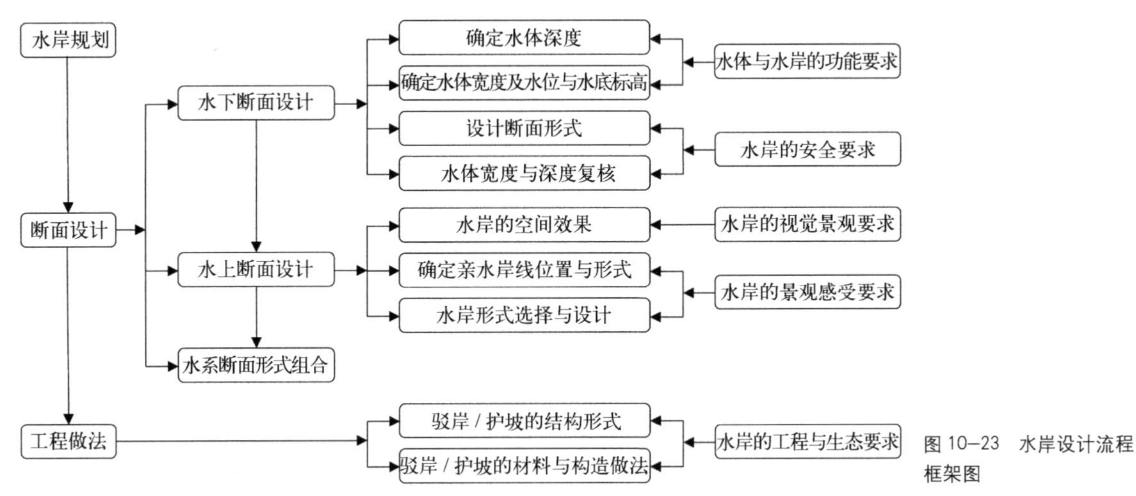

图 10-23 水岸设计流程框架图

风景园林水岸使用功能类型表 **表 10-8**

类型	特征	备注
功用型水岸	诸如码头及取水口、排水口、水闸等水工设施布置的水岸，功能性要求最高，具有一定的水深、水质及保护等明确的要求	如码头需根据通行船只的大小和吃水深度决定水的深度和水岸的形态；取水口要求优良的水质和上下游的保护规定等
观赏性水岸	强调观赏效果的水岸，具有很强的可视性、透景性	常利用岸线变化、绿化栽植、置石、装饰性贴面等手法加强观赏性和层次感
游憩型水岸	在风景园林环境中主要为游人提供亲水游憩活动的水岸，是对安全性要求最高的水岸类型	根据形式可分为缓坡式、悬挑平台式、垂直式、看台式等多种类型
普通型水岸	不具备上述三类功能的普通型水岸	

风景园林水岸空间效果类型表 **表 10-9**

类型	特征	水岸景观景观元素
开敞型	景观视线通透开敞，水岸视角不大于 18°	缓坡草坪、临水平台、湿地等
半开敞型	景观视线较开敞，可透景，水岸视角 18°~27°	近岸种植的灌木或小乔木、临水设置的低矮景观建筑或构筑物等
半密闭型	景观视线较密闭，局部可透景，水岸视角 27°~45°	近岸种植大灌木或中小乔木、临水设置的退台式景观建筑或构筑物等
密闭型	两侧景观视线不可通透，水岸视角不小于 45°，当视角大于 75° 时可形成“一线天”的效果	近岸种植的低分枝高大乔木、较高的挡土墙、景观建筑物与构筑物等
覆盖型	上部视线不通透，两侧可透景，形成内向性空间	近岸种植的大冠径乔木、人工覆盖物等

两岸景观空间组合关系表 **表 10–10**

	开敞	半开敞	半密闭	密闭	覆盖
开敞	√	√	√	√	√
半开敞		√	√	√	√
半密闭			√	√	√
密闭				√	√
覆盖					√

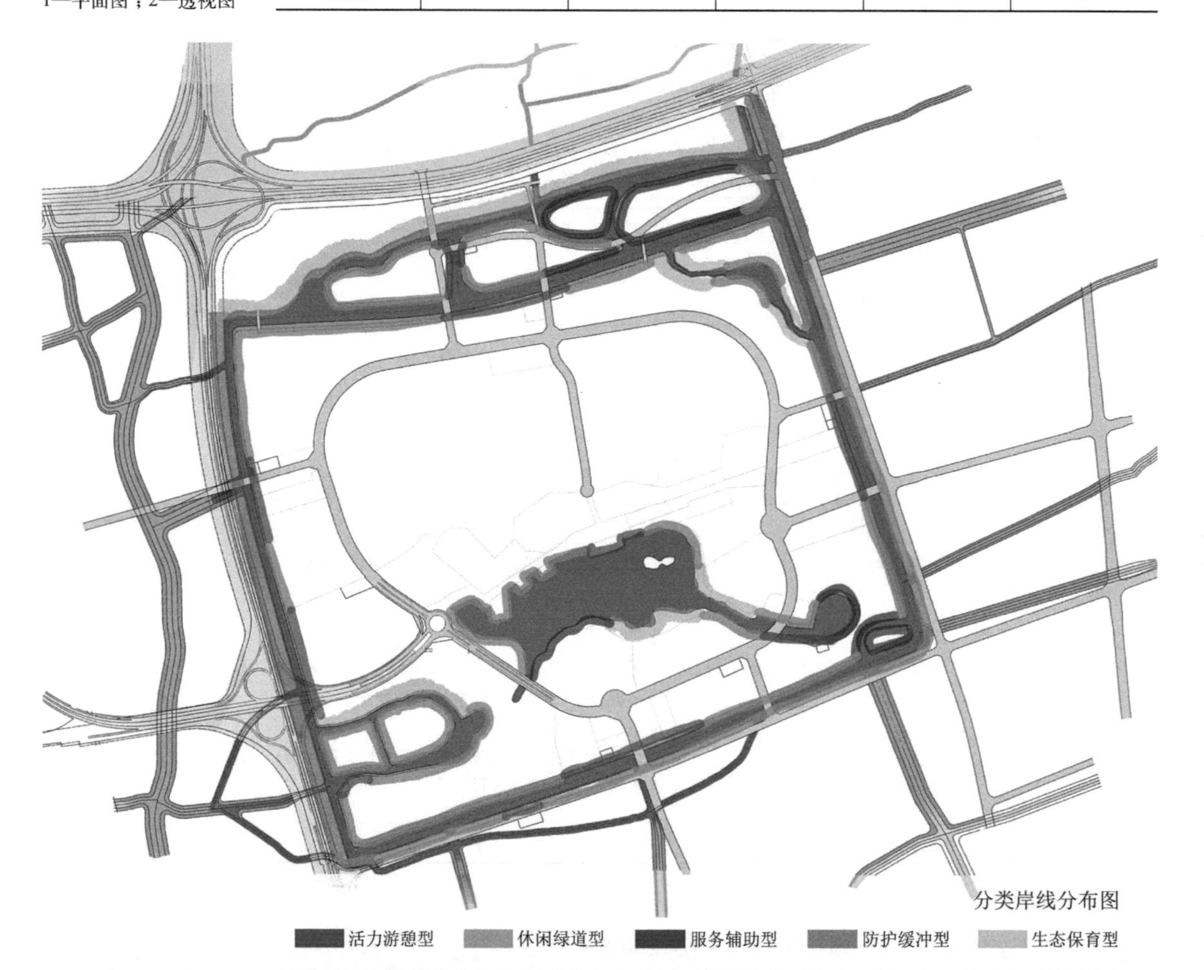

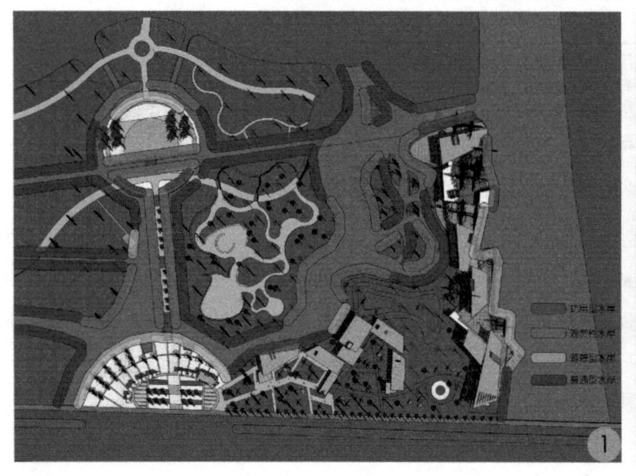

图 10–24 某景区水系岸线规划图（上）
图 10–25 某公园局部水岸规划（下）
1—平面图；2—透视图

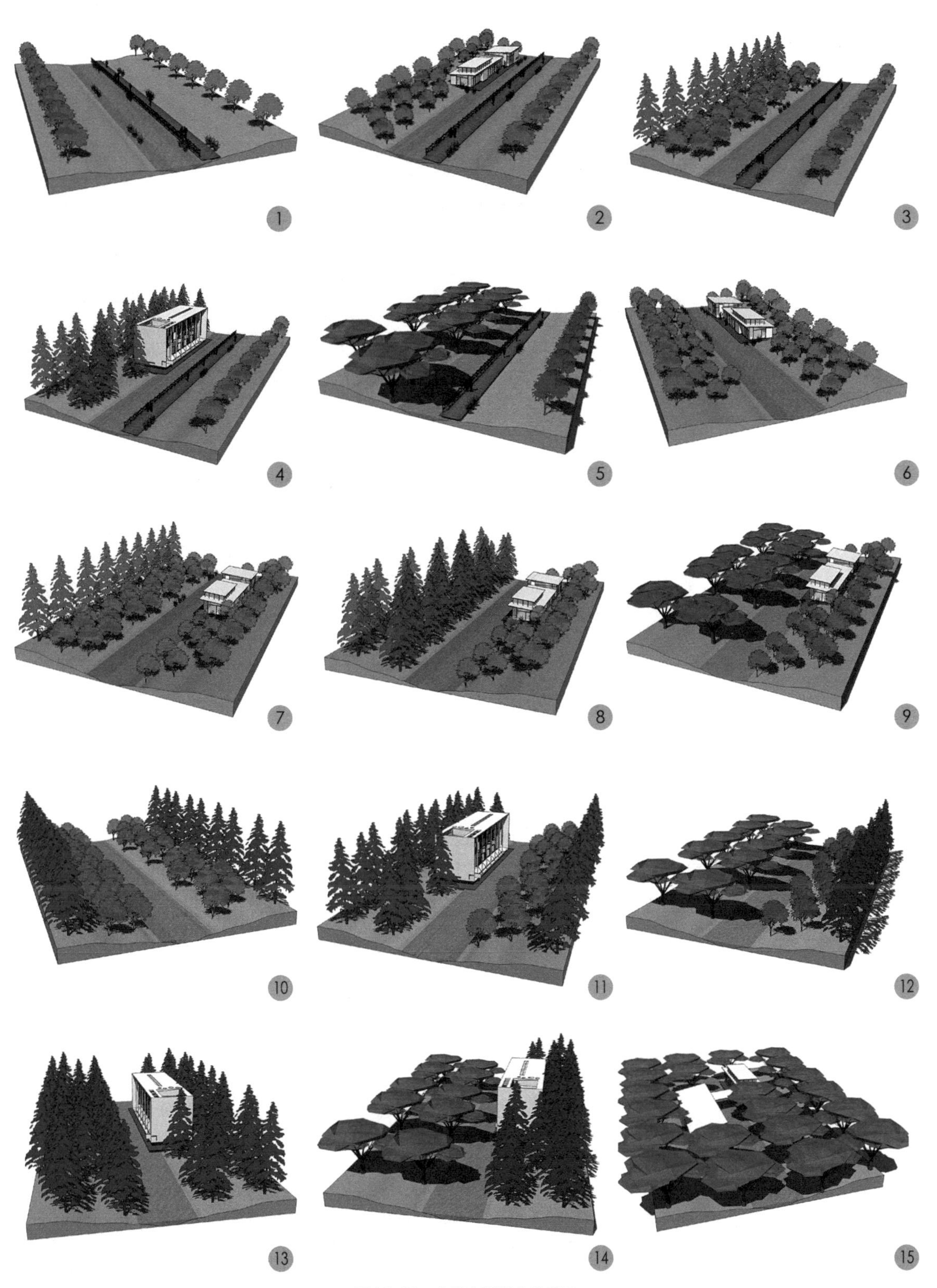

图 10–26 水岸空间组合关系图

1—开敞 + 开敞；2—开敞 + 半开敞；3—开敞 + 半封闭；4—开敞 + 封闭；5—开敞 + 覆盖；6—半开敞 + 半开敞；7—半开敞 + 半封闭；8—半开敞 + 封闭；9—半开敞 + 覆盖；10—半封闭 + 半封闭；11—半封闭 + 封闭；12—半封闭 + 覆盖；13—封闭 + 封闭；14—封闭 + 覆盖；15—覆盖 + 覆盖

图 10-27 不同空间特征的水岸实例

10.4.4 水岸断面形式

水岸断面分为水下与水上断面两大部分，不同部分设计要求及断面形式各不相同。根据水体与水岸的功能要求以及水岸的安全要求，水下断面一般可分为缓坡式、台阶式及垂直式三种形式（表 10-11，图 10-28）。而基于视觉景观要求及景观感受要求的水上断面则可分为缓坡式、看台式（台阶式）、垂直式及悬挑平台式四种类型（表 10-12，图 10-29）。由此组合而成的水岸断面形式则如表 10-13 所示，共 12 种形式（图 10-30）。

水下断面形式表 表 10-11

类型	特征	适用	备注
缓坡式	水岸根据水底土壤承载力、安息角、渗透性等形成的缓坡式水岸形式，护岸较为稳定，维护成本低，一般为软质驳岸做法	由于水下护岸区域较宽，适用于水深较浅，河道较宽的情况	近岸 2m 处水深不大于 0.7m，最大坡度 1 ： 4
台阶式	水岸形式呈台阶状，在近岸 2m 处形成水深不大于 0.7m 的浅水区，近岸 2m 外为深水区	水下断面安全性设计，无需设置栏杆，适用于游憩型及观赏性水岸	多为 2 层台阶。也可根据水生植物对水深的不同要求，设计多层台阶。需复核河道宽度
垂直式	水岸垂直，形同挡土墙。	多用于深水水岸，岸上荷载较重，河道较窄，土质较差或有特殊要求的工程性水岸。如水坝、水闸、码头等	若水深超过 3m，一般需采用桩式结构

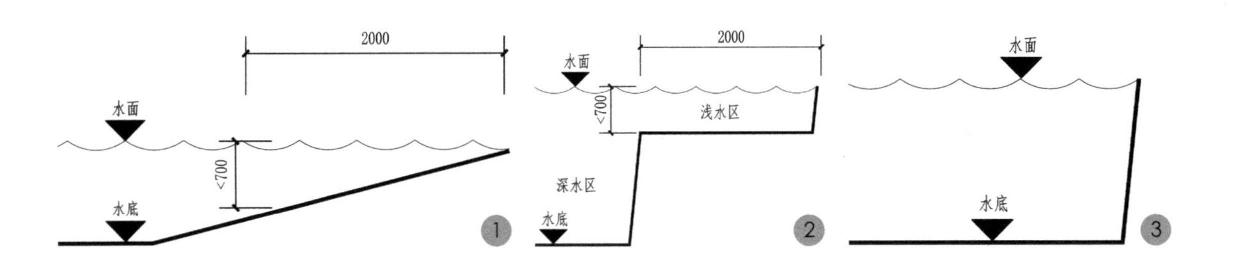

图 10–28 水下断面类型图
1—缓坡式；2—台阶式；3—垂直式

水上断面形式表 **表 10–12**

类型	特征	适用	备注
缓坡式	水岸根据陆上土壤承载力、安息角、渗透性、植物栽植要求等形成的缓坡式水岸形式，该形式造价较低，但维护较高	多用于景观性和生态性要求较高且有大面积用地的情况	植草护坡，适用坡比 1 ： 3，最大坡比 1 ： 2 料石护坡，最大坡比 1 ： 1.5
看台式（台阶式）	以台阶形式形成看台式的亲水空间	多用于水陆高差较大，陆域用地有限，而景观、生态及活动性要求较高的情况	靠近水体的平台需满足一定的宽度要求，一般应不小于 1.2m
垂直式	水岸垂直，形同挡土墙。可根据所需效果选用多种材料做法，包括格笼式、蔑网式、干砌块石、刚性挡墙、根系加固式、竹排式等 硬质做法使用寿命长，造价较高，维护成本低；软质做法使用寿命短，造价低，较生态，维护成本高	多用于水陆高差较大；土壤稳定性较差；地面荷载较大以及对面层材料有特殊要求的情况	当水深小于 0.7m，岸边与水体高差不大于 0.3m 时，可不设栏杆；当水深不大于 0.7m，水体高差大于 0.3m 时，需设置安全防护栏杆或以绿化进行隔离 为加强稳定性，通常墙身向水岸方向倾斜 刚性重力式挡墙需考虑排水
悬挑平台式	亲水活动平台挑出水面的一种水岸形式	多用于亲水性要求较高，周边视线较为开敞的情况	如水深、岸边与水体高差满足安全要求的情况下，可不设防护栏杆

图 10–29 水上断面类型图
1—缓坡式；2—看台式（台阶式）；3—垂直式；4—悬挑平台式

水上、水下水岸断面组合形式表 **表 10–13**

水下断面形式	水上断面形式			
	缓坡式	看台式（台阶式）	垂直式	悬挑平台式
缓坡式	✓	✓	✓	✓
台阶式	✓	✓	✓	✓
垂直式	✓	✓	✓	✓

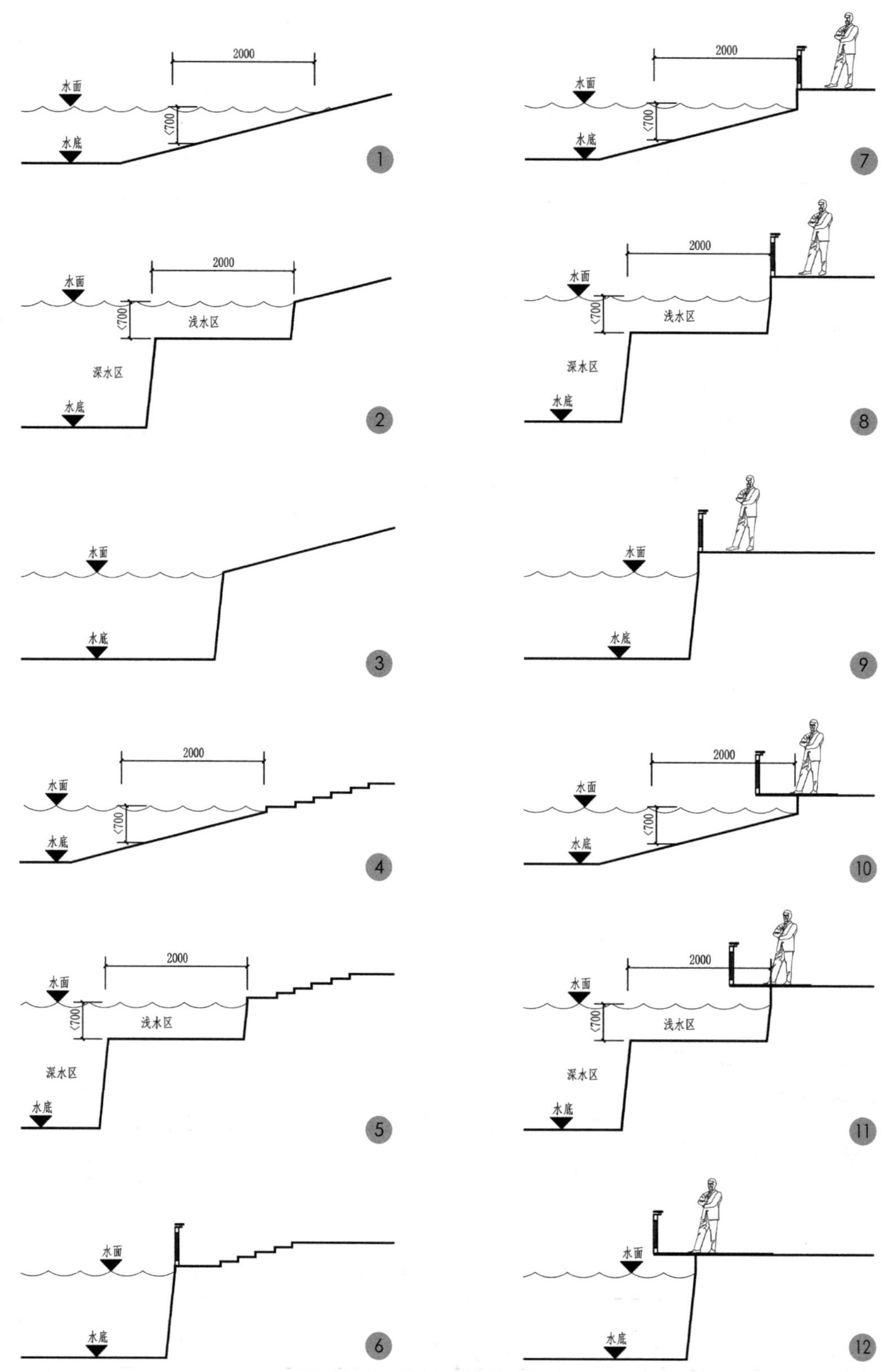

图 10–30　水岸断面形式组合关系图

1—缓坡式 + 缓坡式；2—缓坡式 + 台阶式；3—缓坡式 + 垂直式；4—看台式 + 缓坡式；5—看台式 + 台阶式；6—看台式 + 垂直式；7—垂直式 + 缓坡式；8—垂直式 + 台阶式；9—垂直式 + 垂直式；10—悬挑平台式 + 缓坡式；11—悬挑平台式 + 台阶式；12—悬挑平台式 + 垂直式

10.4.5 驳岸与护坡工程设计

1. 驳岸与护坡

驳岸位于水体边缘和陆地交界处，是一面临水的挡土墙，支持和防止坍塌的构筑物，起到保护湖岸不被冲刷或水淹的作用。一般驳岸坡度大于45°。

护坡是采用自然材料，以斜坡形式入水的缓坡，起到保护坡面、防止雨水径流及风浪冲刷的作用，以保证岸坡的稳定性。一般护坡结构用在土壤坡度小于45°的情况下。

2. 驳岸设计

驳岸从形式上可分为规则式、自然式和混合式等三类（表10-14）。

驳岸形式表　　表10-14

形式	特征
规则式驳岸	用块石、砖、混凝土等砌筑而成的规则形式的岸壁。简洁明快，但缺少变化，一般用于永久性驳岸，要求较高的施工技术
自然式驳岸	外观无固定形状或规格的岸坡处理。自然亲切、景观效果好
混合式驳岸	规则式与自然式驳岸相结合的驳岸造型。易于施工，具有一定的装饰性，适合不同的地形条件

根据材料及做法，驳岸可分为混凝土驳岸、块石或砖砌驳岸、板桩驳岸、箱笼驳岸、木桩驳岸、预制混凝土构件屉式驳岸、土工织物驳岸等多种类型，分别具有不同的特点（表10-15，图10-31、图10-32）。

典型驳岸类型及特点表　　表10-15

驳岸类型	设计特点	维护
混凝土驳岸	多采用悬臂式挡土墙形式，靠岸处需要设计排水及泄水孔	易受盐和其他腐蚀影响
块石或砖砌驳岸	设计统称为重力式挡土墙，适用性较广，一般就地取材，较为经济。块石可分为浆砌、干砌和码垛石等几种垒砌方法，后两种相对生态性较好	块石驳岸需定期对石墙重垒加固
板桩驳岸	也称拉锚板桩驳岸，是由垂直打入土中的板桩和水平张拉及锚固系统组成，材料可为钢板桩和钢筋混凝土板桩两种，板桩之间一般通过锁扣连接，以形成连续的驳岸挡墙	多采用成品板桩，压顶需现场施工并进行维护
箱笼驳岸	采用金属网或聚合物网编成箱笼，内填装石块或砾石来修筑的驳岸，成为箱笼驳岸，具有极好的柔性和透水性，耐用性与耐冲刷力也较好，应用非常广泛。一般多采用阶梯式垒砌，使得驳岸迎水面与垂直面呈现一定的夹角	定期检查维修网体，修复顶部
木桩驳岸	采用杉木、松木等树桩打入土中形成的连续驳岸，一般木桩水上和土中高度比为1 ∶ 2，而采用一字式或梅花式布局，并通过钢丝相互连接	需定期维护更换
预制混凝土构件屉式驳岸	墙体3°～6°内倾，基部需要排水	定期检查维修网体，修复顶部

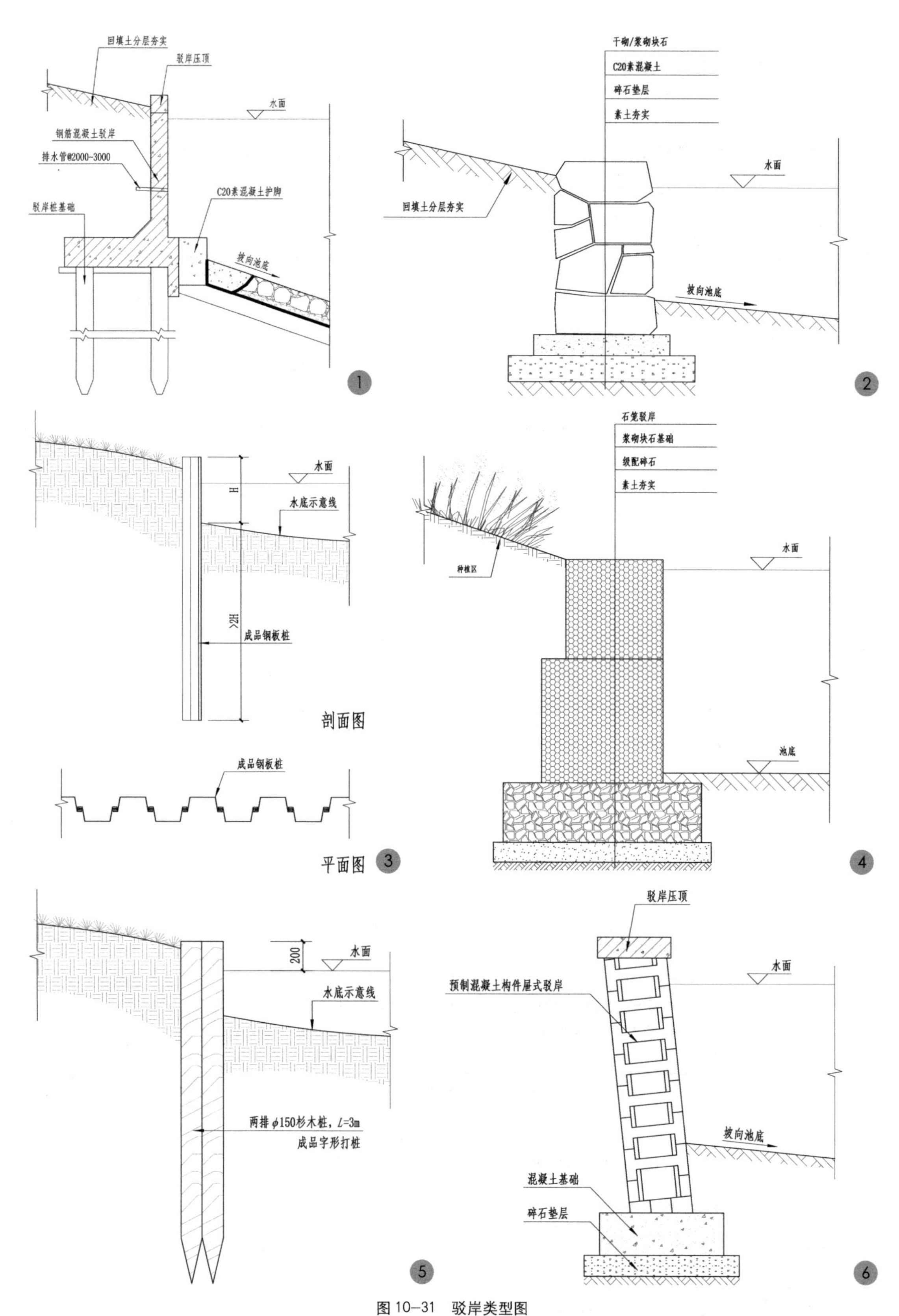

图 10–31　驳岸类型图

1—混凝土驳岸；2—砌块石驳岸；3—板桩驳岸；4—箱笼驳岸；5—木桩驳岸；6—预制混凝土构件层式驳岸

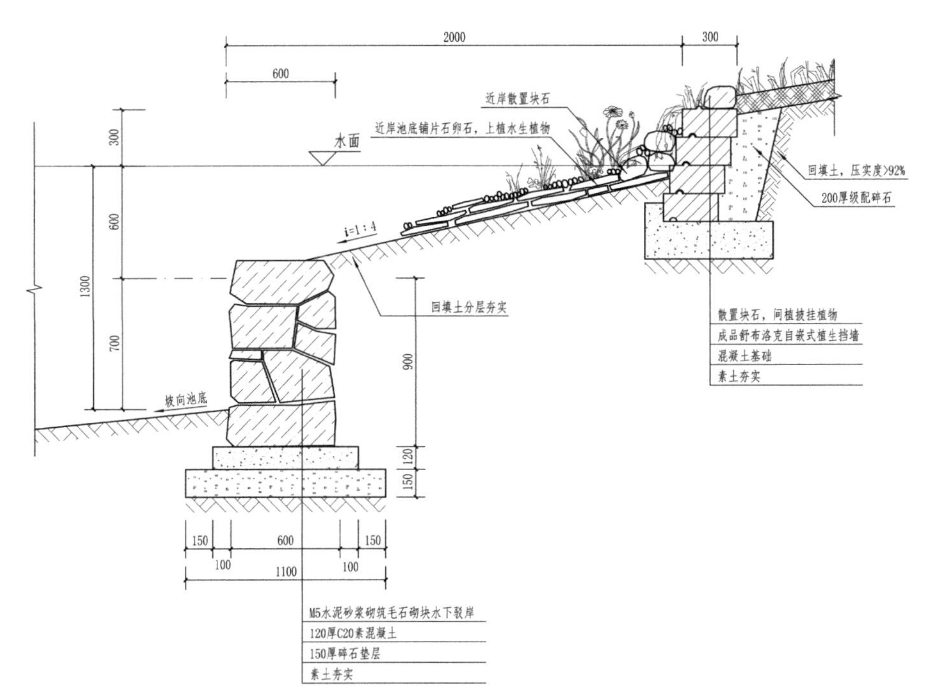

图 10-32 某驳岸设计实例

3. 护坡设计

根据材料及做法的不同，护坡可分为根系、竹板、木板加固护坡，草皮、灌木护坡，乱石护坡，砌石护坡，混凝土浇筑护坡等类型（图 10-33）。

表 10-16 描述了各类护坡的类型与适用情况。

护坡类型及设计要点表　　表 10-16

护坡类型	应用	设计标准	维护
根系、竹板、木板加固护坡	适合于湿润气候地区，对自然驳岸进行加固的水岸	最大坡度 1 ： 1.5	定期修剪根系
草皮、灌木护坡	稳固切口 / 填方	最大坡度为 1 ： 2，避免地表径流的冲刷	需经常灌溉，若需修剪草坪，最大坡度为 1 ： 3
乱石护坡	稳固易受侵蚀的堤岸	最大坡度为 1 ： 1.5，固定在骨料基层上	定期修补，去除碎片
料石、砖砌体护坡	用于稳固装饰要求高的短坡	最大坡度为 1 ： 1.5	定期除草和边缘修复
预制混凝土砖护坡	用于稳固且局域一定装饰要求的护坡	最大坡度为 1 ： 1.5	较低
混凝土浇筑护坡	用于气候温暖地区，稳固短坡	最大坡度 1 ： 1，浇筑在骨料层上，在坡底部设基座；在结合处密封以减少水分渗入；设有吸水孔	非常低

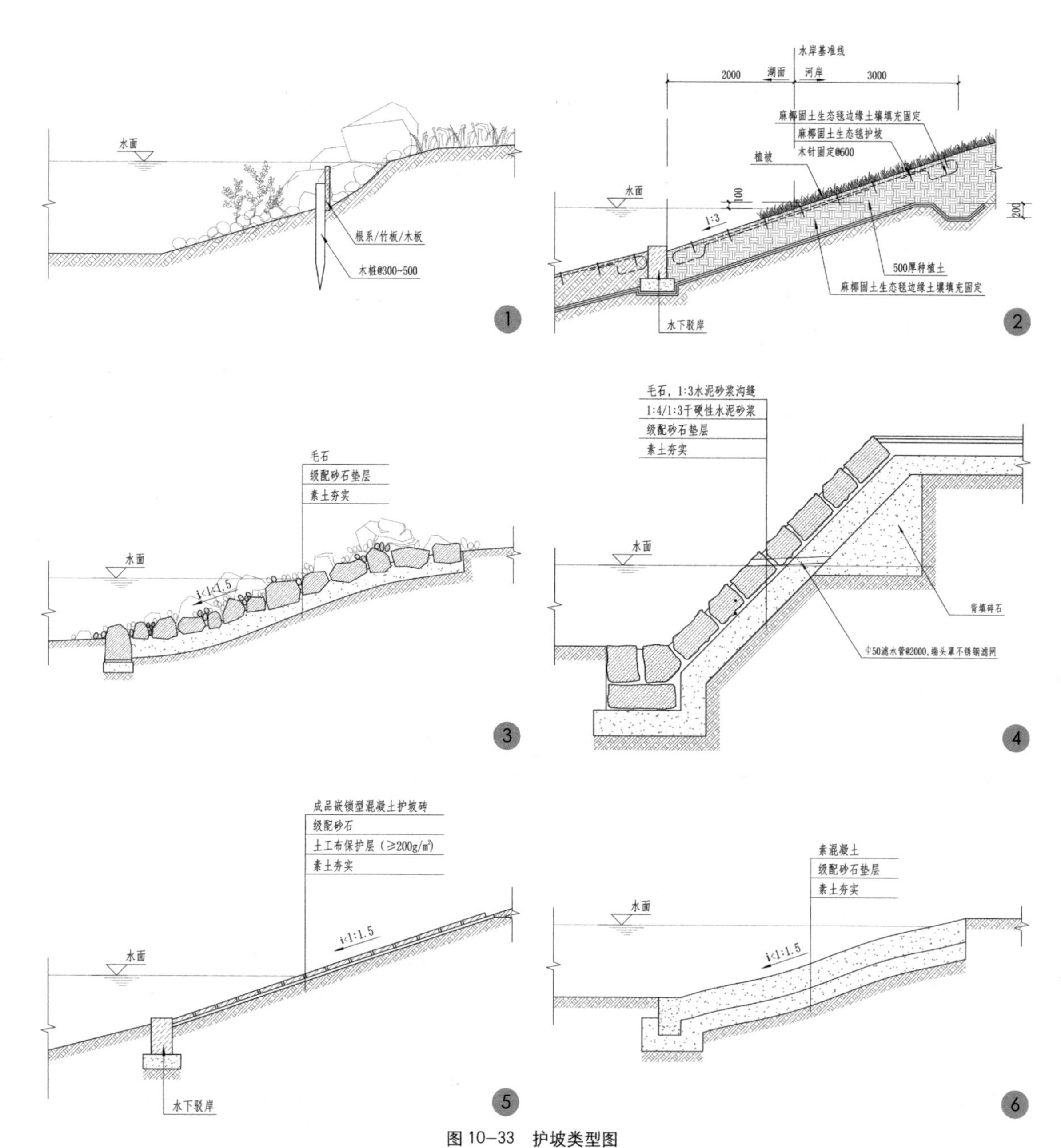

图 10-33 护坡类型图

1—根系、竹板、木板加固护坡；2—草皮、灌木护坡；3—乱石护坡；4—砌石护坡；5—预制混凝土砖护坡；6—混凝土浇筑护坡

第11章 风景园林铺装工程

风景园林铺装场地
风景园林铺装的基本铺装材料
风景园林铺装的不同结构与做法

11.1 风景园林铺装场地

11.1.1 铺装场地的功能与作用（表 11–1，图 11–1）

风景园林铺装场地功能与作用一览表 表 11–1

主要功能	具体特性
使用功能	铺装场地的硬质性决定了其高频率的使用功能，游人休憩、停留及主要活动均发生在铺装场地之中 当铺装地面相对较大，并且无方向性的形式出现时，它会暗示着一个静态停留感，成为风景园林场地中的交汇中心和休憩场所
导游功能	通过铺装引导视线将行人或车辆吸引在一定的“轨道”上，提供方向性，起到引导的作用
暗示功能	通过铺装来暗示游览的速度和节奏，以不同的线形色彩和材质等来影响游览的情绪
确定用途	铺装的不同材料、色彩、质地、组合等会区别出不同空间的不同功能
影响空间的比例	铺装材料的大小、铺砌形态、色彩、质地等都会影响一个空间的视觉形象
统一与背景功能	铺装材料可充当与其他设计要素进行空间联系的公共要素，共同的铺装可将不同的风景园林要素连接为一和谐的整体，而当其具有明显或独特的形状或特征，易被人识别与记忆时，会起到较好的统一作用 由简单朴素的材料、无醒木的图案、无粗糙的质地或任何其他引人注目的特点组成的铺装场地可以作为建筑、雕塑、植物等景观的中性背景
构成空间个性	铺装场地的材料、色彩、质地、图案等会决定一个空间的个性，如细腻、粗犷、宁静、喧闹等不同感受的空间个性
创造视觉趣味	铺装场地可以和其他功能一起来创造一个空间的视觉趣味，其图案不仅能供观赏，而且能形成强烈的地方色彩

图 11–1 铺装场地功能
1—使用功能；2—导游功能；3—暗示功能；4—确定用途；5—影响空间的比例；6—统一与背景功能；7、8—构成空间个性；9、10—创造视觉趣味

11.1.2 风景园林铺装场地的设计

1. 设计原则

1）统一原则

铺装材料应以统一设计为原则，以一种铺装材料作为主导，以便能与其他辅助材料和补充材料或点缀材料在视觉上形成对比和变化，以及暗示地面上的其他用途。也可以同一材料贯穿于整个设计的不同区域，建立统一性和多样性。

2）协调原则

铺装场地在构成吸引视线的形式的同时，要与其他风景园林要素如邻近的铺地材料、建筑物、种植池、照明设施、雨水口、座椅等相互协调，同时应与建筑物的边缘线、轮廓线、轴线、门窗等相互呼应与协调。

3）过渡原则

相邻的铺装场地应相互衔接为一整体，需要适当的材料和形式在之间形成良好的过渡关系。在同一平面上，如果为两种不同的铺地方式，应该布置一中性材料于两者之间进行过渡和衔接。另外，两种材料也可以以不同高程之间的平面相互过渡和衔接。

4）透视原则

由于铺装场地总是处在游人的俯瞰之下，因此，在铺装场地设计中应从透视中去选择铺装形式，而非仅仅在平面中进行设计，这样设计才能与建成效果相吻合。

5）安全原则

由于光质材料往往易滑，为安全起见，风景园林铺装场地应多采用粗质材料，在提高安全性的同时，粗质材料由于其色彩较为朴素，不引人注目，经使用后，也易于与其他风景园林要素相协调（图 11–2）。

图 11–2 铺装场地实例
1—铺装材料组合；2—铺装图案组合；3—铺装高度组合形成光影；4—铺装质地组合；5—不同色彩组合

2. 设计控制

在铺装场地设计时，可参考表 11-2 进行设计控制。

铺装场地设计控制标表 表 11-2

编号	场地位置	材料功用	材料类型	质地	色彩	比例（%）	铺砌方式	备注
1		主导材料						
		辅助材料						
		补充材料 / 点缀材料						
2								
…								

11.2 风景园林铺装的基本铺装材料（表11-3）

风景园林铺装基本铺装材料及使用范围表 表 11-3

材料类型	名称	表现形式	使用范围
黏性材料	沥青	包括普通沥青、透水性沥青、彩色沥青等	车行道、主游步道、停车场等，彩色沥青可用于大面积广场
	混凝土	包括普通混凝土与透水混凝土：普通混凝土表面可作拉毛、水磨、压花、地坪漆涂层、水洗小砾石、干黏石等多种处理；透水混凝土可通过色彩形成诸多变化	可广泛用于车行道、人行道、停车场、园路、广场等
块状材料	非烧制砖	包括道砖、普通透水砖、混凝土预制砖等	人行道、园路、各种场地
	烧制砖	包括红砖、青砖、釉面砖（广场砖）、陶瓷透水砖、烧结砖等	人行道、园路、各种场地
	天然石材	包括小料石、铺石、块石、卵石等	场地、游步道等
	人工仿制石材	包括以水泥、混凝土等原料锻压而成的水磨石和以天然石的碎石为原料，加上黏合剂等经加压、抛光而成的合成石等	人行道、园路、各种场地
松软材料	砂砾	包括砂石、碎石等	公园步道、景区步道
	土	包括砂土、黏土、改良土等	景区步道
	木	包括木砖、木地板、木屑等	休憩场地
	草皮	透水性草皮等	停车场、活动场地
	合成树脂	包括现浇环氧沥青塑料、人工草皮、弹性橡胶、合成树脂等	儿童游戏场、运动场地、跑步道等
特殊材料		包括诸如玻璃、马赛克、金属等特殊材料	特色铺装场地

11.3 风景园林铺装的不同结构与做法

从结构与做法上讲，风景园林道路与场地从下到上均可分为基层（垫层与结构层）、结合层与面层三个层次，但不同材料又具有不同的结构与构造做法，以下为风景园林道路和铺装场地常用铺装材料的参考做法。

11.3.1 沥青路面和场地（图 11–3）

沥青路面成本低，施工简单，延展性好，可不设膨胀缝和伸缩缝，常用于车行道、人行道、停车场等路面的铺装，具体可分为普通沥青、透水性沥青与彩色沥青等，而沥青路面层又可分为普通沥青（AC）和 SBS 改性沥青两种。

透水性沥青路面一般为面层采用透水性沥青混凝土，不设底涂层。如果路基透水性差，可在基层下铺设 50~100mm 厚的砂质过滤层。

彩色沥青路面一般可分为二种：加色沥青路面，一般采用厚度约 2cm 左右的加涂沥青混凝土液化面层；另外还有一种采用脱色方法，即将沥青脱色至浅驼色的脱色沥青路面。

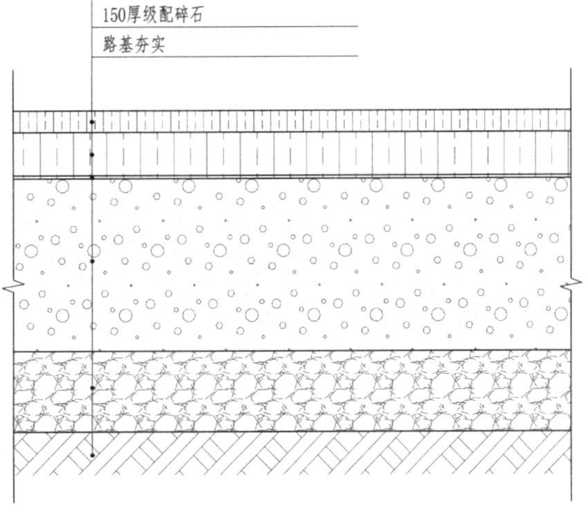

图 11–3 沥青路面做法
1—沥青路面；2—沥青路面构造示意

11.3.2 混凝土路面和场地

此类路面因其造价低、施工性好，是园路与各类风景园林场地最常用的基层材料。其表面处理除可以直接抹平、拉道、拉毛外，也可采用水磨、仿石压花、水洗小砾石、干黏石、地坪漆涂层等装饰面层处理。

由于混凝土在凝固后具有较强的刚性，缺乏延展性，故当基层采用混凝土材料时，需设置变形缝。变形缝一般按以下标准设置，伸缩缝的纵横间距为 5~6m，膨胀缝的纵横间距为 20m 左右。伸缩缝也称假缝，缝宽 6~10mm，深度仅切割 40~60mm 或约为板厚的 1/3，不贯通到底，主要起收缩作用。膨胀缝也称真缝，缝宽 18~25mm，贯通整个板厚，是适应混凝土路面板伸胀变形的预留缝（图 11–4）。

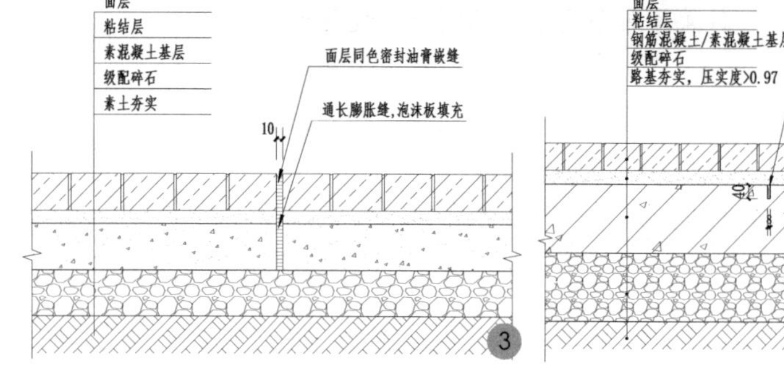

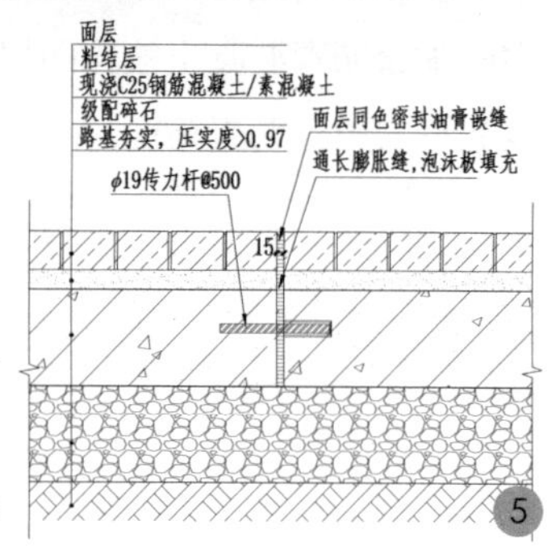

图 11-4　混凝土路面伸缩缝、膨胀缝做法
1—伸缩缝；2—膨胀缝；3—素混凝土基层膨胀缝构造示意；4—伸缩缝构造示意；5—钢筋混凝土基层膨胀缝构造示意

下面为混凝土路面不同面层处理的具体构造做法及设计要点。

1. 普通混凝土路面

1）直接处理

抹平、拉道、拉毛，可通过制作不同图案的专用工具进行直接处理（图 11-5）。

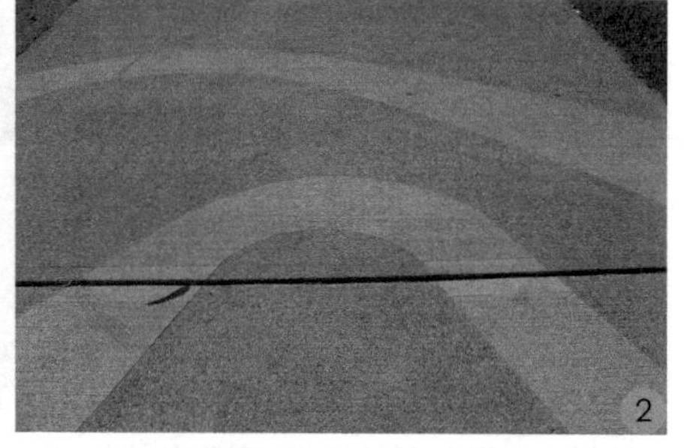

100厚C20素混凝土
100厚级配碎石
路基夯实，压实度>0.93

图 11-5　混凝土路面直接处理做法
1—表面直接压花；2—表面拉毛处理；3—混凝土路面构造示意

2）水磨处理

将碎石、玻璃、石英石等骨料拌入水泥黏结料或环氧黏结料进行研磨、抛光，以水泥黏结料制成的水磨石称为无机磨石，以环氧黏结料制成的水磨石称为环氧磨石或有机磨石，现场制作时可以玻璃或铜条进行分仓现浇（图 11–6）。

3）压花处理

以专用模具将彩色混凝土处理为不同图案的仿石路面形式（图 11–7）。

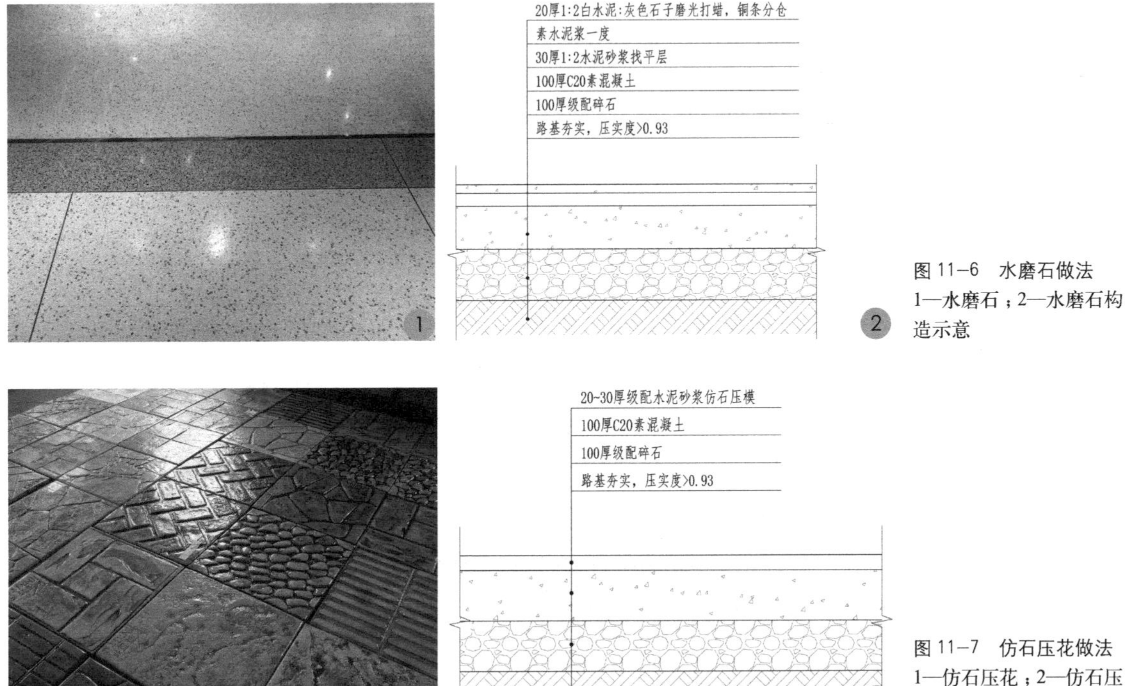

图 11–6　水磨石做法
1—水磨石；2—水磨石构造示意

图 11–7　仿石压花做法
1—仿石压花；2—仿石压花构造示意

4）水洗小砾石与干黏石装饰

水洗小砾石路面的做法一般为待浇筑混凝土凝固到一定程度（24~48h 左右）后，用刷子将表面刷光，再用水冲刷，直至其中的砾石均匀露明。可利用不同粒径和品种的砾石，形成多种水洗小砾石路面（图 11–8）。

干黏石路面的做法一般为待混凝土浇筑后，在其表面或在结合层表面，根

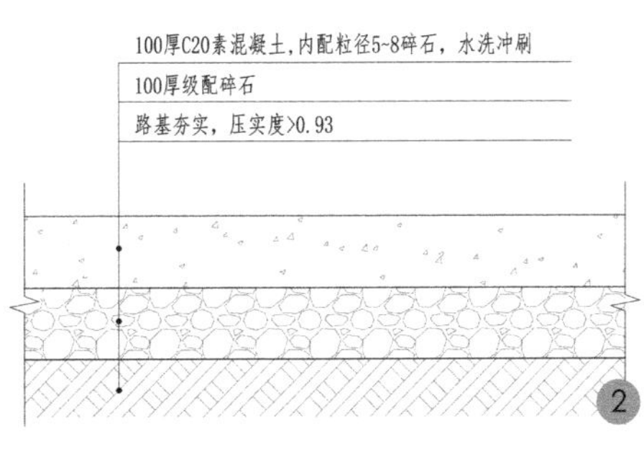

图 11–8　水洗小砾石做法
1—水洗小砾石；2—水洗小砾石构造示意

据铺装形式洒上粒径基本相同的不同颜色的石子，并压实，从而形成一定的铺装图案（图 11–9）。

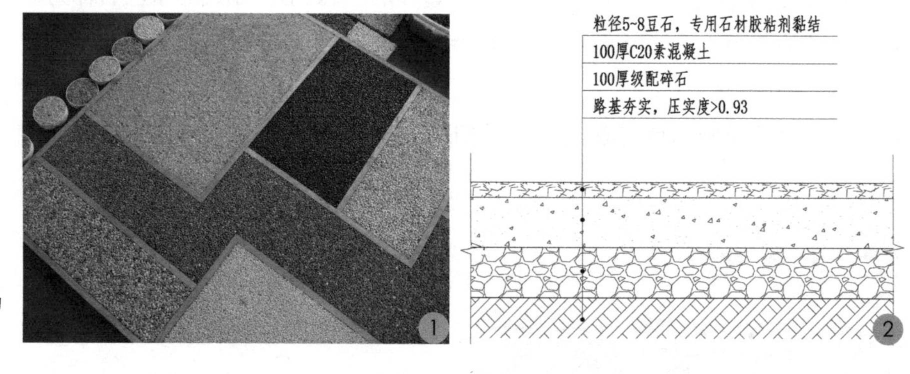

图 11–9 干黏石做法
1—干黏石；2—干黏石构造示意

5）地坪漆涂层装饰

在混凝土素地坪上采用自流平环氧地坪漆进行面层装饰，一般分为底涂层、中涂层、批涂层、面涂层等多道工序施工完成（图 11–10）。

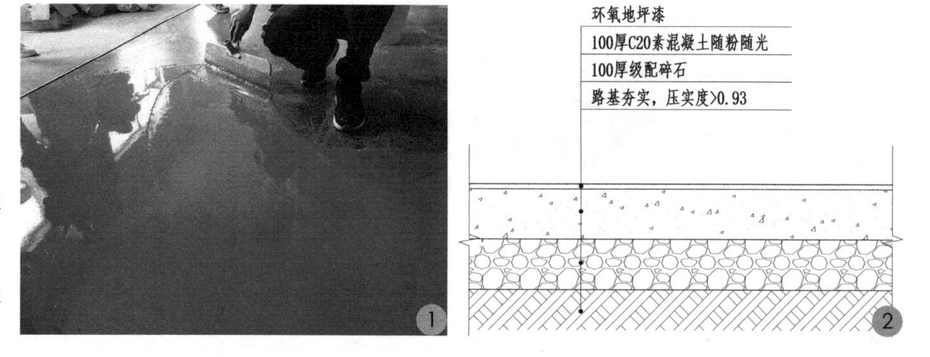

图 11–10 地坪漆涂层做法
1—地坪漆涂层路面；2—地坪漆涂层路面构造示意

2. 透水混凝土路面

透水混凝土又称多孔混凝土，无砂混凝土，透水地坪。是由骨料、水泥、增强剂、和水拌制而成的一种多孔轻质混凝土，它不含细骨料，其由粗骨料表面包覆一薄层水泥浆相互黏结而形成孔穴均匀分布的蜂窝状结构，故具有透气、透水和重量轻的特点。透水混凝土的技术指标一般分为拌合物指标和硬化混凝土指标。

1）拌合物：坍落度（5~50mm）；

凝结时间（初凝不少于 2h）；

浆体包裹程度（包裹均匀，手攥成团，有金属光泽）。

2）硬化混凝土：强度（C20~C30）；

透水性（不小于 1mm/s）；

孔隙率 (10%~20%)。

3）抗冻融循环：一般不低于 D100。

透水混凝土面层路面一般做法如图 11–11 所示。

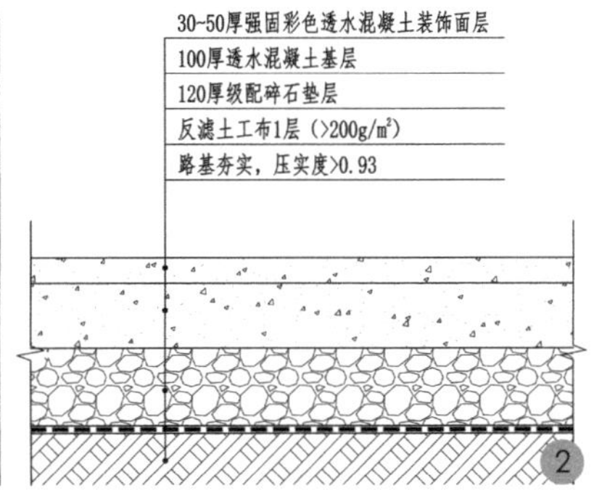

图 11-11 透水混凝土路面做法
1—透水混凝土路面；
2—透水混凝土路面构造示意

11.3.3 块状铺装材料道路与场地

1. 道砖（混凝土预制砖）

此种路面因具有防滑、步行舒适、施工简单、修整容易、价格低廉、颜色朴素等优点常被用作人行道、广场、车行道等多种场所的路面面材，目前该类材料正逐步为透水砖所取代。

当有车辆通行时，道砖一般为 80mm 厚，不具备通车功能时，一般为 50~60mm 厚。道砖的结合层多为粗砂，其下可铺设透水层，以确保路面的平整度。为防止出现板结现象，结合层一般不用配比水泥砂浆，为增加稳定性，可采用一定配比的干性水泥砂浆或掺入 10% 左右水泥的粗砂，同时扫缝也最好使用掺入 10% 左右水泥的粗砂（图 11-12）。

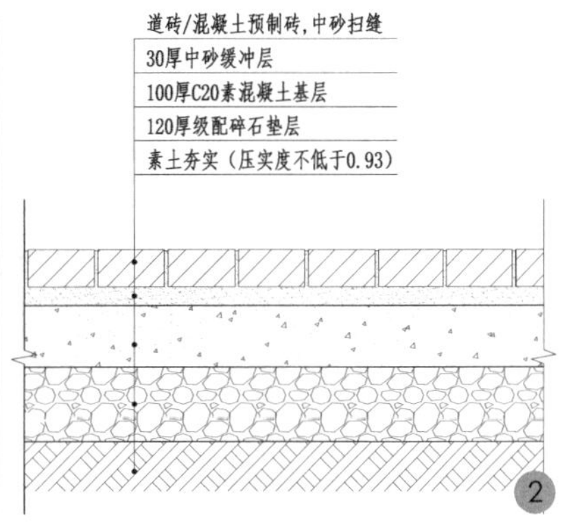

图 11 12 道砖路面做法
1—道砖路面；2—道砖路面构造示意

2. 透水砖

透水砖分普通透水砖、聚合物纤维混凝土透水砖、彩石复合混凝土透水砖、彩石环氧通体透水砖、混凝土透水砖、生态砂基透水砖、陶瓷透水砖等多种类型，具体使用如表 11-4 所示。

透水砖铺装除了自身透水外，其基层也需要进行透水处理，如新建路面结构层一般采用透水混凝土，改建则需要对基层采用如打孔等透水处理措施（图 11-13）。

常用透水砖类型、特点及使用场所 **表 11-4**

类型	特点	主要使用场所
普通透水砖	由普通碎石为主的多孔混凝土材料压制成形	一般街区人行步道、广场的常用铺装材料
聚合物纤维混凝土透水砖	材质为花岗石骨料，高强度水泥和水泥聚合物增强剂，并掺合聚丙烯纤维，送经配比、搅拌后经压制成形	主要用于市政、重要工程和住宅小区的人行步道、广场、停车场等场地的铺装
彩石复合混凝土透水砖	材质面层为天然彩色花岗石、大理石与改性环氧树脂胶合物，再与底层聚合物纤维多孔混凝土经压制复合成形，具有与石材一般的表面质感	主要用于商业区、大型广场等重要场地的铺装
彩石环氧通体透水砖	材质骨料为天然彩石与改性环氧树脂胶合，经特殊工艺加工成形，可拼出各种艺术图形和色彩线条	重要景观道理与场地的铺装
混凝土透水砖	材质为河沙、水泥、水，再添加一定比例的透水剂而制成的混凝土制品	广泛用于车行道，人行道、广场及园林建筑等范围
生态砂基透水砖	以沙漠中风积沙为原料，通过“破坏水的表面张力”的透水原理，常温下免烧结成型的透水砖	大面积场地使用
陶瓷透水砖	陶瓷透水砖是利用陶瓷原料经筛分选料，组织合理颗粒级配，添加结合剂后，经成型、烘干、高温烧结而形成的透水砖，具有强度高、透水性好、抗冻融性能和防滑性能好的特点	目前逐渐推广的透水砖材料，更广泛用于人行道、广场、游步道等的铺装

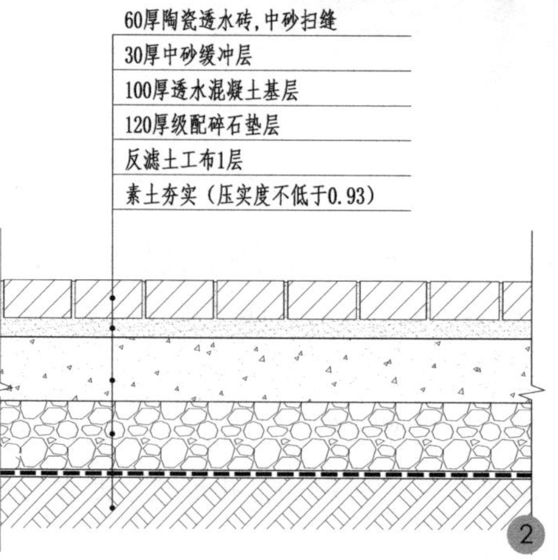

图 11-13 透水砖路面做法
1—透水砖路面；2—新建透水砖路面构造示意；3—改建透水砖路面构造示意（基层为普通混凝土）

3. 砖砌路面

此类路面所用砖材除了普通黏土砖外，还有混凝土砌块砖、陶瓷砖、耐火砖、烧结砖等。砖砌路面具有易配色、坚固、反光较小等优点，常用于人行道、广场的地面铺装。

砖砌路面常用的铺砌方法有平砌法和竖砌法两种，而铺砌的接缝也有多种，如垂直贯通缝、弓形缝、席缝等。地面勾缝采用砂土或砂浆填缝，留缝宽度一般为 10mm 左右（图 11–14）。

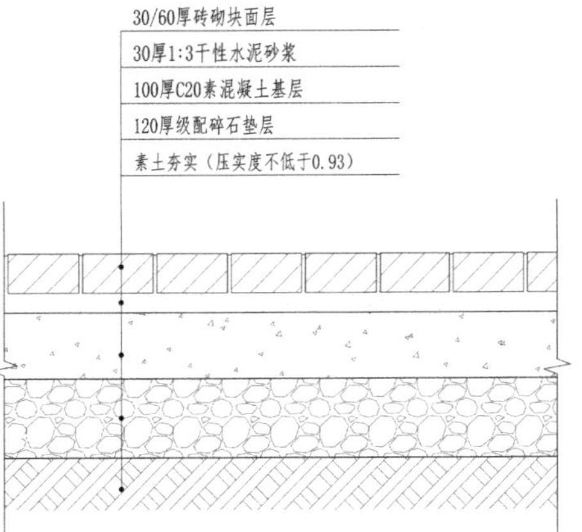

图 11–14　砖砌路面做法
1—竖砌砖路面；2—平铺砖路面；3—砖砌路面构造示意

4. 釉面砖（广场砖）路面

釉面砖（广场砖）路面色彩丰富，容易塑造出各种式样与造型的景观空间，常用于公共设施入口、广场、人行道、大型购物中心等场所的地面铺装。目前常用的多为长宽为 100mm × 100mm 的防滑釉面砖（广场砖）（图 11–15）。

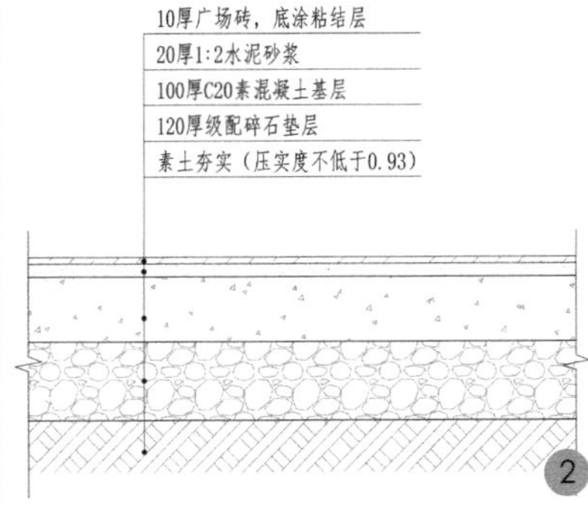

图 11–15　釉面砖路面做法
1—釉面砖路面；2—釉面砖路面构造示意

5. 弹石路面

花岗岩弹石路面由于其饰面粗糙、接缝深、防滑效果好等优点，是步行道路和场地的常用铺装材料，通常的尺寸为 100mm × 100mm ×（60~100）mm。为防止出现板结现象，该类路面的结合层一般不用配比水泥砂浆，为增加稳定性，同道砖做法相同，可采用一定配比的干性水泥砂浆或掺入 10% 左右水泥的粗砂，同时扫缝也最好使用掺入 10% 左右水泥的粗砂（图 11−16）。

图 11−16　弹石路面做法
1—弹石路面；2—弹石路面构造示意

6. 料石路面

所谓的料石路面，指的是由加工成型的 15~60mm 左右厚的天然石材形成的路面，利用天然石材不同的材质、颜色、石料饰面及铺砌方法等可组合出多种形式，常用于建筑物入口、广场等处的路面铺装。室外料石铺装路面常用的天然石料首推花岗岩，其次为石英岩，也可使用石灰岩、砂岩等材料。

料石路面的铺砌方法可分为无缝铺砌和有缝铺砌两种，后者一般接缝间距为 10mm 左右，可用硅胶等进行填缝。

景观道路和场地一般选用的石料规格不一，成品的石材规格通常为 300mm × 300mm、300mm × 600mm 或 600mm × 600mm 等符合模数的尺寸，厚度一般为 20~40mm，如通行车辆，厚度需要加厚为 60mm，或者减小石材的规格尺寸，以免车辆通行后造成路面的破坏（图 11−17）。

料石路面的饰面具有多种形式，具体见表 11−5。

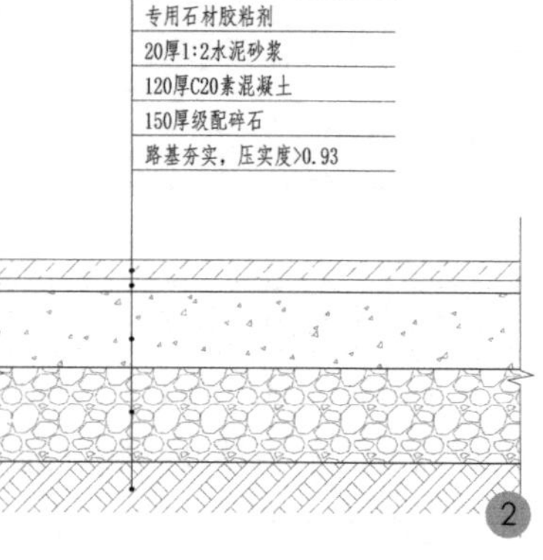

图 11−17　料石路面做法
1—料石路面；2—料石路面构造示意

料石路面饰面形式表　　表 11–5

形式	方法
拉道饰面	一种将石料表面加工成起伏较大的条纹状的加工方法
粗琢饰面	一种将石料表面加工成深条纹状、增加起伏的饰面方法
锯齿饰面	一般用于软岩饰面，即将石面加工成锯齿样
凿面饰面	以石凿对石料进行表面加工
花锤饰面	对经过凿面加工的石料，再以花锤进厅平整处理
细凿饰面	即对花锤饰面的石料再作进一步细凿，使表面更加光滑的加工处理
喷灯饰面	以喷灯加热粗磨面，然后迅速浇以冷水冷却，进行粗加工的方法
烧毛饰面	以乙炔喷灯对磨光的石面进行烧毛处理
水磨饰面	以金刚石砂轮打磨加工表面的方法，但表面不会像镜面一样光滑反光
细磨饰面	经金刚石砂轮打磨后，加抛光粉，利用抛光轮缓冲器抛光加工。完成后，表面像镜子一样光亮，又叫做抛光加工

7. 卵石嵌砌路面

卵石作为一种搭配材料常用于园路和园林场地之中，结合层厚度视卵石的粒径大小而异。在园路和场地中，为安全起见，卵石由于其较差的防滑性，一般不作为主导材料，而常作为辅助材料或点缀材料进行使用（图 11–18）。

8. 铺石路面和场地

所谓的铺石路面是指，以厚度在 80mm 以上的花岗石等天然石料砌筑的路面。铺石路面质感好，颜色朴素、沉稳，常用于园路、广场的地面铺装。作为汀步使用时需注意铺石间距应符合游人步行的步距（图 11–19）。

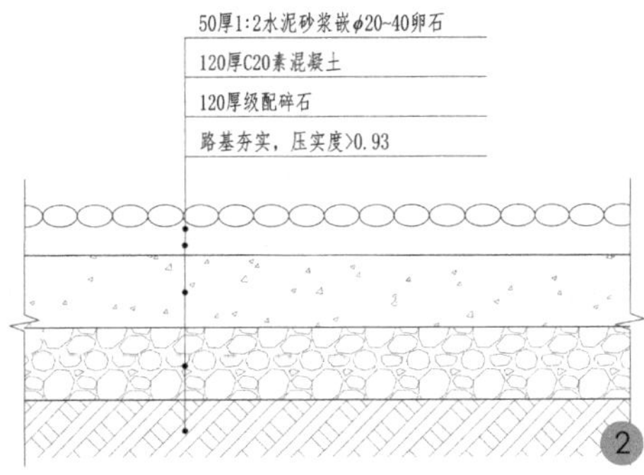

图 11–18　卵石嵌砌路面做法（上）
1—卵石嵌砌路面；2—卵石嵌砌路面构造示意
图 11–19　铺石汀步做法（下）
1—铺石汀步；2—铺石汀步单元平面图；3—铺石汀步构造示意

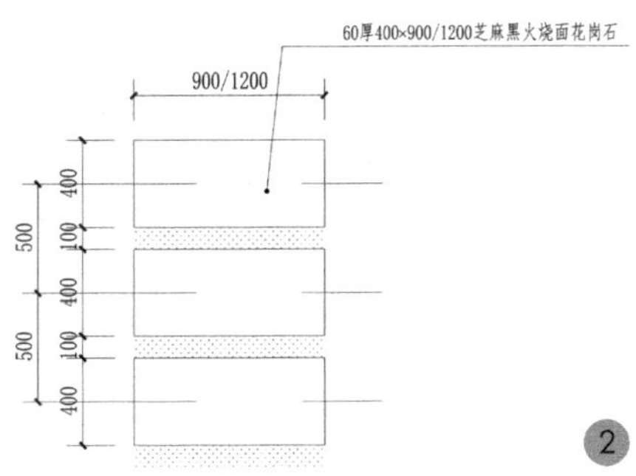

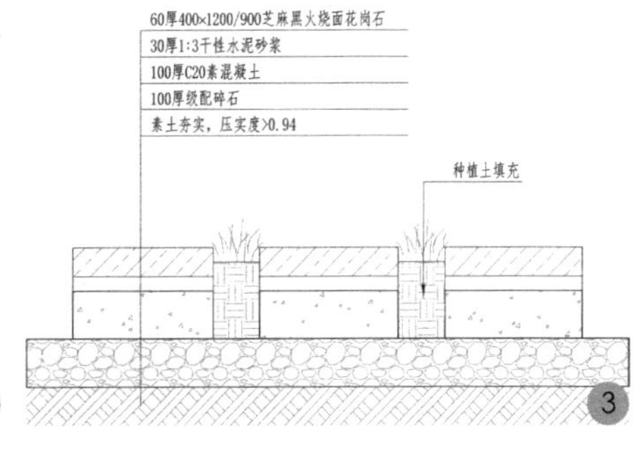

11.3.4 松软材料道路与场地

1. 砂石路面、碎石路面

砂石和碎石自然、朴素、造价低，常用于风景园林庭院空间、游步道的铺装。当道路纵向坡度在3%以上时，需设置阻挡设施，以减少砾石、碎石流失造成的危险（图11-20）。

30厚粒径20~30砂砾石，碾压密实
1:2水泥砂浆灌缝（未凝固前碾压密实）
250厚粒径40~60砾石分层压实
路基夯实，压实度>0.97

图11-20 砂石/碎石路面做法
1—砂石/碎石路面；2—砂石/碎石路面构造示意；3—砂石、碎石路面构造示意

2. 土路面

土路面可分为石灰岩土路面、砂土路面、黏土路面和改良土路面等多种形式。

石灰岩土路面，以粒径在2~3mm以下的石灰岩粉铺成，除弹性强、透水性好外，还具有耐磨、防止土壤流失的优点，是一种柔性铺装。一般用于校园、公园广场和园路的铺筑。

砂土路面，是一种以黏土质砂土铺筑的柔性铺装，主要可用于儿童游乐场等处。

黏土路面，是一种用于操场、网球场的柔性铺装，较适合排水良好的地段。

改良土路面，是在自然土壤中加入专用水性丙烯酰类的聚合乳胶、沥青及石子等添加料混合搅拌后而形成的简易改良土路面，常用于铺筑游乐园人行道、园路、广场、校园等处（图11-21）。

图11-21 土路面

3. 木板地面

木质材料由于其质感、色调、弹性等自然特性，常用于露台、广场、人行道等地面的铺装。风景园林道路和场地选用的铺装用木板可分为天然木材、竹木、塑木等。天然木材主要采用的材料包括南洋木、杉木、松木等，需要进行防腐处理；竹木是以竹子为原料，通过防腐、防蚀、防潮、高压、高温以及胶合、旋磨等多项工序，制作成为的复合地板材料；塑木是利用聚乙烯、聚丙烯和聚氯乙烯等，代替通常的树脂胶粘剂，与超过 35%~70% 以上的木粉、稻壳、秸秆等废植物纤维混合成的木质材料，再经挤压、模压、注塑成型等塑料加工工艺，生产出的板材或型材。

木板路面的厚度和龙骨距离一般根据场地的荷载要求、木材的品种与等级而定，通常板厚应大于 30mm。龙骨多采用防腐木或铝合金等材料。

木板路面通常为有缝铺砌，缝宽 6~10mm，且基础底层应做一定的排水坡度，防止雨水滞留（图 11−22）。

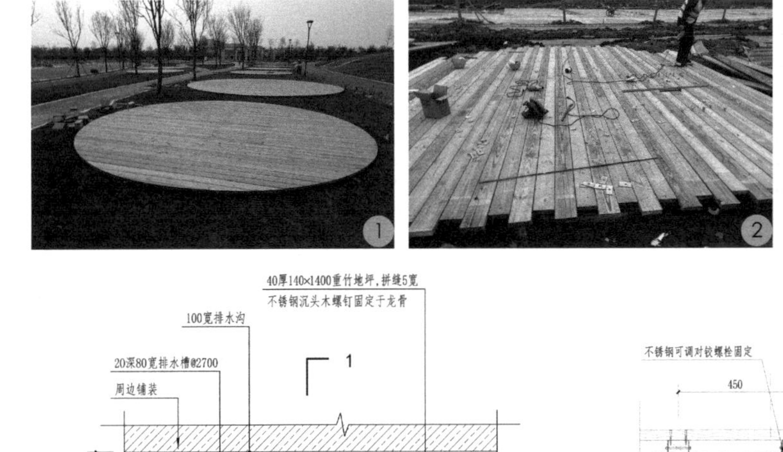

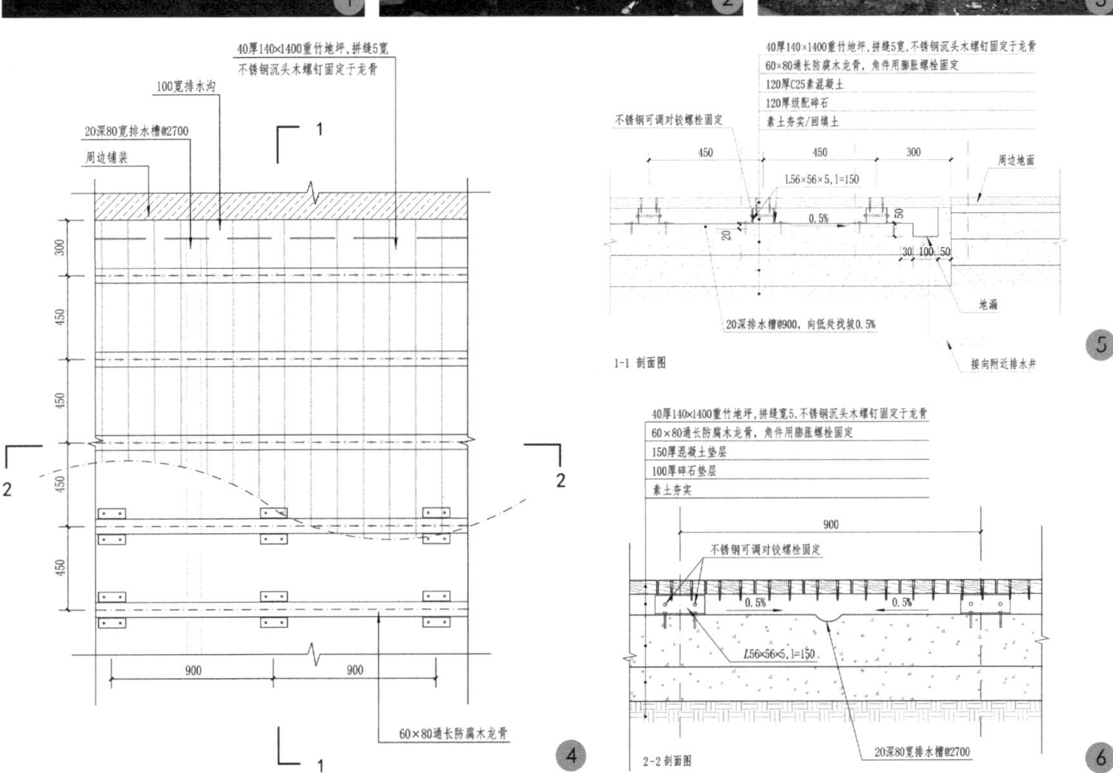

图 11−22　木板路面做法
1~3—木板路面；4~6—木板路面平面及构造示意

4. 透水性草皮路面

透水性草皮路面有两类：使用草皮保护垫的路面和使用草皮砌块的路面（图 11–23）。

草皮保护垫，是由一种保护草皮生长发育的高密度聚乙烯制成的耐压性及耐候性强的开孔垫网。因可以保护草皮免受行人践踏，除公园等处的草坪广场外，此类路面还常用于停车场等场所。

草皮砌块路面是在混凝土预制块或砖砌块的孔穴或接缝中栽培草皮，使草皮免受人、车踏压的路面铺装，一般用于广场、停车场等场所。

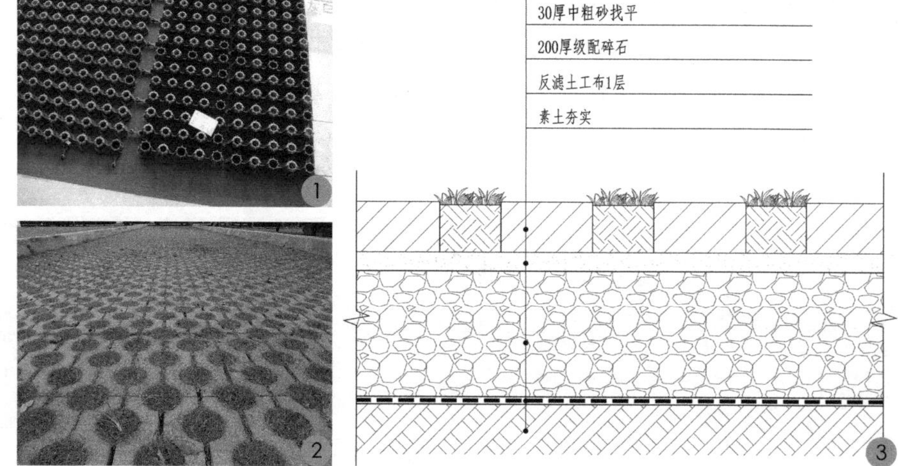

图 11–23　透水性草皮路面做法
1—草皮保护垫；2—草皮砌块路面；3—草皮砌块路面构造示意

5. 现浇无缝环氧沥青塑料路面

现浇无缝环氧沥青塑料路面，是将天然河砂、砂石等填充料与特殊的环氧树脂等合成树脂混合后作面层，浇筑在沥青路面或混凝土路面上，抹光至 10mm 厚的路面，是一种平滑而具有一定弹性的路面。一般用于园路、广场、操场、人行过街桥等路面的铺装（图 11–24）。

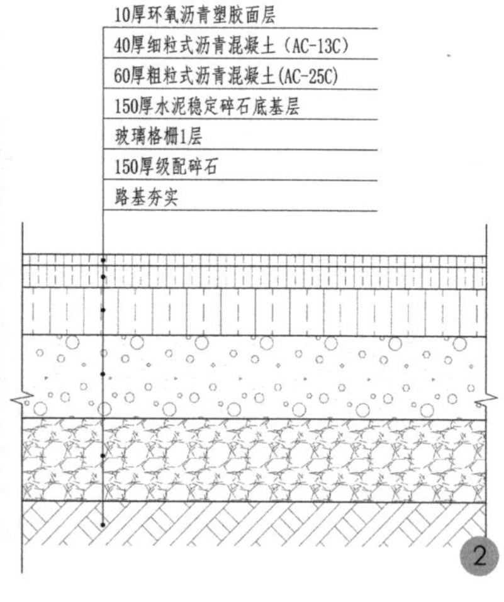

图 11–24　现浇无缝环氧沥青塑料路面做法
1—现浇无缝环氧沥青塑料路面；2—现浇无缝环氧沥青塑料路面构造示意

6. 弹性橡胶路面

弹性橡胶路面是利用特殊的粘合剂将橡胶垫粘合在基础材料上，制成橡胶地板，再铺设在沥青路面、混凝土路面上的路面形式。此种路面耐久性、耐磨性强，有弹性，且安全、吸声。常用于儿童游戏场、运动场地等处。厚度一般为 15~50mm，一般运动场厚度采用 12~25mm，儿童游戏场建议厚度采用 30mm 以上（图 11–25）。

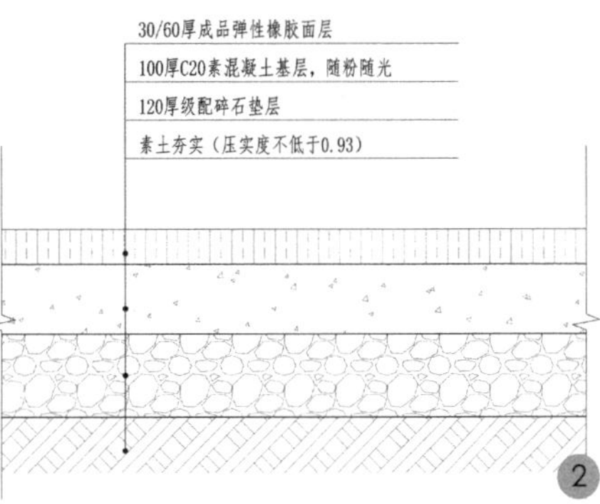

图 11–25 弹性橡胶路面做法
1—弹性橡胶路面；2—弹性橡胶路面构造示意

11.3.5 特殊材料道路与铺装

1. 玻璃

目前有些景区为了吸引游客和提高游客体验，设置了诸多玻璃桥、玻璃栈道、玻璃广场等多种道路与场地铺装，其主要采用一层或多层钢化夹胶玻璃，其利用胶膜的强附着力来提高玻璃的耐震、防盗、防弹及防爆性能，从而提高玻璃的安全性（图 11–26）。

2. 马赛克（陶瓷锦砖）

马赛克作为一种图案性较强的装饰面材，一般多用于墙面装饰，但也可作为地面的点缀装饰材料使用。其一般分为玻璃马赛克和陶瓷马赛克两种。玻璃马赛克色彩斑斓、晶莹剔透、通透发光，多用于场地局部装饰使用，陶瓷马赛克光线柔和、色彩丰富，防滑的陶瓷马赛克可作为特色性大面积场地铺装材料（图 11–27）。

图 11–26 玻璃路面（左）
图 11–27 马赛克路面（右）

3. 金属网等

除了上述材料外，也可采用金属网、金属板等材料作为道路与场地的铺装材料，如由钢结构与金属网形成的游步道，由耐候钢板铺设的场地等（图 11-28）。

图 11-28 金属网路面
1—福州“福道”金属网路面；2—金属网路面

第12章 风景园林小品工程

风景园林小品设施分类
休息类小品设施
庇护类小品设施
便利类小品设施
信息类小品设施
交通控制与防护类小品设施
装饰类小品设施
市政类小品设施

12.1 风景园林小品设施分类

按照功能，风景园林小品设施可分为休息类、庇护类、便利类、信息类、交通控制与防护类、装饰类、市政类等类型（表 12−1）。

风景园林小品设施分类表　　表 12−1

类型	特征
休息类	为游人提供休息座椅的小品设施，如成品座椅、矮墙座椅、花坛座椅、台阶座椅等
庇护类	为游人提供庇护的亭、廊、建筑外廊等设施，详细设计见第九章风景园林建筑与构筑物
便利类	方便游人或行人生活必须活动的诸如：饮泉、垃圾箱、书报亭、电话亭、广告灯箱、自行车停车架等小品设施
信息类	为游人提供诸如名称、环境、导向、警告、时间、事件等各类信息的风景园林小品设施
交通控制与防护类	为控制交通如人车分行的控制、不同时段的交通控制等，以及对机动交通潜在威胁进行防护的小品设施，如车挡、缆柱、防护栏等
装饰类	对风景园林环境起装饰作用的小品设施，如花盆、花坛、树池、旗杆、雕塑等
市政类	雨水口；雨水、污水、电力电缆、电信电缆、有线电视等各类市政检修井的盖板等

12.2 休息类小品设施

12.2.1 种类（表 12−2）

休息类风景园林小品设施分类表　　表 12−2

分类方式	种类
按容纳休息人数（图 12−1）	单人、2~3 人、多人等
设置方式（图 12−2）	平置式、嵌砌式、附属式（如固定在花坛、挡土墙等上的座椅；设置在树木周围兼作树木保护设施的围树座椅）、兼用式（与花坛、挡土墙、台阶等兼用的座椅）等
按表面材料（图 12−3）	木材、石材、混凝土、铸铁、钢材、铁材、铝材、玻璃、陶瓷、工程塑料等

图 12−1　容纳不同人数的休息小品设施
1、2—单人；3—2~3 人；4、5—多人

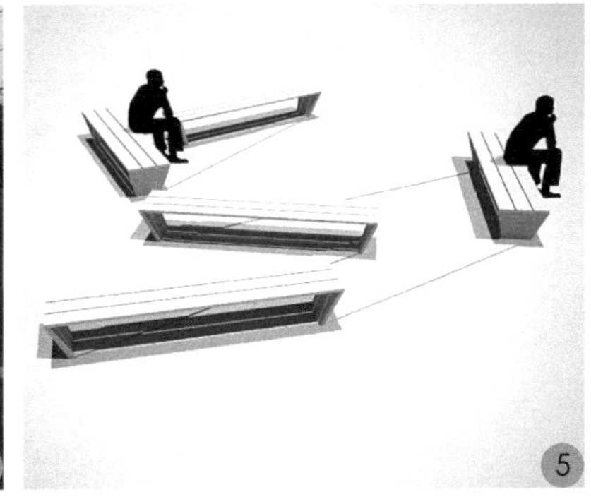

图 12–2 不同设置方式的休息小品设施
1—平置式；2—嵌砌式；3—附属式；4—兼用式；5—组合式

图 12–3 不同材料的休息小品设施
1—木材；2—石材；3—钢材；4—钢+玻璃；5—工程塑料；6—铝材；7—再生材料

座椅实例（图 12-4）。

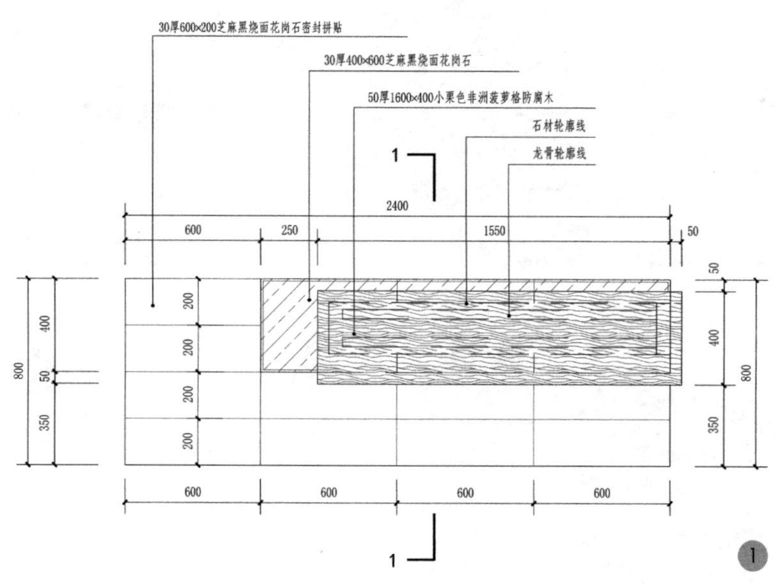

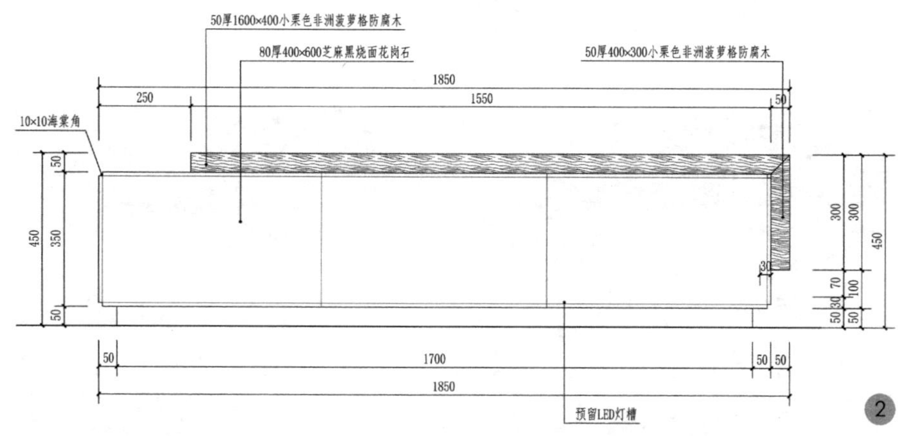

图 12-4　某工程休息座椅设计
1—平面图；2—正立面图；3—侧立面图；4—剖面做法

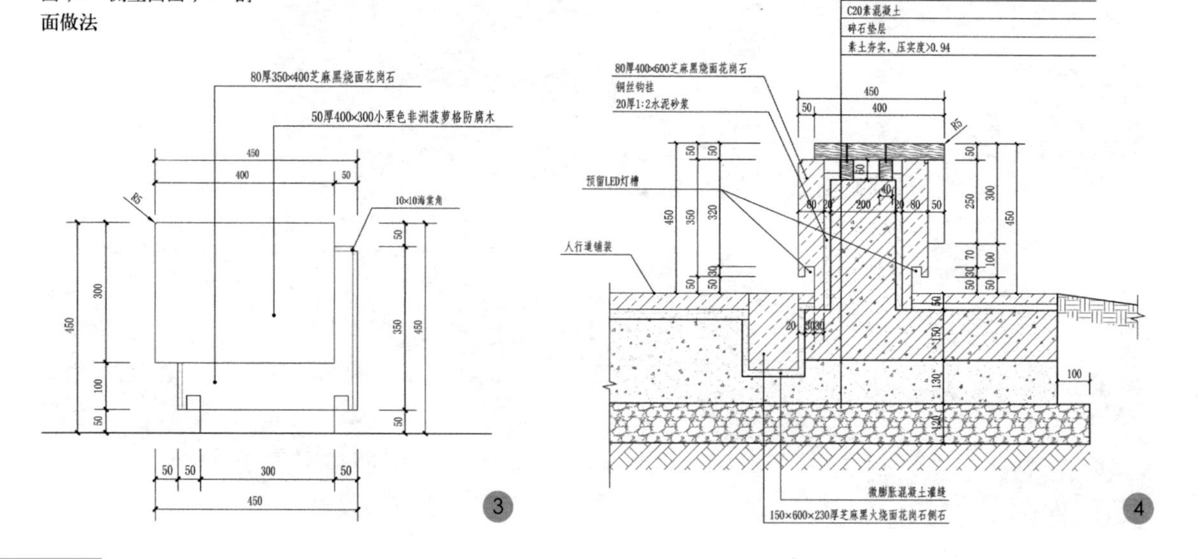

12.2.2 布置及设计

休息类风景园林小品设施布置与设计要点表 **表 12–3**

项目	设计要点
布置	防风、具有良好的景观视野、为游人提供阳光与阴影、静态与动态活动、公开与私密活动等多种可能性等（图 12–5）
设计要求	舒适、耐用、简洁、易维护、防偷盗
尺度	高度 38~45cm；宽度 40~45cm；长度单人 60cm 左右，双人 120cm 左右，3 人 180cm 左右。座椅靠背倾角为 100°~110°

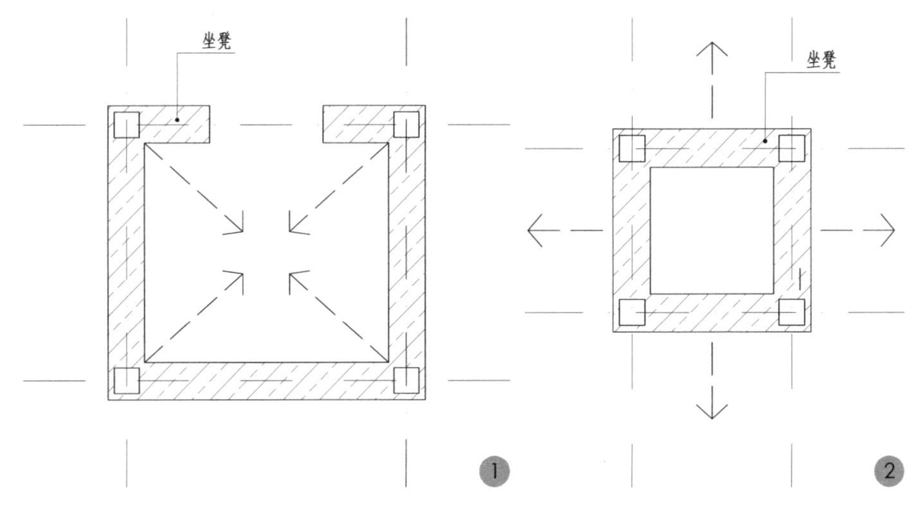

图 12–5 不同布置方式的休息座椅
1—内向式布置；2—外向式布置

12.3 庇护类小品设施（表12–4，图12–6）

庇护类风景园林小品设施布置与设计要点表 **表 12–4**

项目	设计要点
布置	风景园林区域的焦点空间、具有良好的景观视域、靠近主要的人行通道等
设计要求	对不良天气具有一定的抵御能力（如遮风、避雨、防晒等）、易识别、方便进出等
尺度	根据游人的不同活动、造景需求等决定

注：庇护类风景园林小品设施具体设计可参考第九章亭、廊、花架等设计。

图 12–6 庇护类小品设施
1、3—固定式庇护小品；2、4—活动式庇护小品

12.4 便利类小品设施（表12–5）

便利类风景园林小品设施设计要点表 **表 12–5**

种类	项目	设计要点
饮用水设施（图 12–7）	饮用水龙头位置	饮用水设施主体顶部或侧面
	出水方式	一般为红外感应式或脚踏式，可较少疾病传播的可能性
	尺度	高度一般为 80cm 左右，供儿童使用者，高度在 65cm 左右
	其他	进水、溢流、排水等需综合设计
垃圾箱（图 12–8）	布置	一般在公园内垃圾箱的布置要求为：沿主路 1 组 / （50~80）m，次园路 1 组 / （80~100）m，出入口及主要活动场地适当加密。步行街和广场 1 组 / （50~60）m
	尺度	普通垃圾箱一般高 60~80cm，宽 50~60cm。放置在车站、公共广场等的垃圾箱体量较大，一般高度为 90~100cm
售卖类设施（图 12–9）	布置	包括售卖亭、书报亭等，一般布置在风景园林区域的出入口、主要活动场地等处，数量根据游人量而决定
	设计	突出识别性、标识性和统一性，并注意电力、电信等接入
广告类设施（图 12–10）		根据户外广告规范及管理规定布局，并在设计上注意与周边景观的协调
其他（图 12–11）		诸如自行车停车架、自动寄存设施、快递中转箱等应结合游人对设施的使用规律和特征而进行设计

图 12–7 饮用水小品设施

图 12–8 垃圾箱

图 12-9 售卖类小品设施

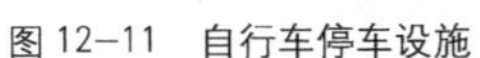
图 12-11 自行车停车设施

图 12-10 广告类设施

12.5 信息类小品设施

信息类风景园林小品设施是指利用文字、图形（符号）、色彩等的视觉传递方式、音响的听觉传递方式、立体文字的触觉传递方式以及香气等气味的嗅觉传递方式来传递各类信息的小品设施。根据传递信息的类型具体可分为名称信息小品、环境信息小品、导向信息小品、警告信息小品、时间信息小品、事件信息小品等（表 12-6）。

信息类风景园林小品设施布置及设计要点表 表 12-6

类型	名称	布置及设计要点
名称信息类（图 12-12）	景点铭牌及场所标志牌	布置于主要景点或场所的显著位置，识别性强，简洁明了
	设施招牌	布置于公共厕所、小卖、茶室、码头等设施处，与设施结合设计
	树木名称牌	对主要景观树木、科普树木、稀有树木等的名称、科属、特性、栽植时间等进行阐述，尽量与树木独立布置
环境信息类（图 12-13）	位置信息导览牌	布置与出入口与主要活动场所，可为平面式、立体式、计算机访问式等多种形式，需简洁明了
	停车场导向牌	布置于停车场出入口与交通干道交汇处，设计应符合交通标志的设计要求
指示信息类（图 12-14）	大型指示牌	布置于风景园林区域出入口、主要景观道路交叉口处等。设计需简洁明了、方向明确、信息传达简练
	指路标	风景园林各级道路的交汇处均需布置指路标
警告信息类（图 12-15）	限速、禁令类标志	布置于景观区域主干道的转弯处、交叉口处、人流集中处、桥梁两端等

续表

类型	名称	布置及设计要点
警告信息类（图 12−15）	禁止标志	根据各类风景园林区域、风景园林要素的危险程度、防破坏程度等进行布置。设计可采用直观的文字式或艺术化的图案式，传达信息需易读、准确
	危险警示标志	在水岸、山体、建筑平台等危险边界处需设置危险警示标志
时间信息类（图 12−16）	时钟、花钟等	一般布置于风景园林区域的出入口、人流集中处、展演活动处等区域。设计采用平面、立体等多种形式
事件信息类（图 12−17）	广播、电子显示设施等	广播可沿路均布，电子显示设施一般布置在风景园林区域出入口、主要人流活动区、展演活动区等区域

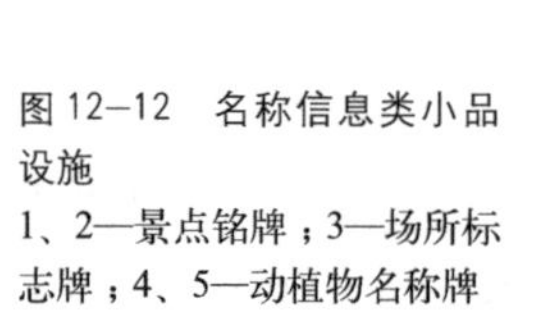

图 12−12　名称信息类小品设施
1、2—景点铭牌；3—场所标志牌；4、5—动植物名称牌

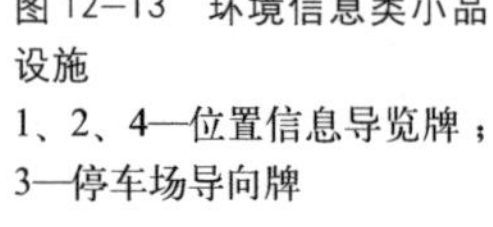

图 12−13　环境信息类小品设施
1、2、4—位置信息导览牌；3—停车场导向牌

图 12–14 指示信息类小品设施

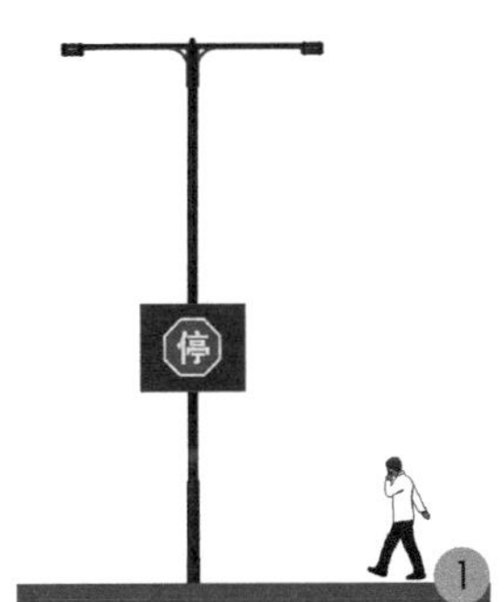

图 12–15 警告信息类小品设施
1—禁令标志；2—禁止标志；3—危险警示标志

图 12–16 时间信息类小品设施

图 12-17　事件信息类小品设施

12.6　交通控制与防护类小品设施（表12-7）

交通控制与防护类风景园林小品设施设计要点表　　表 12-7

<table>
<tr><td rowspan="2">设计要点</td><td colspan="2">种类</td></tr>
<tr><td>车挡、缆柱等（图 12-18）</td><td>防护栏杆（图 12-19）</td></tr>
<tr><td>形式</td><td>可分为固定式、移动式、升降式等形式</td><td>可分为缆柱式、围栏式、绿篱式等多种</td></tr>
<tr><td>高度</td><td>一般为 70cm 左右</td><td>一般在 60~90cm 左右</td></tr>
<tr><td>间隔</td><td>车挡的设置间隔一般为 60cm 左右。当有轮椅往来或其他残疾人用车出入的地方，一般按 90~120cm 的间隔设置，另外，为方便轮椅的往来，车挡前后应设置约 150cm 左右的平段</td><td>应为连续式</td></tr>
<tr><td>其他</td><td colspan="2">结构设计要有一定的强度</td></tr>
</table>

图 12-18　车档
1、2—固定式车档；3—移动式车档；4—升降式车档；5—缆柱

图 12-19　防护栏杆

12.7 装饰类小品设施（表12–8）

装饰类风景园林小品设施设计要点表　　表 12–8

种类	项目	设计要点
花坛（图 12–20）	形式	可分为移动式花盆与固定式花坛两大类，前者可选择成品，后者需结合环境砌筑
	高度	花坛的高度由所栽种的植物特性及大小决定，一般情况下，花草类：20cm 以上（盆深）；灌木类：40cm 以上；中小乔木：80cm 以上
	排水	一般在花坛底部应铺筑约 1/4 高的透水层，必要时需设置排水孔
树池（图 12–21）	组成	树池一般由树穴和树池箅子两部分组成。前者为树木移植时、树池泥球所需的基本空间；后者则是用于树穴上的一种树木根部保护装置，既可保护树木根部免受践踏，又便于行人步行。树穴下不通行行人，可不设树池箅子
	大小	树池大小一般由树高、胸径、根系大小、根系水平等决定。一般情况下，树高 3m 左右，树穴大小为直径 60cm 以上，深 50cm 左右，树池箅子直径 75cm 左右；树高 4~5m，树穴大小为直径 80cm 以上，深 60cm 左右，树池箅子直径 120cm 左右；树高 6m 左右，树穴大小为直径 120cm 以上，深 90cm 左右，树池箅子直径 150cm 左右；树高 7m 左右，树穴大小为直径 150cm 以上，深 100cm 左右，树池箅子直径 180cm 左右；树高 8~10m，树穴大小为直径 180cm 以上，深 120cm 左右，树池箅子直径 200cm 左右
	排水	排水不利的地区，树穴内需设置排水盲管与附近排水管渠连通
雕塑	形式（图 12–22）	从表现形式上可分为抽象式雕塑和具象式雕塑两大类。从空间形式上可分为平面式、立体式、组合式等
	材料（图 12–23）	可为不锈钢、玻璃、混凝土、石材、陶瓷、塑料、绿化等多种材料
	布局（图 12–24）	布局雕塑时应结合总体规划、造景要求、环境特征等而确定，雕塑成为景观环境的有机组成部分，忌讳罗列式的雕塑展示
	主题	雕塑的主题可通过其意向、高度、大小、形式、质感、色彩等进行表现
	主从	雕塑设计应根据造景需求突出主从关系，人体雕塑尤其是纪念性人体雕塑更应通过背景设计而突出雕塑的主体地位，避免孤立地存在
	其他	在风景园林环境中，建筑、地形、绿化、光影等风景园林元素通过艺术化设计均可成为雕塑
旗杆（图 12–25）	形式	可分为独立式和附墙式两类，以独立式为主
	安装方式	分为埋入式与基座式两种
	设置间隔	一般情况下，5~6m 高旗杆，间距为 1.5m 左右；7~8m 高旗杆，间距为 1.8m 左右；9m 以上者，间距为 2m 左右。另外，不同场所内，旗杆的设置间距也有所不同，但一般在 1.5~3m 之间

80厚浅灰色磨光面花岗石压顶
20厚1:2水泥砂浆,掺石材胶粘剂
结构层
400
5200
400
剪型绿篱
种植土
20厚浅灰色页岩
20厚1:2水泥砂浆,掺石材粘合剂
R20
80
230
400
70
20
预埋排水盲管

图 12-20 花坛
1—移动式花盆；2—固定式花坛；3—某花坛设计剖面构造

图 12-21 树池
1~4—固定式树池；5—移动式树箱

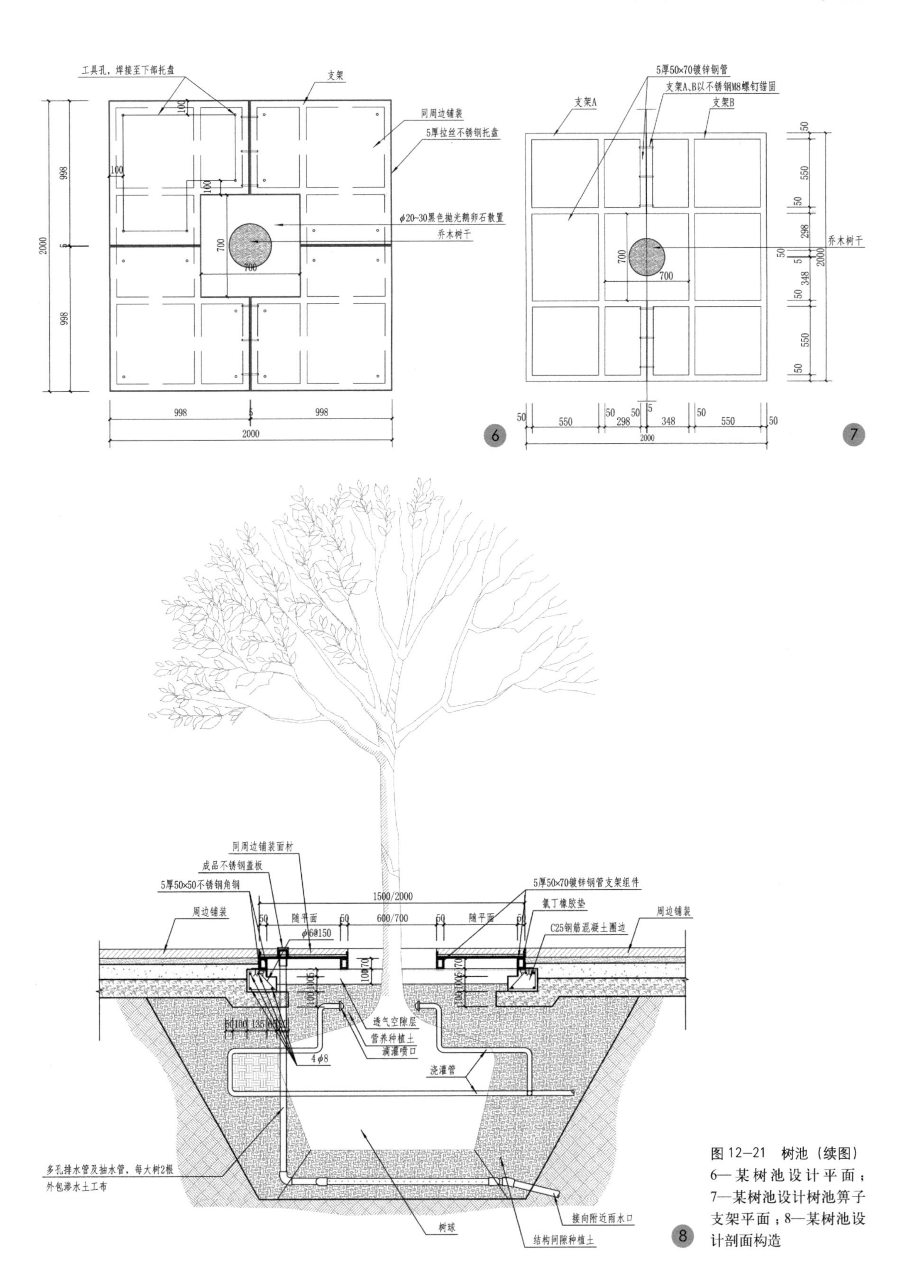

图 12–21 树池（续图）
6—某树池设计平面；7—某树池设计树池箅子支架平面；8—某树池设计剖面构造

图 12-22　雕塑的形式
1—抽象式；2—具象式；3—阵列式；4—立体式；5—组合式

图 12-23　雕塑的材料
1—不锈钢；2、3—铸铁；4—轻钢＋不锈钢；5—石材；6—铜；7、8—木

图 12-24　融合于环境的雕塑景观

图 12-25　旗杆
1、2—独立式旗杆；3—附墙式旗杆

12.8　市政类小品设施

对于市政类小品设施，在风景园林工程中，为了节约造价，多采用成品式设施，如铸铁、合成树脂等各类成品盖板。因此，为了减少各类市政小品设施对景观的影响，往往采用隐蔽入绿化中的做法进行布局和设计。但必须布置于道路和铺装场地中的，便需要进行装饰设计，以减小其对景观整体性的破坏（图 12-26~ 图 12-29）。

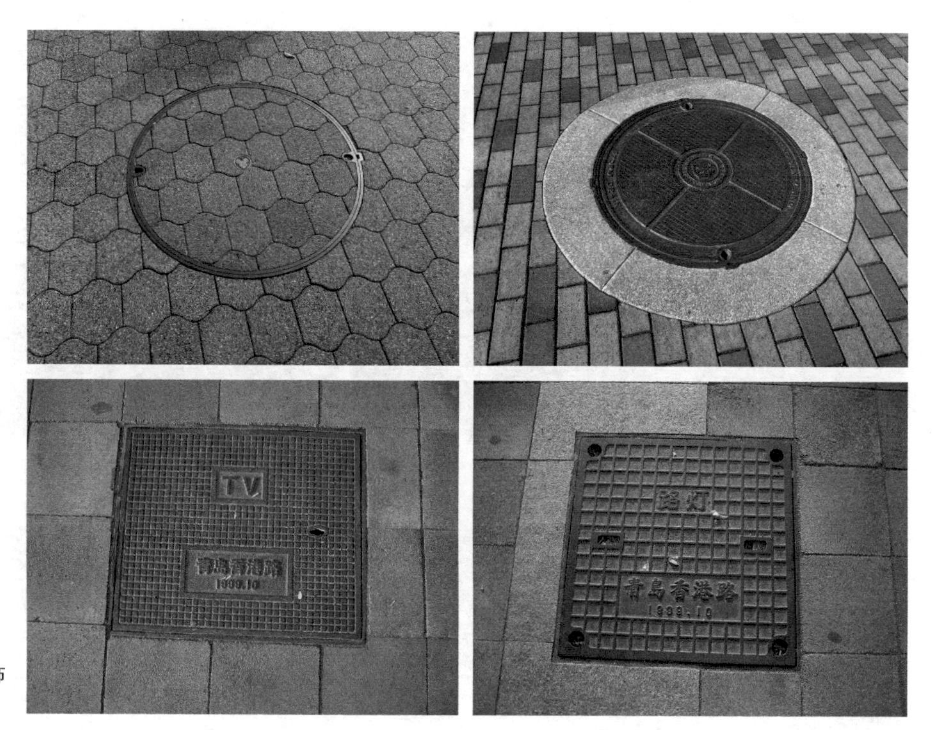

图 12-26 市政类装饰井盖

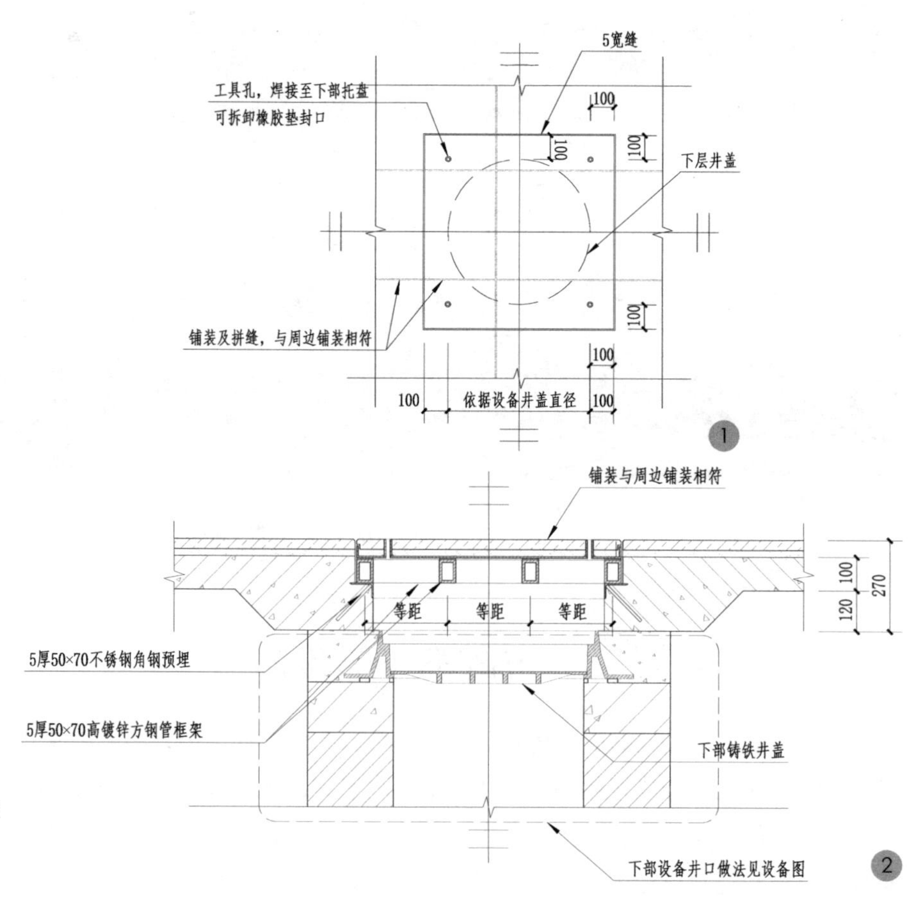

图 12-27 某装饰井盖设计
1—平面图；2—剖面图

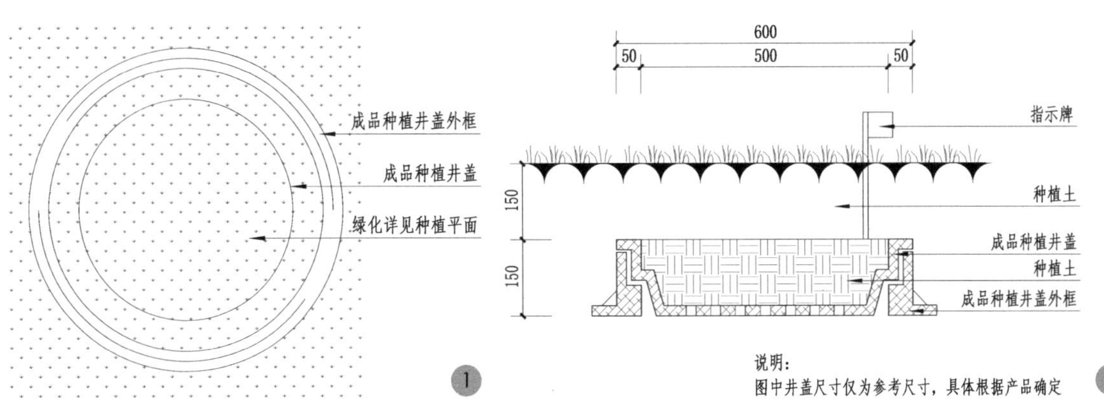

图 12–28 绿化区域井盖做法
1—平面图；2—剖面图

图 12–29 某配电箱装饰

参考文献

[1] CHARLES W. HARRIS, NICHOLAS T. DINES, Time-saver standars for landscape architecture[M].2nd ed.New York: McGraw-Hill Publishing Company.

[2] 哈维 .M. 鲁本斯坦 . 建筑场地规划与景观建设指南 [M]. 李家坤译 . 大连 ：大连理工大学出版社，2001.

[3] 计成，陈植 . 园冶注释 [M]. 第 2 版，北京 ：中国建筑工业出版社，2017.

[4] 居家奇 . 现代景观照明工程设计 [M]. 合肥 ：安徽科学技术出版社，2015.

[5] 莱昂纳多 .J. 霍珀 . 景观建筑绘图标准 [M]. 赵雪德 , 张桂珍译 . 合肥 ：安徽科学技术出版社，2007.

[6] 兰德尔 · 怀特希德 . 室外景观照明 [M]. 王爱英 , 李伟译 . 天津 ：天津大学出版社，2002.

[7] 李瑞冬 . 景观工程设计 [M]，北京 ：中国建筑工业出版社，2013.

[8] 刘滨谊 . 现代景观规划设计 [M] . 第 4 版，南京 ：东南大学出版社，2017.

[9] 刘先觉，潘谷西 . 江南园林图录 ：庭院 · 景观建筑 [M]. 第 3 版，南京 ：东南大学出版社，2007.

[10] 宁荣荣，李娜 . 园林水景工程设计与施工从入门到精通 [M]. 北京 ：化学工业出版社，2017.

[11] 潘谷西 . 中国建筑史 [M]. 第 7 版，北京 ：中国建筑工业出版社，2015.

[12] 宋小冬，钮心毅 . 地理信息系统实习教程 [M]. 第 3 版，北京 ：科学出版社，2016.

[13] 史蒂文·斯特罗姆 (Steven Strom), 库尔特·内森 (Kurt Nathan), 杰克·沃尔兰德 (Jake Woland). 竖向景观设计与工程 [M]. 第 6 版，贾培义等 , 译 . 北京 ：中国建筑工业出版社，2017.

[14] 唐茜，康琳英，乔春梅 . 景观小品设计 [M]. 武汉 ：华中科技大学出版社，2017.

[15] 田建，张柏 . 景观园林供电 · 照明设计施工手册 [M]. 北京 ：中国林业出版社，2012.

[16] 田建，张柏 . 景观园林水景 · 给排水设计施工手册 [M]. 北京 ：中国林业出版社，2012.

[17] 田永复 . 中国古建筑知识手册 [M]. 第 2 版，北京 ：中国建筑工业出版社，2019.

[18] 王红兵，胡永红 . 屋顶花园与绿化技术 [M]. 北京 ：中国建筑工业出版社，2017.

[19] 吴为廉 . 景观与景园建筑工程规划设计 [M]. 北京 ：中国建筑工业出版社，2005.

[20] 吴志强，李德华 . 城市规划原理 [M]. 第 4 版，北京 ：中国建筑工业出版社，2010.

[21] 薛健，井渌，汤丽清 . 园林与景观设计资料集（1-3）[M]. 北京：知识产权出版社，2010.

[22] 约翰 .O. 系蒙兹 . 景观建筑学—场地规划与设计手册 [M]. 俞孔坚，王志芳，孙鹏，译 . 北京：中国建筑工业出版社，2000.
[23] 周维全 . 中国古典园林史 [M]. 第 3 版，北京：清华大学出版社，2008.
[24] 祝纪楠 .《营造法原》诠释 [M]. 北京：中国建筑工业出版社，2012.
[25] 上海市住房与城乡建设和交通委员会 . 园林绿化植物栽植技术规程：DG/TJ 08—18—2011[S]. 北京：中国建筑工业出版社，2011.
[26] 上海市住房与城乡建设和管理委员会 . 园林绿化草坪建植和养护技术规程：DG/TJ 08—67—2015[S]. 上海：同济大学出版社，2015.
[27] 上海市住房与城乡建设和管理委员会 . 花坛、花境技术规程 [S]：DG/TJ 08—66—2016. 上海：同济大学出版社，2016.